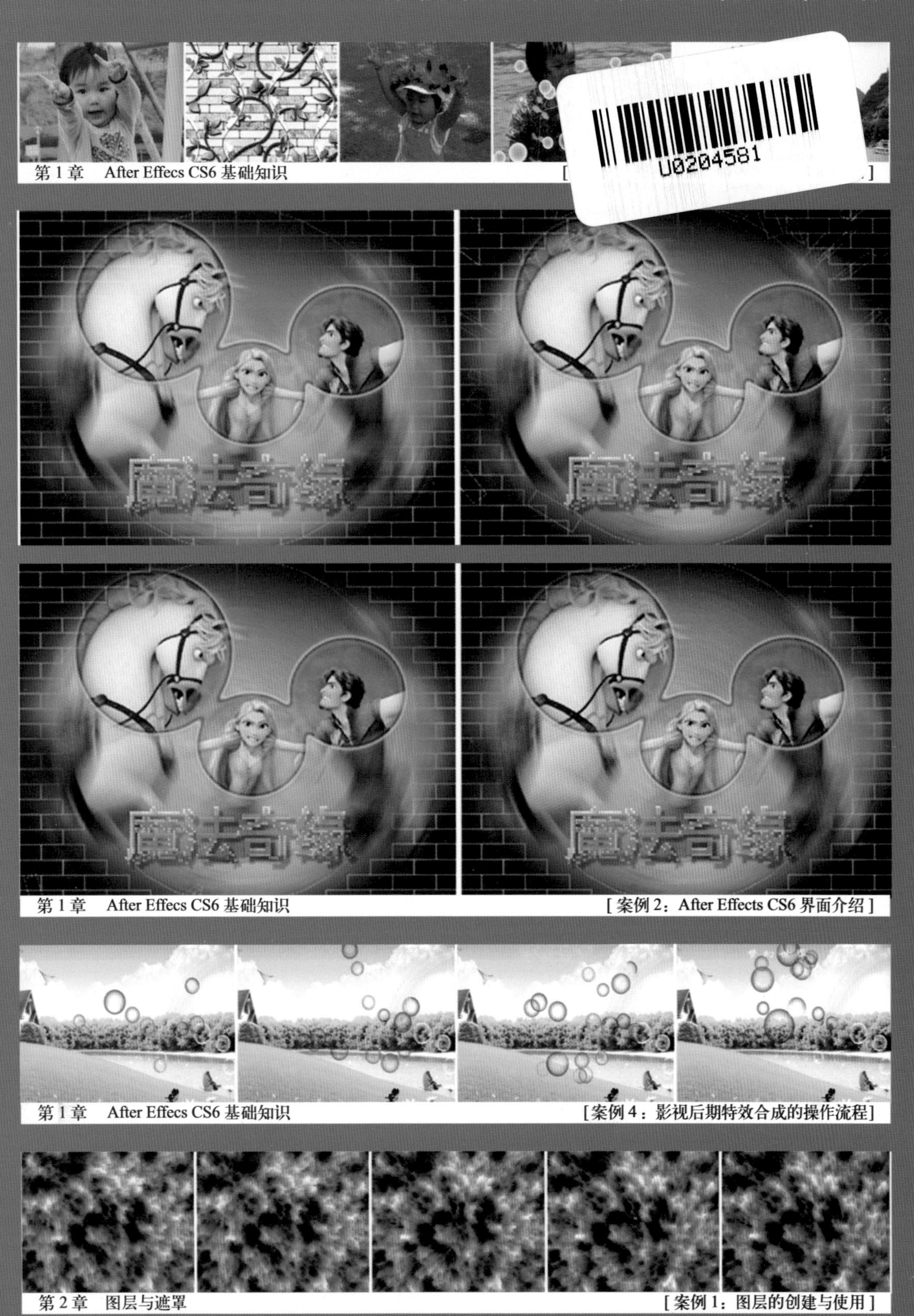

第 1 章　After Effects CS6 基础知识

第 1 章　After Effects CS6 基础知识　[案例 2：After Effects CS6 界面介绍]

第 1 章　After Effects CS6 基础知识　[案例 4：影视后期特效合成的操作流程]

第 2 章　图层与遮罩　[案例 1：图层的创建与使用]

第 2 章　图层与遮罩　　[案例 1：图层的创建与使用]

第 2 章　图层与遮罩　　[案例 2：图层的基本操作]

第 2 章　图层与遮罩　　[案例 3：图层的高级操作]

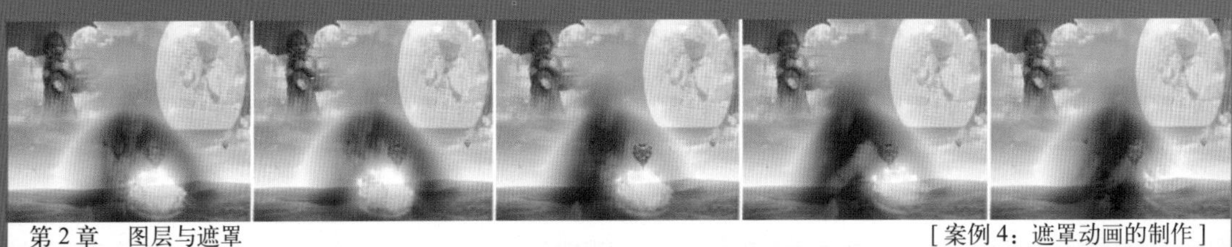

第 2 章　图层与遮罩　　[案例 4：遮罩动画的制作]

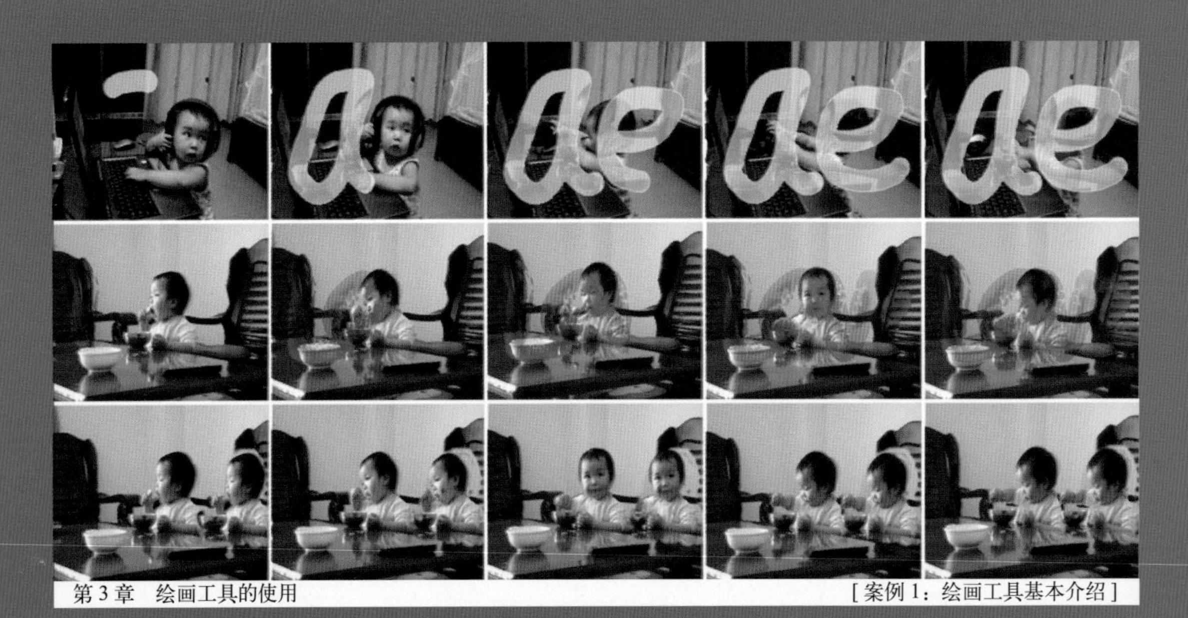

第 3 章　绘画工具的使用　　[案例 1：绘画工具基本介绍]

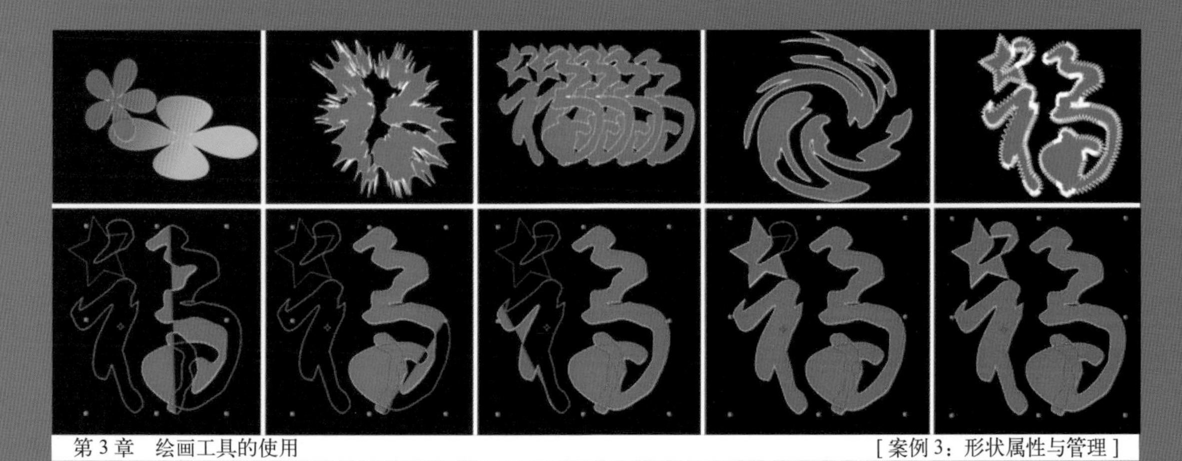

第 3 章　绘画工具的使用　　[案例 3：形状属性与管理]

第 4 章　创建文字特效　　[案例 1：制作时码动画文字效果]

第 4 章　创建文字特效　　[案例 2：制作眩目光文字效果]

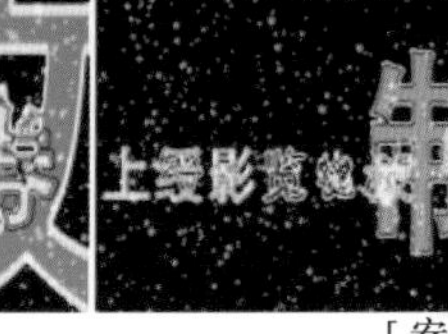

第 4 章　创建文字特效　　[案例 3：制作预设文字动画]

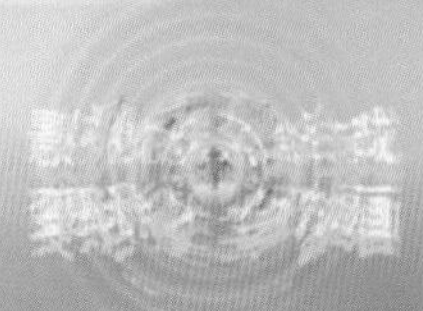

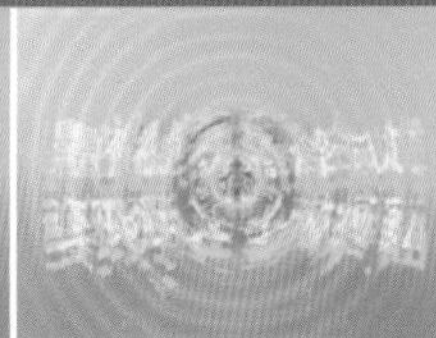

第 4 章　创建文字特效　　[案例 4：制作变形动画文字效果]

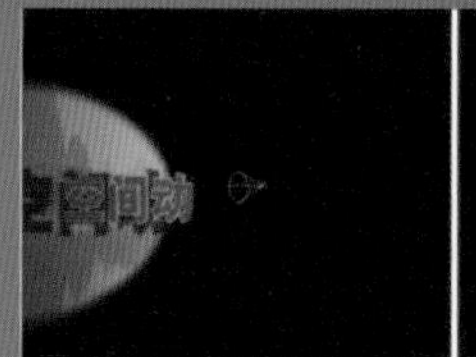

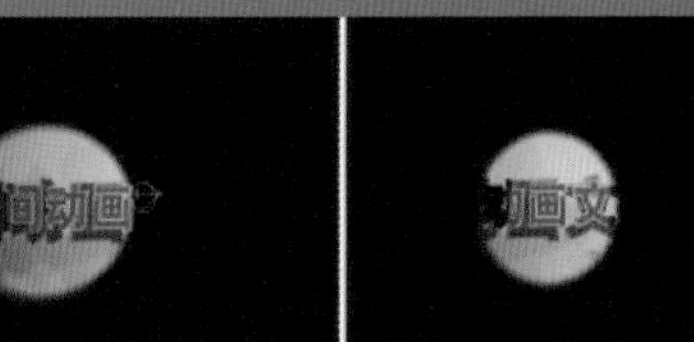

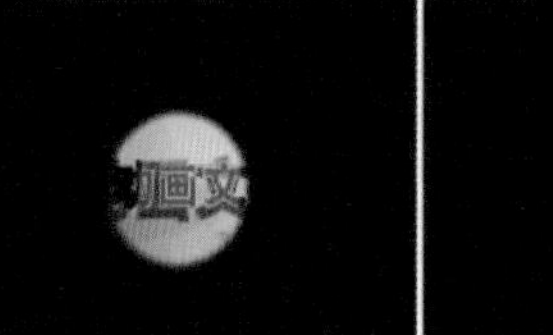

第 4 章　创建文字特效　　[案例 5：制作空间文字动画]

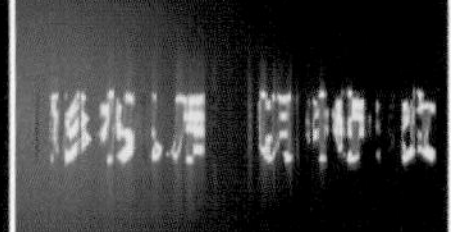

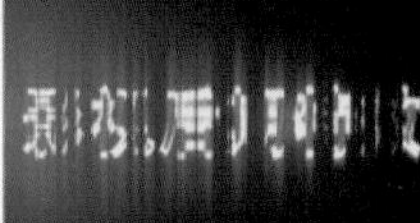

第 4 章　创建文字特效　　[案例 6：卡片式出字效果]

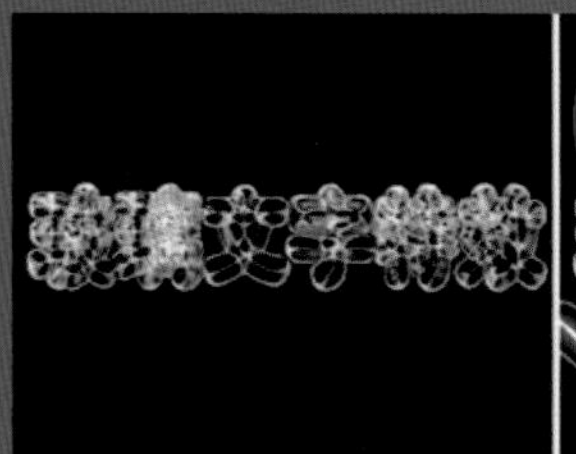
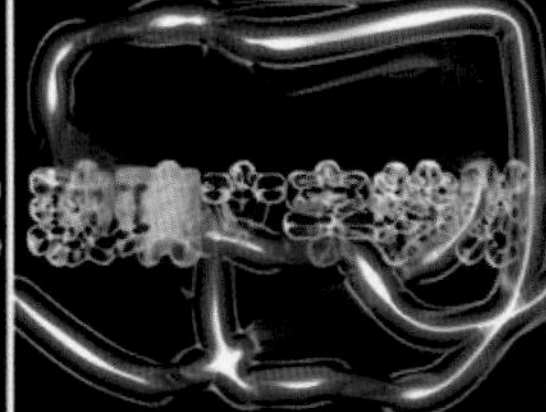
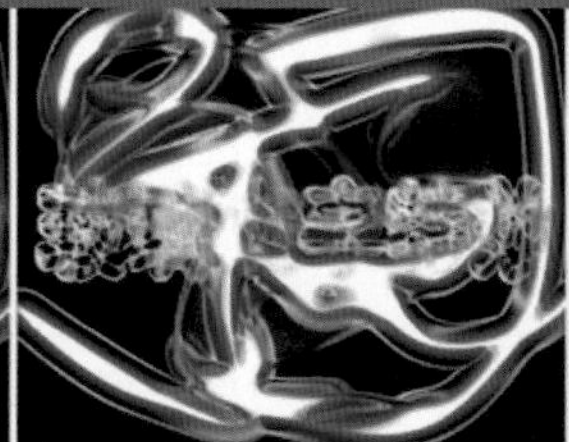
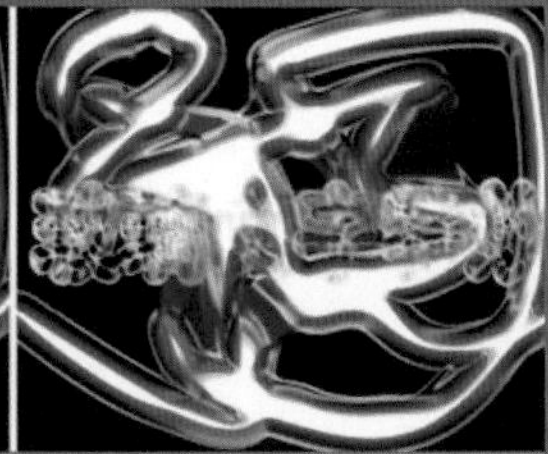

第 4 章　创建文字特效　[案例 7：玻璃切割效果]

第 5 章　色彩校正与调色　[案例 1：常用校色特效的介绍]

第 5 章　色彩校正与调色　[案例 2：给视频调色]

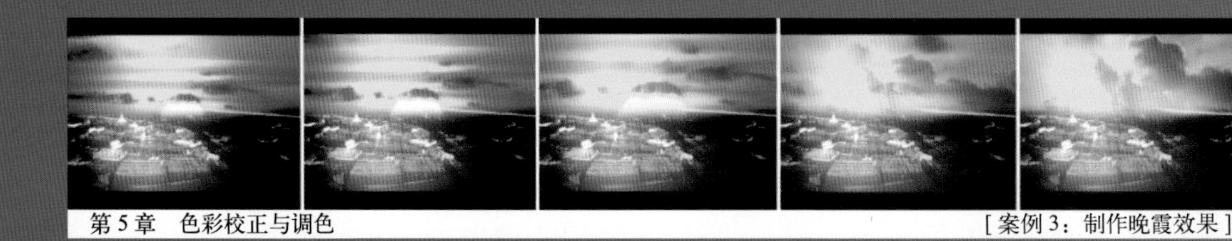

第 5 章　色彩校正与调色　[案例 3：制作晚霞效果]

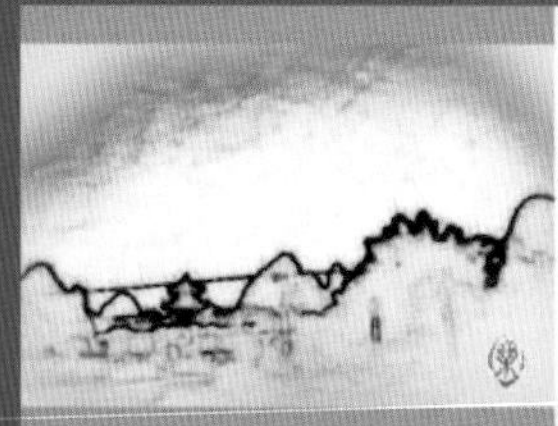
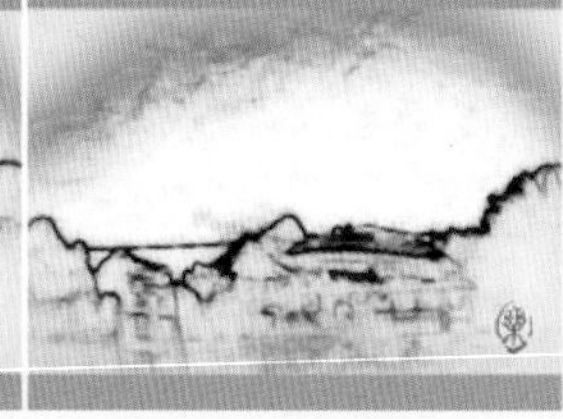
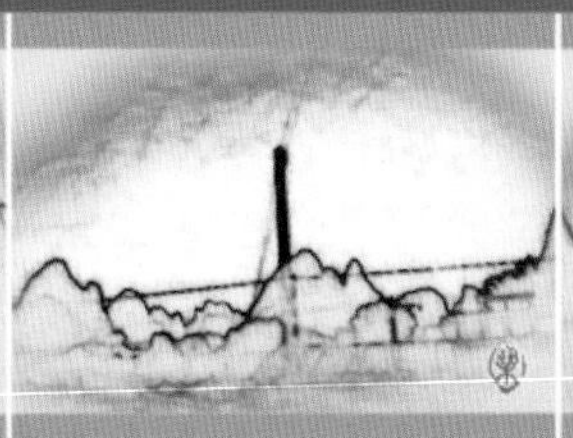
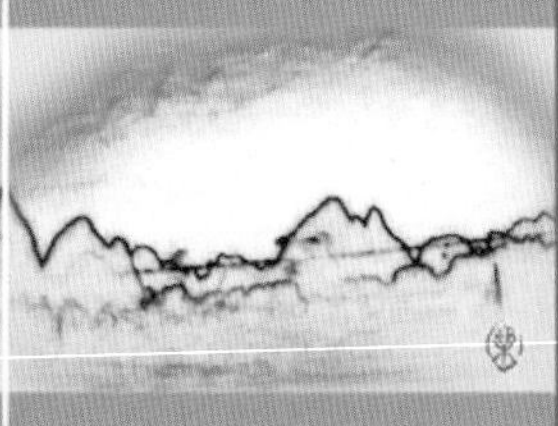

第 5 章　色彩校正与调色　[案例 4：制作水墨山水画效果]

第5章　色彩校正与调色　　[案例5：给美女化妆]

第6章　抠像技术　　[案例1：蓝频抠像技术]

第6章　抠像技术　　[案例2：亮度抠像技术]

第6章　抠像技术　　[案例3：半透明度抠像技术]

第 6 章　抠像技术　[案例 4：毛发抠像技术]

第 6 章　抠像技术　[案例 5：替换背景]

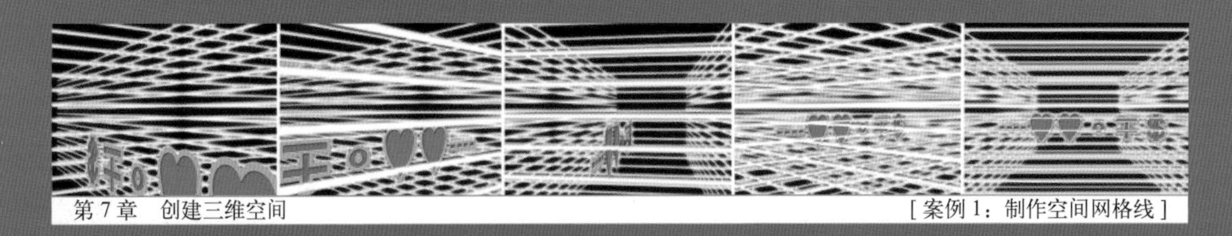

第 7 章　创建三维空间　[案例 1：制作空间网格线]

第 7 章　创建三维空间　[案例 2：制作人物长廊]

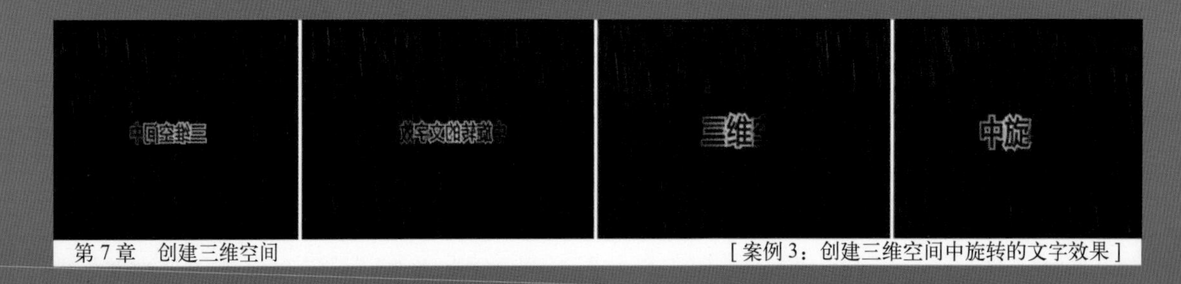

第 7 章　创建三维空间　[案例 3：创建三维空间中旋转的文字效果]

第 7 章　创建三维空间　　[案例 4 ：制作旋转的立方体效果]

第 8 章　运动跟踪技术　　[案例 1：画面的稳定]

第 8 章　运动跟踪技术　　[案例 2：一点跟踪]

第 8 章　运动跟踪技术　　[案例 3：四点跟踪]

第 8 章　运动跟踪技术　　[案例 1：动态背景]

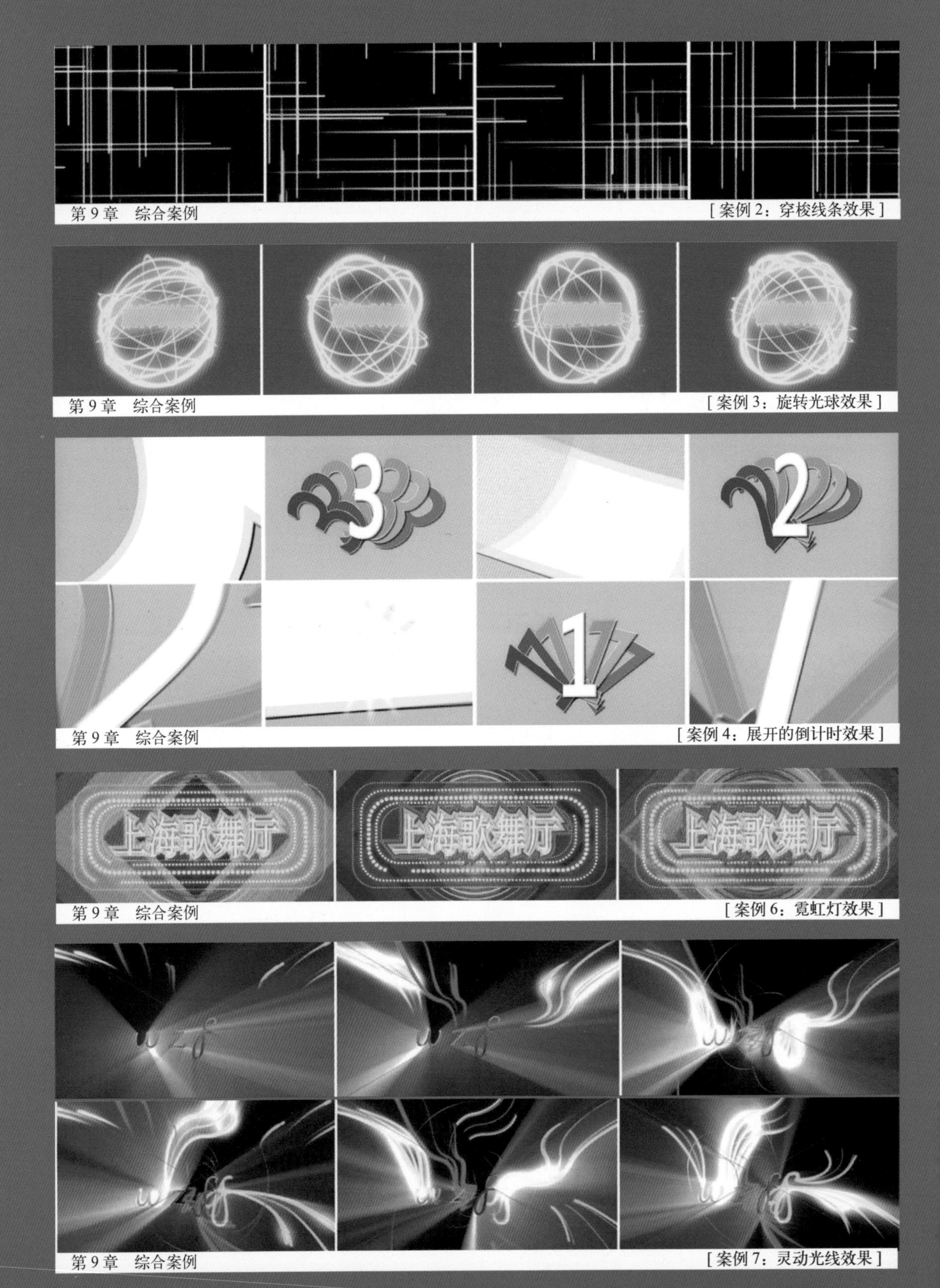

第9章 综合案例 [案例2：穿梭线条效果]

第9章 综合案例 [案例3：旋转光球效果]

第9章 综合案例 [案例4：展开的倒计时效果]

第9章 综合案例 [案例6：霓虹灯效果]

第9章 综合案例 [案例7：灵动光线效果]

“十三五”职业教育规划教材
高职高专艺术设计专业“互联网+”创新规划教材
21 世纪全国高职高专艺术设计系列技能型规划教材

After Effects CS6 影视后期合成案例教程（第 2 版）

主　编　伍福军
副主编　王　莉　张巧玲　柯秀文
主　审　张喜生

内 容 简 介

本书在编写过程中，将 After Effects CS6 的基本功能和新功能融入实例的讲解过程中，使读者可边学边练，既能掌握软件功能，又能尽快掌握实际操作。本书内容丰富，分为 After Effects CS6 基础知识、图层与遮罩、绘画工具的使用、创建文字特效、色彩校正与调色、抠像技术、创建三维空间、运动跟踪技术和综合案例九部分。

本书既可作为高职高专院校及中等职业院校计算机专业的教材，也可以作为影视后期特效制作人员与爱好者的参考用书。

图书在版编目(CIP)数据

After Effects CS6 影视后期合成案例教程/伍福军主编. —2 版. —北京：北京大学出版社，2015.5
（21 世纪全国高职高专艺术设计系列技能型规划教材）
ISBN 978-7-301-25752-4

Ⅰ. ①A… Ⅱ. ①伍… Ⅲ. ①图像处理软件—高等职业教育—教材 Ⅳ. ①TP391.41

中国版本图书馆 CIP 数据核字（2015）第 089541 号

书　　名 After Effects CS6 影视后期合成案例教程（第 2 版）
著作责任者 伍福军　主编
策 划 编 辑 孙　明
责 任 编 辑 李瑞芳
标 准 书 号 ISBN 978-7-301-25752-4
出 版 发 行 北京大学出版社
地　　址 北京市海淀区成府路 205 号　100871
网　　址 http://www.pup.cn　新浪微博：@北京大学出版社
电 子 信 箱 pup_6@163.com
电　　话 邮购部 62752015　发行部 62750672　编辑部 62750667
印 刷 者 北京鑫海金澳胶印有限公司
经 销 者 新华书店
787 毫米×1092 毫米　16 开本　17.25 印张　彩插 4　405 千字
2011 年 1 月第 1 版
2015 年 5 月第 2 版　2019 年 1 月第 3 次印刷
定　　价 45.00 元

第 2 版前言

本书是在前版的基础上，根据编者多年的教学经验编写而成。全书精心挑选 42 个经典案例进行详细讲解，并通过这些案例的配套练习来巩固所学的内容。本书采用实际操作与理论分析相结合的方法，让学生在案例的制作过程中培养设计思维并掌握理论知识，同时，扎实的理论知识又为实际操作奠定坚实的基础，使学生每做完一个案例就会有所收获，从而提高学生的动手能力与学习兴趣。

编者对本书的编写体系进行了精心设置，按照“效果预览→本案例画面及制作步骤（流程）分析→详细操作步骤→举一反三”这一思路编排，从而达到以下效果：第一，力求通过影片预览效果增加学生的积极性和主动性；第二，通过案例画面效果及制作步骤（流程）分析，使学生了解整个案例的制作流程、案例用到的知识点和制作的大致步骤；第三，通过案例详细操作步骤，使学生掌握整个案例的制作过程和需要注意的细节；第四，通过举一反三，使学生对所学知识进一步得到巩固，提高了对知识的迁移能力。

本书具有以下知识结构。

第 1 章 After Effects CS6 基础知识，主要通过 4 个案例介绍 After Effects CS6 的相关基础知识和影视后期特效合成操作流程。

第 2 章 图层与遮罩，主要通过 4 个案例介绍各种图层的概念、创建、基本操作和高级操作，以及遮罩动画的制作方法和技巧。

第 3 章 绘画工具的使用，主要通过 3 个案例介绍使用各种绘画工具绘制形状图形和形状图形属性管理。

第 4 章 创建文字特效，主要通过 7 个案例全面介绍使用各种特效配合文字工具制作文字特效的方法、技巧和流程。

第 5 章 色彩校正与调色，主要通过 5 个案例全面介绍色彩校正与调色特效的使用方法、技巧和色彩校正与调色的流程。

第 6 章 抠像技术，主要通过 5 个案例介绍各种抠像特效的使用方法和技巧。

第 7 章 创建三维空间，主要通过 4 个案例介绍创建三维空间的原理、方法和技巧。

第 8 章 运动跟踪技术，主要通过 3 个案例介绍画面稳定技术、一点跟踪技术、四点跟踪技术和跟踪的原理。

第 9 章 综合案例，主要通过 7 个案例对前面所学知识进行巩固，包括插件的概念、插件收集、插件安装以及插件的使用方法和技巧等。

编者将 After Effects CS6 的基本功能和新功能融入案例的讲解过程中，使读者可以边学边练，既能掌握软件功能，又能尽快掌握实际操作。读者通过本书可随时翻阅、查找所需效果的制作内容。本书每章都配有 After Effects CS6 输出的文件、节目源文件、PPT 课件、教学视频和素材文件等，可登录 www.pup6.cn 下载。

【内容简介】 【前言】

本书第 1 章至第 4 章为伍福军编写，第 5 章和第 8 章为王莉编写，第 6、7 章和第 9 章为张巧玲编写。

对于书中所涉及的影视截图和人物摄影图片，仅作为教学范例使用，版权归原作者及制作公司所有，本书编者在此对他们表示真诚的感谢！

由于编者水平有限，书中可能存在疏漏之处，敬请广大读者批评指正！联系电子信箱：763787922@qq.com 或 281573771@qq.com。

编 者

2014 年 12 月

目　　录

【目录】

第1章 After Effects CS6 基础知识

技能点

案例 1：影视合成与特效制作的基本概念
案例 2：After Effects CS6 界面介绍
案例 3：After Effects CS6 相关参数设置
案例 4：影视后期特效合成操作流程

说明

本章主要通过 4 个案例的介绍，全面讲解影视后期合成与特效制作的基础、After Effects CS6 界面、相关参数设置和影视后期特效合成操作的流程。

【参考视频】

After Effects CS6 是 Adobe 公司推出的一款主流非线性编辑软件，主要定位在高端的影视特效制作方面。它不但在专业制作中表现超强，兼容性好，而且可与 Adobe 公司的其他软件实现无缝转换。After Effects CS6 拥有大量优秀的外挂插件，因而使 After Effects CS6 编辑合成能力得到空前的加强。

After Effects CS6 软件是进行专业影视包装设计和后期特效合成的利器，能完成各种影视制作任务。它具备图形绘制、动态遮罩、蒙版、抠像、校色、运动追踪、三维图层、文字特效和合成等强大功能，且与 Adobe 公司其他软件能够完美地交互兼容。现在，After Effects CS6 广泛应用于个人计算机(Personal Computer 简称 PC)。

案例1　影视合成与特效制作的基本概念

一、效果预览

案例效果在本书提供的配套素材中的“第1章 After Effects CS6 基础知识/案例效果/案例 1.mov”文件中，可通过预览效果对本案例有一个大致的了解。本案例主要介绍影视合成与特效制作的基本概念，为后面章节的学习打下基础。

二、本案例画面及制作步骤(流程)分析

案例部分画面效果如下：

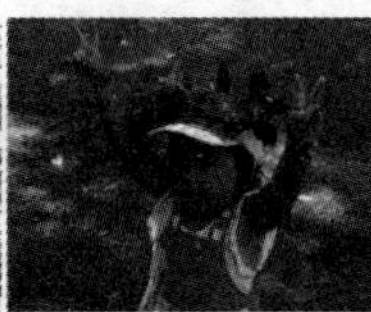
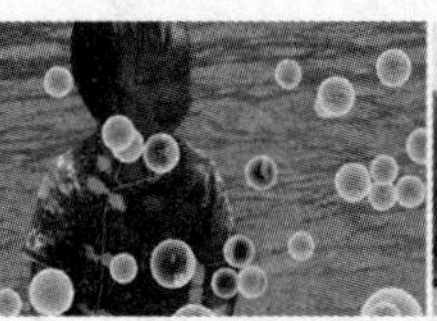

案例制作的大致步骤：

①视频制式和帧速率的概念→②场的概念→③图层的概念→④通道的概念→⑤遮罩→⑥特效→⑦键控→⑧关键帧→⑨画面宽高比→⑩视频编码→⑪常用的图像、视频和数字音频格式。

三、详细操作步骤

案例引入：

(1) 影视后期特效合成需要掌握哪些基本概念？

(2) 常用的图像、视频和音频主要有哪些格式？

(3) After Effects CS6 中的特效主要有哪些作用？

1. 视频制式和帧速率的概念

在电视系统中，不同的视频制式对应不同的帧速率。要想在电视系统中正确地播放和显示画面，必须根据不同的视频制式来选择相应的帧速率。目前，世界上用于彩色电视广

【参考视频】

播的制式主要有以下 3 种。

(1) NTSC 制式。NTSC 是英文 National Television System Committee(美国国家电视系统委员会)的缩写，是由美国在 1953 年制定的彩色电视广播标准。它对应的帧速率为 29.97 帧/秒。采用 NTSC 制式的国家主要有美国、日本、韩国、加拿大和菲律宾。

(2) PAL 制式。PAL 是英文 Phase Alteration Line(逐行倒相)的缩写，是由联邦德国在 1962 年制定的彩色电视广播标准。它对应的帧速率为 25 帧/秒。采用 PAL 制式的国家主要有德国、中国、英国、澳大利亚和新加坡。

(3) SECAM 制式。SECAM 是法文 Séquentiel Couleur A Mémoire(按照顺序传送色彩和存储)的缩写。是由法国在 1966 年制定的彩色电视广播标准。它对应的帧速率为 25 帧/秒。采用 SECAM 制式的国家主要有法国、埃及和俄罗斯。

提示：帧速率是指视频媒体每秒钟播放的画面帧数，即每秒显示多少个完整的图像画面。

视频播放：“视频制式和帧速率的概念”的详细介绍，请观看“视频制式和帧速率的概念.wmv”。

2. 场的概念

在电视机播放过程中是以隔行扫描的方式来显示图像的。要显示一幅完整的图像，需要通过两次扫描来交错显示奇数行和偶数行，每扫描一次就称为一“场”。其实，在电视屏幕上出现的画面并不是完整的，它实际上是如图 1.1 所示的半“帧”图像，由于扫描的高速度和人眼睛的视觉暂留现象，所以观众看到的图像是一幅如图 1.2 所示的完整图像。

图 1.1

图 1.2

视频播放：“场的概念”的详细介绍，请观看“场的概念.wmv”。

3. 图层的概念

在计算机图形图像处理过程中，图层是最基本，也是最重要的概念之一。在所有图形图像应用软件中都要用到图层这个概念。用户可以理解成，创作的最终图像是由多张没有厚度的，具有不同内容且透明的图片叠加组成的最终画面，如图 1.3 所示，每一张图片就称为一个图层。它们相互之间是独立的，用户可以对其中的任一图层进行单独操作，如增加、删除、裁减、添加图层样式、滤镜和缩放等。如图 1.4 所示就是图 1.3 所示的图层经过编辑后组合而成的最终画面。

【参考视频】

【参考视频】

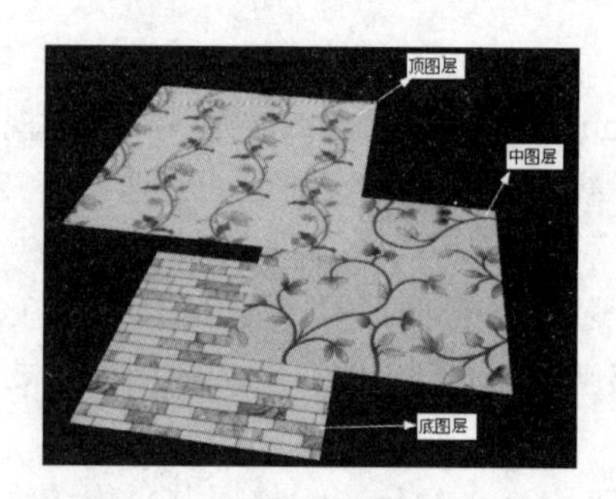

图 1.3

图 1.4

视频播放：“图层的概念”的详细介绍，请观看“图层的概念.wmv”。

4. 通道的概念

通道可以简单地理解为图像的颜色信息。在图像处理中，使用通道来控制图像的色彩变化，是调色的重要手段。计算机显示器的显示模式一般为 RGB 色彩模式。把 RGB 图像分为 3 个单独的颜色通道(R 为红色通道、G 为绿色通道、B 为蓝色通道)，每一个颜色通道使用灰度值来表示该通道颜色的强度，这样，通过调节各个通道的颜色强度值可以改变图像的颜色。例如，一张如图 1.5 所示的图像，如果降低其绿色通道的颜色强度，图像将出现偏红的现象，如图 1.6 所示，其原理是因为绿色和红色是互补色。

图 1.5

图 1.6

提示：有一些格式的图像还有一个 Alpha 通道，主要用来存储图层的透明信息。

视频播放：“通道的概念”的详细介绍，请观看“通道的概念.wmv”。

5. 遮罩

遮罩可以理解成图层的一个挡板，用于遮住图层的一部分，被遮住的部分在画面中不可见，另一部分图层呈透明显示，具体的透明度主要由遮罩的灰度颜色决定，当遮罩为黑色时图像完全透明，白色为不透明，灰色为半透明。

视频播放：“遮罩”的详细介绍，请观看“遮罩.wmv”。

6. 特效

特效(Effect)又称为滤镜，在 After Effects CS6 中主要分为视频特效和音频特效两种。

【参考视频】

【参考视频】

【参考视频】

视频特效是 After Effects CS6 中最重要，也是最强大的视觉效果制作工具，它主要包括调色、抠像、变形、粒子和光照等类型。After Effects CS6 不仅自带了大量的视频特效，而且还可以通过安装外挂滤镜来扩充特效的功能。如图 1.7 和图 1.8 所示的，是添加视频特效前后图像的效果对比。

图 1.7

图 1.8

视频播放：“特效”的详细介绍，请观看“特效.wmv”。

7. 键控

键控(Keying)也称为抠像，抠像的意思是用户根据实际需要将图像中不需要的部分抠除，使其变为透明显示，而留下的图像部分与其他图层进行叠加组合，形成新的图像效果。透过键控技术，可以制作出实际拍摄中不能拍摄的效果，实现拍摄的镜头与虚拟的画面结合，形成意想不到的图像效果。如图 1.9 所示的两张图片，使用键控技术处理之后得到如图 1.10 所示的效果。

图 1.9

图 1.10

视频播放：“键控”的详细介绍，请观看“键控.wmv”。

8. 关键帧

关键帧(Keyframe)技术是使用计算机制作动画的核心技术。动画其实是由一张张差别微小的静态图片，根据人眼的视觉暂留现象制作而成的。以前的动画片制作是由手绘来完成的。以 PAL 制式为例，它的帧速率为 25 帧/秒，也就是说每播放一分钟的动画就要 1500(25×60)张图片，如果要绘制一部 30 分钟的动画片就需要绘制 45 000(1500×30)张图片。使用这种技术制作的动画工作量大、成本高，不利于动画行业的发展。为了解决这一难题，关键帧技术就应运而生了。

【参考视频】　【参考视频】

关键帧技术是指在时间轴上的特定位置添加记录点，只需要记录表示运动关键特征的画面，中间的画面由计算机程序自动添加。同样一部 30 分钟的动画片，表示关键画面的图画也许只要450张图片，也就是说，动画制作人员只需要绘制或处理这450张图片即可，这样大大降低了工作量和制作成本。也正是有了这种关键帧技术，动画行业得到了迅速发展。

视频播放：“关键帧”的详细介绍，请观看“关键帧.wmv”。

9. 画面宽高比

画面宽高比这个概念很简单，也很容易理解。画面宽高比是指在拍摄或影片制作中画面的长度与宽度之比。以电视为例，画面宽高比主要包括4∶3和16∶9两种。由于人眼实际观察的视野比较接近16∶9，再加上宽屏技术的成熟，16∶9逐步流行并占据了大部分市场。4∶3和16∶9画面效果分别如图1.11和图1.12所示。

图1.11　4∶3的效果

图1.12　16∶9的效果

视频播放：“画面宽高比”的详细介绍，请观看“画面宽高比.wmv”。

10. 视频编码

在影视后期制作中，经常会出现视频或音频文件无法导入后期编辑软件中或导入以后出现错误提示等问题。出现这些情况，主要是素材的编码有问题。

编码其实就是一种压缩标准，如果要在不同的播放设备上播放各种格式文件，在播放前必须根据需要进行压缩。例如，使用After Effects CS6输出的PAL制无损压缩的AVI文件格式，在播放时，每秒钟需要几十MB流量，这么大的文件要在网络上进行播放和传输，困难很大，所以在上传之前必须进行压缩，改变文件的大小。这里所说的压缩就一种转化编码的过程。如果选用一个高压缩比的编码，就可以得到一个比较小的数据文件，而且这个编码算法比较好的话，画面质量基本没有损耗(肉眼观看无影响)。

目前视频传输编码标准主要有以下几个。

(1) 国际电联(ITU-T)制定的H.261、H.263、H.264编码。

(2) 动画静止图像专家组(Moving Picture Expert Group)的M-JPEG编码。

(3) 国际标准化组织(ISO)制定的MPEG系列编码。

(4) Real-Networks的RealVideo编码。

(5) 微软公司的WMV编码。

(6) Apple公司的Quick Time编码。

【参考视频】　【参考视频】

视频播放："视频编码"的详细介绍，请观看"视频编码.wmv"。

11. 常用的图像、视频和数字音频格式

1) 图像格式

在 After Effects CS6 中常用的图像格式主要有以下 8 种，见表 1-1。

表 1-1　图像格式及其介绍

格式	格式介绍
BMP	微软公司制定的标准位图格式，用像素来描述图像。优点是图像质量高，缺点是文件偏大
AI	Adobe 公司制定的 Adobe Illustrator 的标准文件格式，属于矢量图形，通过路径来描述图像，最大优点是在 After Efftects 中可以保留原有的矢量信息
JPG	国际通用的图像压缩格式。优点是图像压缩比大，广泛应用于网络上，缺点是不支持透明
PNG	支持 24 位图像，是作为代替 GIF 格式而开发的图像格式。优点是压缩比高，支持透明
PSD	Photoshop 专用的图像格式，采用 Adobe 的专用算法。优点是可以与 After Effects 软件进行无缝结合，支持分层
GIF	一种常用的网络图像格式，优点是支持透明和动画。缺点是不支持 256 色，在视频软件中使用很少
TIF	标记图像文件格式(TIF)，图片质量高，主要用于图片输出和印刷
TGA	由 Truevision 公司开发的一种图像格式。优点是质量高，支持透明，是计算机生成高质量图像向电视转换的首选格式

2) 视频格式

在 After Effects CS6 中常用的视频格式主要有以下 6 种，见表 1-2。

表 1-2　视频格式及其介绍

格式	格式介绍
AVI	由 Microsoft 公司制定的一种视频格式，是 After Effects 中最常见的输出格式。优点是图像质量好，缺点是文件过大
RM/RMVB	属于 Real 公司主推的两种音、视频格式。优点是提供高压缩比，缺点是支持这两种格式的后期编辑软件不多，需要转码后才能使用
MPEG	DVD、VCD 的一种编码。优点是应用范围广泛，缺点是此种格式的算法不是针对软件编辑的，所以在编码的时候容易出现问题，最好是转码后使用
MOV	苹果机上使用的一种标准视频格式。优点是此种格式能被大多数 PC 视频编辑软件识别，提供的文件容量小，视频质量高，缺点是在输出过程中如果不注意的话容易降低影片的饱和度
WMV	主要用于网络视频的一种视频格式。优点是压缩比高，在 PC 上使用系统自带的播放器就能播放，与 PC 上的后期编辑软件兼容性好
FLV	Adobe 公司主推的一种网络流媒体视频格式。优点是压缩比高，支持流媒体播放，缺点是在编辑软件上编辑之前，需要转码

提示：虽然 After Effects CS6 后期特效制作软件能识别的素材比较多，但在导入素材时需要注意几点。①安装 After Effects CS6 之后，最好是安装 Quick Time 在内的多种编码器和最新的 Directx 媒体包，否则很多格式的视频文件不能正确导入 After Effects CS6 中；②确保导入的图片文件的色彩模式为 RGB 模式；③尽量不要直接导入 VCD 或 DVD 文件；

【参考视频】

④尽量不要编辑从网络中下载的小视频文件，否则会影响影片质量；⑤在软件中导出素材的时候，最好是将视频输出为 TGA 格式。

3) 数字音频格式

在 After Effects CS6 中常用的数字音频格式主要有以下 7 种，见表 1-3。

表 1-3　数字音频格式及其介绍

格式	格 式 介 绍
WAV	WAV 为微软自带的一种音频文件格式。优点是绝大多数应用程序都支持。此种格式有不同的采样频率和比特量，不同的采样频率和比特量，其音质也有所不同
AIFF	AIFF 格式属于苹果计算机使用的一种标准音频格式，文件后缀为“.aiff”或“.aif”，是业界广泛使用的一种音频文件格式
MP3	MP3 属于一种有损压缩的音频文件格式。优点是压缩比高，可以达到 1∶10，设置可以达到 1∶12，主要通过过滤掉人耳不太敏感的高频部分。MP3 文件小，音质也不错，几乎成了网络音乐的代名词。缺点是早期的 After Effects 不支持此种格式
MIDI	MIDI(乐器数码接口)，此种格式最初应用在电子乐器上记录乐手的弹奏，以便之后的重播。MIDI 文件是通过记录声音的信息，并通过指挥音源使音乐重现
WMA	WMA 文件格式是微软力推的一种音频压缩格式。优点是压缩比可以达到 1∶18，文件大小仅为相应的 MP3 文件的一半，质量也不错
RM	RM 文件格式主要采用流媒体的方式实现网上实时回放。RM 文件格式的压缩比可以达到 1∶96，即使在 14.4KB/S 的网速下也能流畅播放。但 After Effects CS6 不支持 RM 文件格式
CDA	CDA 属于 CD 音乐文件的后缀，文件大小只有几千字节，它记录的是文件的索引信息，需要软件进行转换才能播放

视频播放：关于“常用的图像、视频和数字音频格式”的详细介绍，请观看“常用的图像、视频和数字音频格式.wmv”。

四、案例小结

该案例主要介绍影视合成与特效制作的基本概念，要重点掌握场、通道、关键帧以及常用的图像、视频和数字音频格式的概念。

五、举一反三

自己从网络上搜索一些不同格式的视频文件，进行对比，仔细分析它们之间有何异同。

案例 2　After Effects CS6 界面介绍

一、效果预览

案例效果在本书提供的配套素材中的“第 1 章 After Effects CS6 基础知识/案例效果/案例 2.mov”文件中，通过预览效果可对本案例有一个大致的了解。本案例主要介绍 After Effects CS6 界面的各个组成部分和作用。

【参考视频】　【参考视频】

二、本案例画面及制作步骤(流程)分析

案例部分画面效果如下：

案例制作的大致步骤：

①After Effects CS6 工作界面简介 → ②After Effects CS6 工作界面中各个功能面板的作用 → ③各种工作界面模式之间的转换以及界面调节。

三、详细操作步骤

案例引入：

(1) After Effects CS6 界面中各个面板有什么作用？

(2) 各个工作界面模式之间怎样进行相互转换？

(3) 怎样对 After Effects CS6 的工作界面布局进行调节？

1. After Effects CS6 工作界面简介

1) 启动 After Effects CS6 和打开项目文件

步骤 1：单击(开始)→Adobe After Effects CS6命令，弹出【Adobe After Effects CS6】对话框，如图 1.13 所示。

步骤 2：单击确定按钮即可启动该软件。

步骤 3：在菜单栏中单击文件(F)→打开项目(O)...命令，弹出【打开】对话框，在该对话框中单选需要打开的项目文件，如图 1.14 所示。

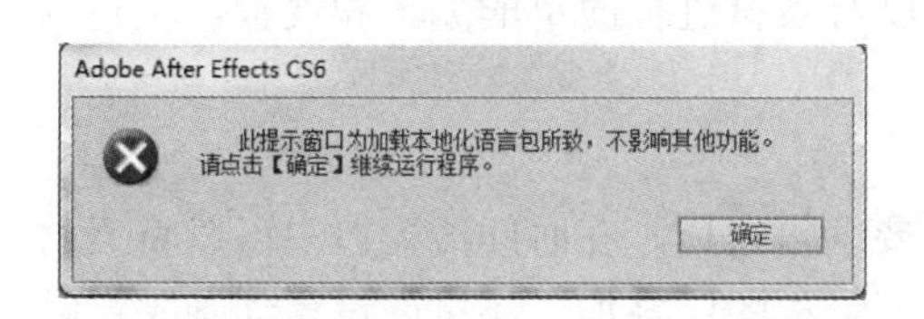

图 1.13

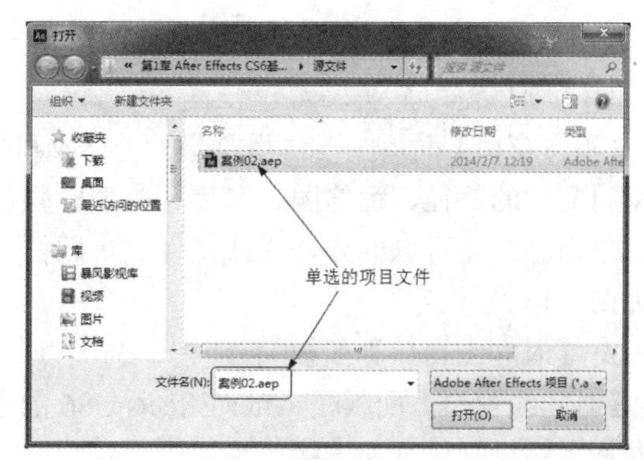

图 1.14

步骤 4：单击打开(O)按钮即可打开选中的项目文件。

【参考视频】

2) After Effects CS6 界面简介

After Effects CS6 功能强大，其操作界面与其他影视后期编辑软件的界面类似。After Effects CS6 软件的界面如图 1.15 所示。

图 1.15

在 After Effects CS6 界面中主要包括【项目窗口】【时间线窗口】【合成窗口】【效果和预置】【特效控制台】【信息】【跟踪】【摇摆器】【预览控制台】【绘图控制】【平滑器】和【文字】等功能面板。

视频播放：“After Effects CS6 工作界面简介”的详细介绍，请观看“After Effects CS6 工作界面简介.wmv”。

2. After Effects CS6 工作界面中各个功能面板的作用

1)【项目窗口】面板简介

【项目窗口】面板主要作用是导入、存放和管理素材，在项目窗口中用户可以清楚地了解素材文件的路径、缩略图、名称、类型、颜色标签和使用情况等信息，也可以为素材分类、重命名，还可以创建合成或文件夹，同样可以对素材进行简单的编辑和设置。项目窗口如图 1.16 所示。

2)【时间线窗口】面板简介

【时间线窗口】面板是 After Effects CS6 的主要编辑窗口，在时间线窗口中可以将素材按时间顺序进行排列和连接，也可以进行片段的剪辑和图层叠加，还可以设置动画关键帧和合成效果。每一个时间线窗口对应一个合成窗口，在 After Effects CS6 中合成还可以进行多重嵌套，从而制作出各种复杂的视频效果。【时间线窗口】如图 1.17 所示。

【参考视频】

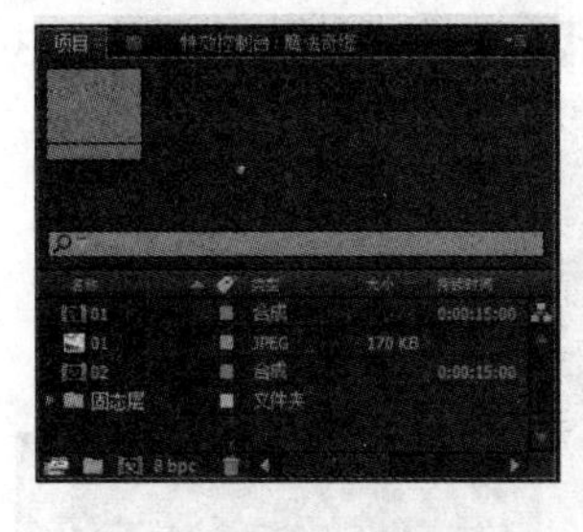

图 1.16

图 1.17

3)【合成窗口】面板简介

【合成窗口】面板的主要作用是显示合成素材的最终编辑效果。在合成窗口中，用户不仅可以从多个视角对添加的特效进行预览，而且可以对图层进行操作。【合成窗口】如图 1.18 所示。

4)【效果和预置】面板简介

【效果和预置】面板主要用来放置 After Effects CS6 中内置的各种视频特效和预设特效。所有特效按效果用途进行分组存放，如果用户安装了第三方插件特效，也将显示在该面板的最下面。特效的使用也非常简单，选择需要添加特效的图层，再单击需要添加的特效即可。【效果和预置】面板如图 1.19 所示。

5)【特效控制台】面板简介

【特效控制台】面板主要作用是用来设置特效的参数和添加关键帧，以及画面运动特效的设置。特效控制台会根据特效的不同显示不同的内容。【特效控制台】如图 1.20 所示。

图 1.18

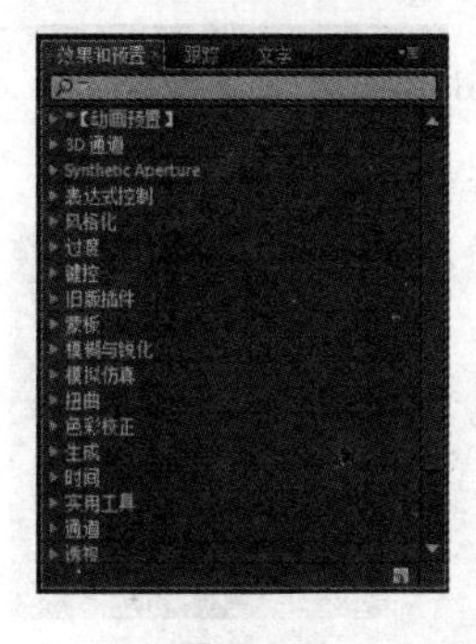

图 1.19

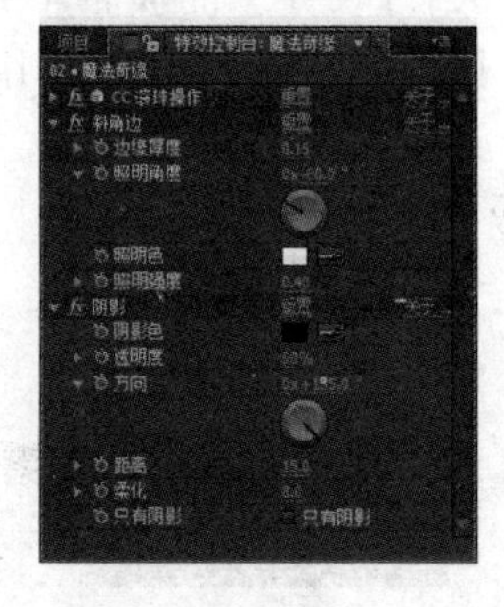

图 1.20

6)【信息】面板简介

【信息】面板的主要作用是显示当前鼠标所在的图像的坐标值和颜色 RGB 值，在进行播放时还显示项目帧和当前帧。【信息】面板如图 1.21 所示。

7)【跟踪】面板简介

【跟踪】面板的主要作用是用来对画面进行稳定控制和动态跟踪，在 After Effects CS6 中，【跟踪】面板的功能非常强大，不仅可以跟踪多个运动路径，而且可以对画面中透视角度变化进行跟踪，是合成场景的重要工具之一。【跟踪】面板如图 1.22 所示。

8)【摇摆器】面板简介

【摇摆器】面板的主要作用是对设置了两个以上动画关键帧的特效进行随机插值，使原来的动画属性产生随机性的偏差，从而模仿出自然的动画效果。【摇摆器】面板如图 1.23 所示。

9) 【预览控制台】面板简介

【预览控制台】面板的主要作用是对图层或者合成视频进行播放控制。【预览控制台】面板如图 1.24 所示。

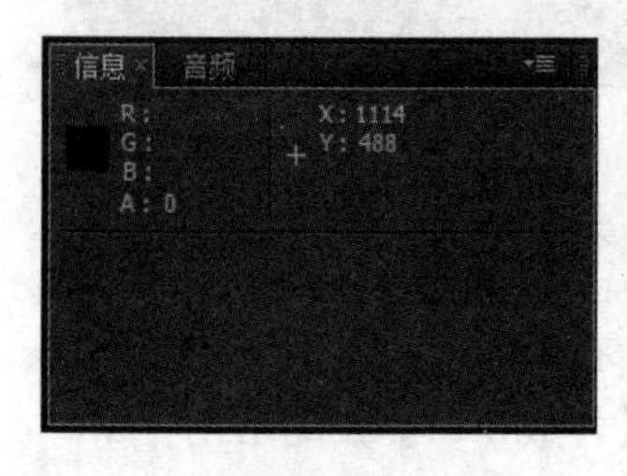

图 1.21

图 1.22

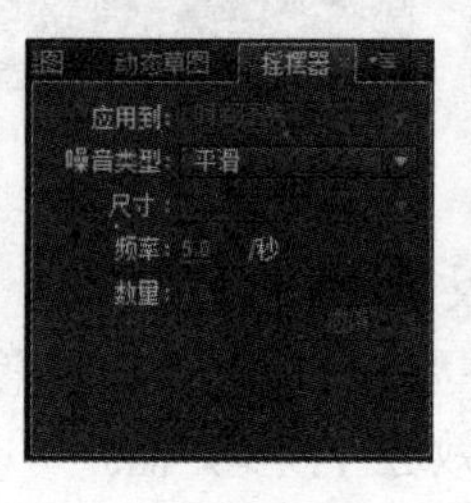

图 1.23

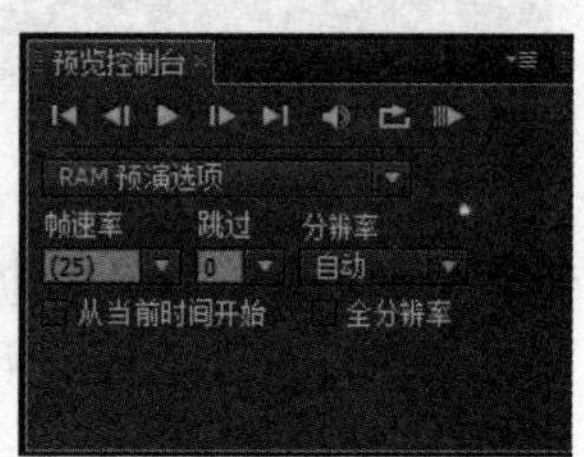

图 1.24

10) 【绘图控制】面板简介

【绘图控制】面板的主要作用是对绘图工具的笔触大小、颜色和不透明度等相关参数的设置。【绘图控制】面板如图 1.25 所示。

11) 【平滑器】面板简介

【平滑器】面板的主要作用是减少多余的关键帧，从而使图层的运动路径或者曲线更平滑，消除跳跃现象。【平滑器】面板如图 1.26 所示。

12) 【文字】面板简介

【文字】面板的主要作用是用来设置文字的字体、尺寸、颜色和字距等相关参数。【字符】面板如图 1.27 所示。

图 1.25

图 1.26

图 1.27

视频播放：“After Effects CS6 工作界面中各个功能面板的作用”的详细介绍，请观看“After Effects CS6 工作界面中各个功能面板的作用.wmv”。

3. 各种工作界面模式之间的转换以及界面调节

After Effects CS6 的功能非常强大，功能窗口和控制面板也非常多。用户要想同时在一个界面中显示是不可能的，为了解决这个问题，After Effects CS6 的开发人员根据用户工作的侧重点的不同，设计了多种 After Effects CS6 界面布局，用户可以根据自己的需要进行切换。

【参考视频】

1) 各种工作界面模式之间的转换

各种工作界面模式之间的切换方法很简单，具体操作步骤如下。

步骤 1：在菜单栏中单击窗口(W)→工作区(S)命令，弹出如图 1.28 所示的二级下拉式菜单。

步骤 2：在弹出的二级下拉式菜单中，可以根据需要单选工作模式命令即可切换到相应的工作模式(在 After Effects CS6 中，共有 8 种工作界面模式)。

2) 工作界面模式调节

在 After Effects CS6 中不仅可以在各种工作界面模式之间切换，还允许调节各个功能面板的位置、显示和隐藏功能操作，以及新建、删除和重置工作界面。

(1) 新建工作界面。

步骤 1：根据需要调节工作界面的布局。

步骤 2：在菜单栏中单击窗口(W)→工作区(S)→新建工作区...命令，弹出【新建工作区】对话框，在该对话框中输入新建的工作界面的名称，如图 1.29 所示。

步骤 3：单击确定按钮即可完成工作界面的新建，如图 1.30 所示。

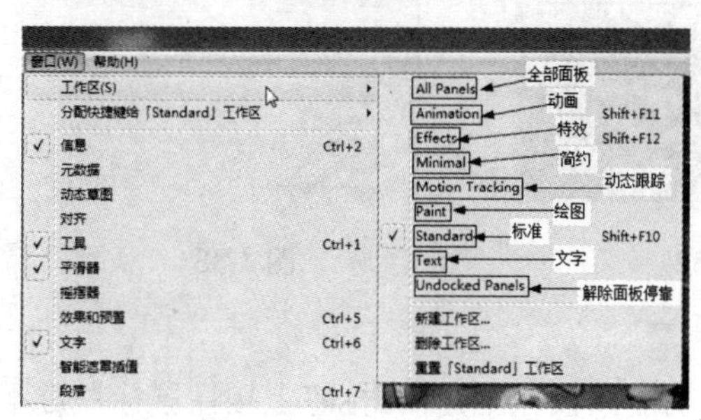

图 1.28

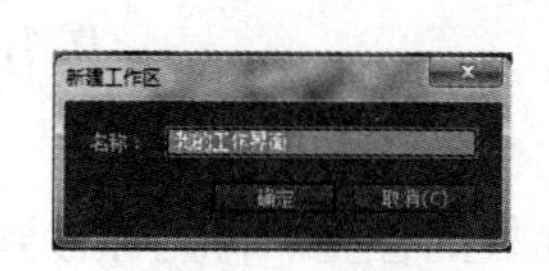

图 1.29

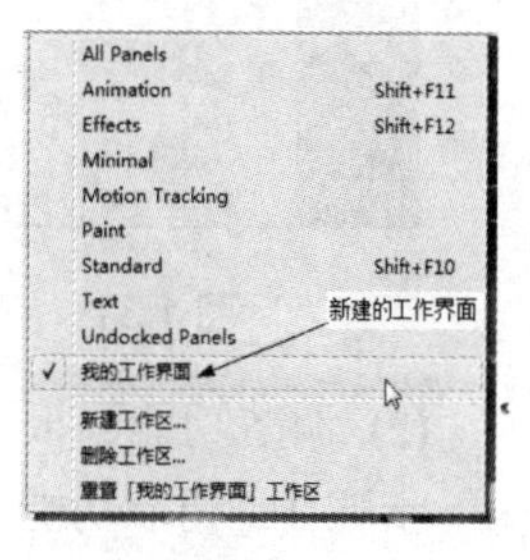

图 1.30

(2) 删除工作界面。

步骤 1：在菜单栏中单击窗口(W)→工作区(S)→删除工作区...命令，弹出【删除工作区】对话框。

步骤 2：在【删除工作区】对话框中单击▼按钮，弹出下拉菜单，在弹出的下拉菜单中单选需要删除的工作界面，如图 1.31 所示。

步骤 3：单击确定按钮即可将选择的工作界面删除。

提示：*在删除工作界面时，当前工作界面不能删除，如果要删除当前工作界面，先要切换到其他工作界面，才能进行删除操作。*

(3) 重置工作界面。

在调节工作界面布局时，如果整个工作界面调节得非常混乱时，用户可以通过重置工作区将工作界面恢复到调节之前的状态，具体操作如下。

步骤 1：在菜单栏中单击窗口(W)→工作区(S)→重置「Standard」工作区命令，弹出【重置工作区】对话框，如图 1.32 所示。

步骤 2：单击是按钮即可。

3) 功能面板的调节

功能面板的调节主要包括功能面板的显示、隐藏、布局大小调节和位置调节等相关操作，具体操作如下。

(1) 显示或隐藏功能面板。

步骤 1：显示功能面板，在菜单栏中单击窗口(W)按钮，弹出下拉菜单，如图 1.33 所示。

步骤 2：在弹出的下拉菜单中，前面有✓图标表示该功能面板处于显示状态，没有✓图标表示该功能面板处于隐藏状态。

步骤 3：将光标移到弹出的下拉菜单的相应功能面板的标签命令上，单击鼠标左键即可显示或隐藏工作界面。

图 1.31

图 1.32

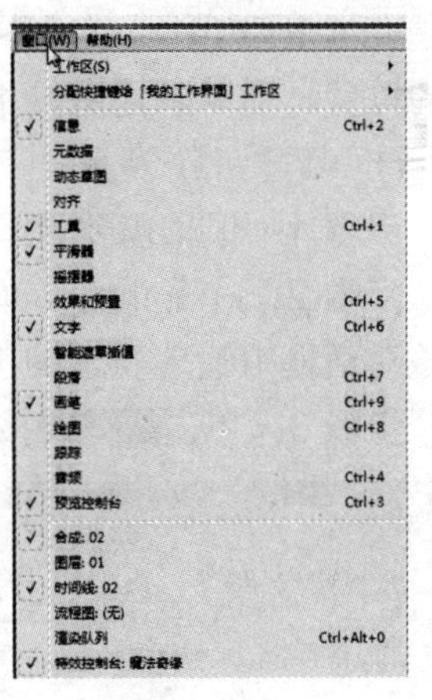

图 1.33

(2) 调节功能面板的位置和布局大小。

步骤 1：调节功能面板的位置。将光标移到功能面板左上角的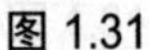标签上按住鼠标左键不放，移动光标到新的放置功能面板的位置松开鼠标左键即可。

步骤 2：调节功能面板的大小。将光标移到需要调节大小布局的两个功能面板之间，待光标变成▤或▥状态时，按住鼠标左键不放的同时进行上下或左右拖动即可调节功能面板的大小。

视频播放：“各种工作界面模式之间的转换以及界面调节”的详细介绍，请观看“各种工作界面模式之间的转换以及界面调节.wmv”。

四、案例小结

该案例主要介绍 After Effects CS6 界面中各个面板的作用、各种工作界面模式之间的转换和工作界面的调节，要重点掌握【项目窗口】面板、【时间线窗口】面板、【特效控制台】面板和【字符】面板的作用，以及各种工作界面模式之间的转换，其他知识点只作了解。

五、举一反三

根据前面所学知识，在各种工作界面之间进行切换并进行比较，说出它们之间有什么区别和共同点。

【参考视频】

【参考视频】

案例 3　After Effects CS6 相关参数设置

一、效果预览

案例效果在本书提供的配套素材中的“第 1 章 After Effects CS6 基础知识/案例效果/案例 3.mov”文件中，可通过预览效果对本案例有一个大致的了解。本案例主要介绍 After Effects CS6 中的相关参数设置和使用场合。

二、本案例画面及制作步骤(流程)分析

案例参数设置面板效果如下：

案例制作的大致步骤：

①After Effects CS6 参数调节对话框的设置 ➡ ②After Effects CS6 中各项参数的作用和调节。

三、详细操作步骤

案例引入：

(1) 怎样设置 After Effects CS6 参数调节对话框？

(2) 各项参数有什么作用和调节方法？

1. After Effects CS6 参数调节对话框的设置

在安装任何一款软件之后，在使用之前，建议用户根据自己的习惯对软件自定义功能模块进行相关参数的设置，以便更加人性化、更加合理、更加适合自己的使用习惯，After Effects CS6 这款软件也不例外。在安装 After Effects CS6 之后，不要急于导入素材进行编辑，在此之前，希望用户对该软件的相关参数作一个大致了解，并根据工作的实际需要进行适当的个性化设置，使 After Effects CS6 发挥出它最大的性能，进而充分利用资源，提高工作效率。

【参考视频】

工作效率。

在了解参数之前我们先要打开【参数】面板，具体方法如下。

步骤 1：在菜单栏中单击编辑(E)→首选项(F)→常规(E)...命令，弹出如图 1.34 所示的【首选项】对话框。

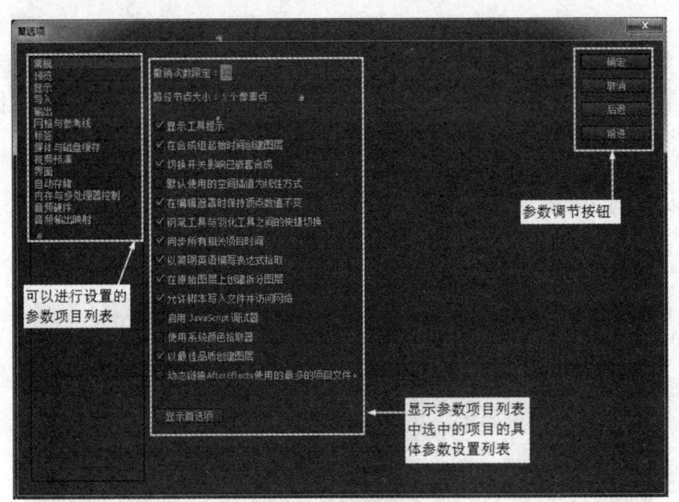

图 1.34

提示：从图 1.34 所示可以看出，【首选项】对话框左边列表为可以进行设置的参数项目列表，中间参数列表为各参数项目对应的具体参数设置列表，最右边为参数设置完毕的相关操作按钮。

步骤 2：在“参数项目列表”中单选需要调节参数的项目标签。

步骤 3：在【首选项】对话框中的中间具体参数列表中调节参数，调节完毕单击确定按钮完成参数设置并退出【首选项】对话框。

提示：如果不想对调节的参数进行保存，单击取消按钮退出【首选项】对话框，所设置的参数将不保存。单击后退按钮，返回上一个参数项的设置。单击前进按钮，跳到当前参数项的下一个参数项的设置。

视频播放：“After Effects CS6 参数调节对话框的设置”的详细介绍，请观看“After Effects CS6 参数调节对话框的设置.wmv”。

2. After Effects CS6 中各项参数的作用和调节

在【首选项】对话框中主要包括【常规】参数设置、【预览】参数设置、【显示】参数设置、【导入】参数设置、【输出】参数设置、【网格与参考线】参数设置、【标签】参数设置、【媒体与磁盘缓存】参数设置、【视频预览】参数设置、【界面】参数设置、【自动存储】参数设置、【内存与多处理器控制】参数设置、【音频硬件】参数设置和【音频输出映射】14 个参数列表。

下面为用户详细介绍各个参数项的作用和具体参数调节的方法。

1) 【常规】参数设置

【常规】参数列表主要用来设置 After Effects CS6 的运行环境，如图 1.35 所示。在这些

【参考视频】

参数设置中，最重要的设置是撤销次数限定的设置，也就是返回步骤的次数。这一项的设置对初学者来说尤其重要，系统默认值为 32，允许返回步骤的设置为 1～99，但是数值越大，占用的系统资源就越多，在实际使用时用户要根据系统硬件的配置和编辑项目的复杂程度综合考虑此参数的设置。具体参数介绍如下。

(1) 显示工具提示：主要用来控制是否显示工具提示信息。

(2) 在合成组起始时间创建图层：主要用来控制在创建图层时，是否将图层放置在合成的时间起始处位置。

(3) 切换开关影响已嵌套合成：主要用来控制是否将运动模糊和图层质量等继承到嵌套合成中。

(4) 默认使用的空间插值为线性方式：主要用来控制是否将空间插值方式设置为默认的线性插值法。

(5) 在编辑遮罩时保持顶点数值不变：主要用来控制在操作遮罩时，是否保持顶点的总数不变。勾选此项，在制作遮罩形状关键帧动画时，在某个关键帧处添加顶点，则在所有的关键帧处自动增加相应的顶点，以保持顶点的总数不变。

(6) 钢笔工具与羽化工具之间的快捷切换：主要用来控制钢笔工具与羽化工具之间是否使用快捷切换。

(7) 同步所有相关项目时间：主要用来控制在调节当前指示滑块时，在不同的合成中是否保持同步。在制作同步关键帧动画时需要勾选此项。

(8) 以简明英语编写表达式拾取：主要用来控制在使用“表达式拾取”时，是否对表达式书写框中自动产生的表达式使用简洁的表达方式。

(9) 在原始图层上创建拆分图层：主要用来控制在拆分图层时，分离的两个图层的上下位置关系。

(10) 允许脚本写入文件并访问网络：主要用来控制脚本是否能连接到网格并修改文件。

(11) 启用 JavaScript 调试器：主要用来控制是否启用 JavaScript 调试器。

(12) 使用系统颜色拾取器：主要用来控制是否采用系统的颜色取样工具来调节颜色。

(13) 以最佳品质创建图层：主要用来控制是否使用最优质量。

(14) 动态链接 After Effects 使用的最多的项目文件：主要用来控制是否和其他软件共享剪贴板上的数据。

2) 【预览】参数设置

【预览】参数面板主要用来设置合成画面的预览方式，如图 1.36 所示。具体参数介绍如下。

(1) 自适应分辨率限制：主要用来控制预览画面时的分辨率级别，共有 3 个选项级别，一般情况下选择 1/4。此选项，在加快速度的同时，画面质量也控制在可接受的范围内。

(2) OpenGL 信息...：单击该按钮，弹出一个【OpenGL 信息】对话框，通过该对话框可以了解 OpenGL 相关信息。

(3) 显示内部线框：主要用来控制是否显示内部线框。

(4) 视图品质：主要用来调节“缩放品质”和“色彩管理品质”。

(5) 音频预演：主要用来单独设置快速预览音频的持续时间。

3) 【显示】参数设置

【显示】参数主要用来控制运动路径的显示以及其他一些显示问题，如图 1.37 所示。

具体参数介绍如下。

(1) 无运动路径：主要用来控制在调节运动路径时是否显示运动路径。

(2) 所有关键帧：主要用来控制在调节路径时是否显示所有关键帧。

(3) 不超过：5 处关键帧：主要用来控制关键帧的显示个数。

(4) 不超过：0:00:15:00 = 0:00:15:00 基于 30：主要用来调节在一定时长范围内显示的关键帧个数。

(5) 在项目面板内禁用缩略图：主要用来控制在【项目】窗口中是否关闭缩略图的显示。

(6) 在信息面板与流程图内显示渲染进程：主要用来控制在【信息】窗口和【合成】窗口下方是否显示渲染进度。

(7) 硬件加速合成组、图层与素材面板：主要用来控制是否显示硬件加速合成组、图层和素材面板。

(8) 在时间线面板同时显示时间码与帧数：主要用来控制是否在【时间线】窗口中同时显示时间码和帧数。

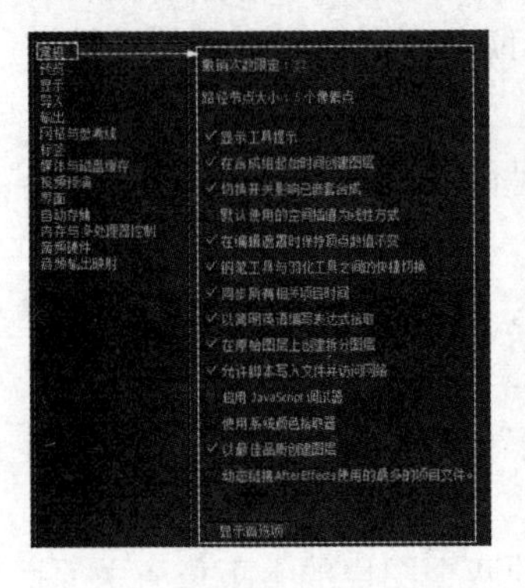

图 1.35

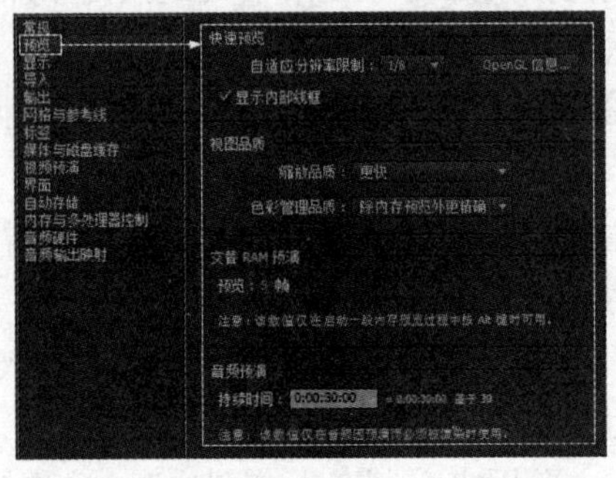

图 1.36

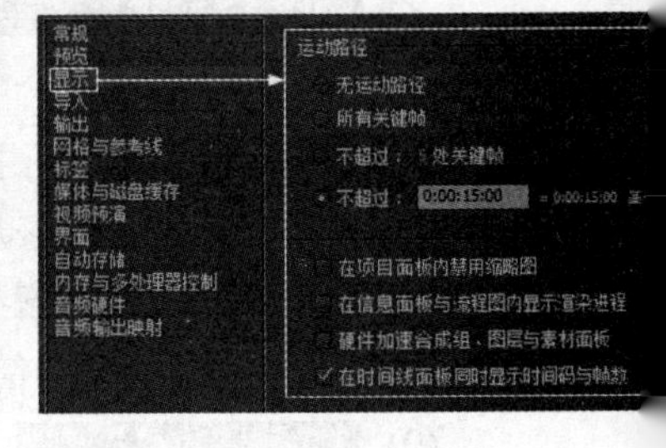

图 1.37

4) 【导入】参数设置

【导入】参数主要用来设置素材导入时的相关参数(图 1.38)。具体参数介绍如下。

(1) 合成长度：勾选此项，导入的静帧素材的长度与新建合成设置的长度一致。

(2) 0:00:01:00 = 0:00:01:00 基于 30：勾选此项，导入的静帧素材的长度等于用户设置的长度。

(3) 30 帧/秒：主要用来设置导入序列图像的帧速率。

(4) 不确定的媒体 NTSC：丢帧：主要用来控制对不确定的媒体是否进行丢帧处理。

(5) 定义未标记的 Alpha 为：提醒用户：主要用来设置未标记的 Alpha 素材的编译 Alpha 通道值的方式，为用户提供了提醒用户、自动设定、忽略 Alpha、直接(无蒙版)、预乘(黑色蒙版)和预乘(白色蒙版)6 种编译方式。

(6) 默认拖曳导入为：素材：主要用来设置拖曳素材的默认方式。主要有以“素材”“合成”和“合成—保持图层大小”3 种默认拖曳方式供选择。

5) 【输出】参数设置

【输出】参数主要用来设置当输出文件的大小超出目标磁盘的空间大小时，指定继续保存文件的逻辑分区位置，以及图片序列或影片的输出控制(图 1.39)。具体参数介绍如下。

(1) 拆分序列为 700 个文件：主要用来设置序列文件输出时拆分的最多文件数量。

(2) 拆分影片为 1024 MB：主要用来设置输出影片最多能占用的磁盘空间大小。

(3) 使用默认文件名与文件夹：主要用来控制是否使用默认的输出文件名和文件夹。

(4) 音频数据组持续时间：0:00:01:00 = 0:00:01:00 基于 30：主要用来控制音频输出的长度。

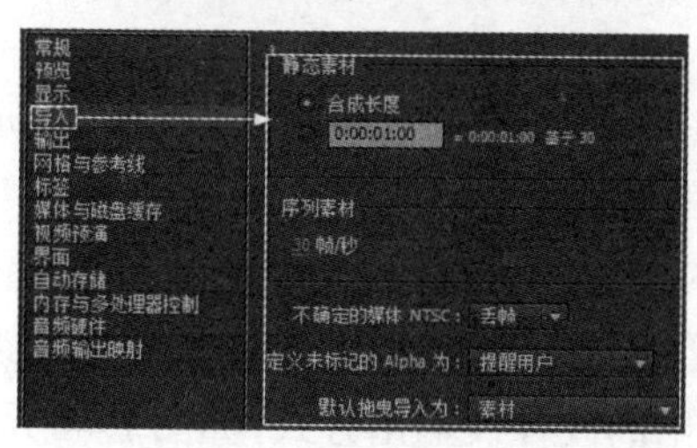

图 1.38

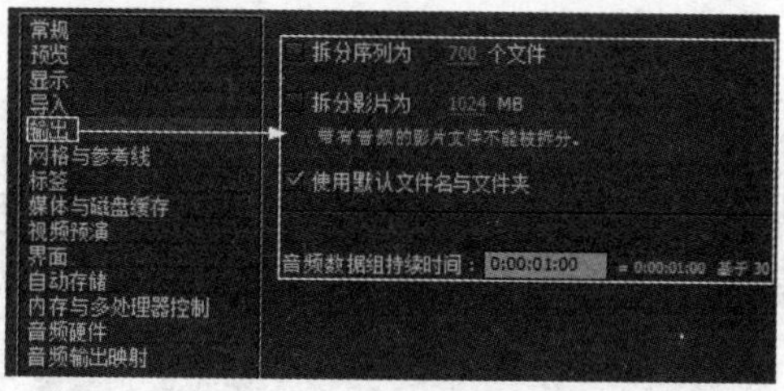

常规
预览
显示
导入
输出
网格与参考线
标签
媒体与磁盘缓存
视频预演
界面
自动存储
内存与多处理器控制
音频硬件
音频输出映射
拆分序列为 700 个文件
拆分影片为 1024 MB
带有音频的影片文件不能被拆分。
使用默认文件名与文件夹
音频数据组持续时间：0:00:01:00 = 0:00:01:00 基于 30

图 1.39

6)【网格与参考线】参数设置

【网格与参考线】参数主要用来设置网格与参考线的颜色、数量和线条风格(图 1.40)。具体参数介绍如下。

(1) 网格：主要用来设置网格的颜色、样式、网格间隔和分割数。

(2) 网格比例：主要用来设置水平和垂直的比例值。

(3) 参考线：主要用来设置参考线的颜色和参考线的数量。

(4) 安全框：主要用来设置活动安全区域、字幕安全区域、中心裁切活动安全区域和中心裁切字幕安全区域所占屏幕的百分比。

7)【标签】参数设置

【标签】参数主要用来设置各种标签的名称和颜色，如图 1.41 所示。

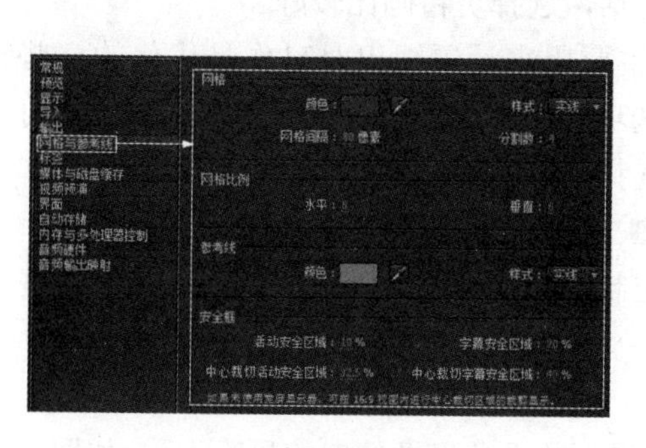

图 1.40

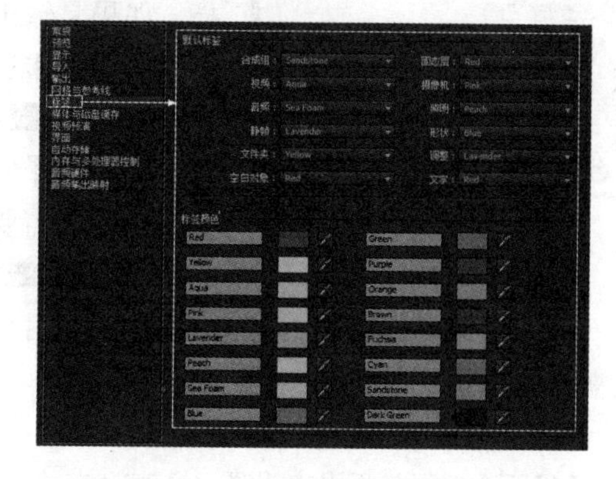

图 1.41

8)【媒体与磁盘缓存】参数设置

【媒体与磁盘缓存】参数主要用来设置磁盘缓存的大小，如图 1.42 所示。

具体参数介绍如下。

(1) 启用磁盘缓存：主要用来控制是否启用磁盘缓存。

(2) 最多磁盘缓存大小：6 GB：主要用来设置磁盘缓存的最大值。

(3) 选择文件夹...：单击该按钮，弹出如图 1.43 所示的【选择文件夹】对话框，在该对话框中设置缓存的路径，单击确定按钮即可。

(4) 清除磁盘高速缓存：单击该按钮即可清除磁盘高速缓存。

(5) 匹配媒体高速缓存：主要用来设置“数据库”和“缓存”的存储路径以及清除“数据库”和“缓存”的内容。

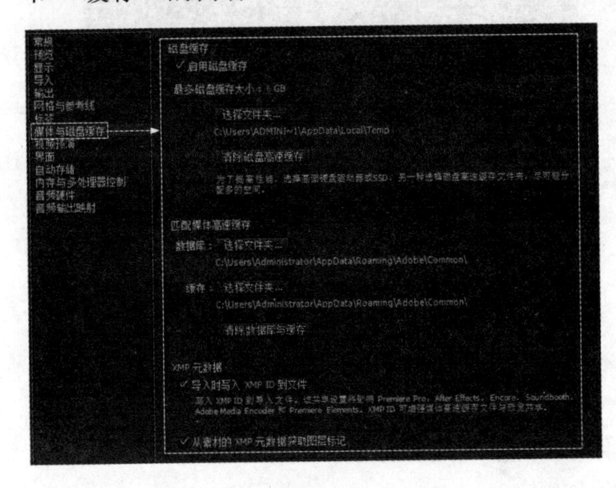

图 1.42

(6) XMP 元数据：主要用来设置 XMP 元数据的相关信息。

9)【视频预览】参数设置

【视频预览】参数主要用来设置视频预览输出的硬件及输出方式，如图 1.44 所示。

具体参数介绍如下。

(1) 输出设备：主要设置视频输出的硬件配置。其中有两个选项供用户选择，如果用户选择【仅计算机显示器】选项时，下面所有参数呈灰色显示，用户不能对其进行设置，只能采用系统的默认设置；如果选择【IEEE1394(OHCI 兼容)】选项时，下面所有参数才能起作用。

图 1.43

(2) 输出模式：主要用来设置视频输出的模式。

(3) 输出品质：主要用来设置输出视频的品质，系统为用户提供了更快和更精确的两个选项，用户可以根据实际情况选择。如果是输出预览视觉效果的话，选择更快比较好；如果是输出最终作品的话，选择更精确比较好。

(4) 输出期间：主要用来设置输出时对作品优化的一些设置，包括 4 个复选项。用户可以同时选择 4 个选项，也可以根据自己的需要选择其中的某一项。

(5) 视频监视器纵横比：主要用来设置视频监视器的宽高比。

(6) 缩放比例以信箱模式输出，便于适配视频监视器：主要用来控制是否使用缩放，以信箱模式来适应视频监视器的尺寸。

10)【界面】参数设置

【界面】参数主要用来设置 After Effects CS6 界面的颜色以及按钮的显示方式，如图 1.45 所示。

具体参数设置如下。

(1) 图层操作与路径使用标签色：主要用来控制是否对图层操作手柄和路径使用标签颜色。

(2) 相关制表符使用标签色：主要用来控制是否对相关制表符使用标签颜色。

(3) 循环遮罩颜色：主要用来控制按钮或界面颜色是否使用渐变的立体显示效果。

(4) 使用渐变色：主要用来控制标签颜色是否受界面颜色亮度的影响。

(5) 亮度：主要用来调节用户界面的亮度。

(6) 影响标签色：主要用来控制是否使标签的颜色受界面颜色亮度的影响。

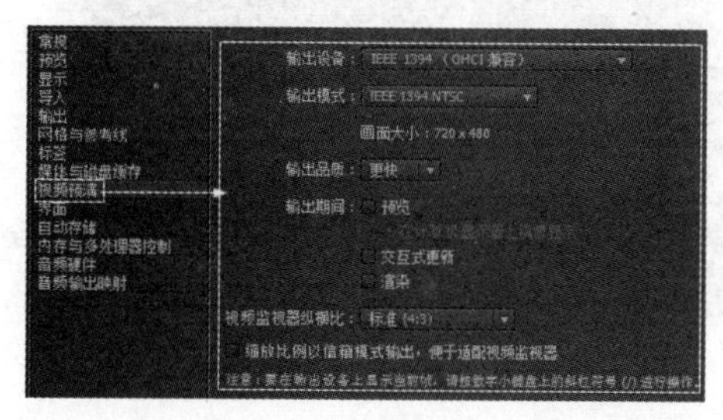

图 1.44

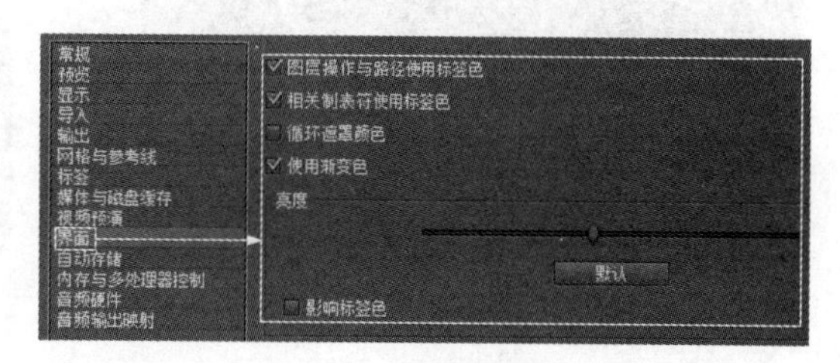

图 1.45

11)【自动存储】参数设置

【自动存储】参数主要用来设置软件自动保存用户操作的间隔时间和项目文件保存的数量。系统默认情况下每隔 20 分钟自动保存一次，最多可以保存 5 个项目，如图 1.46 所示。如果用户的硬件设备允许的话，最好是将系统自动保存时间间隔设置短一点，这样可以防止因为意外情况造成死机或突然断电等造成文件丢失情况的发生。

12)【内存与多处理器控制】参数设置

【内存与多处理器控制】参数主要用来设置内存的使用大小和是否使用多处理器进行渲染，如图 1.47 所示。

具体参数介绍如下。

(1) 为其他应用程序保留的内存：主要用来调节为其他应用程序预留内存空间。

(2) 同时渲染多帧图像：主要用来控制是否将多帧图像进行同时渲染。

(3) 保留给其他应用程序的 CPU 使用量：主要用来设置给其他应用程序预留的 CPU 个数。

(4) 每颗 CPU 的后台内存分配量：主要用来设置每个 CPU 的最小渲染分配内容的容量。

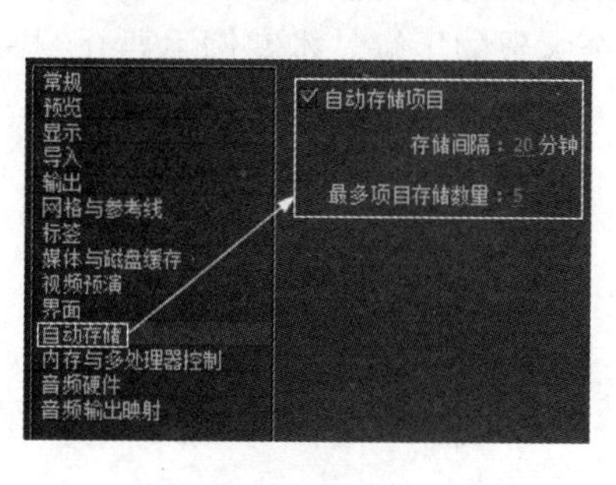

图 1.46

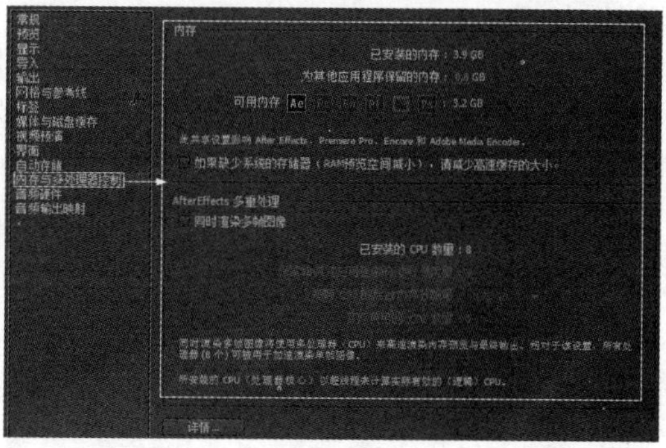

图 1.47

13)【音频硬件】参数设置

【音频硬件】参数主要用来设置声卡的相关参数，如图 1.48 所示。

14)【音频输出映射】参数设置

【音频输出映射】参数主要用来设置左右声道映射，如图 1.49 所示。

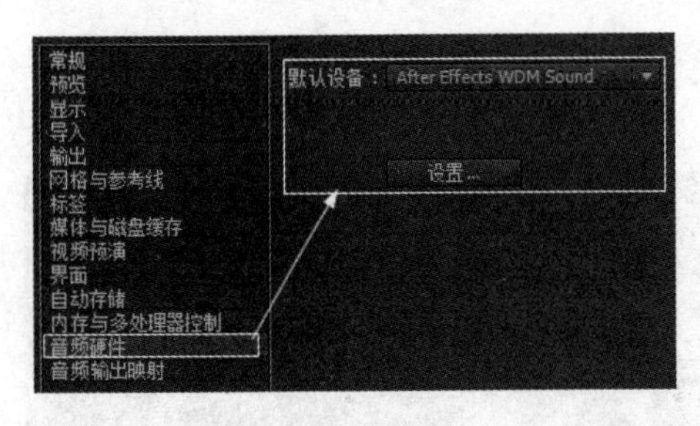

图 1.48

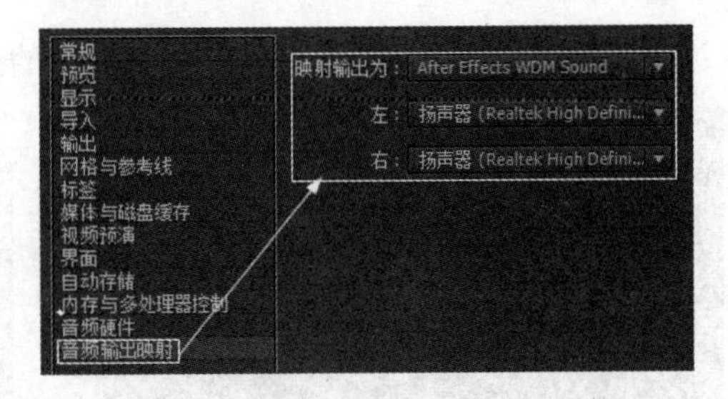

图 1.49

视频播放：“After Effects CS6 中各项参数的作用和调节”的详细介绍，请观看“After Effects CS6 中各项参数的作用和调节.wmv”。

四、案例小结

该案例主要介绍 After Effects CS6 系统相关参数的设置，要重点掌握【常规】参数设置、【显示】参数设置、【输出】参数设置、【网格与参考线】参数设置、【媒体与磁盘缓存】参数设置和【自动存储】参数设置。

五、举一反三

根据前面所学知识，启动 After Effects CS6 应用软件，根据自己的习惯设置系统参数。

案例 4　影视后期特效合成的操作流程

一、效果预览

案例效果在本书提供的配套素材中的“第 1 章 After Effects CS6 基础知识/案例效果/案例 4.mov”文件中，可通过预览效果对本案例有一个大致的了解。本案例主要介绍影视后期特效合成操作流程。

二、本案例画面及制作步骤(流程)分析

案例部分画面效果如下：

案例制作的大致步骤：

①After Effects 的基本工作流程 ➡ ②启动 After Effects CS6 和创建合成 ➡ ③导入素材文

【参考视频】

【参考视频】

件→④使用素材的原则→⑤创建遮罩和转换为预合成→⑥添加特效→⑦制作特效动画→⑧预演→⑨渲染输出。

三、详细操作步骤

案例引入：

(1) After Effects CS6 的基本工作流程是怎样的？

(2) 使用素材需要遵循怎样的原则？

(3) 什么叫做特效？怎样对特效进行操作？

(4) 怎样制作特效动画？

(5) 什么叫做遮罩？怎样使用遮罩？

1. After Effects CS6 的基本工作流程

(1) 前期创意，收集素材。

(2) 启动 After Effects CS6 应用软件。

(3) 创建合成项目文件。

(4) 导入素材文件。

(5) 制作特效。

(6) 预览、渲染输出。

在 After Effects 中，无论是制作一个简单的后期特效项目，还是制作复杂的大型动画后期特效合成项目，都需要遵循 After Effects 的基本工作流程。如图 1.50 所示。

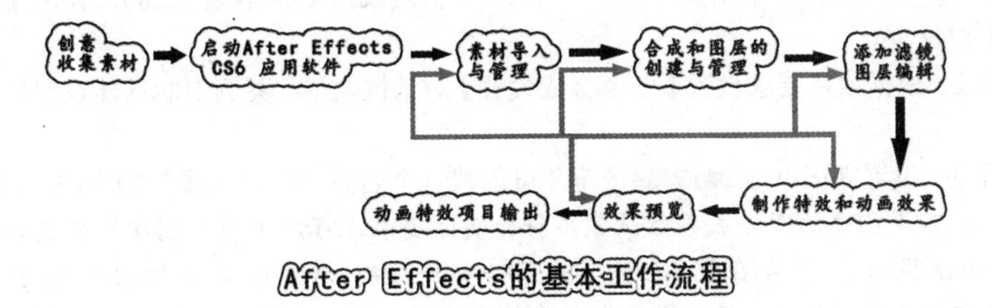

图 1.50

在本案例中通过制作一个“气泡头像”的视频特效来介绍 After Effects 的基本工作流程。

视频播放：“After Effects 的基本工作流程”的详细介绍，请观看“After Effects 的基本工作流程.wmv”。

2. 启动 After Effects CS6 软件和创建合成

1) 启动 After Effects CS6 软件

After Effects CS6 的启动方法与其他软件的启动方法基本相同，主要有如下 3 种方法。

方法一：在桌面上双击(快捷图标)图标，即可启动 After Effects CS6 软件。

方法二：单击(开始)→Adobe After Effects CS6命令，即可启动 After Effects CS6 软件。

【参考视频】

【参考视频】

方法三：直接双击需要打开的After Effects文件。

2) 创建合成

After Effects CS6后期特效或动画合成的前提条件是创建合成。对导入的素材进行编辑、特效合成和动画制作都要在合成中实现，After Effects CS6中的合成可以进行层层嵌套。一般情况下，制作一个后期特效合成项目都会用到合成嵌套，所以在学习后期特效制作之前需要了解相关合成的知识点。

在After Effects CS6中，一个后期合成项目允许创建多个合成，而且每个合成都可以作为一段素材应用到其他的合成中，一段素材可以在一个合成中多次使用，也可以在多个合成中使用，还可以对单个素材进行遮罩，但不能进行自身嵌套。通过图1.51所示，可了解素材与合成嵌套的关系。

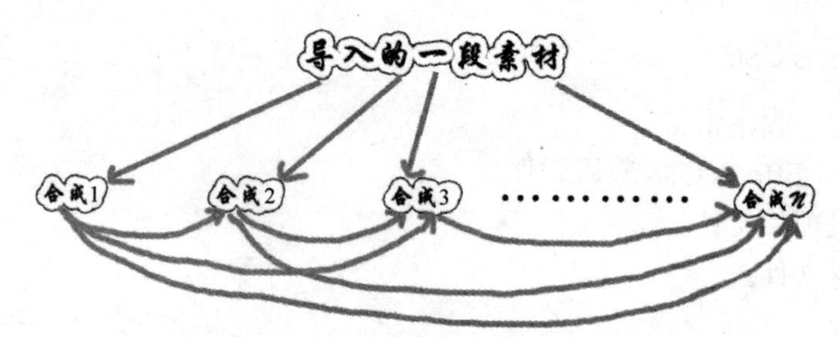

图1.51

步骤1：在菜单栏中单击图像合成(C)→新建合成组(C)...命令(或按Ctrl+N组合键)，弹出【图像合成设置】对话框。

步骤2：根据项目要求设置【图像合成设置】对话框，在本案例中的具体设置如图1.52所示。

步骤3：设置完毕单击确定按钮即可创建一个名为“气泡头像”的合成(图1.53)。

提示：如果创建的新合成参数设置不符合实际要求，可以重新对创建的合成的参数进行修改，方法很简单，只要在菜单栏中单击图像合成(C)→图像合成设置(T)...命令(或按Ctrl + K组合键)，弹出【图像合成设置】对话框，根据要求重新修改【图像合成设置】对话框中的相关参数，单击确定按钮即可。

【图像合成设置】对话框参数介绍。

(1) 合成组名称：主要用来设置创建合成的名字。

(2) 基本参数介绍。

① 预置：为用户提供影片类型的选择和用户自定义影片类型。

② 宽：720 px / 高：576 px：主要用来设置合成的宽/高尺寸，单位为px(像素)。这两个参数只有在“预置”类型为自定义影片类型时才起作用。

③ 纵横比以5:4 (1.25)锁定：主要用来控制合成尺寸的宽高比例。

④ 像素纵横比：主要用来设置单个像素的宽高比例，单击像素纵横比右边的▼按钮，弹出下拉列表，如图1.54所示，提供了8种像素纵横比类型。

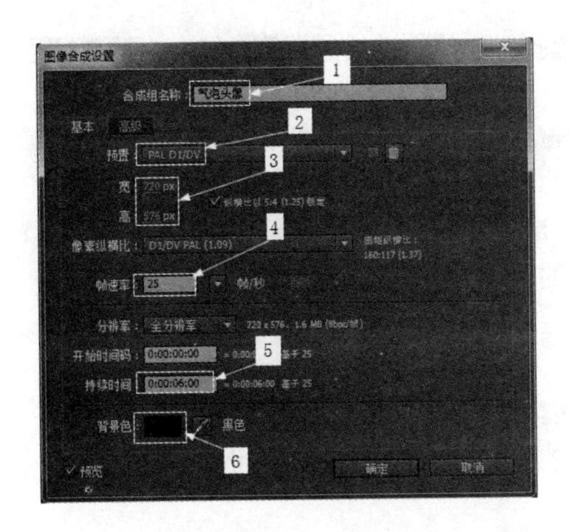

图 1.52

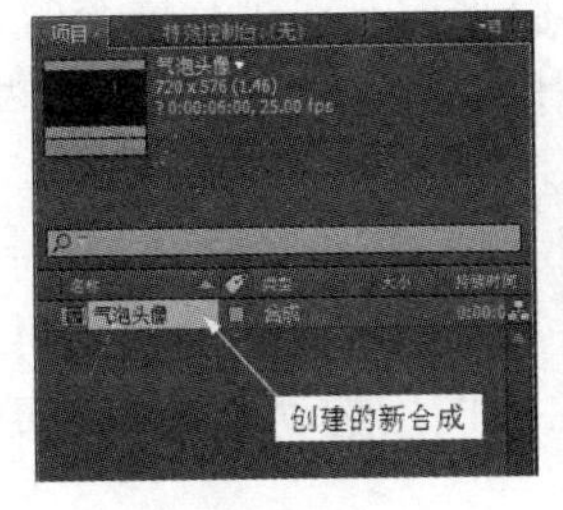

图 1.53

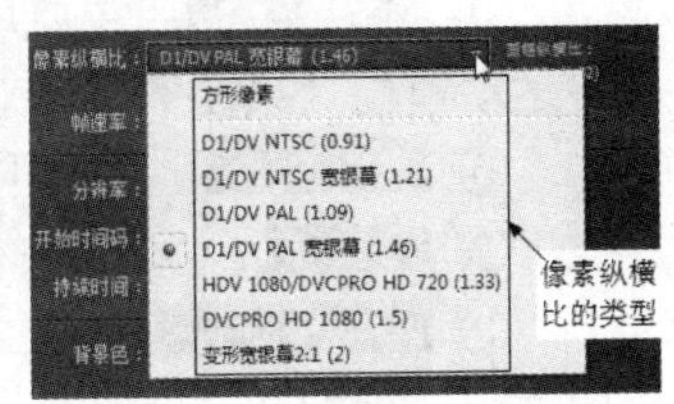

图 1.54

⑤ 帧速率：主要用来设置合成的帧速率。单击帧速率右边的按钮，弹出下拉列表，如图 1.55 所示，提供了 11 种帧速率。用户要根据选择的预置类型来确定帧速率。

⑥ 分辨率：主要用来设置合成的分辨率，单击分辨率右边的按钮，弹出下拉列表，如图 1.56 所示，提供了 5 种分辨率类型。

⑦ 开始时间码：主要用来设置合成的起始时间，默认情况从第 0 秒 0 帧开始。

⑧ 持续时间：主要用来设置合成的总时长。

⑨ 背景色：主要用来设置合成的背景颜色。可以使用(吸管)工具拾取颜色来调整合成的背景颜色。

(3) 高级参数介绍。

高级参数选项卡的参数如图 1.57 所示。主要包括“定位点”“渲染插件”和“动态模糊”等参数设置，具体参数介绍如下。

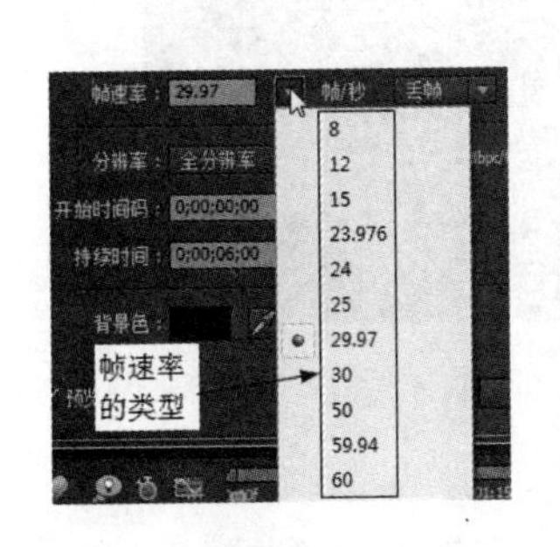

图 1.55

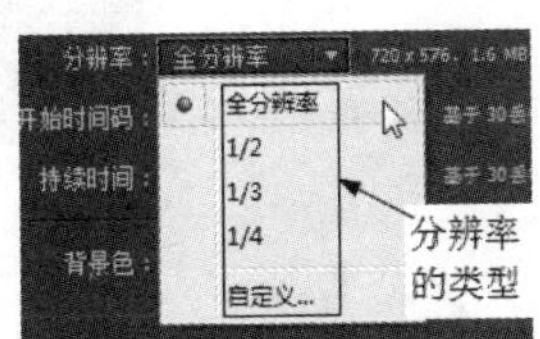

图 1.56

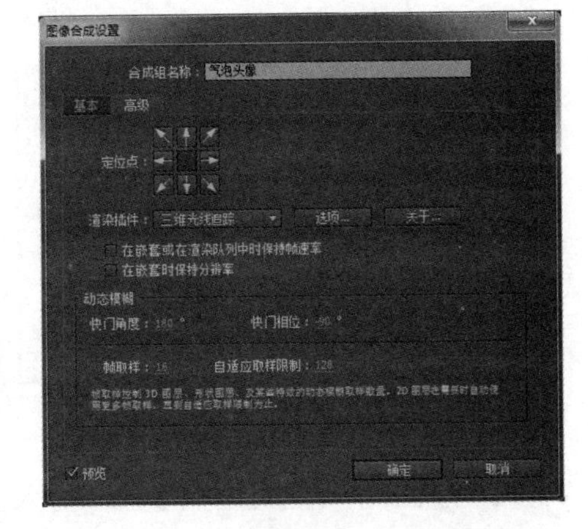

图 1.57

① 定位点：主要用来设置合成图像的轴心点。在修改合成图像的尺寸时，轴心点位置决定如何裁切和扩大图像范围。

② 渲染插件：主要用来设置渲染引擎。主要包括“高级 3D”和“三维光线追踪”两种渲

染引擎方式，用户可以根据自身的显卡配置来进行选择，可以通过设置渲染插件右边的选项...属性阴影的尺寸来决定阴影的精度。

③ 在嵌套或在渲染队列中时保持帧速率：主要用来控制在进行嵌套合成或在渲染队列中是否继承原始合成设置的帧速率。

④ 在嵌套时保持分辨率：主要用来控制在进行嵌套时，是否保持原始合成设置的图像分辨率。

⑤ 快门角度：180°：主要用来控制图层的运动模糊的强度。该值越大，模糊效果越强。最终运动模糊效果还取决于对象的运动速度。

⑥ 快门相位：-90°：主要用来控制运动模糊的方向。

⑦ 帧取样：16：主要用来控制3D图层、形状图层和包含有特定滤镜图层的运动模糊效果。

⑧ 自适应取样限制：128：当二维图层运动模糊需要更多的帧取样时，可以通过提高该数值来增强运动模糊效果。

提示：快门角度和快门之间的关系可以用“快门速度=1÷[帧速率×(360÷快门角度)]”表达式计算得到。如快门角度为180度，PAL的帧速率为25帧/秒，那么快门速度为1/50。

视频播放：“启动After Effects和创建合成”的详细介绍，请观看“启动After Effects和创建合成.wmv”。

3. 导入与替换文件

1) 导入素材主要有3种方法，具体操作方法如下。

(1) 方法一，通过菜单栏导入素材。

步骤1：在菜单栏中单击文件(F)→导入(I)→文件...命令，弹出【导入文件】对话框，在该对话框中选择需要导入的素材，如图1.58所示。

步骤2：单击打开(O)按钮即可将选择的素材导入【项目】窗口中，如图1.59所示。

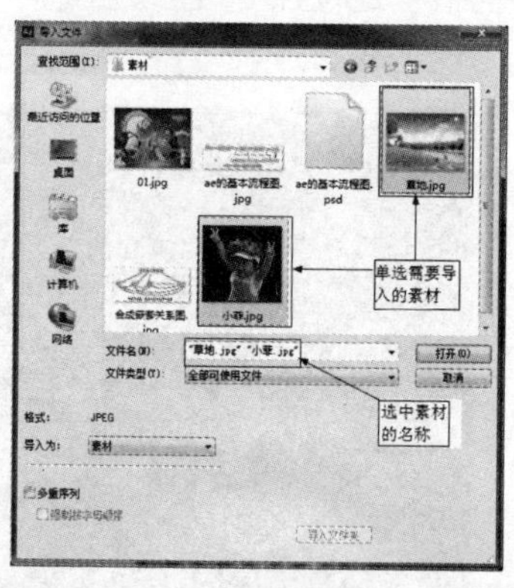

图1.58

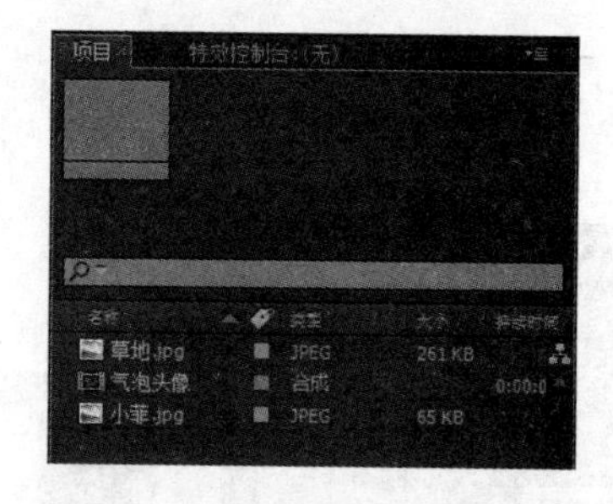

图1.59

(2) 方法二，通过【项目】窗口导入素材。

步骤1：在【项目】窗口的空白处双击鼠标左键，弹出【导入文件】对话框。

步骤2：在弹出的【导入文件】对话框中选择需要导入的素材，单击打开(O)按钮即可将选择的素材导入到【项目】窗口中。

(3) 方法三，通过拖曳的方法导入素材。

【参考视频】

步骤 1：打开需要导入的素材所在的文件夹，选择需要导入的素材。

步骤 2：将光标移到选择素材的任意一个图标上，按住鼠标左键不放的同时，拖曳到【项目】窗口中，此时，出现拖曳素材的图标和复制的提示(图 1.60)。松开鼠标左键即可。

2) 序列文件的导入

如果需要导入序列素材，只要在【导入文件】对话框中勾选多重序列选项即可以序列的方式导入素材。如果只需导入序列文件中的一部分，在勾选多重序列选项的基础上，选择需要导入的部分素材，单击打开(O)按钮即可。

3) 导入多图层素材

在 After Effects CS6 中允许导入多图层素材，并保留文件的图层信息，如 Photoshop 的 psd 文件和 Illustrator 生成的 ai 文件，导入多图层素材的具体操作如下。

步骤 1：在【项目】窗口的空白处双击，弹出【导入文件】对话框。选择需要导入的多图层素材文件，在这里选择"标题文字.psd"文件。

步骤 2：单击打开(O)按钮，弹出一个图层设置对话框，具体设置如图 1.61 所示。

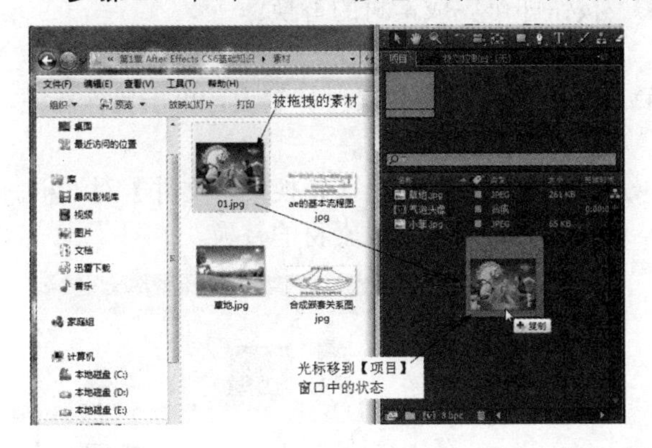

图 1.60

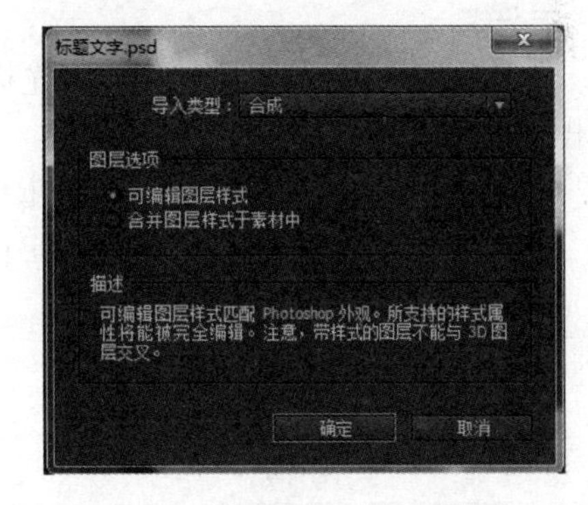

图 1.61

步骤 3：单击确定按钮即可将多图层的文件导入【项目】窗口，如图 1.62 所示。

在导入多图层素材文件时，可以选择"素材""合成"和"合成—保持图层大小"3 种方式进行导入，如图 1.63 所示。

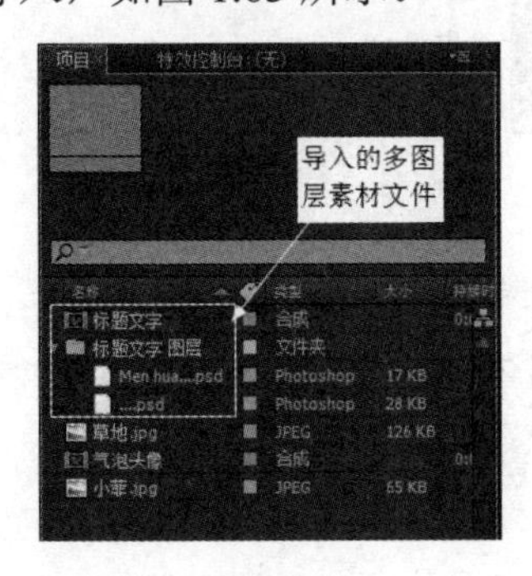

图 1.62

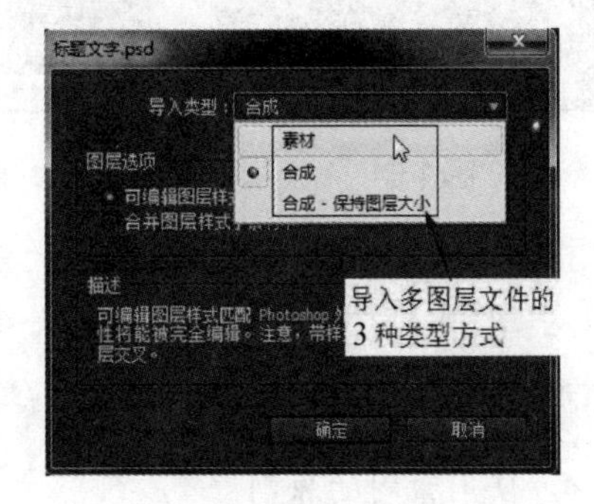

图 1.63

导入类型方式介绍。

(1) 以"合成"方式导入素材时，After Effects CS6 将整个素材作为一个文件合成，原始素材的图层信息可以最大限度地保留，可以在这些原有图层的基础上再次进行特效和动画制作。如果单选可编辑图层样式选项，则可以保留图层样式信息；如果单选合并图层样式于素材中选项，则将图层样式合并到素材中。

(2) 以“素材”方式导入素材时，对话框如图1.64所示。

以“素材”方式导入素材时，如果单选合并图层选项，则原始文件的所有图层合并后一起导入；如果单选选择图层选项，则可以选择某些特定图层作为素材导入。在选择单个图层作为素材导入时，用户还可以选择按“图层大小”，或是按“文件大小”尺寸导入，如图1.65所示。

4) 素材替换

在After Effects CS6中，允许用户对当前不理想的素材进行替换操作，素材替换操作主要有如下两种方法。

方法一

步骤1：在【项目】窗口中，单选需要替换的素材。

步骤2：在菜单栏中单击文件(F)→替换素材(E)→文件...命令，弹出【替换素材文件】对话框(图1.66)。

步骤3：选择替换的素材，单击打开(O)按钮即可完成素材的替换。

方法二

步骤1：在【项目】窗口中，将光标移到需要进行替换的素材标签上，单击鼠标右键，弹出快捷菜单。

步骤2：在弹出的快捷菜单中单击替换素材(E)→文件...命令，弹出【替换素材文件】对话框。

步骤3：选择需要替换的素材，单击打开(O)按钮即可完成素材的替换。

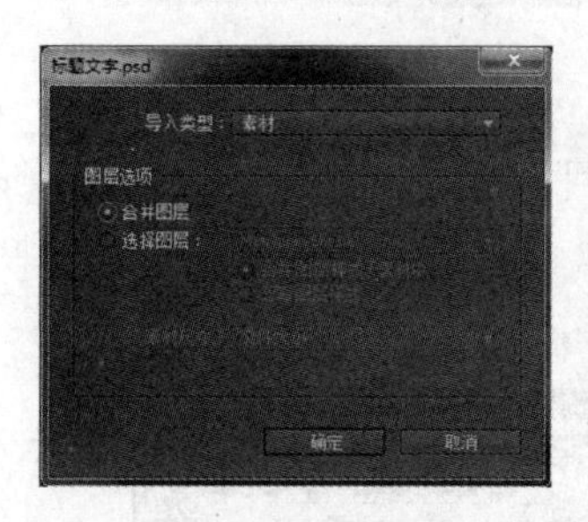

图1.64

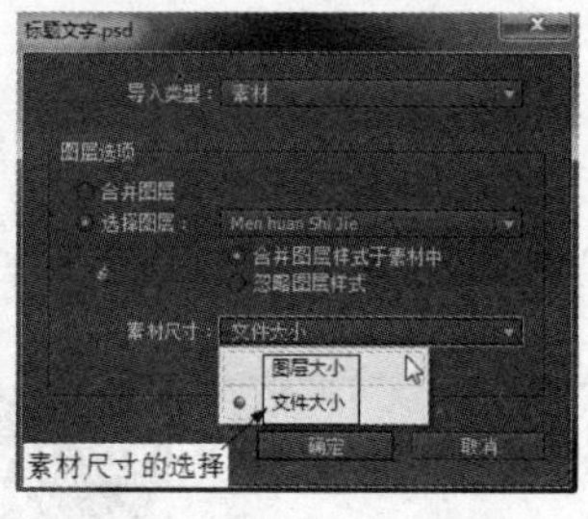

图1.65

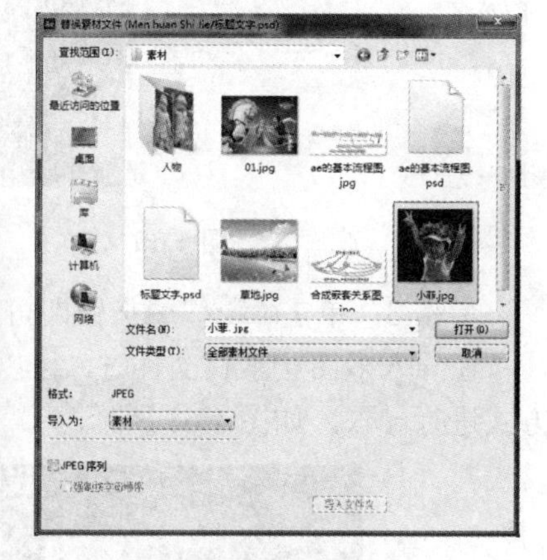

图1.66

提示：素材替换以后，被替换的素材在时间线上的所有操作将被保留下来。为了减少在预览过程中对计算机硬件的压力，建议用户将当前大容量素材设置为占位符或固态层。

视频播放：“导入素材文件”的详细介绍，请观看“导入素材文件.wmv”。

4. 使用素材的原则

在导入素材之前，首先确定最终输出的文件格式，这对于选择素材导入进行创作非常重要。例如：在导入一幅背景图片时，用户可以先在Photoshop中根据项目或合成尺寸大

【参考视频】

小设置图片的尺寸和像素比。如果导入图片的尺寸过大会增加渲染压力，而导入尺寸过小，则渲染出来的清晰度达不到用户的要求，会出现失真和模糊现象。

在使用素材时，建议用户遵循以下 3 个原则。

原则一：尽量使用无压缩的素材。

在进行抠像或运动跟踪时，素材的压缩率越小，产生的效果就越好。建议用户在制作过程中和渲染输出时都采用无损压缩，到最终输出时才根据项目实际要求进行有损压缩操作。例如：在使用经过 DV 压缩编码后的素材，一些比较小的颜色差别信息将被压缩掉，在进行调色等操作时可能会出现颜色偏差等现象。

原则二：尽量使素材的帧速率与输出的帧速率保持一致。

如果使用素材的帧速率与输出的帧速率保持一致，则可以避免在 After Effects CS6 中重新设置帧混合。

原则三：在条件允许的情况下，即使制作标准清晰度的项目，也建议使用高清晰度的拍摄素材。

使用高清晰度的拍摄素材可以为后期特效合成提供足够的创作空间，如通过缩放画面来模拟摄影机的推拉和摇摆动画等。

视频播放：“使用素材的原则”的详细介绍，请观看“使用素材的原则.wmv”。

5. 创建遮罩和转换为预合成

1) 创建遮罩

遮罩是指使用路径工具或遮罩工具绘制的闭合曲线，它位于图层之上，本身不包含任何图像数据，只是用于控制图层的透明区域和不透明区域，在对图层操作时，被遮挡的部分不受影响。

在 After Effects CS6 中，遮罩其实就是一个封闭的贝塞尔曲线所构成的路径轮廓，可以对轮廓内或外的区域进行抠像。如果不是闭合曲线，就只能作为路径来使用，如经常使用的描边特效就是利用遮罩功能来开发的。

在 After Effects CS6 中，闭合曲线不仅可以作为遮罩，还可以作为其他特效的操作路径，例如文字路径等，如图 1.67 所示。

创建遮罩的具体操作。

步骤 1：将【项目】窗口中的“小菲.jpg”图片拖曳到【气泡头像】合成中，并调节变换参数，如图 1.68 所示。在【合成预览】窗口中的效果如图 1.69 所示。

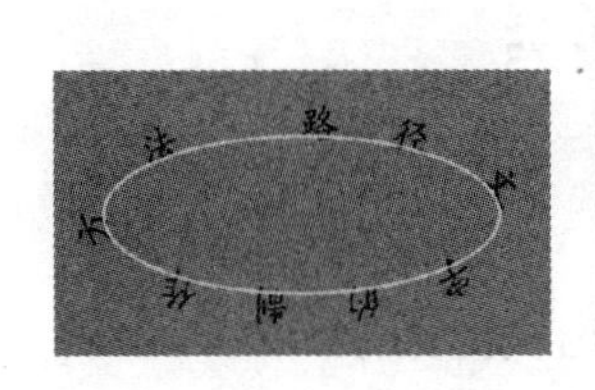

图 1.67

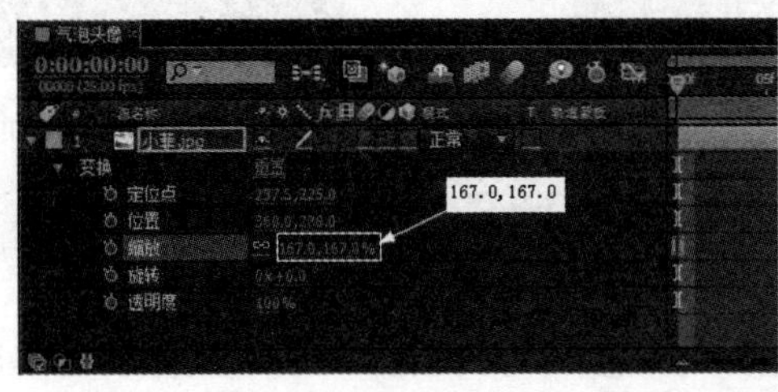

图 1.68

图 1.69

【参考视频】

步骤 2：确保【气泡头像】合成中的“小菲.jpg”图片被选中。在工具栏中双击(椭圆形遮罩工具)即可创建一个遮罩，如图 1.70 所示。

提示：在创建遮罩时，一定要单选被遮罩的图层，才能使用遮罩工具创建遮罩；否则，创建的是形状图形。

步骤 3：使用(选择工具)在遮罩的黄色路径上双击，即可调节遮罩的大小和位置，如图 1.71 所示。

提示：遮罩工具的详细介绍请观看配套视频中的“遮罩工具的使用.wmv”视频文件。

图 1.70

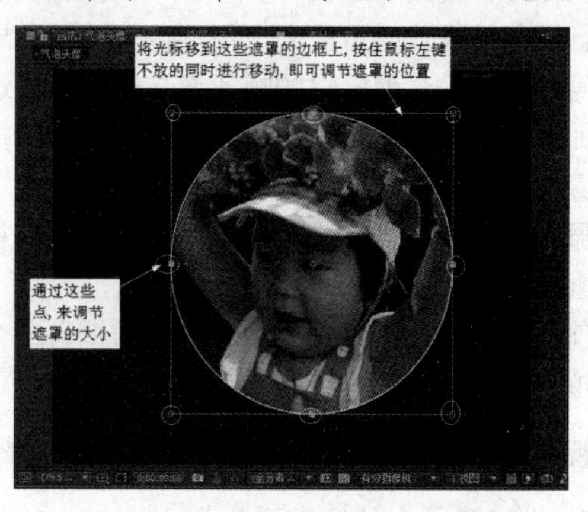

图 1.71

2) 转换为预合成

转换为预合成主要有如下两种方法。

方法一：通过菜单栏中的命令创建预合成。

步骤 1：单选【气泡头像】合成中的“小菲.jpg”图片。

步骤 2：在菜单栏中单击图层(L)→预合成(P)...命令，弹出【预合成】对话框，具体设置如图 1.72 所示。

步骤 3：单击确定按钮即可将单选的图层转换为预合成，如图 1.73 所示。

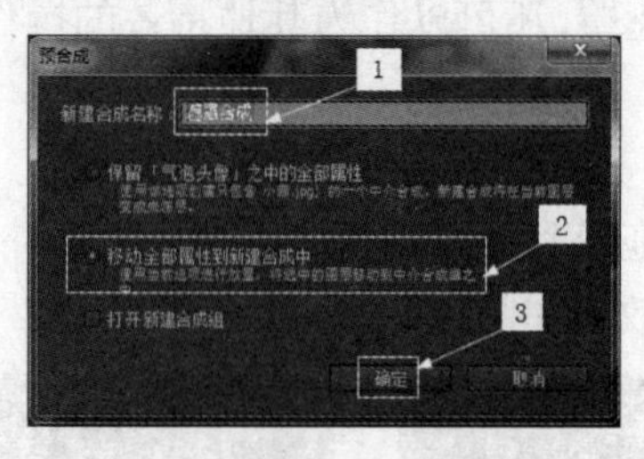

图 1.72

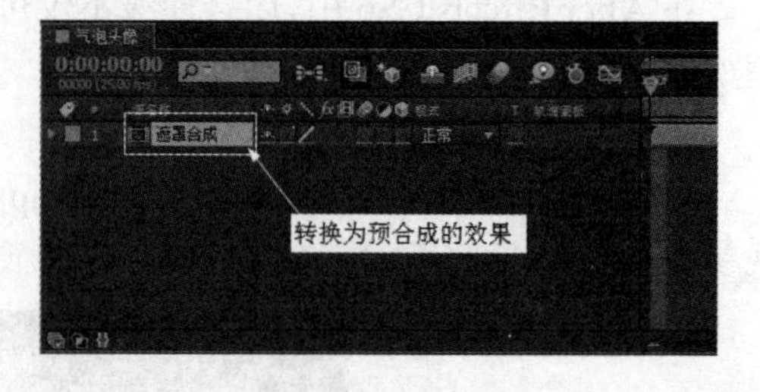

图 1.73

方法二：通过单击右键创建预合成。

步骤 1：在合成中选择需要转换为预合成的图层。

步骤 2：将光标移到选择的任意一个图层上，单击鼠标右键弹出快捷菜单。

步骤 3：在弹出的快捷菜单中单击预合成(P)...命令，弹出【预合成】对话框，根据要求设置参数，单击确定按钮即可。

3) 将图片素材拖曳到合成中

步骤 1：将光标移到【项目】窗口中的“草地.jpg”图片上。

步骤 2：按住鼠标左键不放的同时，将其拖曳到【气泡头像】合成中的最底层，如图 1.74 所示。在【合成预览】窗口中的效果如图 1.75 所示。

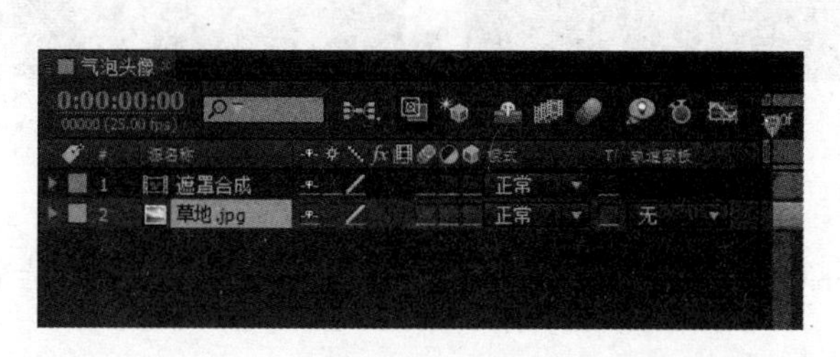

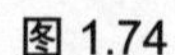
图 1.74

图 1.75

视频播放：“创建遮罩和转换为预合成”的详细介绍，请观看“创建遮罩和转换为预合成.wmv”。

6. 添加特效

在 After Effects CS6 默认情况下，特效主要分为 10 大类 100 多种。所有特效都安装在 After Effects CS6/Support Files/Plug-ins 文件中，而且都是以插件的方式引入到 After Effects CS6 中，所以用户还可以以特效插件的方式添加更多的特效(插件必须与当前版本兼容)。重新启动 After Effects CS6，系统自动将添加的特效加载到【效果和预置】面板中。在这里只介绍特效的使用方法。特效插件的安装和使用方法在第 9 章再给大家详细介绍。

1) 添加特效的方法

在 After Effects CS6 中，效果也称为特效，在本书中，统一称为特效。添加特效的方法主要有如下 6 种。

方法一：在合成窗口中单击需要添加特效的图层，在菜单栏中单击效果(T)弹出下拉菜单，在下拉菜单中单击特效分类标签，弹出二级子菜单，在弹出的二级子菜单中单击需要添加的效果即可。

方法二：将光标移到合成窗口中需要添加特效的图层上，单击鼠标右键，弹出快捷菜单，在弹出的快捷菜单中单击效果菜单中的子命令即可，如图 1.76 所示。

方法三：在【效果和预置】功能面板中选择需要使用的特效，将其拖曳到合成窗口中需要添加特效的图层上即可，如图 1.77 所示。

方法四：在合成窗口中单选需要添加特效的图层，然后在【效果和预置】功能面板中双击需要添加的特效即可。

方法五：将【效果和预置】功能面板中的特效直接拖曳到【合成预览】窗口中的对象上，如图 1.78 所示，松开鼠标即可。

【参考视频】

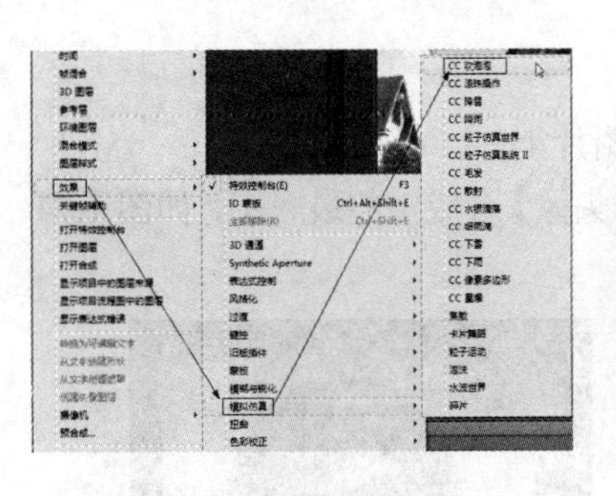
图 1.76

图 1.77

图 1.78

2) 删除特效

删除特效的方法很简单，单选需要删除特效的图层，然后再【特效控制台】中单选需要删除的特效，按 Delete 键即可。

3) 复制特效

步骤 1：在【合成】窗口中单选需要复制的特效所在的图层。

步骤 2：在【特效控制台】中单选需要复制的特效，按 Ctrl+C 组合键。

步骤 3：单选需要粘贴特效的图层(可以是特效所在的图层)，按 Ctrl+V 组合键即可。

4) 给“遮罩合成”添加“CC 吹泡泡”特效

步骤 1：单选需要添加“CC 吹泡泡”特效的合成，如图 1.79 所示。

步骤 2：在【效果和预置】功能面板中双击“模拟仿真”特效组中的 CC吹泡泡 特效即可将该特效添加给选择的图层。

步骤 3：在【特效控制台】中设置“CC 吹泡泡”特效参数，具体设置如图 1.80 所示。在【合成预览】窗口中的效果如图 1.81 所示。

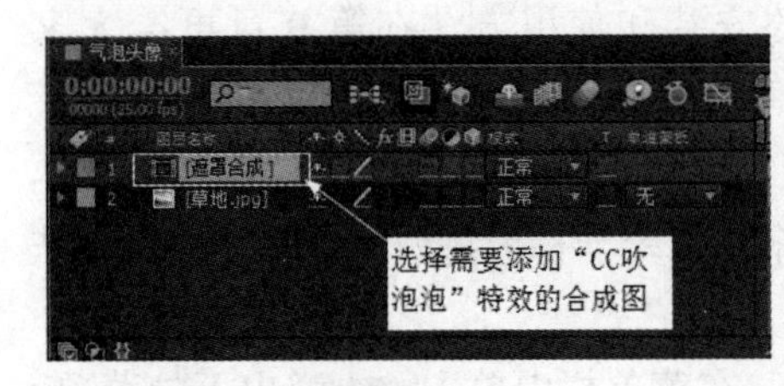

图 1.79

图 1.80

图 1.81

视频播放：“添加特效”的详细介绍，请观看“添加特效.wmv”。

7. 制作特效动画

特效动画的制作主要通过关键帧和参数调节来实现，具体操作方法如下。

1) 添加“CC 散射”特效

步骤 1：将“梦幻世界/标题文字.psd”图片拖曳到合成中的最顶层，如图 1.82 所示。

步骤 2：在【气泡头像】合成中确保 1 [梦幻世界/标...psd] 图层被选中，在菜单栏中单击 效果(T)→模拟仿真→CC 散射 命令即可给该图层添加“CC 散射”效果。

2) 添加关键帧和调节参数

步骤 1：在【气泡头像】合成窗口中，将“时间滑块”移到第 0 帧的位置，分别单击

【参考视频】

参数前面的图标并设置参数，具体设置如图 1.83 所示。在【合成预览】窗口中的效果如图 1.84 所示。

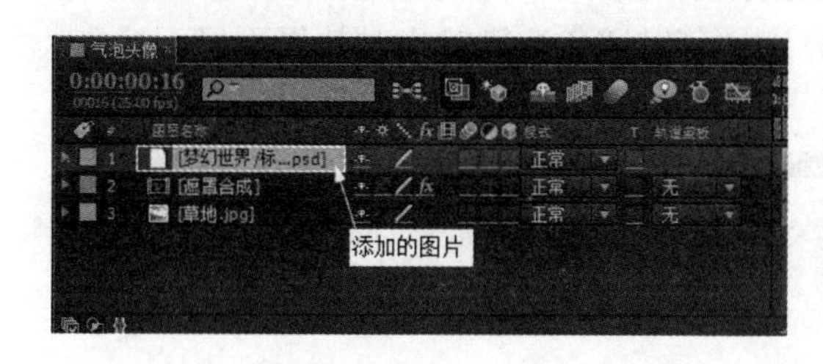

图 1.82

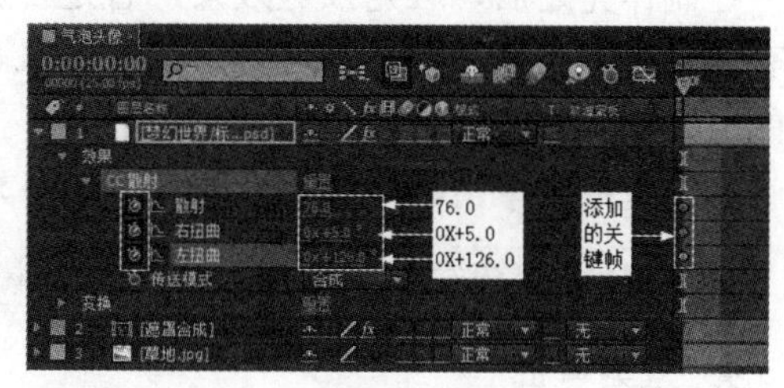

图 1.83

步骤 2：将“时间滑块”移到第 3 秒 0 帧的位置，调节“CC 散射”特效的参数，具体调节如图 1.85 所示。在【合成预览】窗口中的效果如图 1.86 所示。

图 1.84

图 1.85

3) 添加“辉光”特效

步骤 1：在【气泡头像】合成中单选[梦幻世界/标...psd]图层。

步骤 2：在菜单栏中单击效果(T)→风格化→辉光命令即可给单选的图层添加“辉光”特效。

步骤 3：在【特效控制台】中设置参数，具体设置如图 1.87 所示。在【合成预览】窗口中的效果如图 1.88 所示。

图 1.86

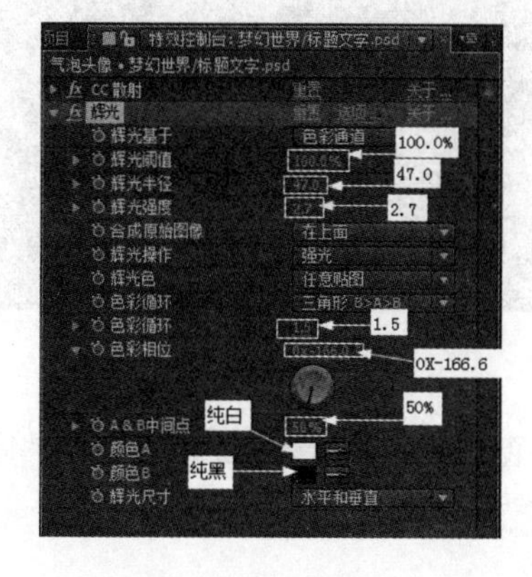

图 1.87

图 1.88

视频播放：“制作特效动画”的详细介绍，请观看“制作特效动画.wmv”。

【参考视频】

8. 预演

在制作完之后，应先预览效果，看是否达到预期的效果，再决定是否渲染输出。如果没有达到用户预期的效果，还可以继续编辑。这样可以避免渲染输出时效果不好而浪费大量的渲染输出时间。具体操作方法如下。

在菜单栏中单击图像合成(C)→预览(P)→RAM 预演命令，在【合成预览】窗口中观看预演效果。

视频播放：“预演”的详细介绍，请观看“预演.wmv”。

9. 渲染输出

通过预演之后，如果合成效果达到用户要求，就可以进行输出，具体操作方法如下。

步骤 1：在菜单栏中单击图像合成(C)→预渲染...命令，弹出【输出影片为：】对话框，具体设置如图 1.89 所示。

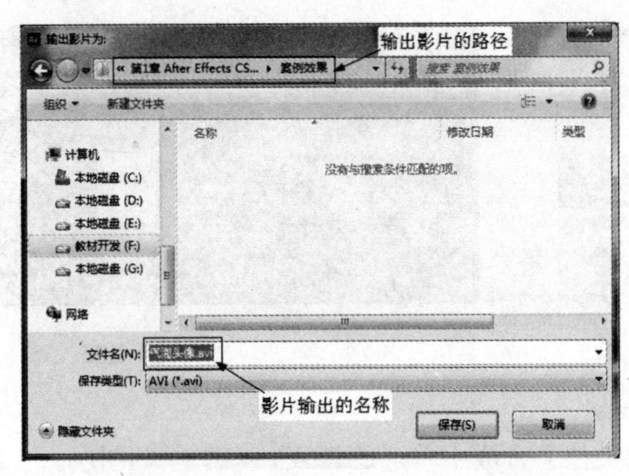

图 1.89

步骤 2：单击保存(S)按钮，在界面的下边出现一个【渲染队列】窗口，如图 1.90 所示。

图 1.90

步骤 3：在【渲染队列】窗口中单击渲染按钮，完成最终作品的输出。

四、案例小结

本案例主要介绍 After Effects CS6 的基本工作流程、启动 After Effects CS6 和创建合成、导入素材文件、使用素材的原则、创建遮罩、转换为预合成、添加特效、制作特效动画、预演和渲染输出。本章要求读者重点掌握 After Effects CS6 的基本工作流程、添加特效合成

【参考视频】

【参考视频】

和制作特效动画，其他知识点只进行了解。

五、举一反三

根据前面所学知识，制作下图所示的效果。

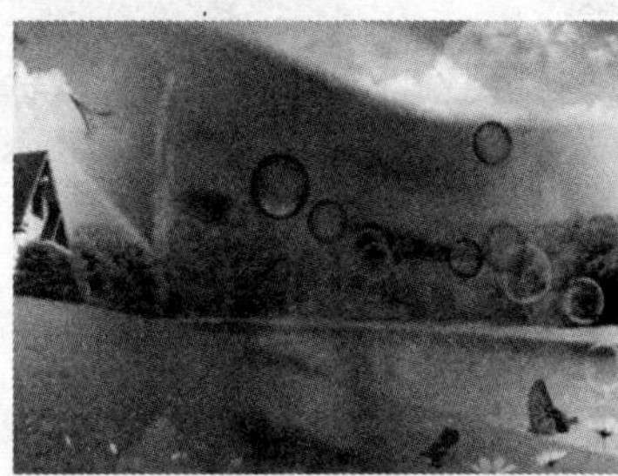
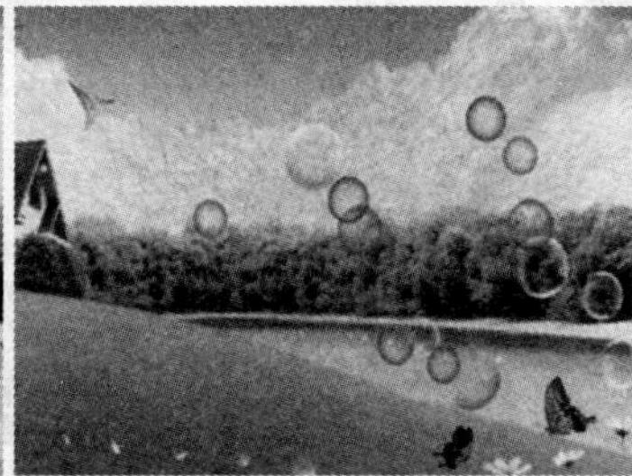
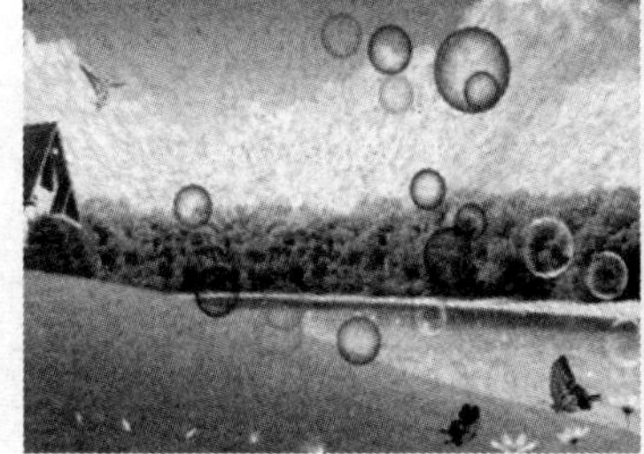
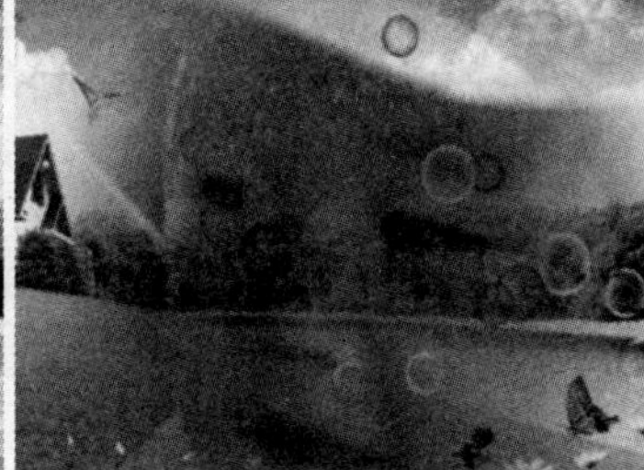

【参考视频】

第 2 章

图层与遮罩

技能点

案例 1：图层的创建与使用
案例 2：图层的基本操作
案例 3：图层的高级操作
案例 4：遮罩动画的制作

说明

本章主要通过 4 个案例全面讲解图层的相关操作、遮罩工具的使用和遮罩动画的制作。

【参考视频】

After Effects CS6 主要包括文字图层、固态层、照明层、摄像机层、空白对象层、形状层、调节层、副本层、分离层、合成层，以及由素材创建的各种图层(音频层、各种视频层和 Photoshop 层等)。在本章中，主要通过 4 个案例全面介绍有关层的创建、使用方法，以及遮罩的原理和创建。

素材文件在【项目】窗口中不叫图层，只有将素材文件拖曳到【合成】窗口之后才叫做图层，不同的素材对应不同的图层。每种图层的作用和使用方法有所不同。

案例 1　图层的创建与使用

一、效果预览

案例效果在本书提供的配套素材中的“第 2 章 图层与遮罩/案例效果/案例 1.flv”文件中，可通过预览效果对本案例有一个大致的了解。本案例主要介绍图层的创建和使用方法。

二、本案例画面及制作步骤(流程)分析

案例部分画面效果如下：

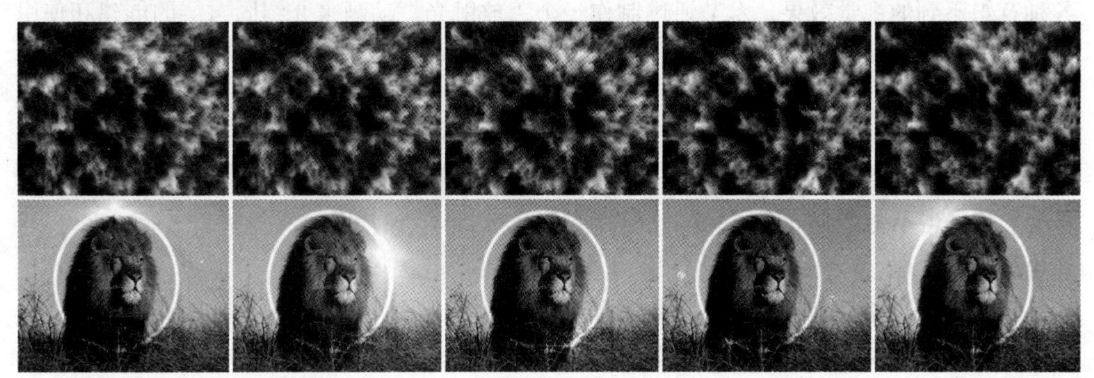

案例制作的大致步骤：

①图层的分类→②创建固态层→③给固态层添加特效→④创建调节层→⑤给调节层添加特效和查看调节层。

三、详细操作步骤

案例引入：

(1) 在 After Effects CS6 中主要分为哪几类图层？

(2) 怎样创建图层？

(3) 怎样给图层添加特效和给特效添加关键帧及调节参数？

1. 图层的分类

在 After Effects CS6 中，主要包括如下 9 种图层类型。

(1) 使用【项目】窗口中素材创建的图层。

(2) 使用合成嵌套时创建的合成层。

(3) 文字层。

(4) 固态层、摄像机层和照明层。

(5) 形状层。

(6) 调节层。

(7) 副本图层。

(8) 分离的图层。

(9) 空白层

视频播放：“图层的分类”的详细介绍，请观看“图层的分类.wmv”。

2. 创建固态层

固态层在After Effects CS6中使用的频率非常高。固态层是一种纯色图层，可以创建任何颜色和尺寸(最大尺寸可达30 000px×30 000 px)的固态层。固态层和其他素材层一样，可以在颜色固态层上制作遮罩，也可以修改层的变换属性，还可以添加各种特效，制作出各种意想不到的视觉效果。本节通过制作一个“放射光”动画来介绍固态层的创建和使用方法。

1) 创建一个名为“放射光”的合成

步骤1：启动After Effects CS6应用软件。

步骤2：创建新合成。在菜单栏中单击图像合成(C)→新建合成组(C)...命令，在弹出的【图像合成设置】对话框中设置尺寸为“720px×576px”，持续时间为“6秒”，命名为“放射光”，其他参数为默认值。

步骤3：单击【确定】按钮完成合成创建。

2) 创建一个名为“放射光”的固态层

固态层的创建方法主要有如下两种方法。

方法一：通过菜单栏创建固态层。

步骤1：确保“放射光”合成为当前合成。

步骤2：在菜单栏中单击图层(L)→新建(N)→固态层(S)...命令(按Ctrl+Y组合键)，弹出【固态层设置】对话框，具体设置如图2.1所示。

步骤3：单击确定按钮，即可创建一个名为“散射光”的固态层，如图2.2所示。

方法二：通过单击鼠标右键创建固态层。

步骤1：在当前合成中单击鼠标右键，弹出快捷菜单。

步骤2：在弹出的快捷菜单中单击新建(N)→固态层(S)...命令，如图2.3所示，弹出【固态层设置】对话框。

步骤3：根据要求设置【固态层设置】对话框参数，单击【确定】按钮即可创建一个固态层。

【参考视频】

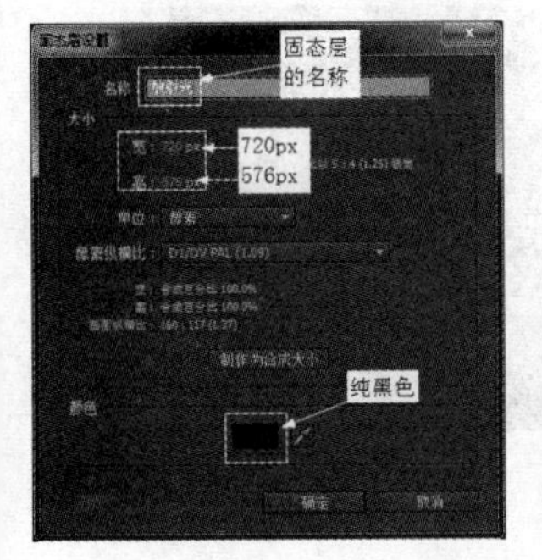

图 2.1

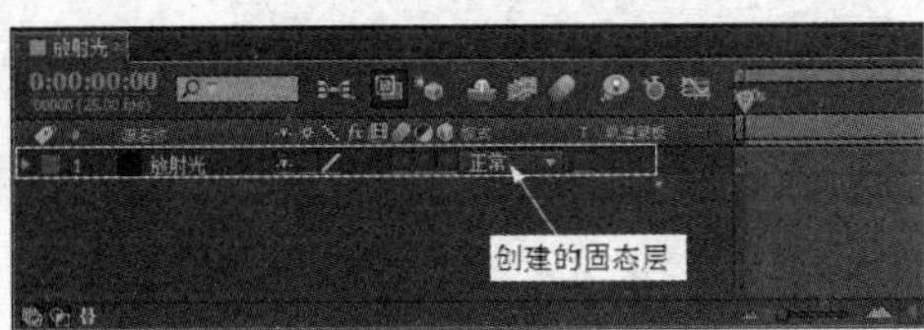

图 2.2

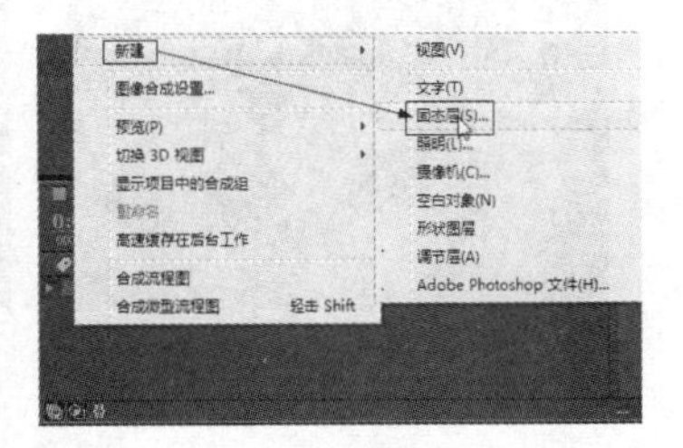

图 2.3

视频播放：“创建固态层”的详细介绍，请观看“创建固态层.wmv”。

3. 给固态层添加特效

1) 给固态层添加“分形噪波”特效

步骤 1：单选需要添加特效的固态层。

步骤 2：在菜单栏中单击效果(T)→杂波与颗粒→分形噪波命令即可给单选的固态层添加该特效。

步骤 3：在【特效控制台】中设置“分形噪波”特效参数，具体设置如图 2.4 所示。在【合成预览】窗口中的效果如图 2.5 所示。

2) 给固态层添加“CC 放射状快速模糊”特效

步骤 1：单选“放射光”固态层。在菜单栏中单击效果(T)→模糊与锐化→CC 放射状快速模糊命令即可给“放射光”固态层添加该特效。

步骤 2：将(当前时间指示器)滑块移到第 0 秒 0 帧的位置处，单击中心按钮左边的按钮创建一个关键帧并设置参数，具体设置如图 2.6 所示。在【合成预览】窗口中的效果如图 2.7 所示。

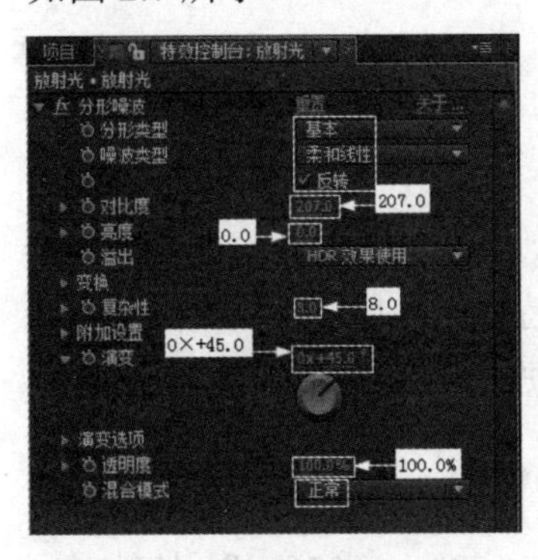

图 2.4

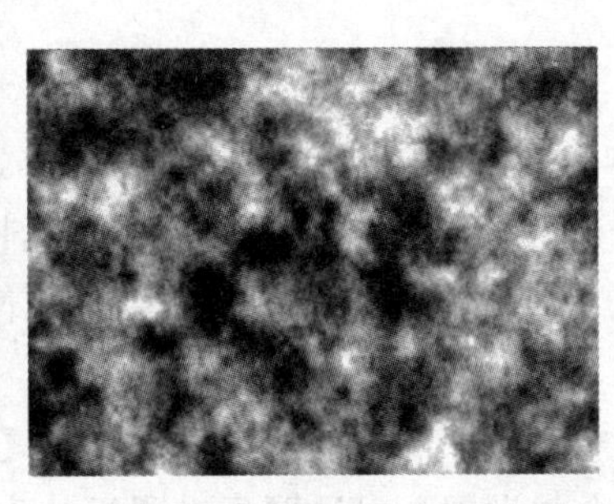

图 2.5

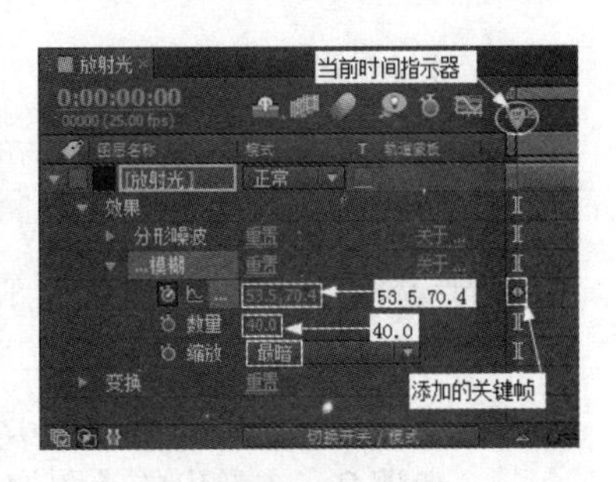

图 2.6

步骤 3：将(当前时间指示器)滑块移到第 5 秒 0 帧的位置处，调节中心的参数，具体调节如图 2.8 所示。在【合成预览】窗口中的效果如图 2.9 所示。

【参考视频】

图 2.7

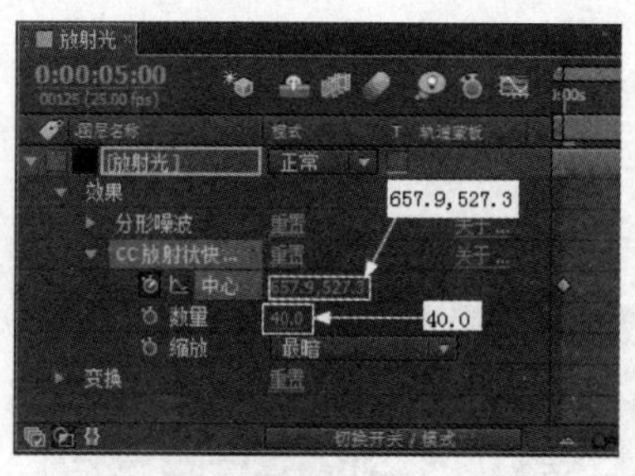

图 2.8

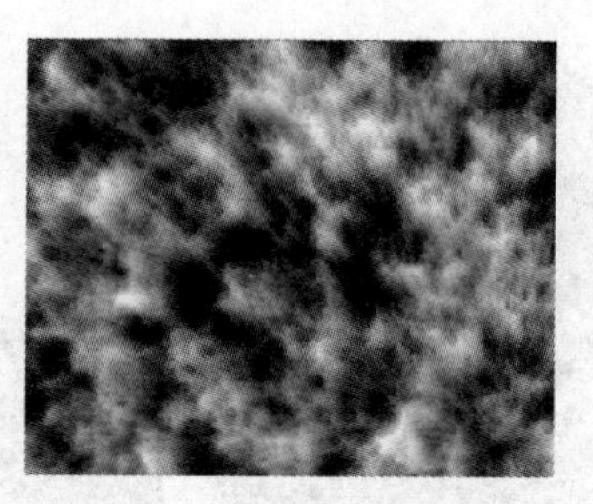

图 2.9

3) 给固态图层添加“彩色光”特效

步骤 1：单选“放射光”固态层。

步骤 2：在菜单栏中单击效果(T)→色彩校正→彩色光命令即可给选择的图层添加该特效。

步骤 3：在【特效控制台】窗口中设置“彩色光”特效参数，具体设置如图 2.10 所示。在【合成预览】窗口中的效果如图 2.11 所示。

步骤 4：渲染输出为“放射光.flv”视频文件。

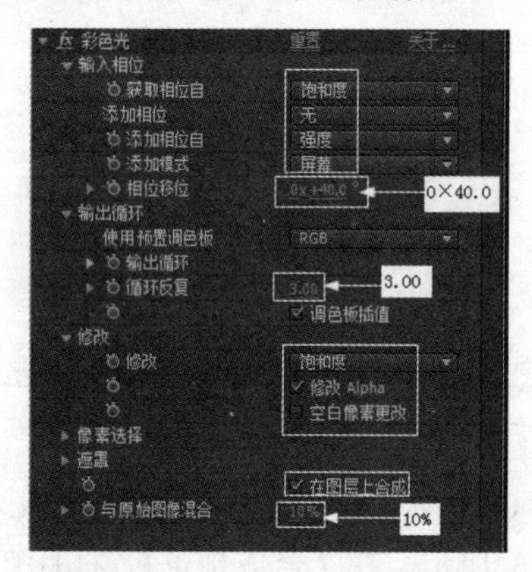

图 2.10

图 2.11

视频播放：“给固态层添加特效”的详细介绍，请观看“给固态层添加特效.wmv”。

4. 创建调节层

调节层是一个空白的不可见图层，但是在给它添加了特效之后，调节图层的特效就会影响它下面的所有图层。用户如果要给多个图层添加相同的特效，使用调节层来实现是最快的一种方法。下面通过一个案例来介绍调节图层的创建和使用方法。

1) 创建合成

步骤 1：在菜单栏中单击图像合成(C)→新建合成组(C)...命令，弹出【图像合成设置】对话框。

步骤 2：在弹出的【图像合成设置】对话框中设置尺寸为“720px×576px”，持续时间为 6 秒，名为“调节图层的使用”合成，单击【确定】按钮即可。

2) 导入素材

步骤 1：在菜单栏中单击文件(F)→导入(I)→文件...命令，弹出【导入文件】对话框。

【参考视频】

步骤2：在【导入文件】对话框中选中“狮子4.jpg”图片文件，单击 打开(O) 按钮即可将图片素材导入【项目】窗口。

步骤3：将“狮子4.jpg”图片拖曳到“调节图层的使用”合成中并设置图层的变换参数，具体设置如图2.12所示。

3) 创建调节图层

创建调节图层主要有如下两种方法，具体操作如下。

方法一：通过菜单栏创建调节层。

步骤1：在菜单栏中单击 图层(L) → 新建(N) → 调节层(A) 命令(按Ctrl+Alt+Y组合键)即可创建一个调节层，如图2.13所示。

步骤2：对调节图层进行重命名。将光标移到创建的调节图层的标题上，单击鼠标右键，弹出快捷菜单，在弹出的快捷菜单中单击 重命名 命令，此时标题呈蓝色显示。

步骤3：输入需要的调节层的名称，在此输入“光环调节层”5个文字，按Enter键即可，如图2.14所示。

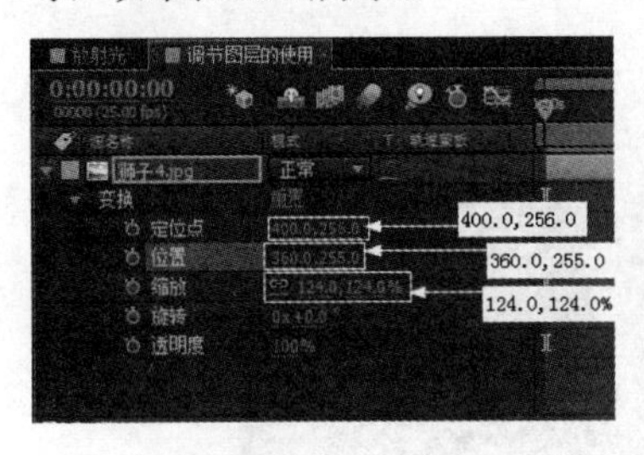

图2.12

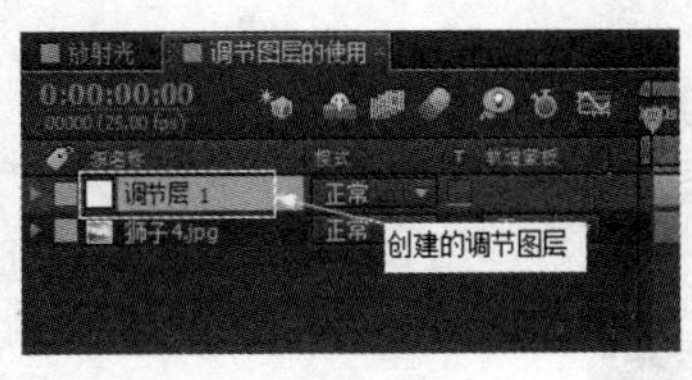

图2.13

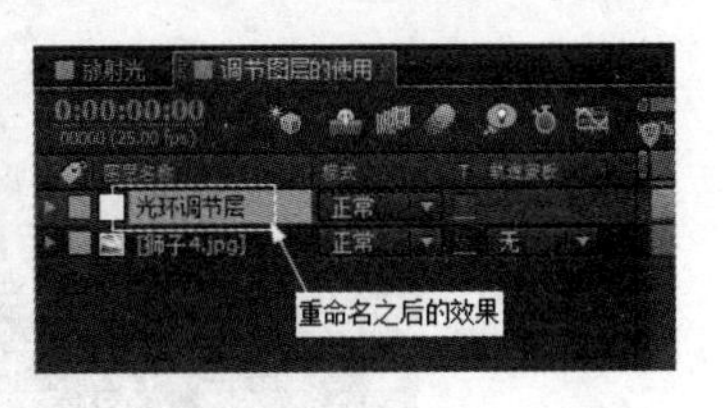

图2.14

方法二：通过快捷菜单创建调节层。

步骤1：在合成中的空白处，单击鼠标右键弹出快捷菜单。

步骤2：在弹出的快捷菜单中单击 新建(N) → 调节层(A) 命令即可创建一个调节层。

步骤3：对创建的调节层进行重命名。

视频播放：“创建调节层”的详细介绍，请观看“创建调节层.wmv”。

5. 给调节层添加特效和查看调节层

1) 给调节层添加“圆”特效

步骤1：单选创建的调节层。

步骤2：在菜单栏中单击 效果(T) → 生成 → 圆 命令即可给单选的调节层添加该特效。

步骤3：调节“圆”特效的参数，具体调节如图2.15所示。在【合成预览】窗口中的效果如图2.16所示。

2) 给调节层添加“CC光线照射”特效

步骤1：单选创建的调节层。

步骤2：在菜单栏中单击 效果(T) → 生成 → CC光线照射 命令即可给单选的调节图层添加该特效。

步骤3：将(当前时间指示器)滑块移到第0秒0帧的位置，调节“CC光线照射”的

【参考视频】

参数，具体调节如图 2.17 所示。在【合成预览】窗口中的效果如图 2.18 所示。

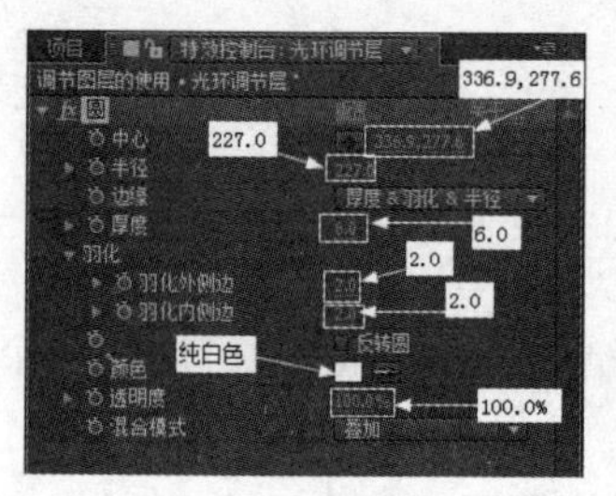

图 2.15

图 2.16

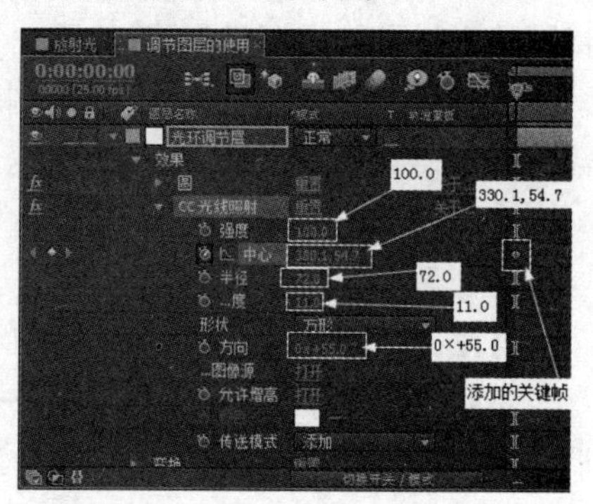

图 2.17

步骤 4：将(当前时间指示器)滑块移到第 1 秒 0 帧的位置，将“CC 光线照射”特效中的参数调节为“518.2，177.7”。此时，系统给参数自动添加一个关键帧。在【合成预览】窗口中的效果如图 2.19 所示。

图 2.18

图 2.19

步骤 5：将(当前时间指示器)滑块分别移到第 2 秒 0 帧、第 3 秒 0 帧、第 4 秒 0 帧、第 5 秒 0 帧和第 6 秒 0 帧的位置，分别调节参数为“489.1，432.4”“331.9，512.8”“160.9，408.5”“155.8，143.6”和“333.6，58.1”，效果如图 2.20 所示。

图 2.20

3) 查看调节层

单击【调节图层的使用】合成中[狮子4.jpg]图前面的按钮，合成窗口如图 2.21 所示，在【合成预览】窗口中的效果如图 2.22 所示。整个屏幕呈黑色显示，什么也没有。这就说明，调节层是一个不可见的图层，在它上面添加的特效可以作用于它下面的所有图层。

视频播放：“给调节层添加特效和查看调节层”的详细介绍，请观看“给调节层添加特效和查看调节层.wmv”。

【参考视频】

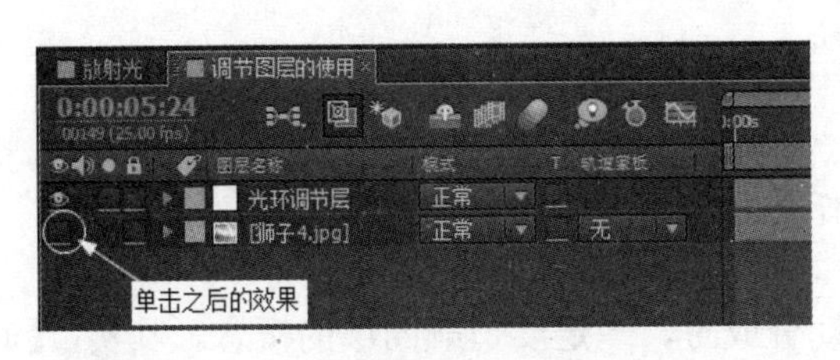

图 2.21

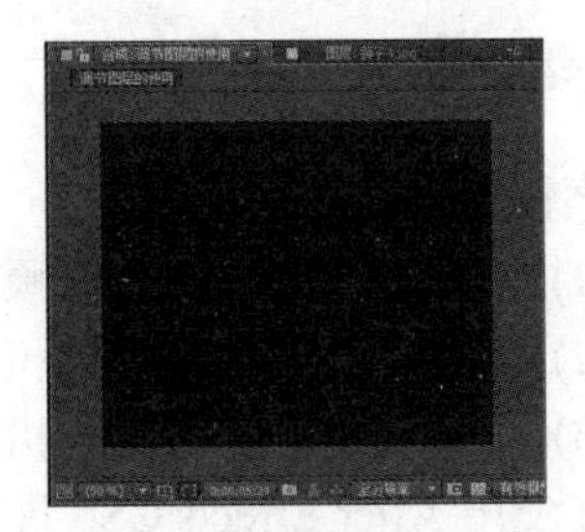

图 2.22

四、案例小结

该案例主要介绍图层的分类、图层的创建和使用方法，要重点掌握创建固态层、创建调节层、创建关键帧和特效参数设置的方法。

五、举一反三

根据所学知识，制作如下效果。

案例 2　图层的基本操作

一、效果预览

案例效果在本书提供的配套素材中的“第 2 章 图层与遮罩/案例效果/案例 2.flv”文件中，可通过预览效果对本案例有一个大致的了解。本案例主要介绍图层的基本操作。

二、本案例画面及制作步骤(流程)分析

案例部分画面效果如下：

案例制作的大致步骤：

①创建合成 ➡ ②导入素材并将素材拖曳到【时间线】窗口中 ➡ ③对图层进行操作 ➡ ④创建文字图层并添加特效。

【参考视频】　【参考视频】

三、详细操作步骤

案例引入：

(1) 怎样调节图层的叠放顺序？

(2) 怎样对图层进行旋转和移动等操作？

(3) 怎样创建文字图层和相关操作？

在使用 After Effects CS6 进行影视后期合成时，一定要理解图层的概念。其实，【时间线】窗口中的每一个素材就是一个图层，每一个图层之间既是相互独立又相互关联的，在对其中任意一个图层操作时不会影响其他图层，但是会影响所有图层的最终合成效果。

在本案例中主要讲解调整图层的顺序、调整图层在【合成】窗口中的位置、改变图层的大小、旋转图层和创建文字图层并对文字图层进行相应的操作。

1. 创建合成

步骤 1：启动 After Effects CS6 应用软件并保存为“案例 2：图层的基本操作.aep”。

步骤 2：创建合成。在菜单栏中单击图像合成(C)→新建合成组(C)...命令(或按 Ctrl+N 组合键)弹出【图像合成设置】对话框。在弹出的【图像合成设置】对话框中设置尺寸为“720px×576px”，持续时间为“6 秒”，命名为“图层的基本操作”，单击确定按钮完成合成创建。

视频播放：“图层的分类”的详细介绍，请观看“图层的分类.wmv”。

2. 素材处理

1) 导入素材

步骤 1：在菜单栏中单击文件(F)→导入(I)→文件...命令(或按 Ctrl+I 组合键)，弹出【导入文件】对话框，在【导入文件】对话框中单选“照片合成.psd”文件，如图 2.23 所示。

步骤 2：单击打开(O)按钮，弹出【照片合成.psd】对话框，具体设置如图 2.24 所示。

步骤 3：单击确定按钮，即可将选定的带图层的文件导入【项目】窗口中，如图 2.25 所示。

提示：使用此方法导入的带图层的文件，After Effects CS6 会自动创建一个与导入文件相同名称的合成，且图层顺序与原文件中的图层顺序相同。

图 2.23

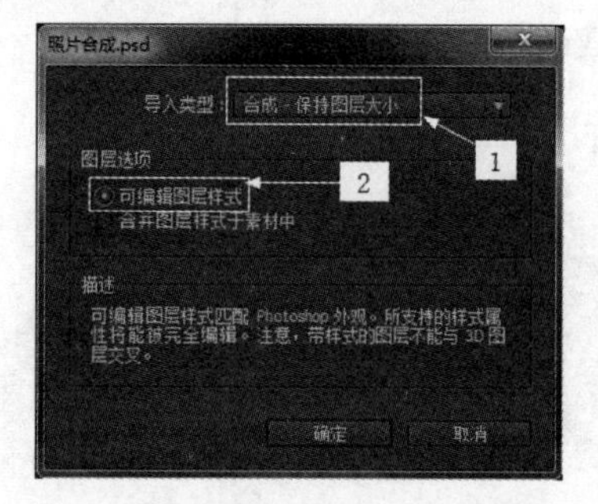

图 2.24

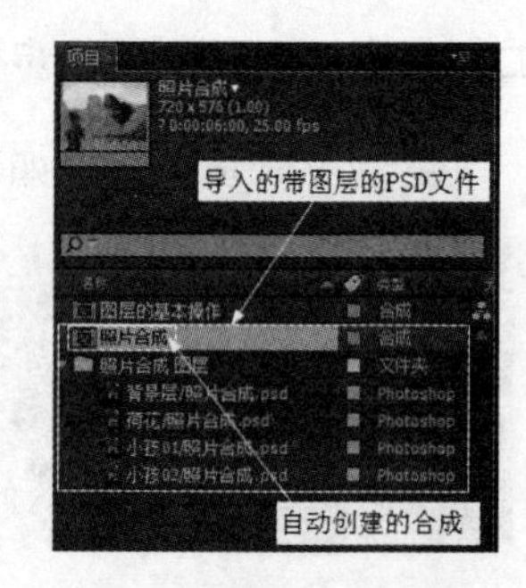

图 2.25

2) 将导入的素材拖曳到合成中

步骤 1：将【项目】窗口中的图片素材拖曳到【图层的基本操作】合成窗口中，图层

【参考视频】

顺序如图 2.26 所示。

步骤 2：在【合成预览】窗口中的效果如图 2.27 所示。

步骤 3：从【合成预览】窗口中的最终效果可以看出，图层顺序和图片的位置都不符合用户的需要，因而需要对图层顺序进行调整。

视频播放："导入素材并将素材拖曳到【时间线】窗口中"的详细介绍，请观看"导入素材并将素材拖曳到【时间线】窗口中.wmv"。

3. 对图层进行操作

图层的操作主要包括改变图层的叠放顺序、旋转和移动等，具体操作如下。

1) 调节图层的叠放顺序

步骤 1：在【图层的基本操作】合成中单选小孩01/照片合成.psd图层，在菜单栏中单击图层(L)→排列命令，弹出二级子菜单，如图 2.28 所示。

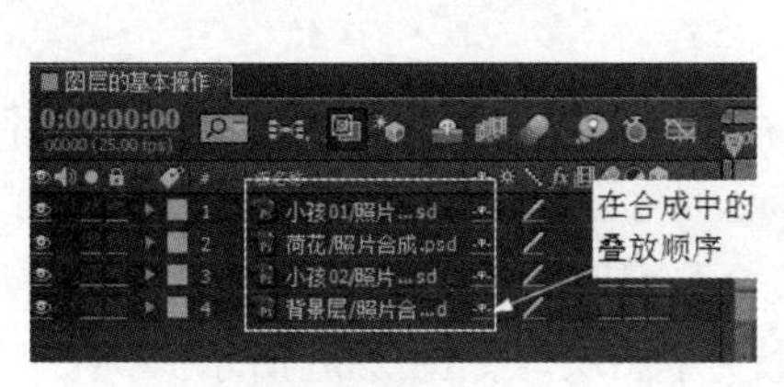

图 2.26

图 2.27

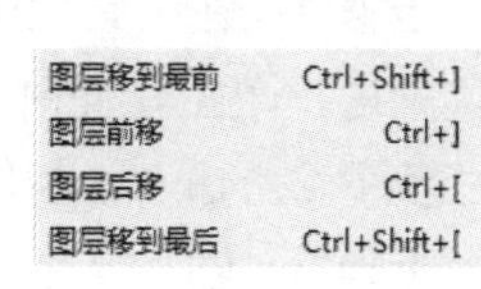

图 2.28

提示：从图 2.28 可知，通过菜单命令(或按组合快捷键)，可以将当前选择的图层移到最前面、相对位置前一层、相对位置后移一层和最后面。

步骤 2：将光标移到图层后移命令上单击(或按 Ctrl+ [组合键)即可将选择的图层向下移一层，如图 2.29 所示。在【合成预览】窗口中的效果如图 2.30 所示。

提示：改变图层的叠放顺序也可以直接通过鼠标拖动来改变。方法是将光标移到需要调节的图层上按住鼠标左键不放，将图层拖到需要放置的图层下，此时在需要放置图层下面出现一条黑线，如图 2.31 所示，松开鼠标即可。

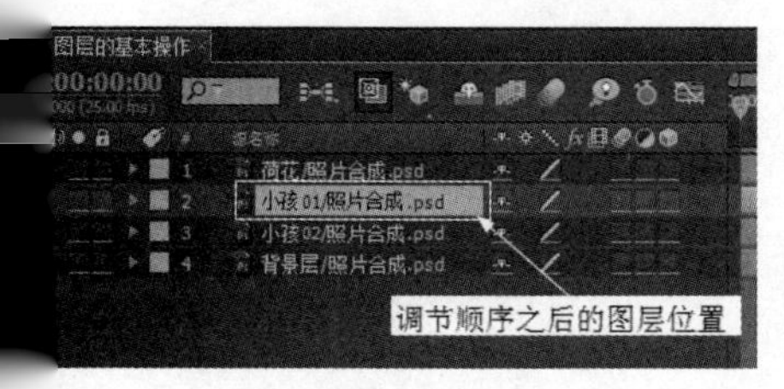

图 2.29

图 2.30

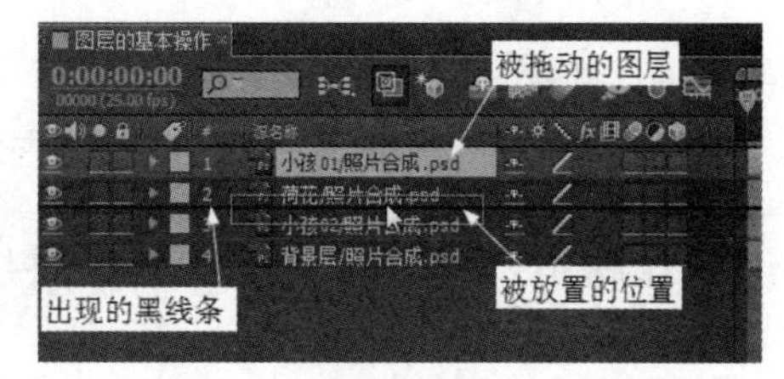

图 2.31

2) 对图层进行旋转和移动操作

步骤 1：单击图层前面的▶图标，将需要进行旋转和移动操作的图层展开(图 2.32)。

提示：如图 2.32 所示，通过改变图层的"定位点""位置""旋转"和"透明度"4 个参数，即可改变图层旋转的定位点、位置、旋转角度和透明程度。

【参考视频】

步骤 2：调节展开图层的“位置”和“旋转”参数，具体调节如图 2.33 所示。

步骤 3：调节参数后，在【合成预览】窗口中的效果如图 2.34 所示。

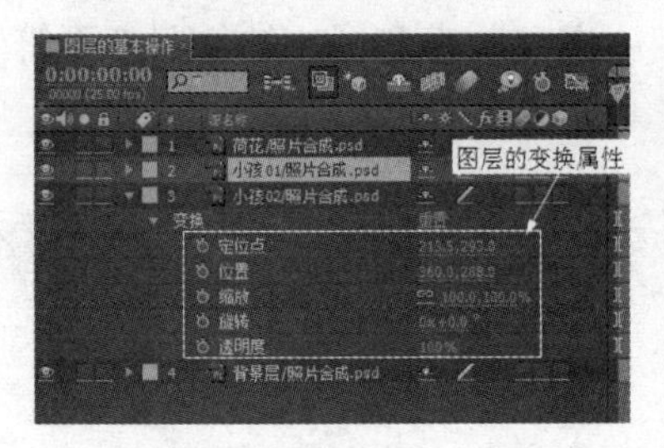

图 2.32

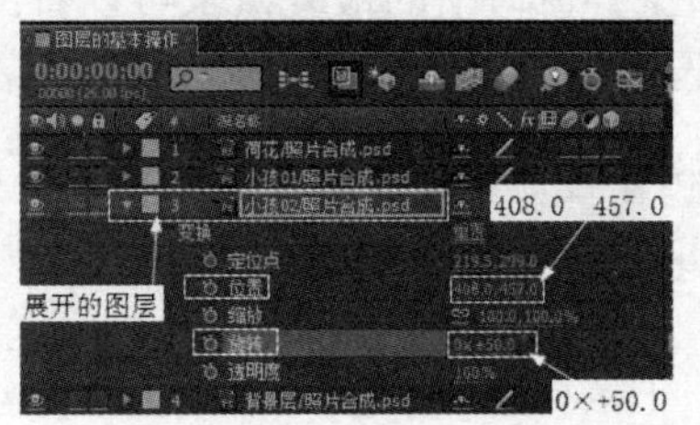

图 2.33

图 2.34

视频播放：“对图层进行操作”的详细介绍，请观看“对图层进行操作.wmv”。

4. 创建文字图层并添加特效

1) 创建文字图层

步骤 1：在工具栏中单击T(横排文字工具)按钮，在【合成预览】窗口中需要输入文字的位置进行单击，此时，光标指针变成一个闪烁的光标。

步骤 2：输入“梦幻童年”4 个文字，在【合成预览】窗口中的效果如图 2.35 所示。

步骤 3：输入文字后，在【合成】中自动添加一个文字图层，如图 2.36 所示。

步骤 4：在【文字】面板中设置文字属性，具体设置如图 2.37 所示，在【合成预览】窗口中的效果如图 2.38 所示。

图 2.35

输入文字之后自动添加的文字图层

图 2.36

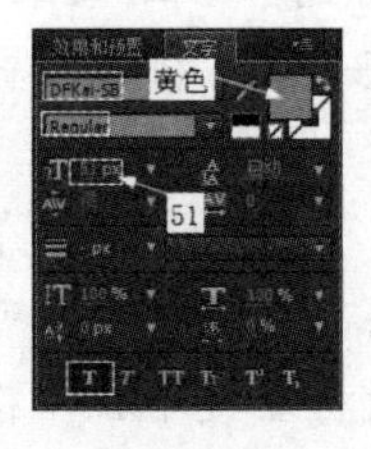

图 2.37

图 2.38

2) 给文字图层添加特效

在这里主要给文字添加“放射阴影”和“CC 光线照射”两个特效来制作文字散光效果，具体操作如下。

步骤 1：单选文字图层，在菜单栏中单击效果(T)→透视→放射阴影命令即可给单选的文字图层添加“放射阴影”特效。

步骤 2：设置“放射阴影”特效的参数，具体设置如图 2.39 所示。在【合成预览】窗口中的效果如图 2.40 所示。

步骤 3：单选文字图层，在菜单栏中单击效果(T)→生成→CC 光线照射命令即可给单选的文字图层添加“CC 光线照射”特效。

步骤 4：将(当前时间指示器)移到第 0 秒 0 帧的位置，在【特效控制台】面板中设置“CC 光线照射”特效的参数，具体设置如图 2.41 所示。

【参考视频】

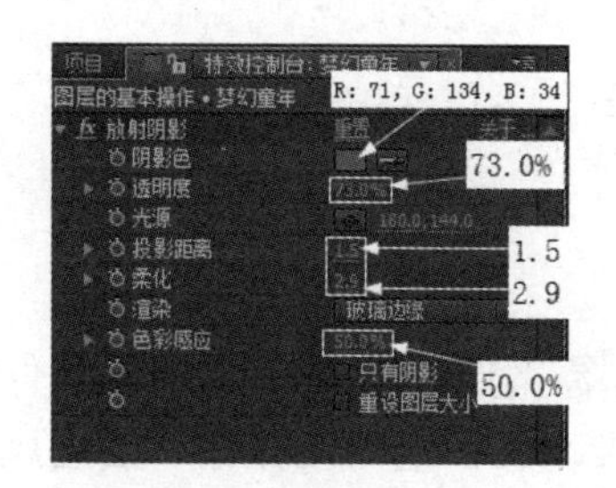

图 2.39

图 2.40

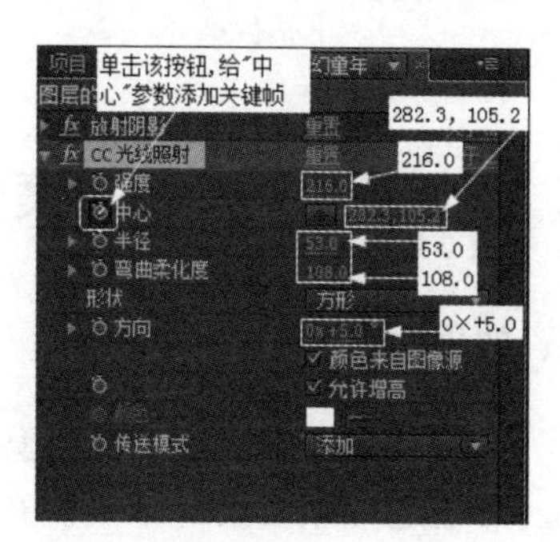

图 2.41

步骤 5：调节参数之后，在【合成预览】窗口中的效果如图 2.42 所示。

步骤 6：将 (当前时间指示器)移到第 3 秒 0 帧的位置，在【特效控制台】面板中设置"CC 光线照射"特效的参数，具体设置如图 2.43 所示。

步骤 7：调节参数之后，在【合成预览】窗口中的效果如图 2.44 所示。

图 2.42

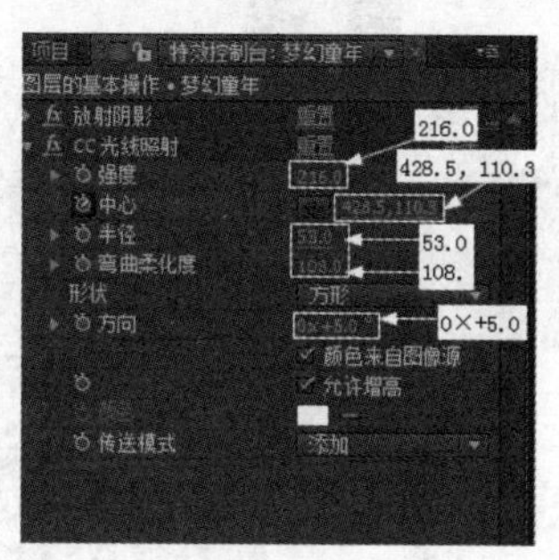

图 2.43

图 2.44

步骤 8：根据项目要求，输出合成并保存文件。

视频播放："创建文字图层并添加特效"的详细介绍，请观看"创建文字图层并添加特效.wmv"。

四、案例小结

该案例主要介绍图层的基本操作，重点介绍了图层顺序的调节、图层旋转和移动，以及创建文字图层的方法。

五、举一反三

根据所学知识，制作如下效果。

【参考视频】　【参考视频】

案例3　图层的高级操作

一、效果预览

案例效果在本书提供的配套素材中的“第2章 图层与遮罩/案例效果/案例3.flv”文件中，可通过预览效果对本案例有一个大致的了解。本案例主要介绍图层时间排序、图层风格的使用、图层混合模式的使用、启用时间重置和视频倒放等相关知识。

二、本案例画面及制作步骤(流程)分析

案例部分画面效果如下：

案例制作的大致步骤：

①图层时间排序➡②图层风格的使用➡③图层混合模式的使用➡④图层速度控制➡⑤启用时间重置和视频倒放。

三、详细操作步骤

案例引入：

(1) 什么叫做图层时间排序？

(2) 在After Effects CS6中主要有哪些图层风格？

(3) 在After Effects CS6中主要有哪些图层混合模式？

(4) 图层速度控制主要有哪几种方式？

(5) 视频倒放的原理是什么？

通过该案例的学习，要求用户掌握图层操作中比较高级的应用，如对图层进行时间排序、图层风格的使用、图层混合模式的使用、启用时间重置和视频倒放等。

【参考视频】

1. 图层时间排序

在 After Effects CS6 中，经常需要使用与合成持续时间不一致的图层，使用多个短时间的图层来实现镜头切换。这时用户就需要用到 After Effects CS6 的序列层功能来快速而精确地对图层所在的时间线进行排序，具体操作步骤如下。

1) 新建合成

步骤 1：启动 After Effects CS6 应用软件并保存为“案例 3：图层的高级操作.aep”。

步骤 2：创建合成。在菜单栏中单击图像合成(C)→新建合成组(C)...命令(或按 Ctrl+N 组合键)弹出【图像合成设置】对话框。在弹出的【图像合成设置】对话框中设置尺寸为“720px×576px”，持续时间为“8 秒”，命名为“图层排序”，单击确定按钮完成合成创建。

2) 设置图像持续时间

步骤 1：在菜单栏中单击编辑(E)→首选项(F)→导入(I)...命令，打开【首选项】面板。

步骤 2：在【首选项】面板中设置“静态素材”的持续时间为 2 秒，如图 2.45 所示。

3) 设置标签颜色

步骤 1：在【首选项】面板中单击标签项，将参数设置切换到标签设置，设置“静帧”为“黄色”，如图 2.46 所示。

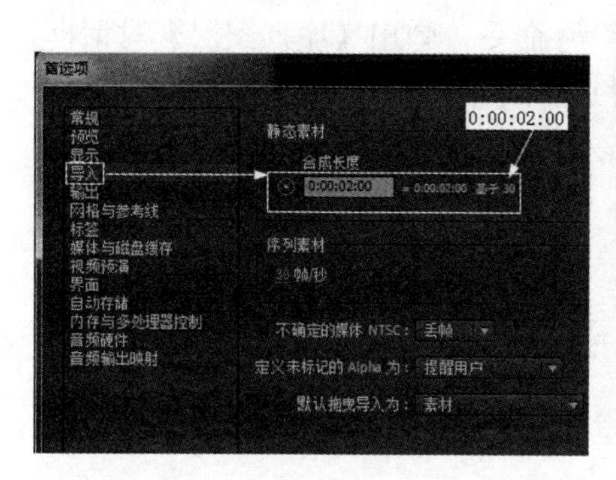

图 2.45

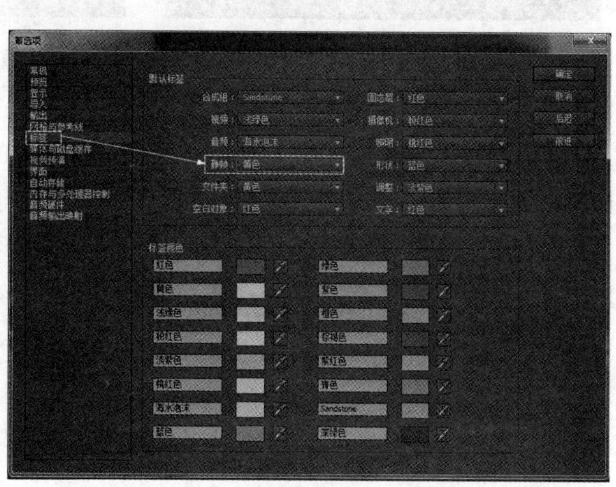

图 2.46

步骤 2：设置完毕单击确定按钮，退出参数设置。

4) 导入素材

步骤 1：在菜单栏中单击文件(F)→导入(I)→文件...命令，弹出【导入文件】对话框。在该对话框中单选需要导入的文件，如图 2.47 所示。

步骤 2：单击【导入文件】对话框中的打开(O)按钮，弹出【图层的高级应用.psd】对话框，具体设置如图 2.48 所示。

步骤 3：单击确定按钮，完成带图层的文件导入，如图 2.49 所示。

步骤 4：依次将素材图片拖曳到【图层序列】合成中，如图 2.50 所示。

步骤 5：每个图层的入点都在第 0 秒处，它们完全重合，每个图层的持续时间为 2 秒，如图 2.51 所示。最终合成效果如图 2.52 所示。

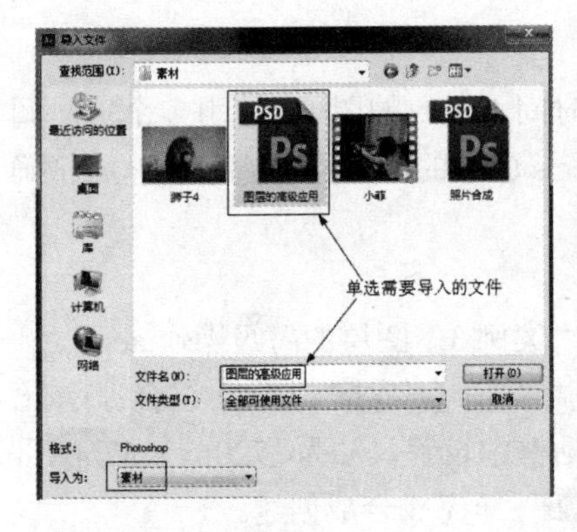

图 2.47

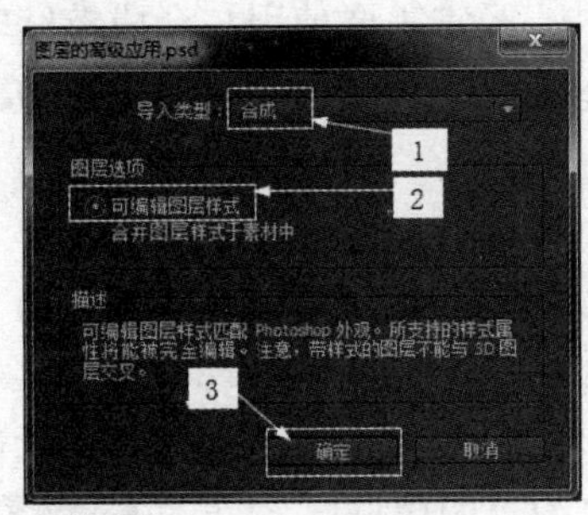

图 2.48

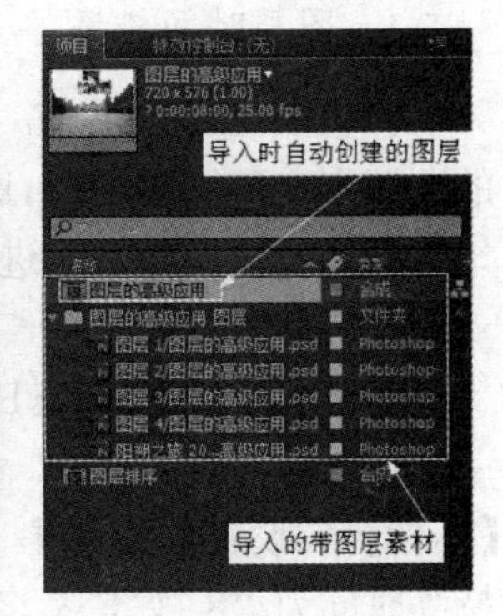

图 2.49

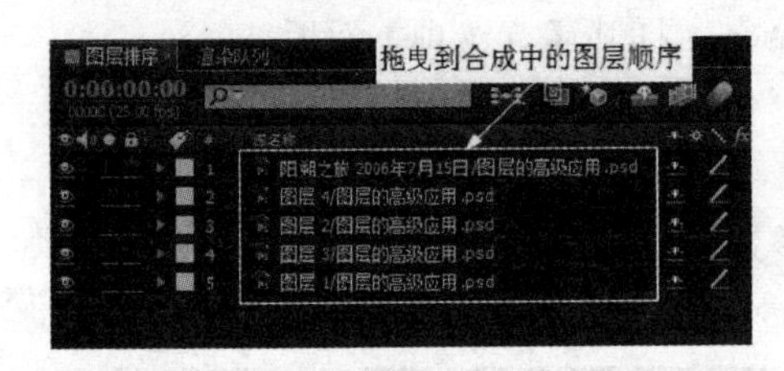

图 2.50

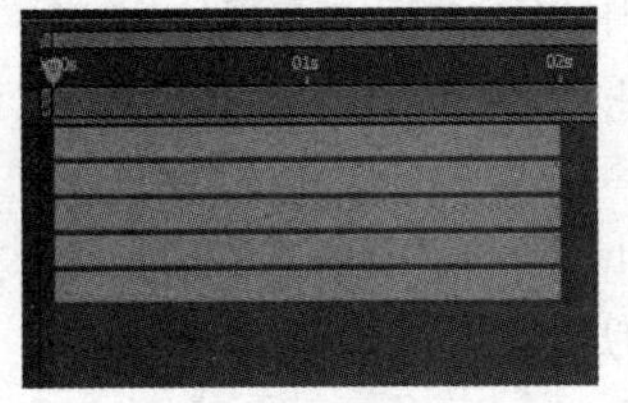

图 2.51

图 2.52

步骤 6：框选【图层序列】合成中的所有图层，如图 2.53 所示。

步骤 7：在菜单栏中单击动画(A)→关键帧辅助(K)→序列图层... 命令，弹出【序列图层】对话框，具体设置如图 2.54 所示。单击 确定 按钮，即可得到如图 2.55 所示的效果。

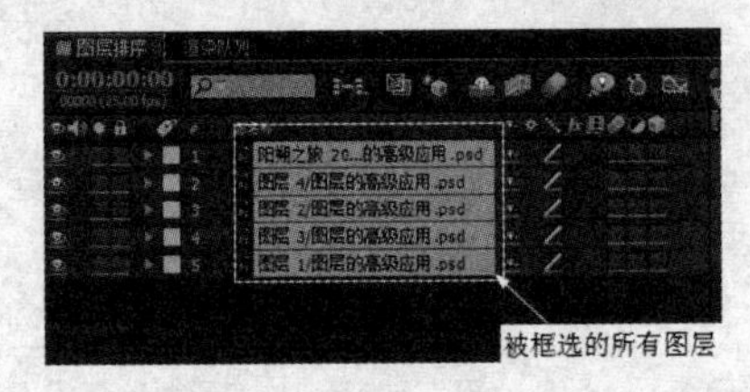

图 2.53

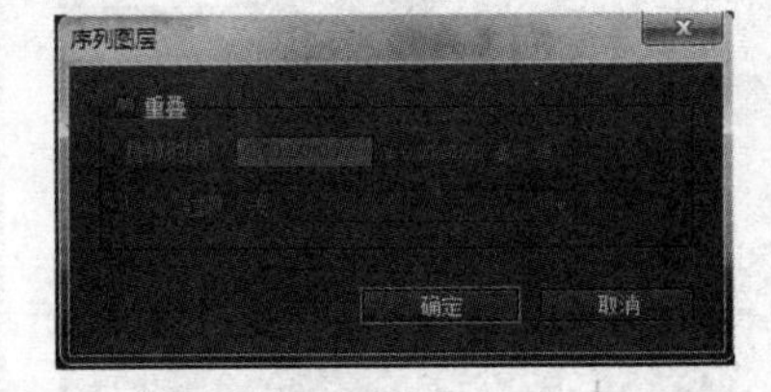

图 2.54

步骤 8：按“Ctrl+Z”组合键返回上一步操作，回到图层排序之前的状态。

步骤 9：框选如图 2.56 所示的图层。

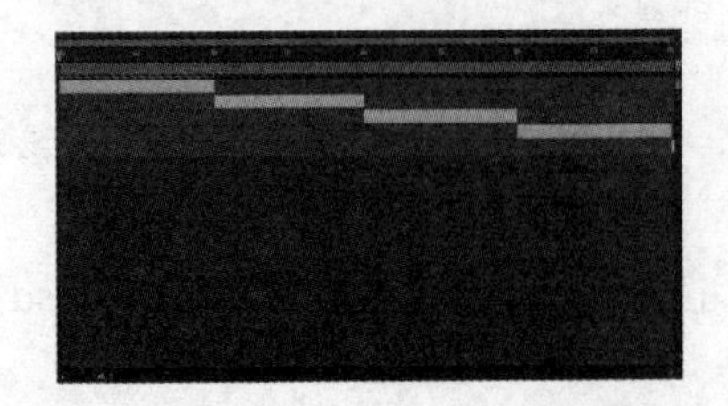

图 2.55

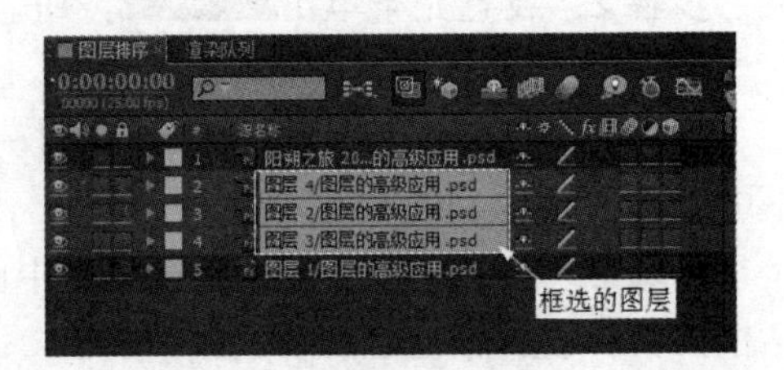

图 2.56

步骤 10：在菜单栏中单击动画(A)→关键帧辅助(K)→序列图层... 命令，弹出【序列图层】对话框，具体设置如图 2.57 所示。

步骤 11：单击 确定 按钮，即可得到如图 2.58 所示的效果。

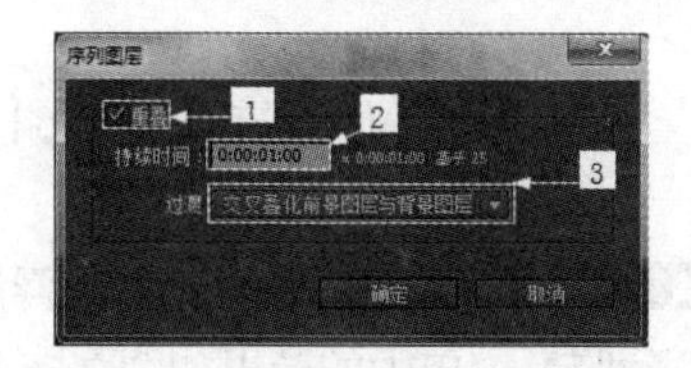

图 2.57

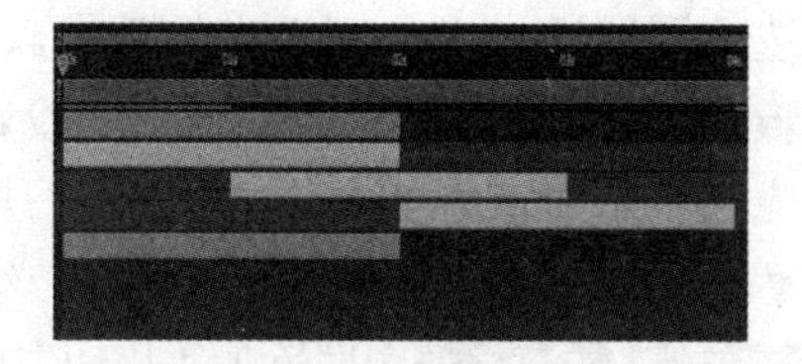

图 2.58

步骤 12：将(当前时间指示器)移到图层的重叠处，如图 2.59 所示。从【合成预览】窗口中的效果可以看出，它们重叠的地方有淡入淡出的效果，如图 2.60 所示。

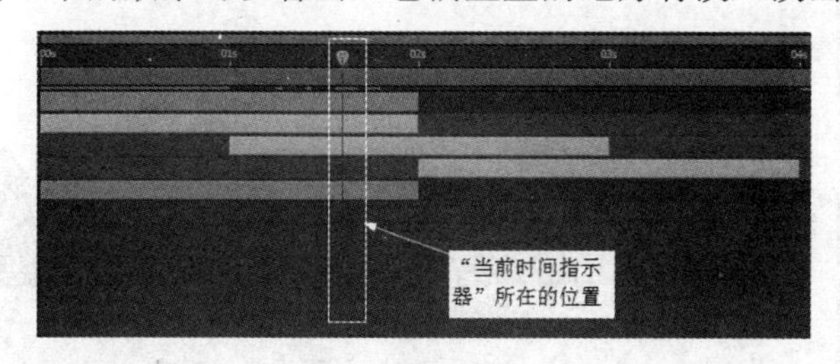

图 2.59

图 2.60

视频播放：“图层时间排序”的详细介绍，请观看“图层时间排序.wmv”。

2. 图层风格的使用

Photoshop 用户理解图层风格应该非常容易。图层风格类似于 Photoshop 中的图层样式，可以给图层添加外发光、阴影、浮雕等艺术效果，比视频特效的使用更方便。添加图层风格的具体操作步骤如下。

步骤 1：按 Ctrl+Z 组合键撤销图层排序。调节图层在【合成预览】窗口中的位置，最终效果如图 2.61 所示。

步骤 2：单选 图层 3/图层的高级应用.psd 图层，在菜单栏中单击 图层(L) → 图层样式 → 阴影 命令，即可给单选的图层添加“阴影”效果。

步骤 3：展开添加了“阴影”效果的图层，设置“阴影”效果的参数，具体设置如图 2.62 所示。在【合成预览】窗口中的效果如图 2.63 所示。

图 2.61

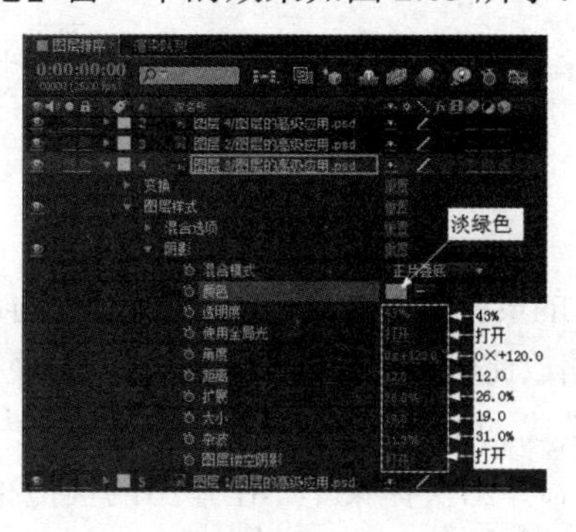

图 2.62

图 2.63

【参考视频】

步骤4：单选 2 图层 4/图层的高级应用.psd 图层，在菜单栏中单击 图层(L) → 图层样式 → 外侧辉光 命令，即可给单选的图层添加“外侧辉光”效果。

步骤5：在【特效控制台】窗口中设置“外侧辉光”的参数，具体设置如图2.64所示。在【合成预览】窗口中的效果如图2.65所示。

步骤6：使用步骤4和步骤5的方法，给 阳朔之旅 20.../图层的高级应用.psd 图层添加“斜边与浮雕”效果，给 图层 2/图层的高级应用.psd 图层添加“描边”效果。在【合成预览】窗口中的效果如图2.66所示。

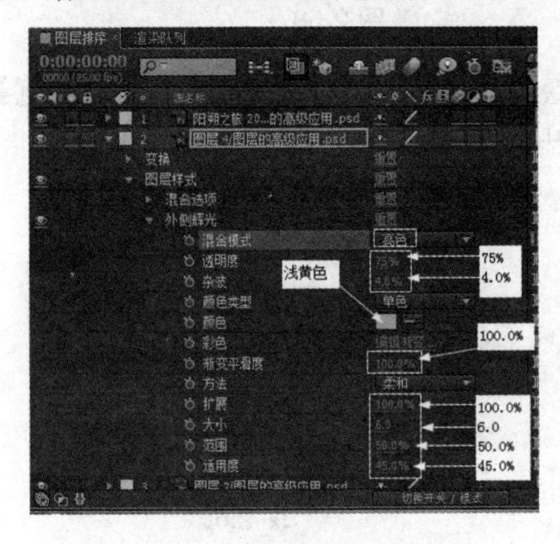

图2.64

图2.65

图2.66

提示：在After Effects CS6中，主要包括“阴影”“内侧阴影”“外侧辉光”“内侧辉光”“斜边与浮雕”“光泽”“颜色叠加”“渐变叠加”和“描边”9种图层样式，其操作方法同上，在这里就不再详细介绍。

视频播放：“图层风格的使用”的详细介绍，请观看“图层风格的使用.wmv”。

3. 图层混合模式的使用

在After Effects CS6中，图层的混合模式主要用来控制上面的图层以什么方式与下面的图层混合。将图层的不同通道信息以不同的方式进行混合叠加，可以产生很多意想不到的色彩效果。图层混合模式主要包括8类，总计38种混合模式，如图2.67所示。

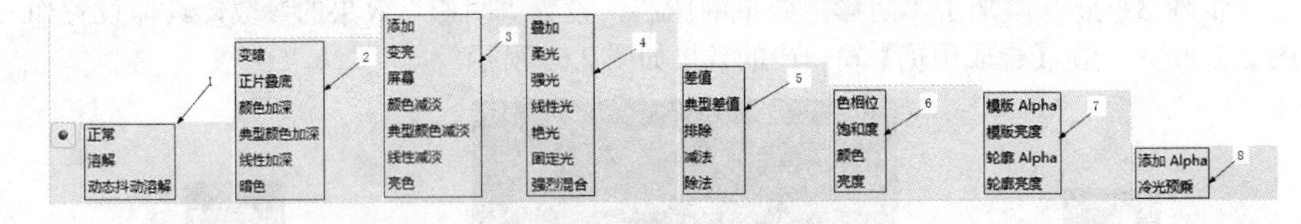

图2.67

步骤1：导入一张“01.jpg”的素材图片并将其拖曳到【图层排序】合成中，如图2.68所示。

步骤2：适当调节图层的缩放比例和位置，在【合成预览】窗口中的效果如图2.69所示。

步骤3：给图层添加混合模式。单选 01.jpg 图层，在菜单栏中单击 图层(L) → 混合模式(D) → 变亮 命令(或单击 正常 右边的 按钮，弹出快捷菜单，在弹出的快捷菜单中单击 变亮 命令)，在【合成预览】窗口中的效果如图2.70所示。

【参考视频】

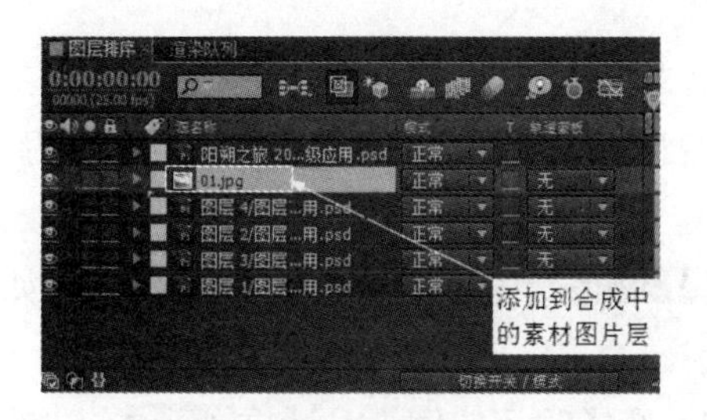

图 2.68

图 2.69

图 2.70

步骤 4：几种典型的图层混合模式效果如图 2.71 所示。

图 2.71

视频播放：“图层混合模式的使用”的详细介绍，请观看“图层混合模式的使用.wmv”。

4. 启用时间重置和视频倒放

在 After Effects CS6 中，控制图层的播放速度有多种方式。用户可以将一段视频或动画进行快放或慢放；可以将视频进行倒放；可以将视频的一部分快放，另一部分慢放，可以对视频进行时间重置。具体操作如下。

1) 图层速度控制

步骤 1：新建一个合成，合成名称为“图层速度控制”，持续时间为 12 秒。

步骤 2：将视频“小菲.mpg”导入项目文件，拖曳到【图层速度控制】合成中(图 2.72)。此时“小菲.mpg”的持续时间为 8 秒。预览文件的原始效果，可看出画面中人物正常活动。

图 2.72

【参考视频】

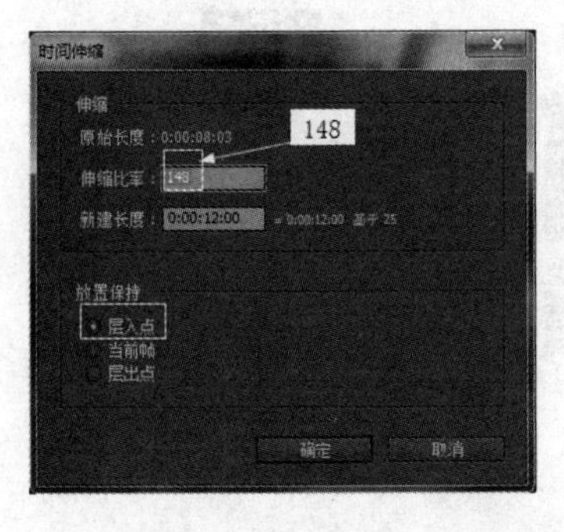

图 2.73

步骤 3：时间伸缩。将光标移到 小菲.MPG 图层上，单击鼠标右键，在弹出的快捷菜单中单击 时间 → 时间伸缩(C)... 命令，弹出【时间伸缩】对话框，具体设置如图 2.73 所示。

步骤 4：单击 确定 按钮，完成时间伸缩的设置，如(图 2.74)所示。

步骤 5：缩短时间。在【时间伸缩】对话框 伸缩比率 右边的文本输入框中输入低于 100 的数值即可。如果输入数值为 50，则视频长度缩短一半，播放速度加快一倍。

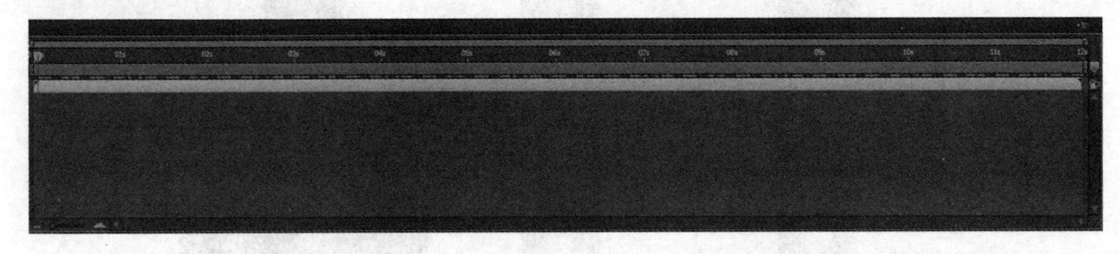

图 2.74

2) 启用时间重置

步骤 1：新建一个合成，合成名称为“启用时间重置”，持续时间为 12 秒。

步骤 2：将视频“小菲.mpg”拖曳到【启用时间重置】合成中，小菲.MPG 图层的持续时间比合成持续时间短，它的持续时间只有 8 秒，如图 2.75 所示。

图 2.75

步骤 3：启用时间重置。选中 小菲.MPG 图层，在菜单栏中单击 图层(L) → 时间 → 启用时间重置 命令，此时，在 小菲.MPG 图层下面出现【时间重置】选项并在图层的首尾各有一个关键帧，如图 2.76 所示。

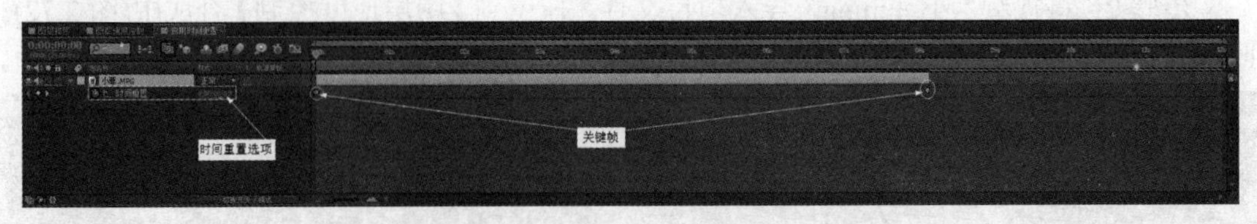

图 2.76

步骤 4：将 小菲.MPG 图层上的“小菲.mpg”视频延长至与合成持续时间一致，如图 2.77 所示。

图 2.77

步骤 5：将(当前时间指示器)移到第 3 秒处，单击(在当前时间轴添加或移除关键帧)按钮，添加一个关键帧，如图 2.78 所示。

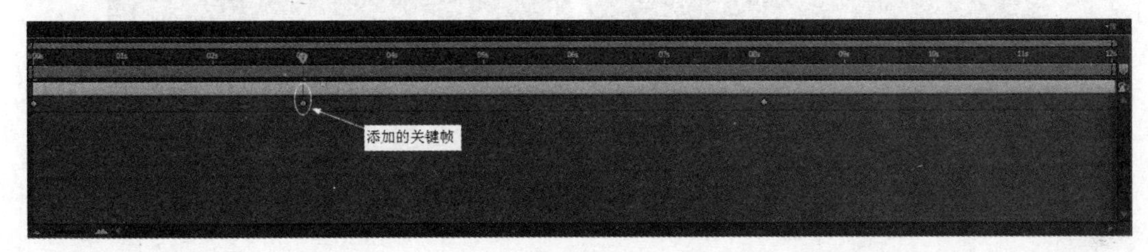

图 2.78

步骤 6：将原来第 8 秒处的关键帧移到第 12 秒处，再将(当前时间指示器)移到第 7 秒处，单击(在当前时间轴添加或移除关键帧)按钮添加一个关键帧，设置关键帧参数值，如图 2.79 所示。

图 2.79

步骤 7：在 小菲.MPG 图层下面有 4 个关键帧，中间两个关键帧是手动添加的，播放最终效果时，在【合成预览】窗口中可以看到，视频开始以正常速度播放，然后以慢镜头播放，最后以快镜头播放。

3) 视频倒放

视频倒放的意思是将视频素材从尾到头进行播放。在图层中选中需要进行倒放的视频图层，在菜单栏中单击 图层(L) → 时间 → 时间反向层 命令即可将视频倒放。

视频播放：“启用时间重置和视频倒放”的详细介绍，请观看“启用时间重置和视频倒放.wmv”。

四、案例小结

本案例主要介绍图层的高级操作，要重点掌握图层时间排序、图层混合模式的使用和启用时间重置等。

【参考视频】

五、举一反三

根据所学知识，制作如下效果。

案例 4 遮罩动画的制作

一、效果预览

案例效果在本书提供的配套素材中的“第 2 章 图层与遮罩/案例效果/案例 4.flv”文件中，可通过预览效果对本案例有一个大致的了解。本案例主要介绍矩形遮罩工具、椭圆形遮罩工具和任意形状遮罩工具的使用，以及遮罩动画制作等相关知识。

二、本案例画面及制作步骤(流程)分析

案例部分画面效果如下：

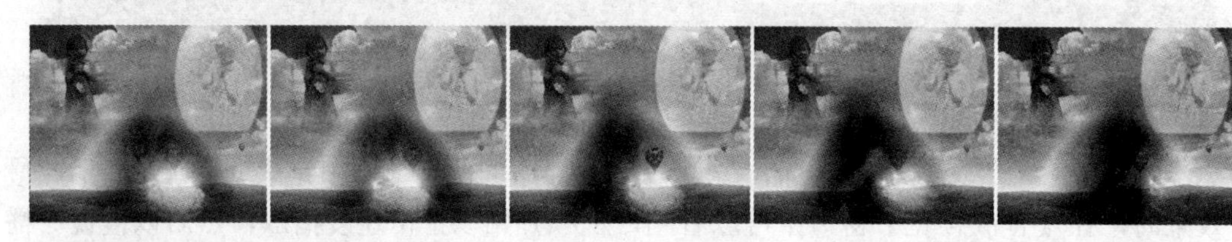

案例制作的大致步骤：

①矩形遮罩工具的使用→②椭圆形遮罩工具的使用→③任意形状遮罩工具的使用→④遮罩动画的制作。

三、详细操作步骤

案例引入：

(1) 什么叫做遮罩？
(2) 遮罩的原理是什么？
(3) 怎样使用矩形遮罩工具和椭圆形遮罩工具？
(4) 怎样使用任意形状遮罩工具？

【参考视频】

【参考视频】

(5) 怎样制作遮罩动画？

After Effects CS6 遮罩又称蒙版，是一个非常重要的合成工具，可以将遮罩简单地理解为“挡板”，它可以绘制任意形状来遮挡当前图层的一部分，被遮挡的部分变成透明，显示出下面的图层，如果使用羽化遮罩可以将不同的图像平滑融合，还可以将遮罩的变化过程记录为动画。

After Effects CS6 主要提供了矩形遮罩、椭圆形遮罩、多边形遮罩和自由形状遮罩，用户可以根据需要绘制和控制不同的遮罩。下面对这些遮罩工具进行详细介绍。

1. 矩形遮罩工具的使用

矩形遮罩工具的使用很简单，具体操作步骤如下。

1) 创建新合成

步骤 1：启动 After Effects CS6 应用软件并以名为“案例 4：遮罩工具的使用.aep”保存。

步骤 2：创建合成。在菜单栏中单击图像合成(C) → 新建合成组(C)... 命令(或按 Ctrl+N 组合键)弹出【图像合成设置】对话框。在弹出的【图像合成设置】对话框中设置尺寸为“720px×576px”，持续时间为“6 秒”，命名为“遮罩工具的使用”，单击确定按钮完成合成创建。

2) 导入素材

步骤 1：根据前面所学知识，导入如图 2.80 所示的素材。

步骤 2：将“03.jpg”和“003.jpg”图片素材拖曳到【遮罩工具的使用】合成中，并适当调节图片的缩放比例和位置。拖曳到合成中的图层顺序如图 2.81 所示，在【合成预览】窗口中的效果如图 2.82 所示。

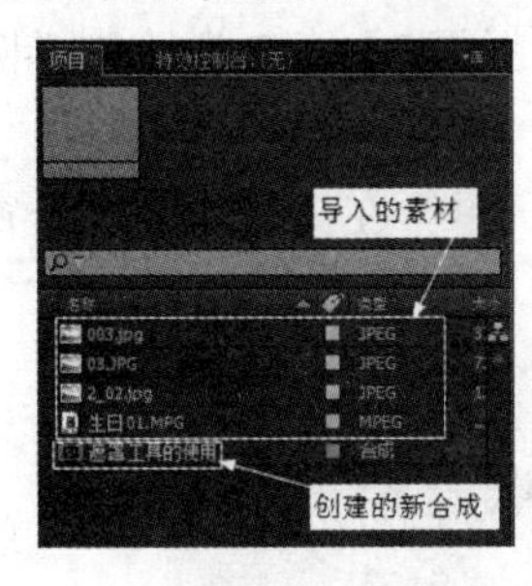

图 2.80

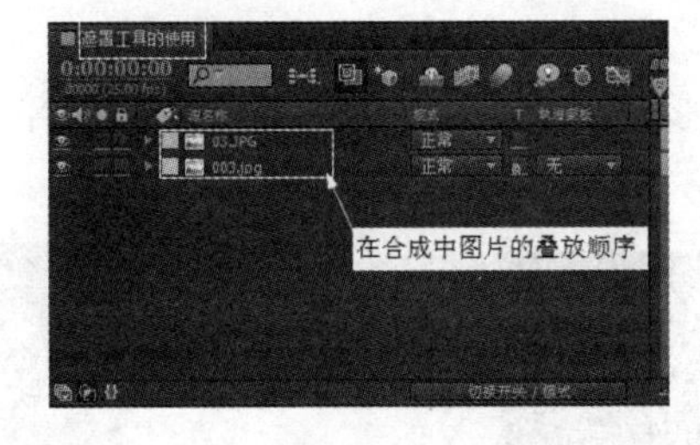

图 2.81

图 2.82

3) 绘制矩形遮罩

步骤 1：单选【遮罩工具的使用】合成中的 03.JPG 图层。

步骤 2：在工具面板中单击(矩形遮罩工具)按钮，在【合成预览】窗口中绘制遮罩矩形，展开 03.JPG 图层。

步骤 3：调节绘制的矩形遮罩的参数，具体调节如图 2.83 所示，在【合成预览】窗口中的效果如图 2.84 所示。

视频播放：“矩形遮罩工具的使用”的详细介绍，请观看“矩形遮罩工具的使用.wmv”。

【参考视频】

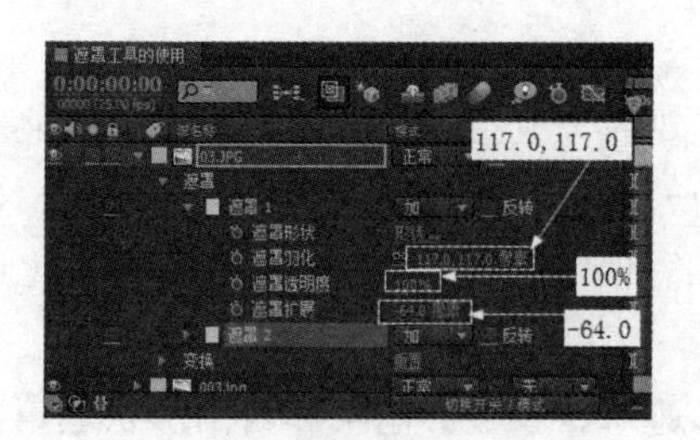

图 2.83

图 2.84

2. 椭圆形遮罩工具的使用

步骤 1：将“2.02.jpg”图片拖曳到【遮罩工具的使用】合成中，具体参数设置及在合成中的顺序，如图 2.85 所示，在【合成预览】窗口中的效果如图 2.86 所示。

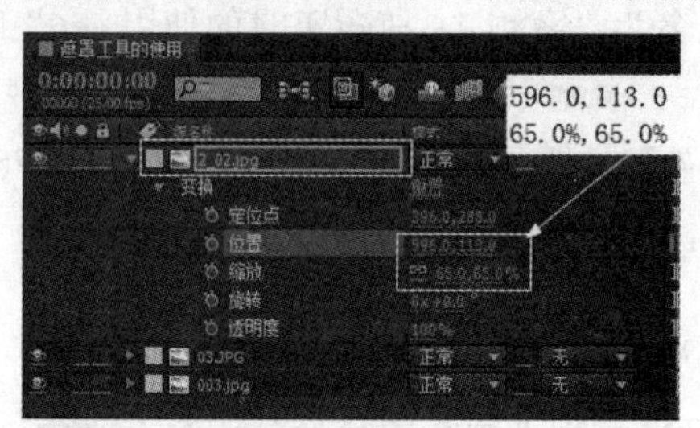

图 2.85

图 2.86

步骤 2：在工具面板中单击(椭圆形遮罩工具)按钮，在【合成预览】窗口中绘制椭圆形遮罩，展开 2_02.jpg 图层。

步骤 3：调节绘制的椭圆形遮罩的参数，具体调节如图 2.87 所示。在【合成预览】窗口中的效果，如图 2.88 所示。

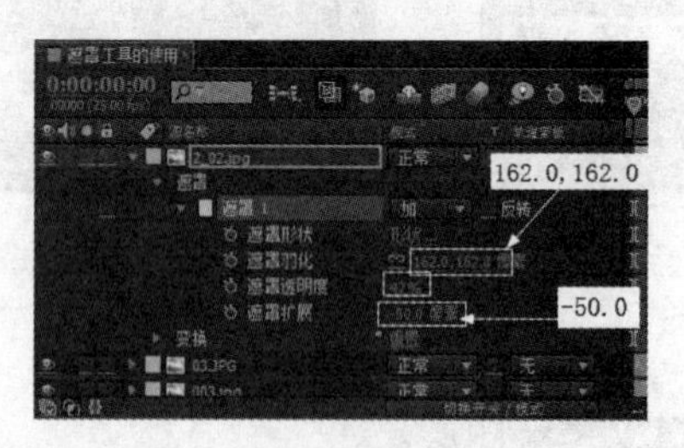

图 2.87

图 2.88

步骤 4：添加图层样式。单选 2_02.jpg 图层，在菜单栏中单击图层(L)→图层样式→外侧辉光命令即可给该图层添加一个“外侧辉光”效果。具体参数设置如图 2.89 所示。在【合成预览】窗口中的效果如图 2.90 所示。

视频播放：“椭圆形遮罩工具的使用”的详细介绍，请观看“椭圆形遮罩工具的使用.wmv”。

【参考视频】

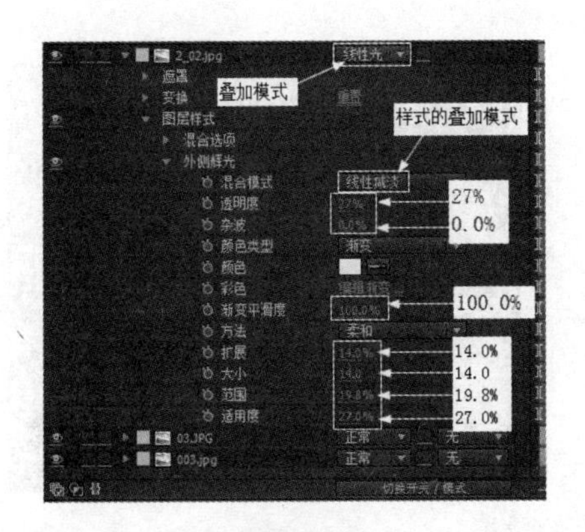

图 2.89

图 2.90

3. 任意形状遮罩工具的使用

步骤 1：在【项目】窗口中双击 生日01.MPG 视频素材图标，使素材在【素材预览】窗口中显示。

步骤 2：在【素材预览】窗口中将(当前时间指示器)图标移到第 16 秒 0 帧的位置，单击(设置入点到当前时间)按钮，确定素材入点的位置。

步骤 3：在【素材预览】窗口中将(当前时间指示器)图标移到第 16 秒 0 帧的位置，单击(设置出点到当前时间)按钮，确定素材的出点位置，如图 2.91 所示。

步骤 4：在【遮罩工具的使用】合成中，将(当前时间指示器)图标移到第 0 帧的位置。

步骤 5：在【素材预览】窗口中单击(覆盖编辑)按钮。将确定了入点和出点位置的素材插入合成中的最顶层，如图 2.92 所示。

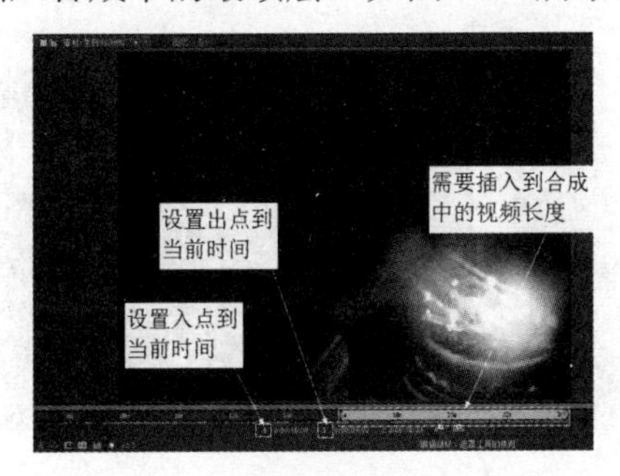

图 2.91

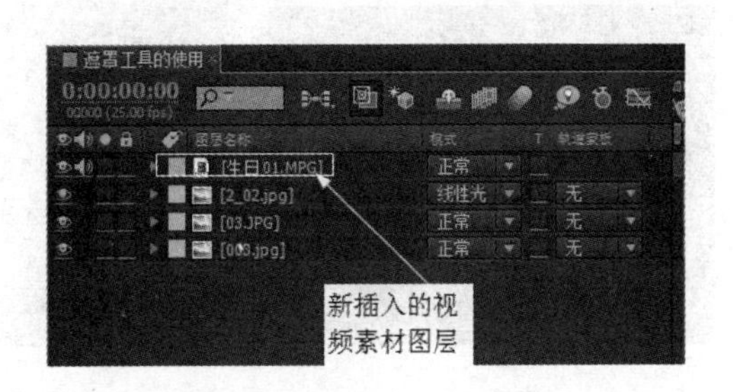

图 2.92

步骤 6：适当调节图层的位置，在【合成预览】窗口中的效果如图 2.93 所示。

步骤 7：在工具栏中单击(钢笔工具)按钮。在【合成预览】窗口中通过单击绘制如图 2.94 所示的闭合的不规则遮罩路径。

步骤 8：展开 [生日01.MPG] 图层，调节绘制的不规则遮罩路径，具体参数设置如图 2.95 所示。在【合成预览】窗口中的效果如图 2.96 所示。

视频播放：“任意形状遮罩工具的使用”的详细介绍，请观看“任意形状遮罩工具的使用.wmv”。

【参考视频】

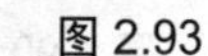

图 2.93

图 2.94

4. 遮罩动画的制作

遮罩动画的制作原理是通过调节遮罩路径上的控制点位置和关键帧来实现的，具体操作方法如下。

步骤 1：将(当前时间指示器)移到第 0 帧的位置。展开[生日01.MPG]图层，单击遮罩形状参数左边的(时间秒表变化)按钮即可添加一个关键帧，如图 2.97 所示。

步骤 2：将(当前时间指示器)移到第 4 秒 14 帧的位置。在【合成预览】窗口中调节遮罩的控制点，具体位置如图 2.98 所示。

步骤 3：将(当前时间指示器)移到第 5 秒 05 帧的位置。在【合成预览】窗口中调节遮罩的控制点，具体位置如图 2.99 所示。

步骤 4：将(当前时间指示器)移到第 5 秒 24 帧的位置。在【合成预览】窗口中调节遮罩的控制点，具体位置如图 2.100 所示。

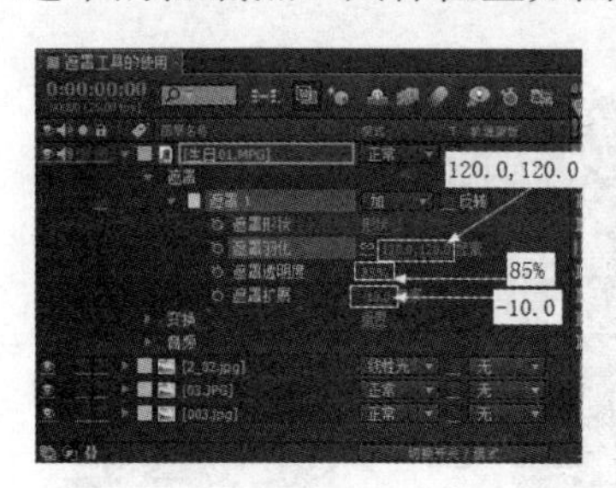

图 2.95

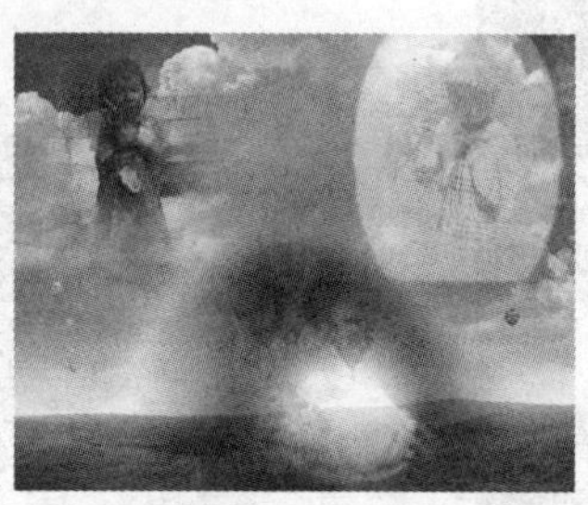

图 2.96

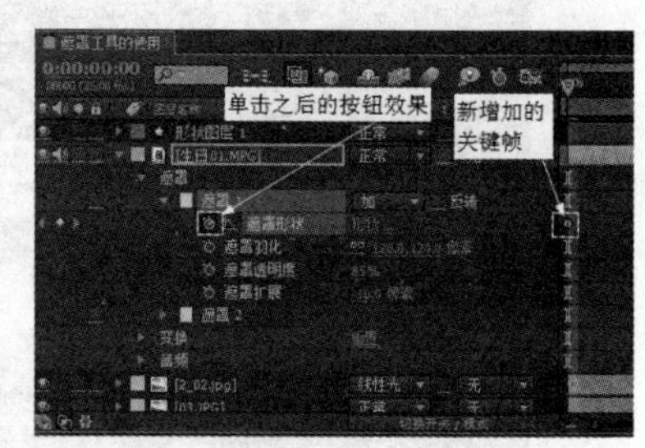

图 2.97

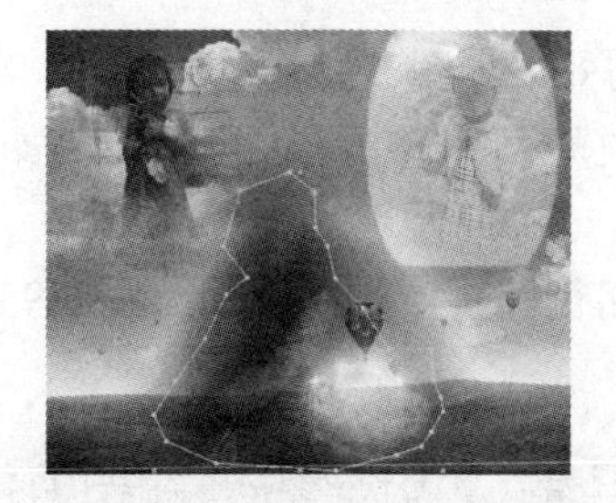

图 2.98

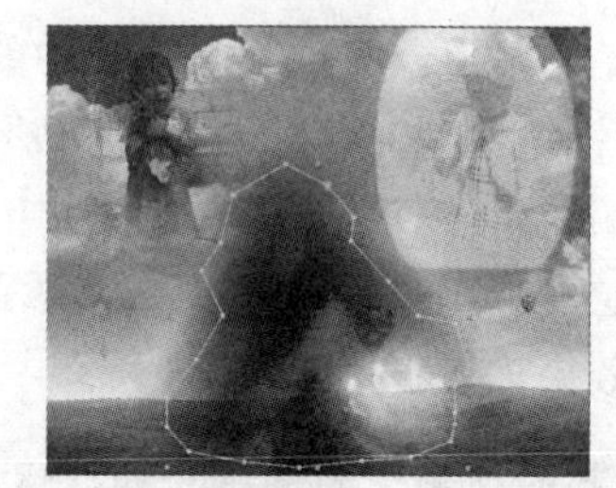

图 2.99

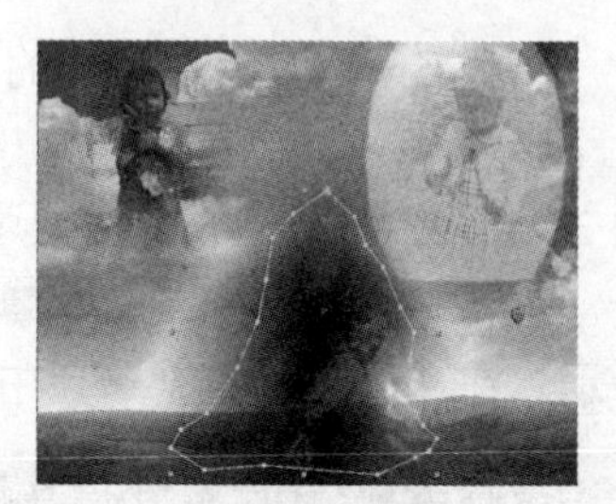

图 2.100

视频播放：“遮罩动画的制作”的详细介绍，请观看“遮罩动画的制作.wmv”。

四、案例小结

本案例主要介绍遮罩工具的使用方法、遮罩动画的原理和制作方法，要重点掌握绘制任意形状的遮罩动画的制作。

五、举一反三

根据所学知识，制作如下效果。

【参考视频】

【参考视频】

第3章 绘画工具的使用

技能点

案例 1：绘画工具的基本介绍
案例 2：使用绘画工具绘制各种形状的图形
案例 3：形状属性与管理

说　　明

本章主要通过 3 个案例全面讲解绘画工具的使用方法和形状属性的作用及使用方法。

【参考视频】

在 After Effects CS6 中，设置动画或者制作特效都离不开绘画工具。熟练掌握绘画工具是学习 After Effects CS6 的基础。

本章主要通过 3 个案例详细介绍画笔工具、橡皮擦工具、克隆工具的使用方法；绘图面板和画笔面板的各项参数的设置；各种形状工具的使用方法和形状图层的相关操作。

案例 1　绘画工具基本介绍

一、效果预览

案例效果在本书提供的配套素材中的“第 3 章 绘画工具的使用/案例效果/案例 1.flv”文件中，可通过预览效果对本案例有一个大致的了解。本案例主要介绍绘画工具的作用和使用方法。

二、本案例画面及制作步骤(流程)分析

案例部分画面效果如下：

案例制作的大致步骤：

①绘图和画笔面板→②绘图和画笔面板具体参数介绍→③制作过渡动画效果→④橡皮擦工具→⑤图章工具。

三、详细操作步骤

案例引入：

(1) 【绘图】和【画笔】面板中各个参数有什么作用？

(2) 怎样调节【绘图】和【画笔】面板中的参数？

(3) 过渡动画效果制作的原理是什么？

(4) 橡皮擦和图章工具的作用是什么？怎样使用橡皮擦和图章工具？

After Effects CS6 的绘画工具主要包括(画笔工具)、(图章工具)和(橡皮擦工具)。使用这些工具可以在图层中添加或者删除像素，但这些操作只影响最终的显示结果，而不会破坏图层中的原始素材。

需要注意的是，使用画笔工具、图章工具或橡皮擦工具后，会在【合成】窗口图层中的属性下呈现每个画笔的属性和变换参数。用户可以对这些画笔的属性或变换属性进行修改或为它们制作动画。

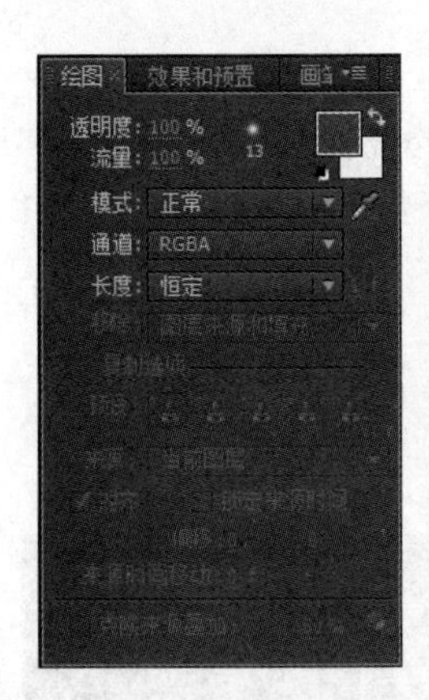

图 3.1

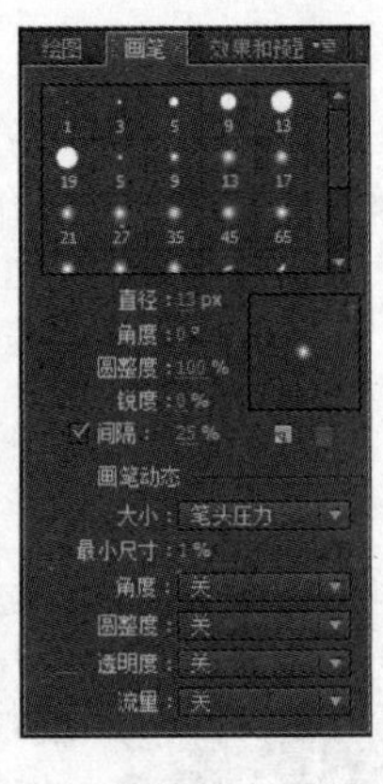

图 3.2

1. 【绘图】和【画笔】面板

在使用各种绘图工具时，【绘图】面板工具有些参数是共用的，如图 3.1 所示。

【绘图】面板主要用来设置各绘图工具中绘制画笔的透明度、流量、模式、通道和长度等属性，除了在【绘图】面板中设置参数外，还可以在【画笔】面板中选择系统预置的一些画笔效果，如图 3.2 所示。

如果对预置的画笔效果不满意，可以自定义画笔的形状。通过改变参数值可以很方便地对画笔的尺寸、角度和边缘羽化等信息进行修改。用户还可以保存或删除自定义的画笔工具。

提示：如果要激活【画笔】面板，必须先在【工具】面板中激活(单击)画笔工具。

视频播放：“绘图和画笔面板”的详细介绍，请观看“绘图和画笔面板.wmv”。

2. 【绘图】和【画笔】面板具体参数介绍

1) 【绘图】面板具体参数介绍

(1) 透明度参数：在(画笔工具)和(图章工具)中，主要用来设置画笔或图章画笔的最大不透明度，而在(橡皮擦工具)中主要用来设置擦除图层颜色的最大限度。

(2) 流量参数：在(画笔工具)和(图章工具)中，流量属性主要用来设置画笔的流量，而在(橡皮擦工具)中，流量属性主要设置擦除像素的速度。

(3) 模式参数：主要用来设置(画笔工具)和(图章工具)的混合模式，与图层混合中介绍的混合模式差不多，使用不同的混合模式进行绘画可产生不同的效果。

(4) 长度参数：主要用来设置绘图工具影响到的图层通道。用户如果选择 Alpha 选项，那么绘图工具只影响图层的透明区域，它只能取样灰度颜色。使用纯黑色的画笔在 Alpha 通道上绘图相当于使用(橡皮擦工具)进行擦除。

(5) 长度参数：主要用来设置画笔的持续时间，它包括恒定、写入、单帧和自定义 4 个选项，具体作用如下。

【参考视频】

① 恒定：选择此项，画笔在整个时间段中都能进行显示。

② 写入：选择此项，画笔根据手写时的速度再现手写动画过程。其原理是自动产生开始和结束关键帧，用户可以在【合成】窗口中对画笔属性的开始和结束关键帧进行调节。

③ 单帧：仅在当前帧显示绘图。

④ 自定义：自定义设置画笔的持续时间。

2)【画笔】面板具体参数介绍

(1) 直径参数：主要用来设置画笔的直径，单位是像素。

(2) 角度参数：主要用来设置椭圆形画笔的旋转角度，单位是度。

(3) 圆整度参数：主要用来设置画笔长轴和短轴的比例，值为 100%时为圆形画笔，值为 0 时为线形画笔，介于 0～100%时画笔为椭圆画笔。

(4) 锐度参数：主要用来设置画笔从笔刷边缘到中心过渡的不透明度的百分比，如果没有最小的锐度值，那么只有在画笔的中心才能完全不透明。

(5) 间隔参数：主要用来设置画笔的间隔距离，以画笔的直径百分比来衡量，使用鼠标绘图时由速度决定画笔间距的大小。

(6) 画笔动态参数：当使用手绘进行绘图时，主要用来在动态参数中设置对手绘板的压笔感觉。

视频播放：“绘图和画笔面板具体参数介绍”的详细介绍，请观看“绘图和画笔面板具体参数介绍.wmv”。

3. 制作过渡动画效果

1) 创建新合成

步骤 1：在菜单栏中单击图像合成(C)→新建合成组(C)...命令(或按 Ctrl+N 组合键)，弹出【图像合成设置】对话框，在对话框中设置尺寸为“720px×576px”，持续时间为“8 秒”，合成名为“过渡动画”。

步骤 2：设置完毕，单击确定按钮完成合成创建。

2) 导入素材

步骤 1：在菜单栏中单击文件(F)→导入(I)→文件...命令(或按 Ctrl+I 组合键)，弹出【导入文件】对话框，在对话框中选择“吃饭.mpg”和“小菲.mpg”视频素材。

步骤 2：单击打开(O)按钮，即可将选中的素材导入【项目】窗口中，如图 3.3 所示。

3) 创建画笔文字

步骤 1：按 Ctrl+Y 组合键，弹出【固态层设置】对话框，具体参数设置如图 3.4 所示。

步骤 2：单击确定按钮创建一个固态层。

步骤 3：双击【过渡动画】合成中的固态图层，切换到【固态图层编辑】窗口。

步骤 4：在工具栏中单击(画笔工具)按钮，设置【画笔】参数和【绘图】参数，具体设置如图 3.5 所示。

【参考视频】

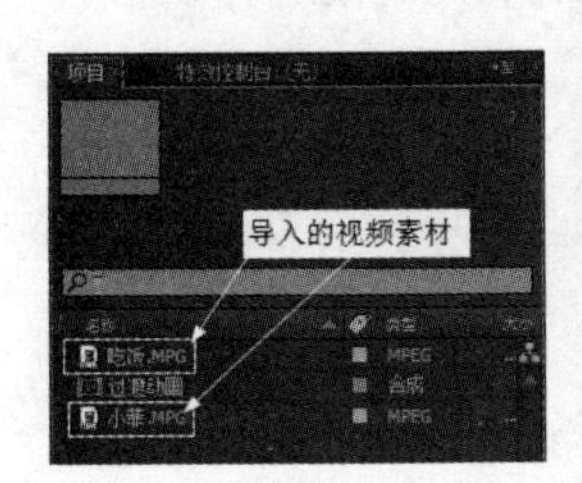

图 3.3

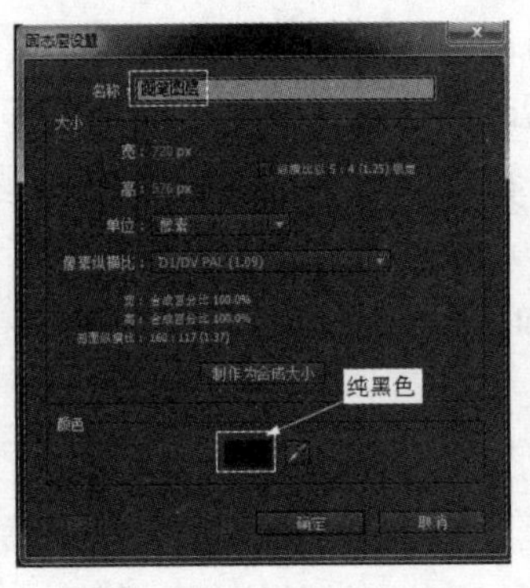

图 3.4

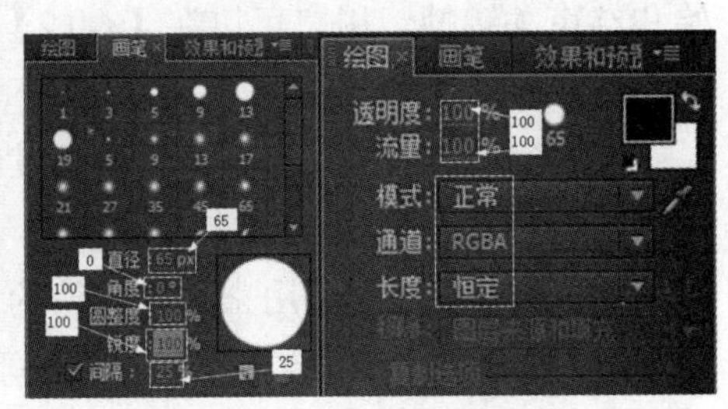

图 3.5

步骤5：在【合成】窗口中绘制如图3.6所示的文字效果。

步骤6：展开画笔图层图层，如图3.7所示。

图 3.6

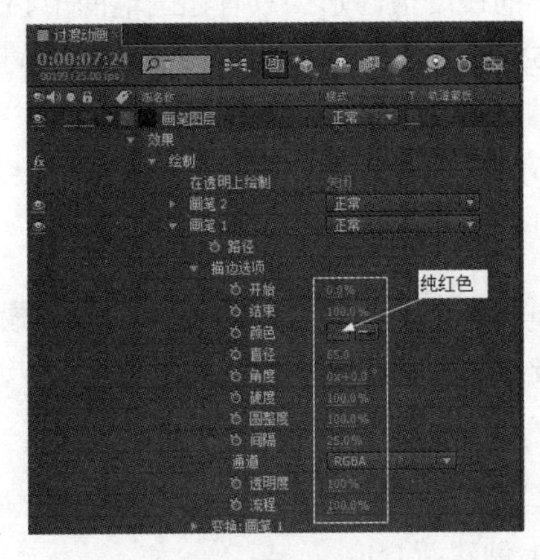

图 3.7

步骤7：将(当前时间指示器)移到第0秒0帧的位置，单击结束按钮左侧的(时间秒表变化)图标即可在第0秒0帧的位置创建一个关键帧，并将参数值设置为“0.0%”。

步骤8：将(当前时间指示器)移到第2秒0帧的位置，将结束的参数值设置为“100.0%”，如图3.8所示。

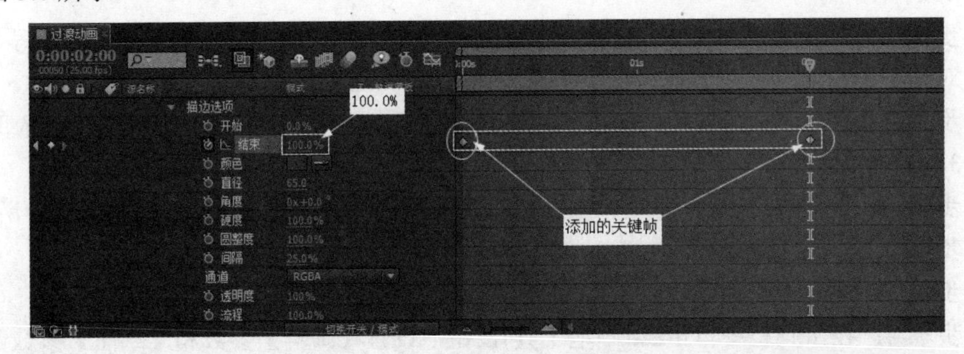

图 3.8

步骤 9：按步骤 7 和步骤 8 的方法，设置“画笔 2”的参数，参数设置完全相同。

步骤 10：选中“画笔 2”中创建的两个关键帧，向后移动，使第 1 个关键帧与“画笔 1”中的第 2 个关键帧对齐，如图 3.9 所示。

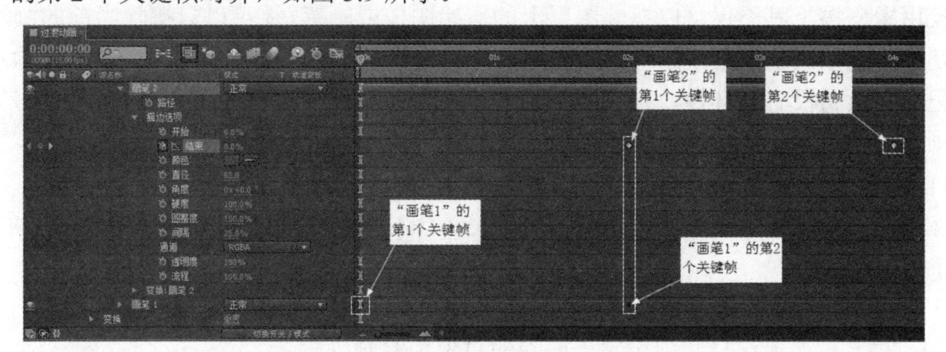

图 3.9

步骤 11：将【项目】窗口中“吃饭.mpg”和“小菲.mpg”视频素材拖曳到合成中，并设置“吃饭.mpg”图层的轨道蒙版为 亮度蒙板 “画笔图层” 模式，如图 3.10 所示。

步骤 12：在【合成预览】窗口中的效果，如图 3.11 所示。

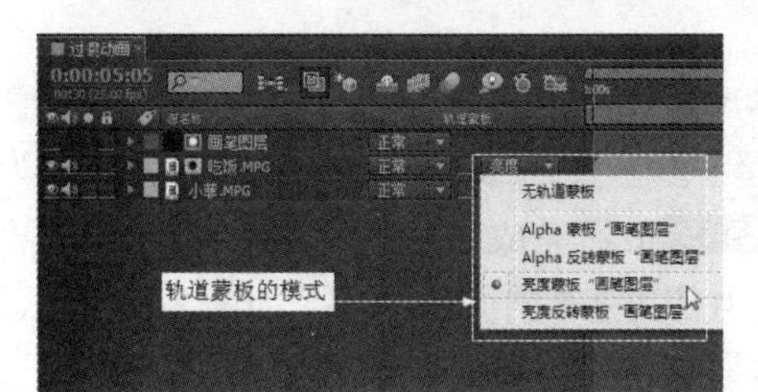

图 3.10

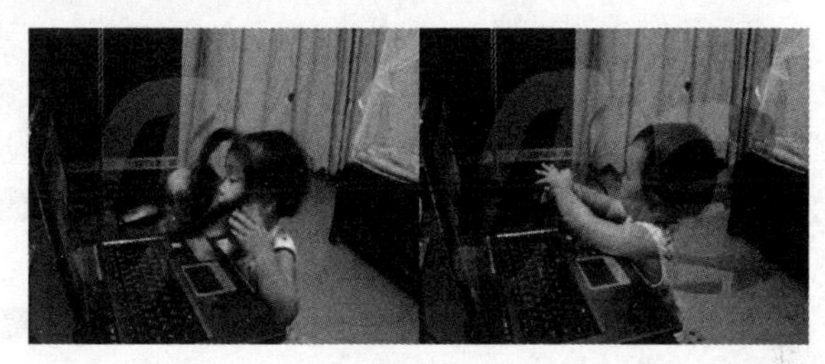

图 3.11

步骤 13：添加图层样式。单选 吃饭.MPG 图层，在菜单栏中单击 图层(L) → 图层样式 → 外侧辉光 命令即可给单选的图层添加该样式。

步骤 14：设置“外侧辉光”效果参数，具体设置如图 3.12 所示。在【合成预览】窗口中的效果如图 3.13 所示。

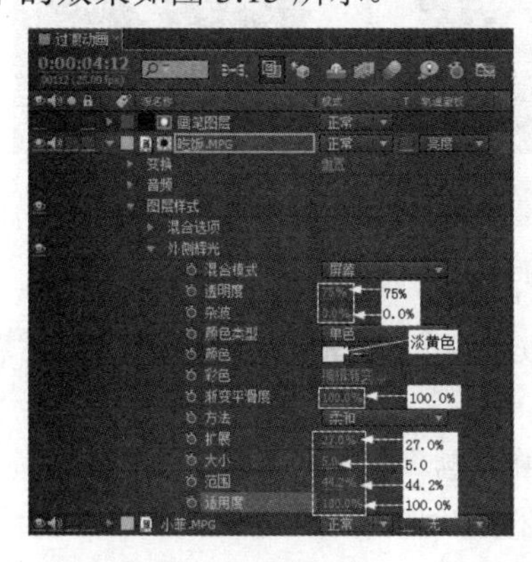

图 3.12

图 3.13

视频播放：“制作过渡动画效果”的详细介绍，请观看“制作过渡动画效果.wmv”。

4. 橡皮擦工具

使用橡皮擦工具不仅可以擦除图层上的原始图像或画笔，还可以只擦除当前的“画笔”。如果是擦除原始图层像素或画笔，那么每个擦除操作都会在【绘制】属性上留下擦除记录，这种记录对素材没有破坏性，可以删除或者修改记录，还可以改变擦除顺序；如果是擦除当前画笔，则不会在【绘制】属性中留下擦除记录。

1) 橡皮擦工具的【绘制】面板参数介绍

橡皮擦工具的【绘制】面板如图3.14所示，其中【移除】下拉列表框中3个选项的作用如下。

(1) 图层来源和填充：如果选择此项设置，擦除的对象为原图图层像素和绘画画笔。

(2) 仅填充：如果选择此项设置，擦除的对象为绘画画笔。

(3) 仅最后描绘：如果选择此项设置，擦除的对象仅是之前的绘画画笔。

提示：如果当前在画笔工具的操作中，要临时切换到橡皮擦工具，可以在图层来源和填充状态中按“Shift+Ctrl”组合键，然后按住鼠标左键对当前的画笔进行局部擦除。如果在仅最后描绘状态下使用橡皮擦工具，则不会在【合成】窗口的【绘制】属性中留下操作记录。

2) 制作手写动画

步骤1：创建一个新合成。在菜单栏中单击图像合成(C)→新建合成组(C)...命令，弹出【图像合成设置】对话框，在【图像合成设置】对话框中设置尺寸为“720px×576px”，持续时间为“8秒”，合成组名称为“制作手写动画”。单击确定按钮完成合成创建。

步骤2：在【制作手写动画】合成中创建一个名为“文字”的固态图层，如图3.15所示。

步骤3：在【制作手写动画】合成中双击[文字]图层，打开固态层的编辑窗口。

步骤4：在工具栏中单击(画笔工具)按钮，设置【画笔】面板参数和【绘图】面板参数，具体参数设置分别如图3.16和图3.17所示。

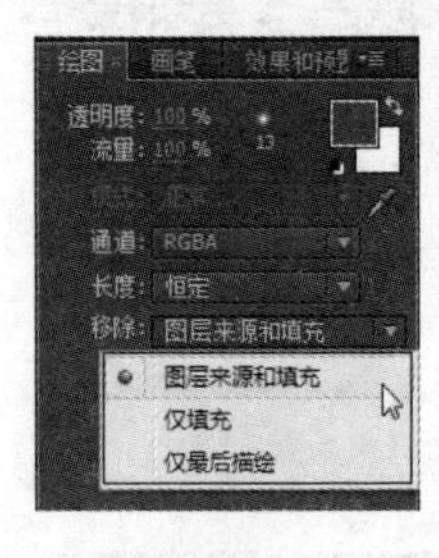

图3.14

图3.15

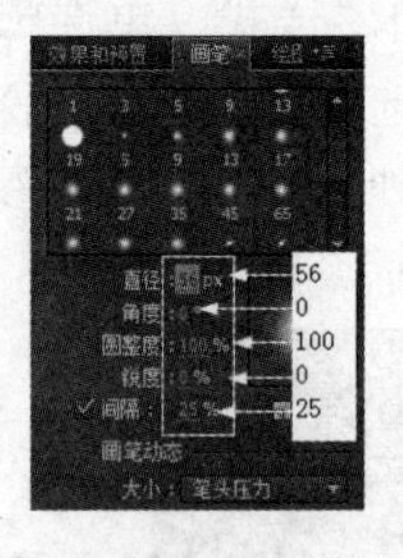

图3.16

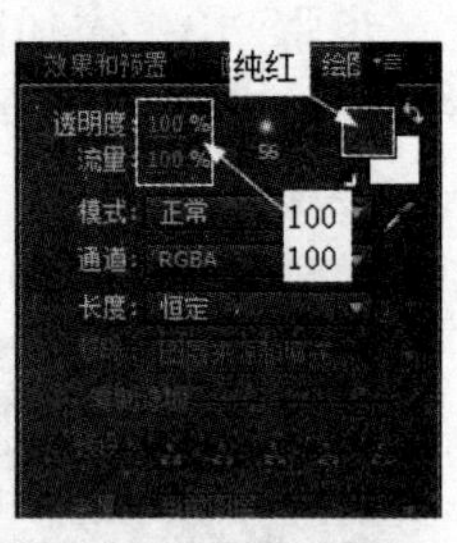

图3.17

步骤5：在固态层的编辑窗口中绘制如图3.18所示的画笔。

步骤6：按住Shift+Ctrl组合键的同时，按住鼠标左键，在固态图层的编辑窗口中对需要擦除的部分进行涂抹，最终效果如图3.19所示。

步骤7：按照步骤5和步骤6的方法，继续绘制其他画笔，最终效果如图3.20所示。

步骤8：展开[文字]图层，将(当前时间指示器)移到第0秒0帧处，单击“画笔1”中的结束参数前面的(时间秒表变化)按钮，创建一个关键帧，并将该参数值设置为“0”。

【参考视频】

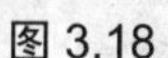

图 3.18　　　　图 3.19　　　　图 3.20

步骤 9：将(当前时间指示器)移到第 1 秒 12 帧处，将“结束”参数值设置为“100”，此时在(当前时间指示器)所在位置自动添加一个关键帧，如图 3.21 所示。

步骤 10：对“画笔 2”“画笔 3”和“画笔 4”设置同样的关键帧和参数(图 3.22)。

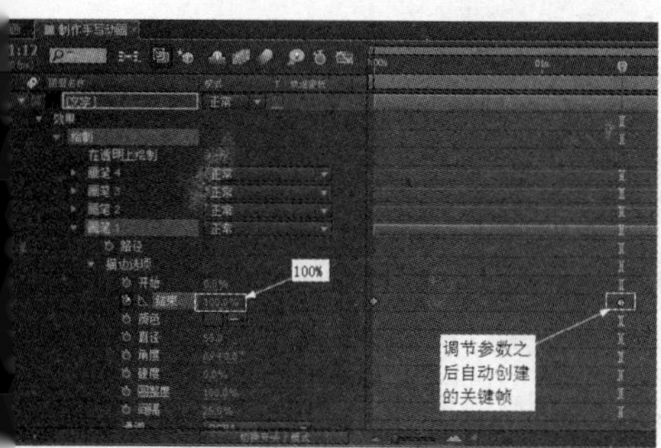

图 3.21

图 3.22

步骤 11：调整“画笔 2”“画笔 3”和“画笔 4”关键帧的位置。关键帧最终的位置如图 3.23 所示。

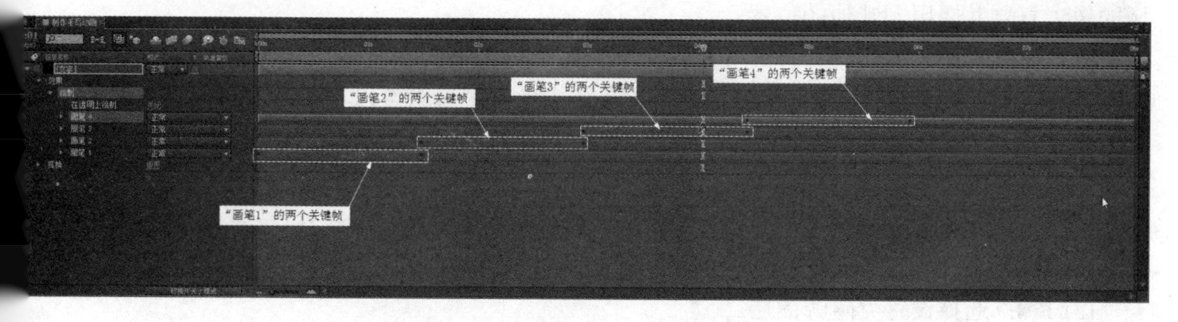

图 3.23

步骤 12：分别将“小菲.mpg”和“吃饭.mpg”视频素材拖曳到【制作手写动画】合成中，设置[小菲.MPG]图层的轨道蒙版为亮度蒙板“[文字]”模式，如图 3.24 所示。

步骤 13：给[小菲.MPG]图层添加“外侧辉光”图层样式。单选该图层，在菜单栏中单击图层(L)→图层样式→外侧辉光命令，给该图层添加一个“外侧辉光”效果，具体参数设置如图 3.25 所示。

步骤 14：添加“外侧辉光”效果之后的效果如图 3.26 所示。

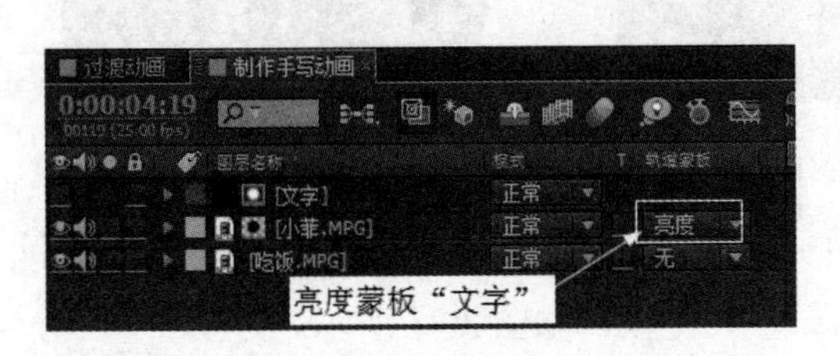

图 3.24

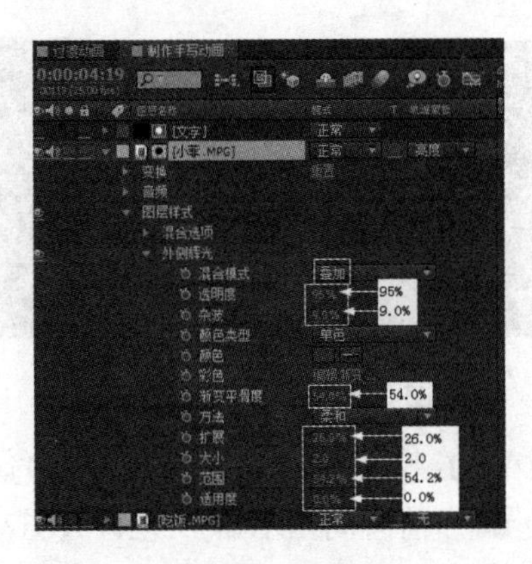

图 3.25

图 3.26

视频播放：“橡皮擦工具”的详细介绍，请观看“橡皮擦工具.wmv”。

5. 图章工具

图章工具在 After Effects 的早期版本中又称为克隆工具，使用图章工具可以将指定区域的像素复制并应用到其他的位置。

图章工具同画笔的属性一样，如绘图形状、持续时间等，在使用图章工具之前也需要设置【绘图】面板参数和【笔画】面板参数，在完成操作之后也可以在【合成】窗口的【绘制】属性中修改【克隆】参数，或通过修改【克隆】参数来制作动画。此外，在【绘图】面板中，还有一些专门的参数设置。【绘图】面板如图 3.27 所示。

1)【绘图】面板参数介绍

(1) 预设：在预设中为用户提供了 5 种不同的克隆方式，方便后续操作。

(2) 来源：选择设置克隆源图层。

(3) ✓对齐：设置不同笔画采样点克隆位置的对齐方式。

(4) 锁定来源时间：设置是否复制单帧画面。

(5) 克隆来源叠加：设置源画面和目标画面的叠加混合模式。

图章工具不仅可以取样源图层中的像素，还可以将取样的像素复制到目标图层中。目标层可以是同一个合成中的其他图层，也可以是源图层本身。

使用图章工具在【合成预览】窗口中复制的效果没有破坏性，因为它是以效果的方式在图层上对像素进行操作的，如果对复制效果不满意，可以将图层【绘制】属性下的复制操作删除。

【参考视频】

2) 使用图章工具进行复制

步骤 1：创建一个新合成。在菜单栏中单击图像合成(C)→新建合成组(C)...命令，弹出【图像合成设置】对话框，在【图像合成设置】对话框中设置尺寸为“720px×576px”，持续时间为“8 秒”，合成组名称为“图章效果”。单击确定按钮完成合成创建。

步骤 2：将“吃饭.mpg”素材拖曳到【图章效果】合成中，并双击【图章效果】中的吃饭.MPG图层。

步骤 3：在工具栏中单击(图章工具)按钮，将光标移到【合成预览】窗口中的取样点的位置并按住 Alt 键单击进行取样。

步骤 4：在需要复制的地方进行涂抹即可。最终效果如图 3.28 所示。

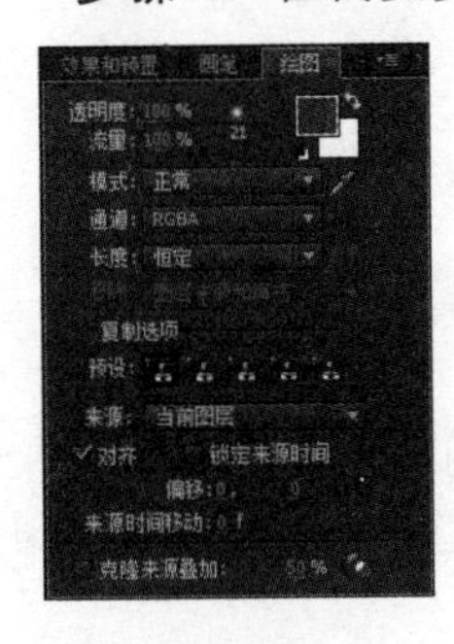

图 3.27

图 3.28

视频播放：“图章工具”的详细介绍，请观看“图章工具.wmv”。

四、案例小结

本案例通过 3 个实例介绍了绘画工具的作用和使用方法，要重点掌握【绘图】面板和【画笔】面板的参数设置及过渡动画效果的制作。

五、举一反三

根据所学知识，制作如下效果。

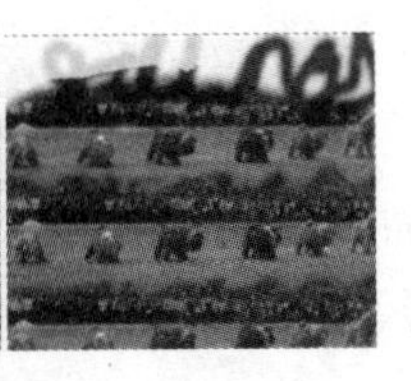

案例 2　使用绘画工具绘制各种形状的图形

一、效果预览

案例效果在本书提供的配套素材中的“第 3 章 绘画工具的使用/案例效果/案例 2.flv”文件中，可通过预览效果对本案例有一个大致的了解。本案例主要介绍使用绘画工具绘制

【参考视频】　【参考视频】

各种形状图形。

二、本案例画面及制作步骤(流程)分析

案例部分画面效果如下：

案例制作的大致步骤：

①矢量图形、光栅图像和路径概述→②使用形状工具绘制形状图形→③使用钢笔工具绘制不规则形状图形。

三、详细操作步骤

案例引入：

(1) 什么叫做矢量图形？
(2) 什么叫做光栅图像？
(3) 什么叫做路径？
(4) 什么叫做形状图形？怎样绘制形状图形？

形状工具不仅具有绘制遮罩和路径的功能，还具有绘制矢量图形的功能，所以在 After Effects CS6 中可以轻松地绘制矢量图形并将这些图形制作成动画。

1. 矢量图形、光栅图像和路径介绍

1) 矢量图形

构成矢量图形的直线或曲线，在计算机中用数学中的几何学特征来描述这些形状。在 After Effects CS6 中的路径、文字和形状都是矢量图形。矢量图形最大的特点是放大之后边缘形状仍然保持光滑平整，不失真，如图 3.29 所示。

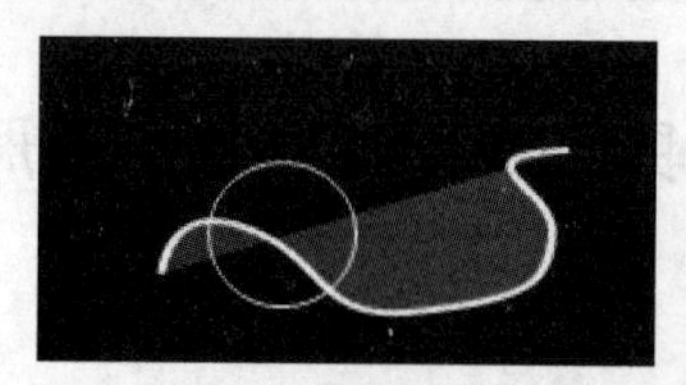

放大之前的效果

放大 10 倍之后的效果

图 3.29

【参考视频】

2) 光栅图像

光栅图像也叫位图或点阵图，是由不同的像素点构成的。光栅图像的质量取决于它的图像分辨率，图像的分辨率越高，图像就越清晰，但图像需要的存储空间也越多。如果将光栅图像放大，在光栅图像的边缘会出现锯齿，如图 3.30 所示。

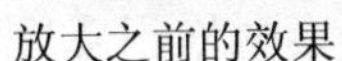

放大之前的效果

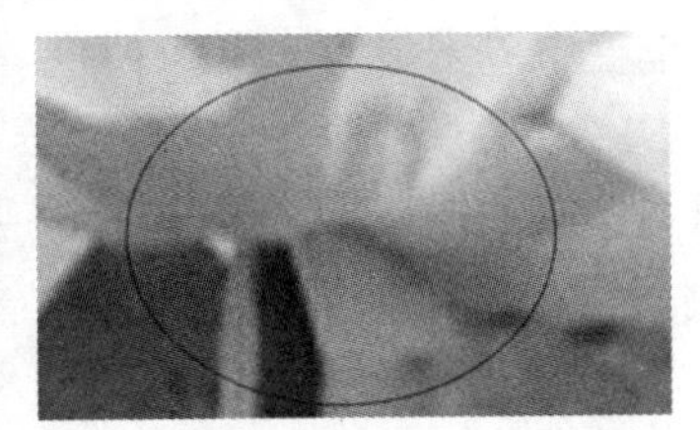

放大 10 倍之后的效果

图 3.30

3) 路径

路径是指由点和线构成的图形，线可以是直线也可以是曲线，点用来定义路径的起点和终点，线用来连接路径的起点和终点，如图 3.31 所示。

在路径上有两种类型的点，即角点和平滑点。连接平滑点的两条直线为曲线，它的出点和入点的方向控制手柄在同一条直线上；而连接角点的两条曲线的方向控制手柄不在同一条直线上。

角点与平滑点的最大区别是，当调节平滑点上的一个方向控制手柄时，另外一个手柄也会跟着进行相应的变化，如图 3.32 所示；而当调节角点上的一个方向控制手柄时，另外一个方向手柄不会发生改变，如图 3.33 所示。

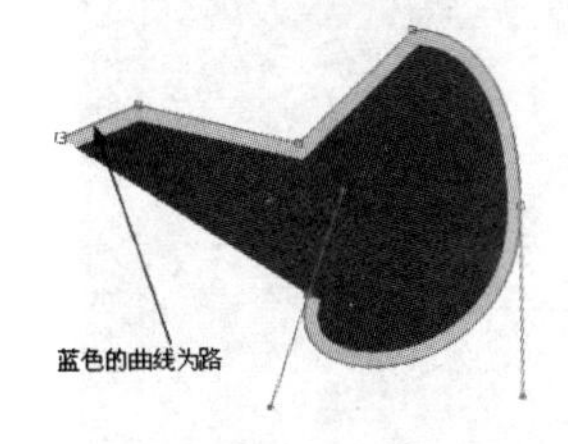

图 3.31

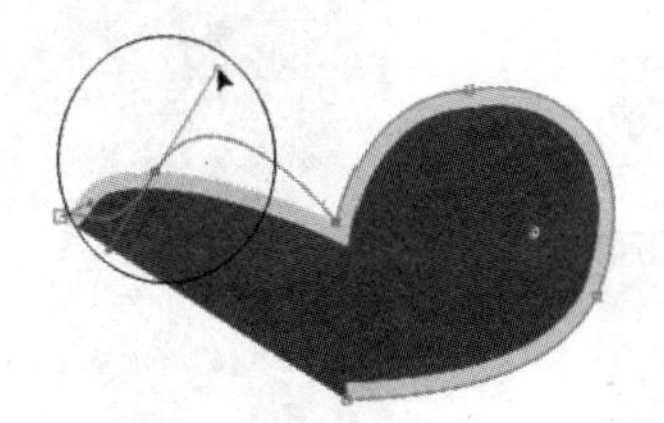

图 3.32

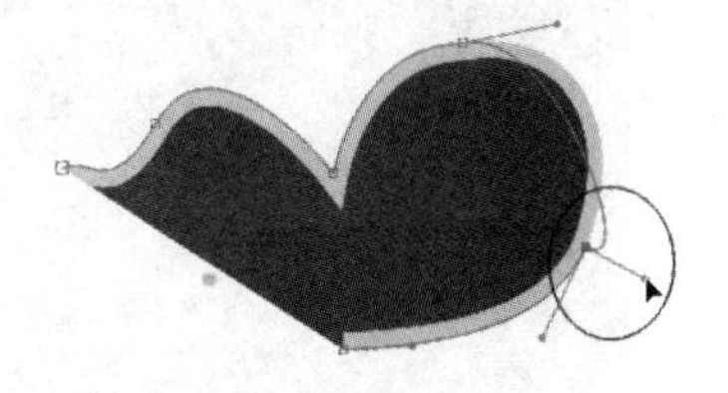

图 3.33

视频播放：“矢量图形、光栅图像和路径概述”的详细介绍，请观看“矢量图形、光栅图像和路径概述.wmv”。

2. 使用形状工具绘制形状图形

在 After Effects CS6 中，使用形状工具可以创建形状图形也可以创建遮罩路径。

形状工具包括了创建规则几何形状的工具和创建不规则路径的钢笔工具。其中，创建规则几何形状的工具主要有(矩形遮罩工具)、(圆角矩形工具)、(椭圆形遮罩工具)、(多边形工具)和(星形工具)。

1) 新建文件和合成

步骤 1：启动 After Effects CS6 应用软件，保存名为“案例 2：绘画工具的使用.aep”。

【参考视频】

步骤2：创建新合成。在菜单栏中单击图像合成(C)→新建合成组(C)...命令(或按 Ctrl+N 组合键)，弹出【图像合成设置】对话框，在【图像合成设置】对话框中设置尺寸为“720px×576px”，持续时间为“6 秒”，合成组名称为“形状图层”，单击确定按钮完成合成创建。

2) 导入素材

步骤1：在菜单栏中单击文件(F)→导入(I)→文件...命令(或按 Ctrl+I 组合键)，弹出【导入文件】对话框。

步骤2：在【导入文件】对话框中选择“小菲.mpg”视频素材。单击打开(O)按钮，即可将选中的素材导入【项目】窗口中。

3) 绘制矩形

步骤1：将【项目】窗口中的“小菲.mpg”视频素材拖到【形状图层】合成窗口中。

步骤2：确保【形状图层】合成窗口中的小菲.MPG图层不被选中。

步骤3：在工具栏中单击(矩形遮罩工具)，在【合成预览】窗口中绘制一个矩形。此时，在【形状图层】窗口中自动创建一个形状图层 1图层。

步骤4：具体参数设置如图 3.34 所示。在【合成预览】窗口中的最终效果如图 3.35 所示。

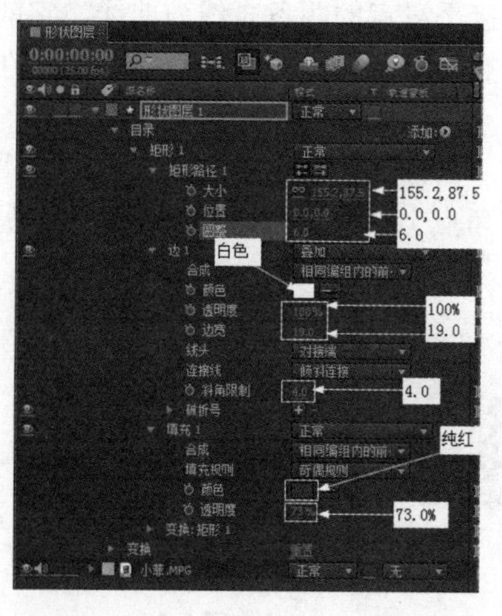

图 3.34

图 3.35

提示：在使用绘制形状工具时，如果选中了【合成】窗口中的图层，在【合成预览】窗口绘制的形状图形则变成选择图层的遮罩图形；如果不选中【合成】窗口中的图层，在【合成预览】窗口中绘制的形状图形为形状图形，则自动创建一个形状图层。

4) 绘制圆角矩形

步骤1：在工具栏中单击(圆角矩形工具)，在【合成】窗口中绘制一个圆角矩形。此时，在【形状图层】窗口中自动创建一个形状图层 2图层。

步骤2：具体参数设置如图 3.36 所示。在【合成预览】窗口中的最终效果如图 3.37 所示。

5) 其他椭圆形、多边形工具和星形的绘制

步骤1：其他椭圆形、多边形工具和星形的绘制方法与前面一样，在这里就不再详细

介绍，最终绘制效果如图 3.38 所示。

步骤 2：最终的【合成】窗口如图 3.39 所示。

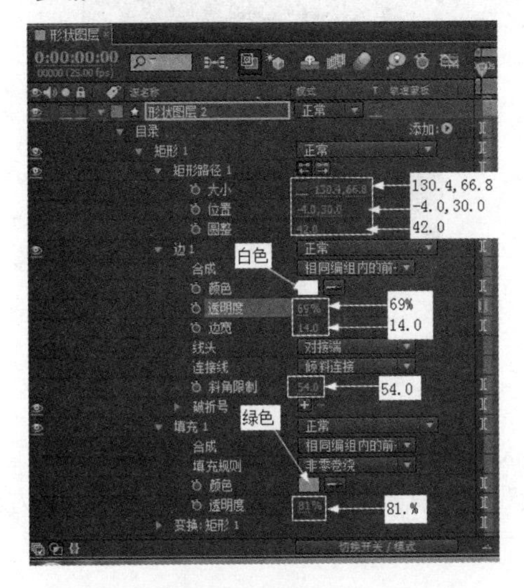

图 3.36

图 3.37

图 3.38

图 3.39

视频播放：“使用形状工具绘制形状图形”的详细介绍，请观看“使用形状工具绘制形状图形.wmv”。

3. 使用钢笔工具绘制不规则形状图形

步骤 1：在工具栏中单击(钢笔工具)，在【合成预览】窗口中绘制图形。此时，在【合成】窗口中自动创建一个形状图层 6图层。

步骤 2：【合成预览】窗口中的效果如图 3.40 所示

步骤 3：使用(顶点转换工具)对各个点进行调节，在【合成预览】窗口中的最终效果如图 3.41 所示。

视频播放：“使用钢笔工具绘制不规则形状图形”的详细介绍，请观看“使用钢笔工具绘制不规则形状图形.wmv”。

【参考视频】

【参考视频】

图 3.40

图 3.41

四、案例小结

本案例主要介绍使用绘画工具绘制各种形状图形的方法，要重点掌握使用形状工具绘制形状图形、使用钢笔工具绘制不规则形状图形，以及对不规则图形进行调节的方法和技巧。

五、举一反三

根据所学知识，制作如下效果。

案例 3　形状属性与管理

一、效果预览

案例效果在本书提供的配套素材中的“第 3 章 绘画工具的使用/案例效果/案例 3.flv”文件中，可通过预览效果对本案例有一个大致的了解。本案例主要介绍形状属性中各个参数的作用。

二、本案例画面及制作步骤(流程)分析

案例部分画面效果如下：

【参考视频】

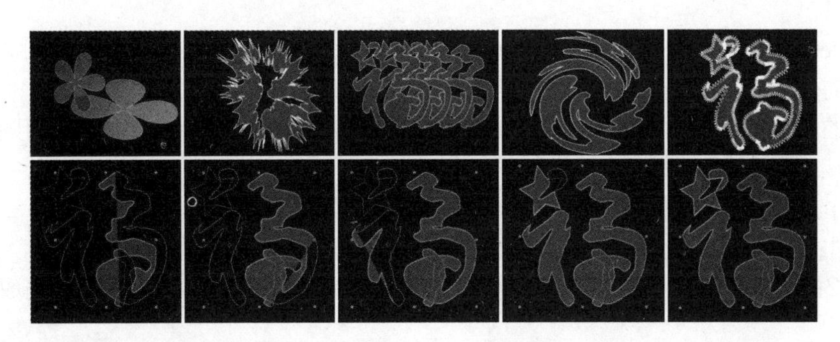

案例制作的大致步骤：

①图形编辑的相关知识→②对形状图形的渲染规则→③形状属性→④路径变形属性。

三、详细操作步骤

案例引入：

(1) 形状图形渲染规则主要有哪些？

(2) 形状属性主要包括哪些？

(3) 路径变形属性主要包括哪些？

1. 图形编辑的相关知识

在 After Effects CS6 默认情况下，每一条路径将作为一个形状。每个形状都包含了路径、边、填充和变换属性，这些形状在【合成】窗口中的形状图层的【目录】属性下从上往下分布，每个形状都可以单独添加变形属性和填充属性等。

在实际工作中，用户在制作一个复杂的图形的时候不可能由一条路径组成，至少也要两条以上的路径组成。在为这些形状制作动画的时候，是对形状的整体制作动画，如果单独为每条路径制作动画，工作量就太大，太麻烦了。在 After Effects CS6 中，为用户提供了“形状编组”来解决此问题。

如图 3.42 所示，在【目录】下面包含了一个编组和两个图形，且两个图形使用了共同的折皱与膨胀、渐变填充和变换属性。最终效果如图 3.43 所示。

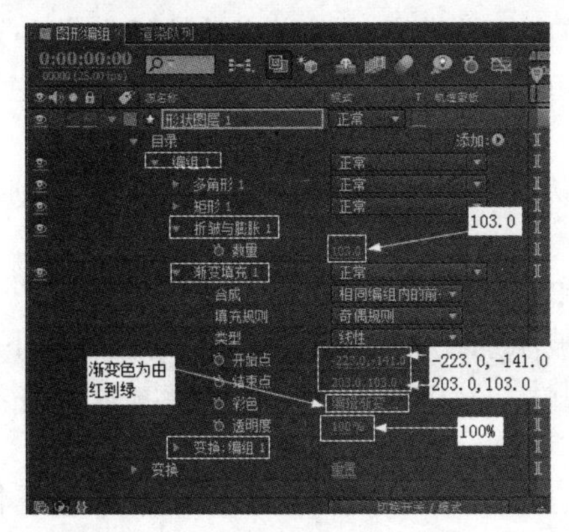

图 3.42

图 3.43

【参考视频】

在 After Effects CS6 中，用户可以对编组中的所有形状使用共同的变换属性，并且还可以对组中的所有形状进行统一填充、描边和路径变形等。

编组的目的是对多个形状进行同步操作，而不需要对每个形状单独进行相同的操作，这样大大减少了制作动画的时间和制作的复杂程度。

对各个形状图形进行编组的方法很简单，具体操作方法如下。

步骤 1：在【合成】窗口中的形状图层中选中需要编组的多个形状图形。

步骤 2：在菜单栏中单击图层(L)→形状编组命令(或按 Ctrl+G 组合键)，即可完成多个图形的编组。

在 After Effects CS6 中，如果用户不需要编组，也可以进行解组操作。具体操作方法如下。

步骤 1：选中需要进行解组的编组。

步骤 2：在菜单栏中单击图层(L)→解除形状编组命令(或按 Ctrl+Shift+G 组合键)，即可完成解组操作。

视频播放：“图形编辑的相关知识”的详细介绍，请观看“图形编辑的相关知识.wmv”。

2. 对形状图形的渲染规则

在 After Effects CS6 中，对形状图层进行渲染的规则与前面所讲的嵌套合成的渲染规则有一点类似，具体规则如下。

(1) 在同一个编组内，在【合成】窗口中处于最底层的形状最先渲染，然后依次往上渲染。

(2) 在同一个编组内，路径变形属性优先于颜色属性。

(3) 在同一个编组内，路径变形属性渲染的顺序是从上往下进行渲染。

(4) 在同一个编组内，颜色属性的渲染顺序是从下往上进行渲染。

(5) 对于不同的编组，渲染顺序是从下往上。

视频播放：“对形状图形的渲染规则”的详细介绍，请观看“对形状图形的渲染规则.wmv”。

3. 形状属性

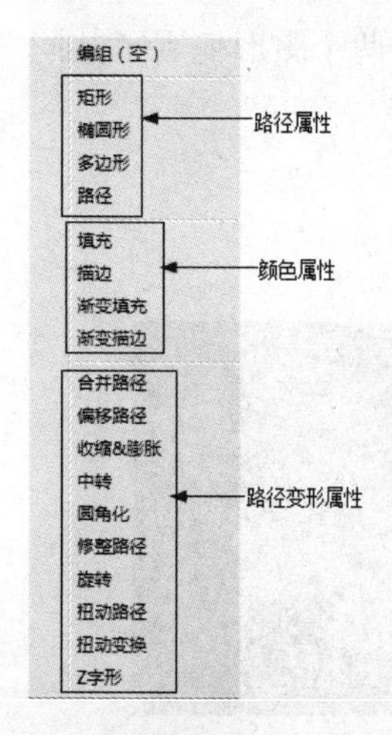

图 3.44

创建形状图形之后，就可以在【合成】窗口中通过单击形状图层中添加:右边的图标，弹出快捷菜单，在弹出的快捷菜单中选择需要的属性添加给形状图形或编组形状图形。形状图形的属性主要如图 3.44 所示。

在 After Effects CS6 默认情况下，新添加的属性按以下规则添加到形状图层或形状编组中。

(1) 新的形状图层被添加在所有的路径或编组下面。

(2) 新的路径变形属性被添加在之前已经存在的路径属性下面，如果之前不存在路径变形属性，新的路径变形属性将被添加在存在的路径下面。

(3) 新的颜色属性被添加在路径下面和之前存在的颜色属性的上面。

【参考视频】

【参考视频】

1) 颜色属性

颜色属性主要包括填充、描边、渐变填充和渐变描边 4 种颜色属性。

(1) 填充：主要为形状图形的内部填充颜色。

(2) 描边：主要为形状图形的路径填充颜色。

(3) 渐变填充：主要为形状图形的内部填充渐变颜色。

(4) 渐变描边：主要为形状图形的路径填充渐变颜色。

2) 颜色属性中比较重要的参数介绍

(1) 合成：主要用来设置颜色的叠加顺序。主要有 相同编组内的前一个之下 和 相同编组内的前一个之上 两种叠加模式，默认为 相同编组内的前一个之下 叠加模式。

(2) 填充规则：主要用来设置颜色的填充规则。主要有 非零卷绕 和 奇偶规则 两种填充方式。如图 3.45 所示，是两种不同填充方式效果对比。

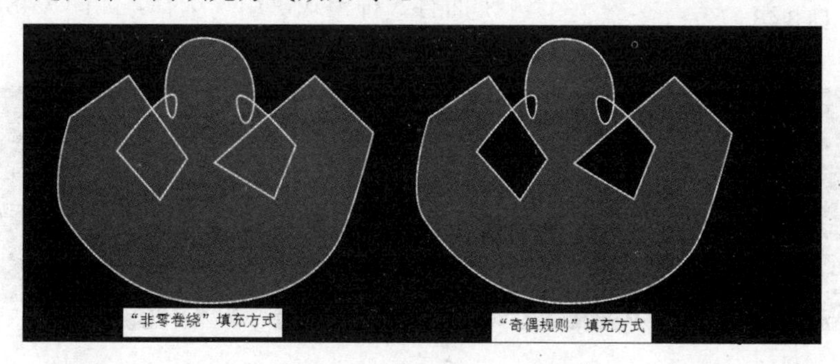

图 3.45

(3) 线头：主要用来设置虚线描边的每个线段的端点封口方式，包括 对接端 圆头 和 突出端 3 种封口方式，3 种封口方式效果对比如图 3.46 所示。

图 3.46

(4) 连接线：主要用来设置路径角点处的连接方式，包括 倾斜连接 圆角连接 和 斜角连接 3 种连接方式。路径角点连接方式效果对比如图 3.47 所示。

图 3.47

视频播放：“形状属性”的详细介绍，请观看“形状属性.wmv”。

4. 路径变形属性介绍

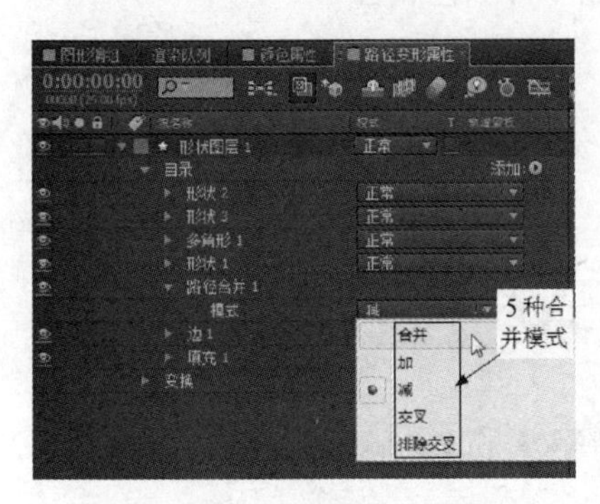

图 3.48

在同一个编组中，路径变形属性可以对位于其上的所有路径起作用，在【合成】窗口中也可以对路径变形属性的位置进行改变，以及对它进行复制、剪切和粘贴等操作。

(1) 路径合并：主要作用是将多个路径组合成一个复合路径。使用路径合并属性之后，系统自动在它的下面添加一个填充边属性，否则混合路径形状就不可见了，在路径合并下面有5种模式供用户选择，如图3.48所示。每种合并模式的效果如图3.49所示。

图 3.49

(2) 路径偏移：主要作用是对原始的路径进行缩放，如图3.50所示为路径偏移的具体参数，如图3.51所示为进行路径偏移操作的前后对比。

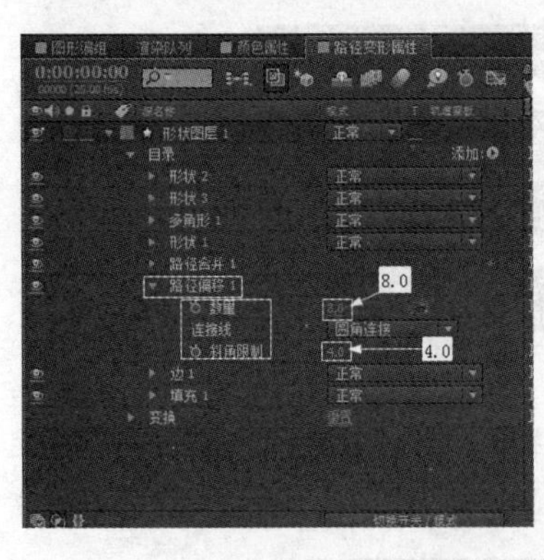

图 3.50

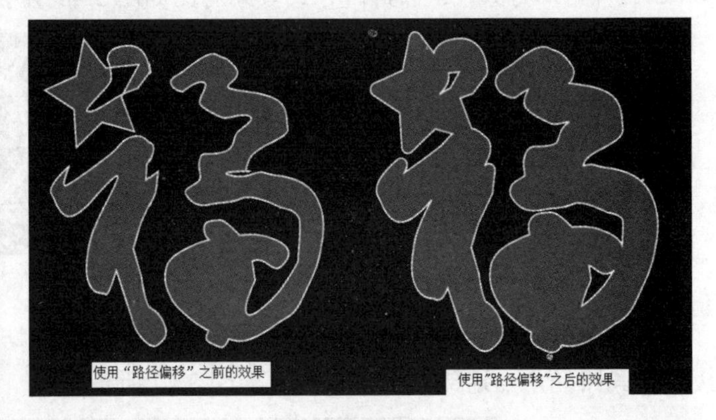

图 3.51

(3) 折皱与膨胀：主要作用是将源曲线中向外凸起的部分往里面拉，将源曲线中向外凹陷的部分往外拉，如图3.52所示为折皱与膨胀的具体参数，如图3.53所示为进行折皱与膨胀操作的前后对比。

(4) 中转：主要作用是为一个形状创建多个形状复制，并且对每个复制应用指定的变换属性，如图3.54所示为中转的具体参数设置，如图3.55所示为使用中转操作之后的效果。

【参考视频】

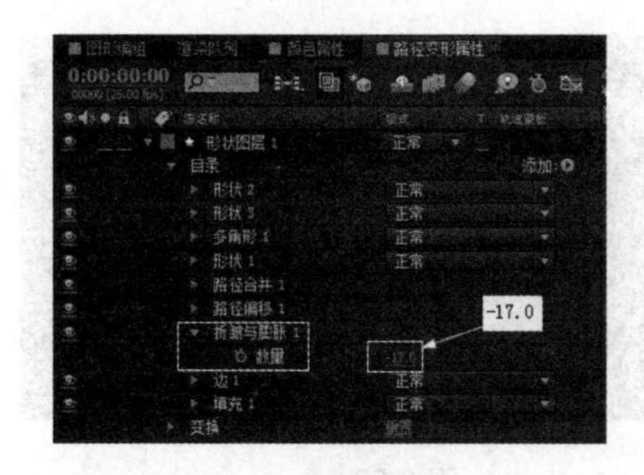

图 3.52

使用“收缩&膨胀”前后之间的区别

图 3.53

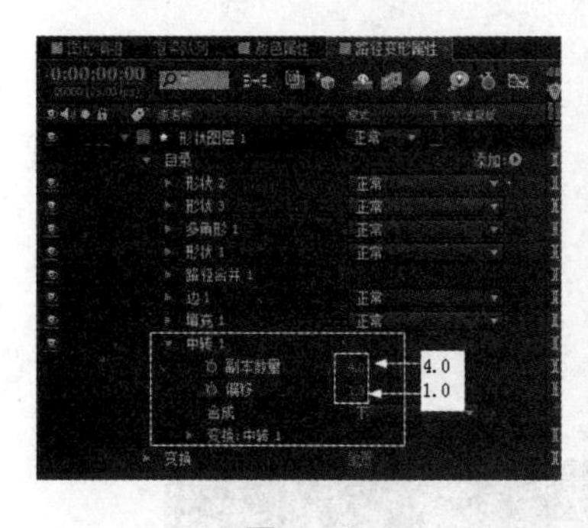

图 3.54

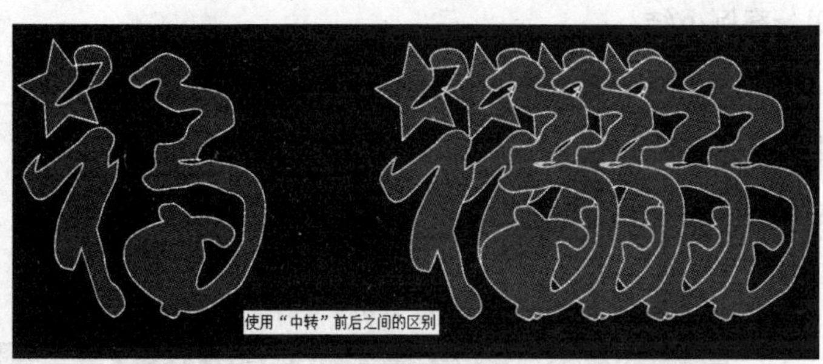

图 3.55

(5) 圆角化：主要作用是对形状中尖锐的拐角进行圆滑处理。

(6) 修整路径：主要作用是为路径制作生长动画，如图 3.56 所示。

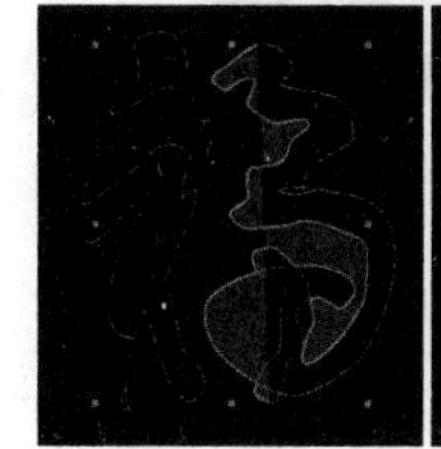
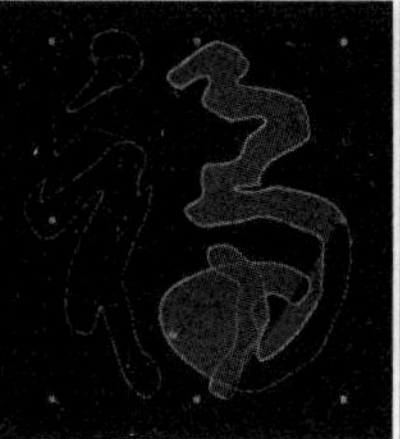
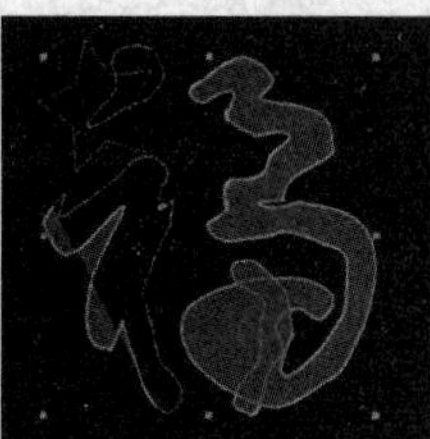
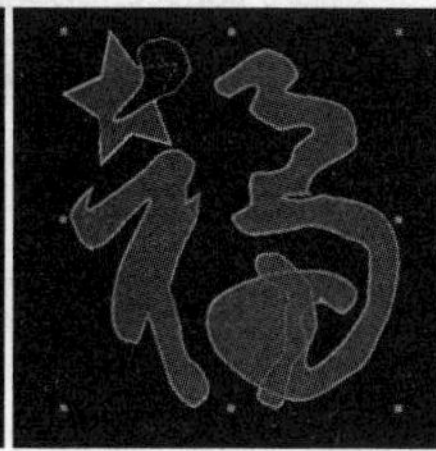

图 3.56

(7) 旋转：主要作用是以形状中心为圆心对形状进行扭曲，值为正数时，扭曲角度为顺时针方向；值为负数时，扭曲角度为逆时针方向。如图 3.57 所示为使用旋转操作的前后对比效果。

(8) 扭动路径：主要作用是将路径变成具有各种变形的锯齿形状，并且该属性会自动生成动画效果。

(9) Z字形：主要作用是将路径变成具有统一形式的锯齿形状的路径。如图 3.58 所示为使用Z字形操作的前后对比效果。

视频播放：“路径变形属性”的详细介绍，请观看“路径变形属性.wmv”。

【参考视频】

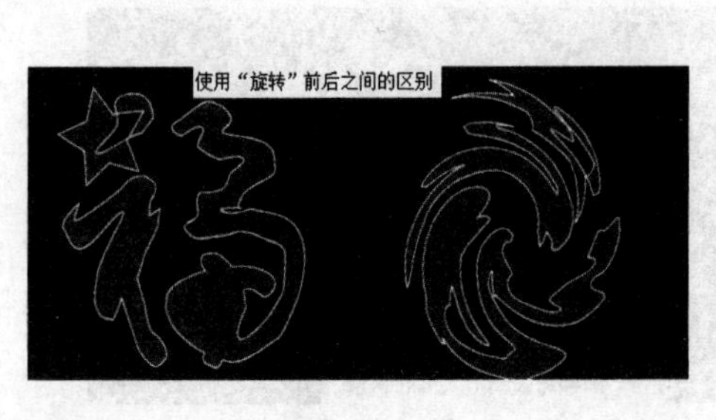

图 3.57

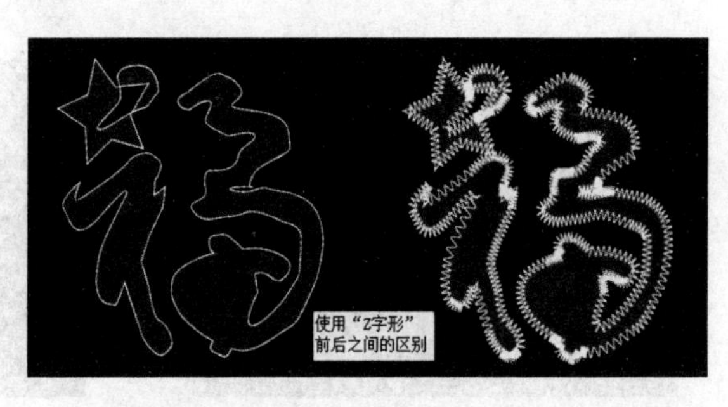

图 3.58

四、案例小结

本案例主要介绍形状属性中各参数的作用和使用方法，要重点掌握形状图形的渲染规则和路径变形属性。

五、举一反三

根据所学知识，制作如下效果。

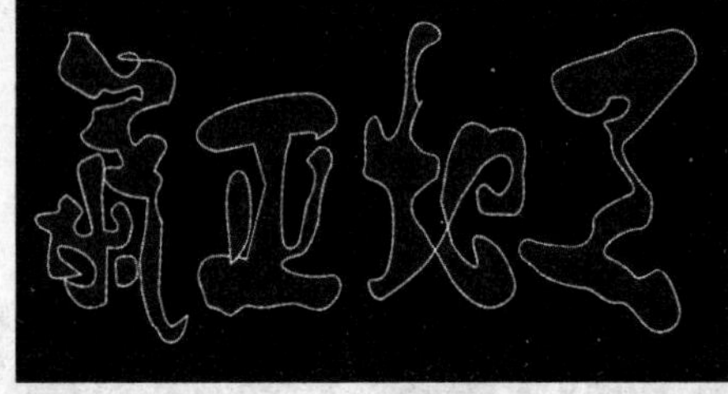

【参考视频】

第 4 章

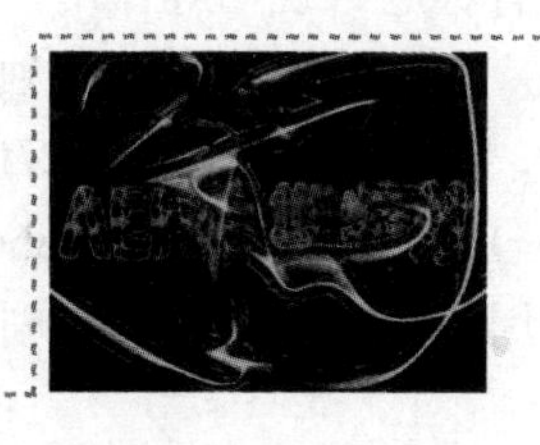

创建文字特效

技能点

案例 1：制作时码动画文字效果
案例 2：制作眩目光文字效果
案例 3：制作预设文字动画
案例 4：制作变形动画文字效果
案例 5：制作空间文字动画
案例 6：卡片式出字效果
案例 7：玻璃切割效果

说明

本章主要通过 7 个案例全面讲解文字动画制作的原理和方法。

【参考视频】

在本章中主要通过 7 个文字特效的制作来讲解文字工具的相关知识点。在影视后期制作中，文字不仅具有标题、说明等作用，有时候在不同的语言环境中还扮演着中介交流的作用，甚至在电视广告包装中文字还单独作为包装元素出现，丰富人们的眼球。作为一个影视后期制作人员，必须掌握文字动画的制作。

在 After Effects CS6 中，Adobe 公司对文字动画模块有了很大的提升，还增加了 3D 字效功能，使用户更容易和快捷地创建复杂的文字动画特效。

案例 1　制作时码动画文字效果

一、效果预览

案例效果在本书提供的配套素材中的“第 4 章 创建文字特效/案例效果/案例 1.flv”文件中，可通过预览效果对本案例有一个大致的了解。本案例主要介绍时码动画文字效果的制作。

二、本案例画面及制作步骤(流程)分析

案例部分画面效果如下：

案例制作的大致步骤：

①使用【时间码】特效来制作简单的时码→②使用【编号】特效来制作复杂的时码。

三、详细操作步骤

案例引入：

(1) 什么叫做时间码？

(2) 什么叫做编号？

(3) 怎样制作简单时码和复杂时码？

在 After Effects CS6 中制作时码动画可以通过使用【编号】和【时间码】中的任意一个特效命令来制作。

如果使用【时间码】特效命令来制作时码动画，它的局限性在于只能制作一些简单的效果。它主要给视频制作压码。如果要制作比较复杂的时码动画效果，可以使用【编号】来制作。下面分别介绍使用【编号】和【时间码】两个特效命令来制作时码动画的具体操作步骤。

1. 使用【时间码】特效来制作简单的时码动画

1) 创建一个名为“简单时码动画”的合成

步骤 1：启动 After Effects CS6 应用软件。

【参考视频】

步骤 2：创建新合成。在菜单栏中单击图像合成(C)→新建合成组(C)...命令(或按 Ctrl+N 组合键)，弹出【图像合成设置】对话框，在【图像合成设置】对话框中设置尺寸为“720px×576px”，持续时间为“6 秒”，命名为“简单时码动画”。单击确定按钮完成合成创建。

2) 导入素材

步骤 1：在【项目】窗口的空白处单击右键，弹出快捷菜单，在弹出的快捷菜单中单击导入→文件...命令，弹出【导入文件】对话框，在【导入文件】对话框中单选“1.jpg”图片素材。

步骤 2：单击打开(O)按钮，即可将“1.jpg”图片素材导入【项目】窗口中。

步骤 3：将【项目】窗口中的“1.jpg”图片素材拖到【简单时码动画】合成窗口中，如图 4.1 所示，在【合成预览】窗口中的效果如图 4.2 所示。

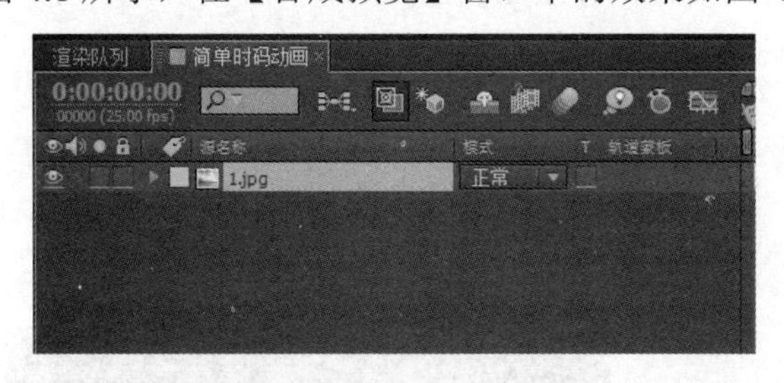

图 4.1

图 4.2

3) 创建简单时码动画

步骤 1：在菜单栏中单击效果(T)→文字→时间码命令，即可创建一个简单的时间码动画。

步骤 2：【时间码】特效参数的具体设置如图 4.3 所示。

步骤 3：在【合成预览】窗口中的最终合成效果如图 4.4 所示。

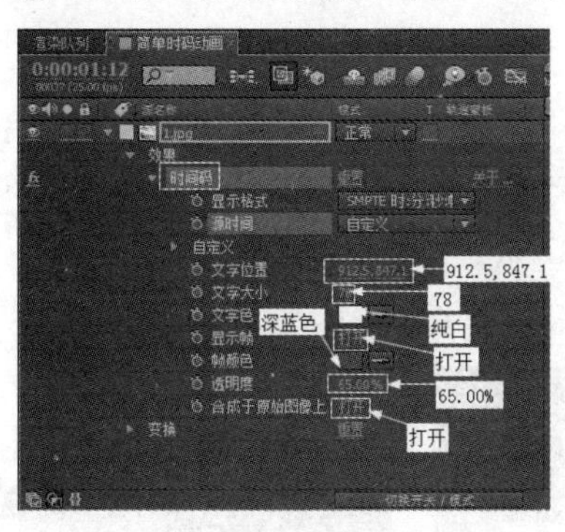

图 4.3

图 4.4

步骤 4：从图 4.3 和图 4.4 所示可以看出，使用【时间码】特效只能制作一个简单的时间码效果，而且背景还保留，使用该特效经常用来给视频压时码。

视频播放：“使用【时间码】特效来制作简单的时码”的详细介绍，请观看“使用【时间码】特效来制作简单的时码.wmv”。

【参考视频】

2. 使用【编号】特效来制作复杂的时码动画

1) 创建新合成

步骤 1：在菜单栏中单击 图像合成(C)→新建合成组(C)... 命令(或按 Ctrl+N 组合键)，弹出【图像合成设置】对话框，在【图像合成设置】对话框中设置尺寸为“720px×576px”，持续时间为“6 秒”，命名为“复杂时码动画”。单击 确定 按钮完成合成创建。

步骤 2：将【项目】窗口中的“1.jpg”图片素材拖到【复杂时码动画】窗口中。

2) 创建固态层

步骤 1：在【时间线】窗口的空白处单击右键，弹出快捷菜单，在弹出的快捷菜单中单击 新建→固态层(S)... 命令，弹出【固态层设置】对话框。

步骤 2：【固态层设置】对话框的具体设置，如图 4.5 所示。

步骤 3：单击 确定 按钮即可完成固态层的创建，如图 4.6 所示。

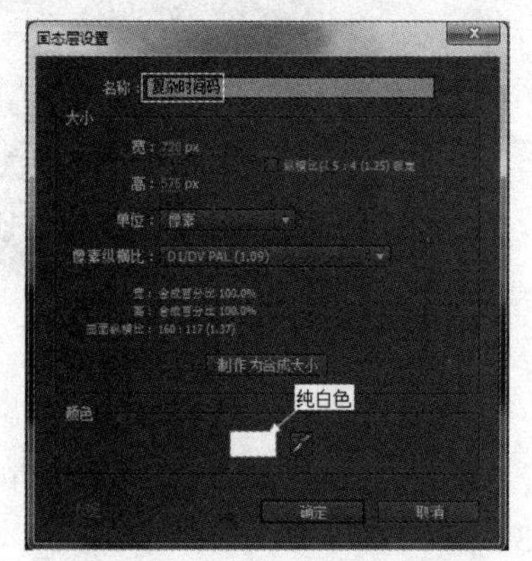

图 4.5

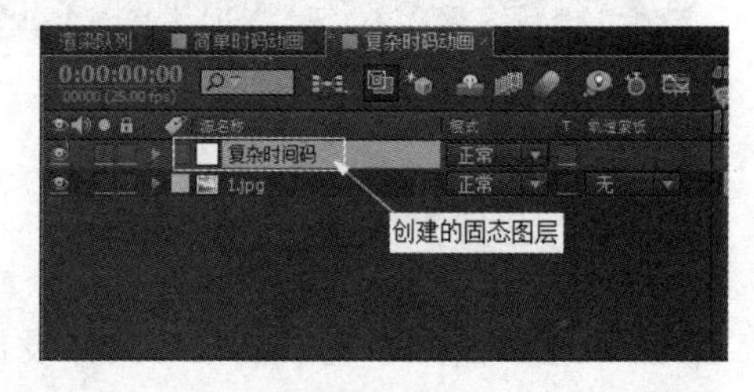

图 4.6

3) 创建复杂时间码

步骤 1：在菜单栏中单击 效果(T)→文字→编号 命令，弹出【编号】对话框，具体设置如图 4.7 所示。单击 确定 按钮，即可完成【编号】特效的添加。

步骤 2：【编号】特效的具体参数设置如图 4.8 所示。

步骤 3：在【合成预览】窗口中的最终合成效果如图 4.9 所示。

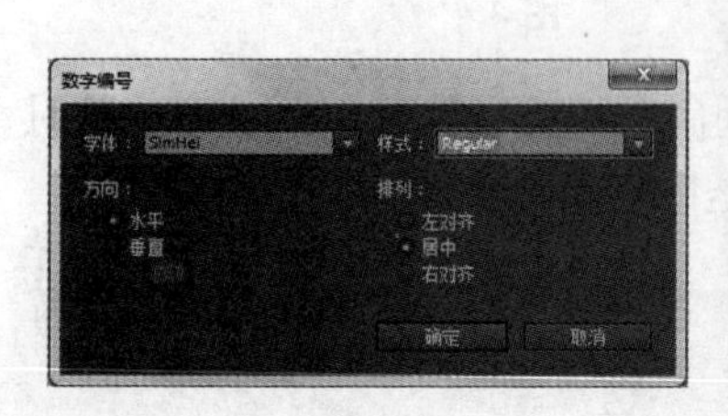

图 4.7

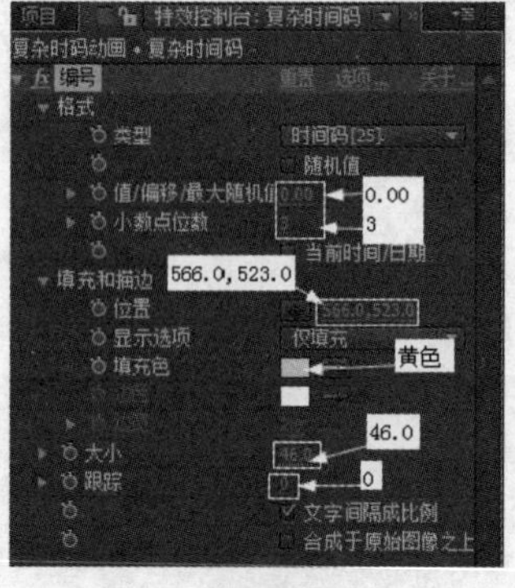

图 4.8

图 4.9

4) 添加特效

步骤 1：添加【斜面 Alpha】特效。在菜单栏中单击效果(T)→透视→斜面 Alpha命令，完成【斜面 Alpha】特效的添加。

步骤 2：【斜面 Alpha】特效的具体参数设置如图 4.10 所示。

步骤 3：在【合成预览】窗口中的最终效果如图 4.11 所示。

步骤 4：添加【阴影】特效。在菜单栏中单击效果(T)→透视→阴影命令，完成【阴影】特效的添加。

步骤 5：【阴影】特效的具体参数设置如图 4.12 所示。

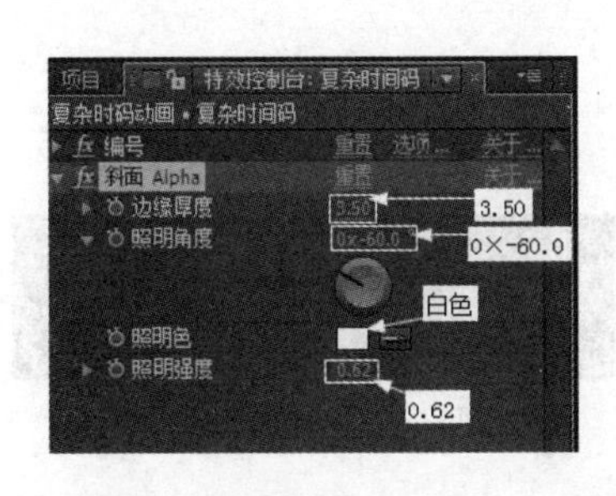

图 4.10

图 4.11

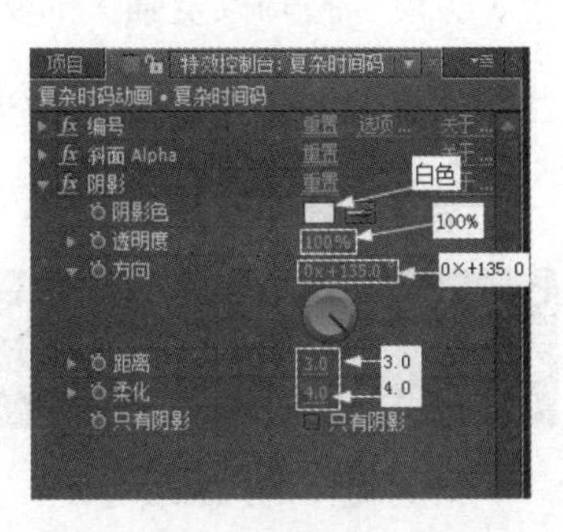

图 4.12

步骤 6：在【合成预览】窗口中的最终效果如图 4.13 所示。

图 4.13

视频播放：“使用【编号】特效来制作复杂的时码”的详细介绍，请观看“使用【编号】特效来制作复杂的时码.wmv”。

四、案例小结

该案例主要介绍时码动画文字效果的制作，要重点掌握使用【编号】特效来制作复杂的时码以及【编号】特效参数的作用和设置。

五、举一反三

根据所学知识，制作如下效果。

【参考视频】　【参考视频】

案例2　制作眩目光文字效果

一、效果预览

案例效果在本书提供的配套素材中的“第4章 创建文字特效/案例效果/案例2.flv”文件中，可通过预览效果对本案例有一个大致的了解。本案例主要介绍眩光文字效果制作原理、方法、技巧以及强大的文字功能。

二、本案例画面及制作步骤(流程)分析

案例部分画面效果如下：

案例制作的大致步骤：

①创建新合成→②创建文字图层→③设置文字图层参数→④给文字创建动态模糊效果。

三、详细操作步骤

案例引入：

(1) 怎样创建文字图层？
(2) 怎样设置文字图层参数？主要有哪些参数可以设置文字图层参数？
(3) 什么叫做动态模糊？怎样实现文字的动态模糊？

1. 创建新合成

步骤1：在菜单栏中单击图像合成(C)→新建合成组(C)...命令(或按Ctrl+N组合键)，弹出【图像合成设置】对话框。

步骤2：在【图像合成设置】对话框中的“合成组名称”参数右边的文本框中输入“眩光文字”，将“持续时间”设置为6秒。

步骤3：单击确定按钮，即可创建一个名为“眩光文字”的合成。

视频播放：“创建新合成”的详细介绍，请观看“创建新合成.wmv”。

2. 创建文字图层

步骤1：在工具栏中单击T(横排文字工具)。在【合成预览】窗口中单击并输入“眩目光文字效果”文字。

步骤2：文字的具体参数设置如图4.14所示，最终效果如图4.15所示。

【参考视频】

【参考视频】

图 4.14

图 4.15

视频播放：“创建文字图层”的详细介绍，请观看“创建文字图层.wmv”。

3. 设置文字图层参数

步骤 1：在【眩光文字】合成窗口中将文字图层展开，如图 4.16 所示。

步骤 2：单击动画:右边的按钮，弹出快捷菜单，在弹出的快捷菜单中单击透明度命令，具体参数设置如图 4.17 所示。

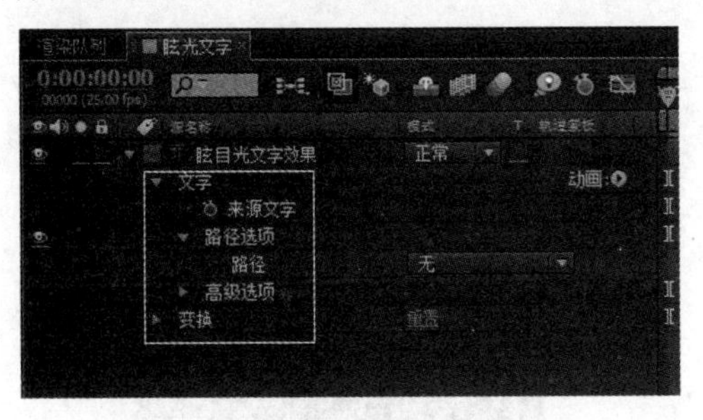

图 4.16

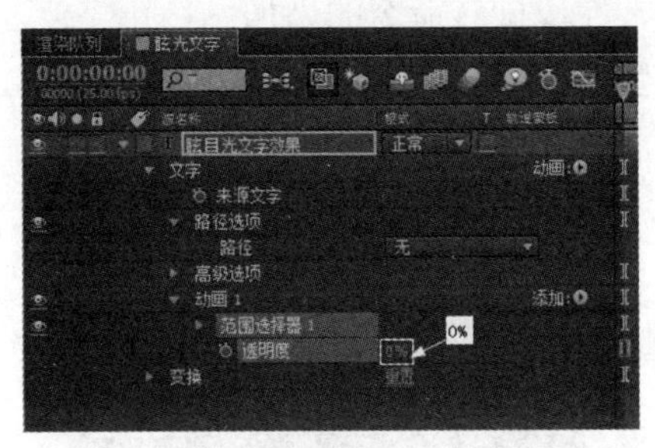

图 4.17

步骤 3：将(当前时间指示器)移到第 0 帧处，单击开始左边的按钮，给开始添加一个关键帧，具体参数设置如图 4.18 所示。

步骤 4：将(当前时间指示器)移到第 2 秒 0 帧处，单击开始左边的按钮，添加一个关键帧，具体参数设置如图 4.19 所示。

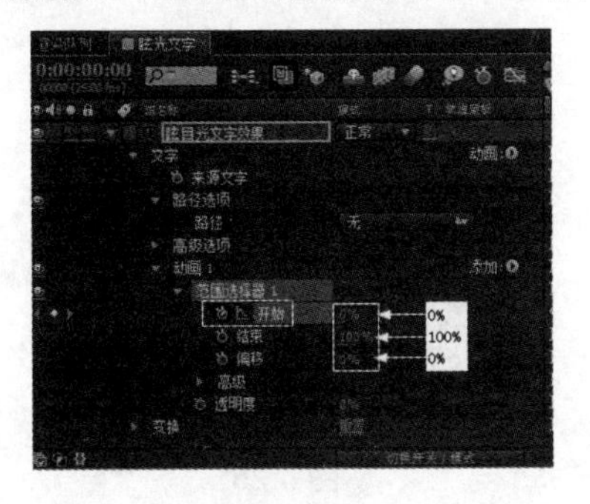

图 4.18

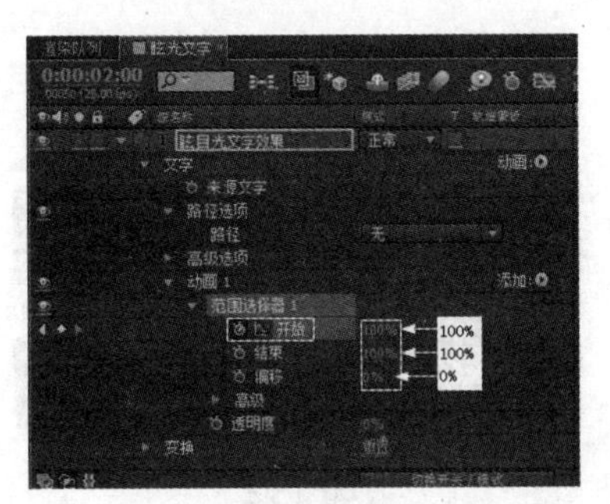

图 4.19

步骤 5：单击添加:右边的按钮，弹出快捷菜单，在弹出的快捷菜单中单击特性→缩放命令，即可完成缩放命令的添加。

【参考视频】

步骤6：具体参数设置如图4.20所示。在【合成预览】窗口中的效果如图4.21所示。

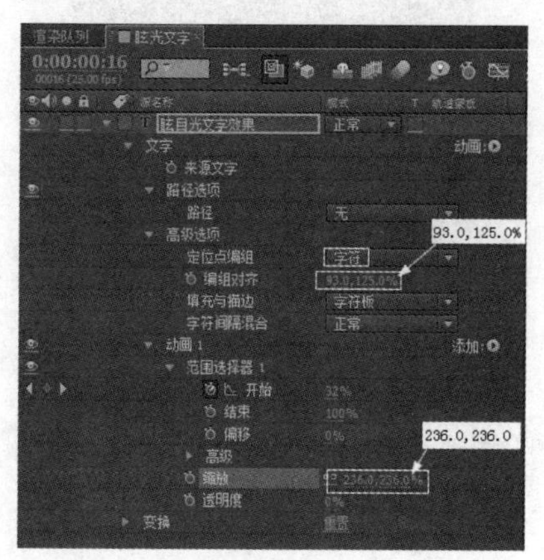

图4.20

图4.21

步骤7：单击添加:按钮右边的按钮，弹出快捷菜单，在弹出的快捷菜单中单击特性→旋转命令，完成旋转命令的添加。

步骤8：具体参数设置如图4.22所示。在【合成预览】窗口中的最终效果如图4.23所示。

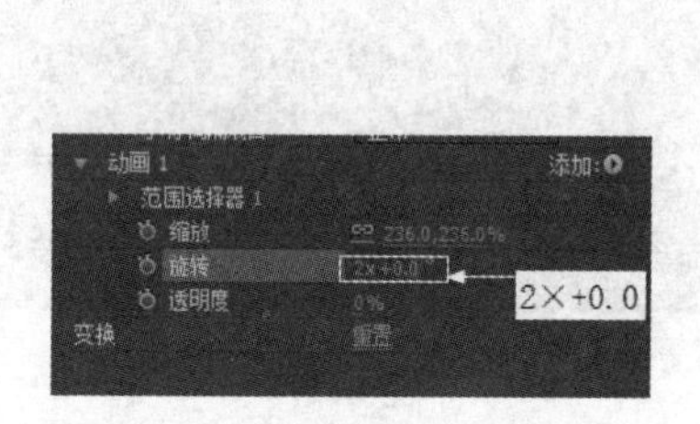

图4.22

图4.23

步骤9：单击添加:按钮右边的按钮，弹出快捷菜单，在弹出的快捷菜单中单击特性→填充→色相命令，具体参数设置如图4.24所示。在【合成预览】窗口中的最终效果如图4.25所示。

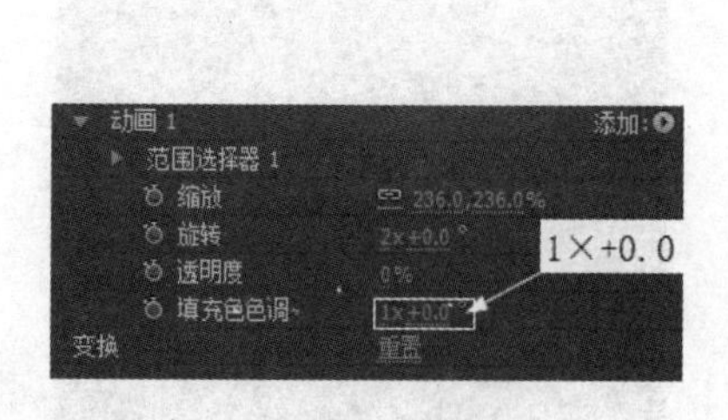

图4.24

图4.25

视频播放："设置文字图层参数"的详细介绍，请观看"设置文字图层参数.wmv"。

【参考视频】

4. 给文字创建动态模糊效果

步骤 1：单击【眩光文字】合成窗口中(动态模糊-模拟快门时间)按钮正下方的图标，如图 4.26 所示。

步骤 2：单击(通过动态模拟开关设置激活所有图层的动态模糊按钮)，完成眩光文字的制作。在【合成预览】窗口中的最终效果如图 4.27 所示。

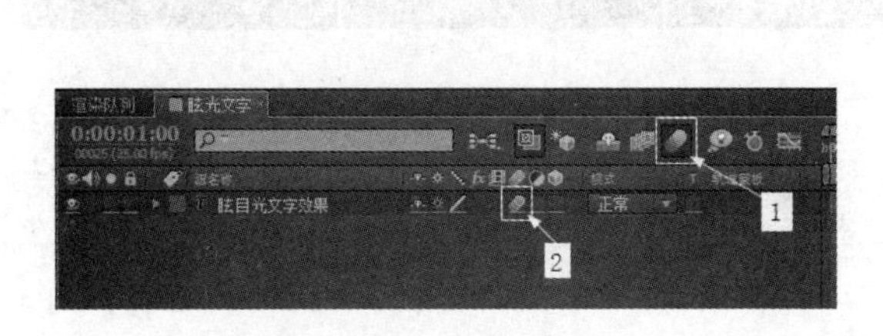

图 4.26

图 4.27

视频播放：“给文字创建动态模糊效果”的详细介绍，请观看“给文字创建动态模糊效果.wmv”。

四、案例小结

该案例主要介绍眩光文字效果的制作，要重点掌握设置文字图层参数和给文字创建动态模糊效果。

五、举一反三

根据前面所学知识，制作如下效果。

案例 3　制作预设文字动画

一、效果预览

案例效果在本书提供的配套素材中的“第 4 章 创建文字特效/案例效果/案例 3.flv”文件中，可通过预览效果对本案例有一个大致的了解。本案例主要介绍如何使用文字类的预设特效来快速制作文字动画。

【参考视频】　【参考视频】

二、本案例画面及制作步骤(流程)分析

案例部分画面效果如下：

案例制作的大致步骤：

①创建新合成→②创建文字图层→③添加预设文字动画→④添加特效→⑤给文字动画添加背景。

三、详细操作步骤

案例引入：

(1) 怎样创建文字图层？

(2) 怎样添加预设文字动画和修改预设文字参数？

(3) 怎样给预设文字动画添加背景？

在 After Effects CS6 中，用户不仅可以通过自己的创意和大量的特效滤镜来制作专业级的视觉特效，还可以使用系统自带的大量预设特效轻松制作出绚丽多彩的视觉特效。本案例主要通过文字类的预设特效来快速制作动画的方法，至于其他类的预设特效可以举一反三。

1. 创建新合成

步骤 1：启动 After Effects CS6。

步骤 2：在菜单栏中单击图像合成(C)→新建合成组(C)...命令(或按 Ctrl+N 组合键)，弹出【图像合成设置】对话框。

步骤 3：在【图像合成设置】对话框中的“合成组名称”参数右边的文本输入框中输入“制作预设文字动画”，将“持续时间”设置为“6 秒”。

步骤 4：单击确定按钮，创建一个名为“制作预设文字动画”的合成。

视频播放：“创建新合成”的详细介绍，请观看“创建新合成.wmv”。

2. 创建文字图层

步骤 1：在工具栏中单击T(横排文字工具)。在【合成预览】窗口中单击并输入“三维影视特效制作”。

步骤 2：文字的具体参数设置如图 4.28 所示，最终效果如图 4.29 所示。

视频播放：“创建文字图层”的详细介绍，请观看“创建文字图层.wmv”。

3. 添加预设文字动画

步骤 1：单选文字图层。在菜单栏中单击动画(A)→应用动画预置(A)...命令，弹出【打开】对话框，选择需要的预设文字动画，如图 4.30 所示。

【参考视频】

【参考视频】

【参考视频】

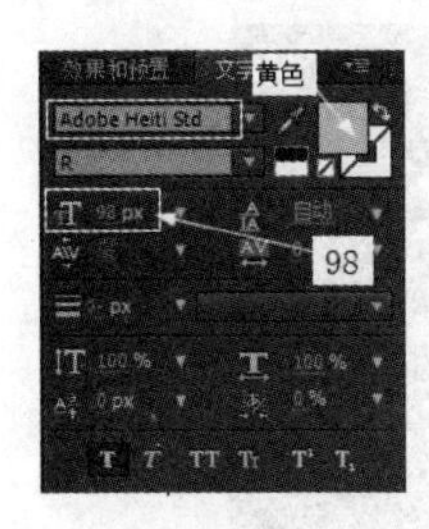

图 4.28

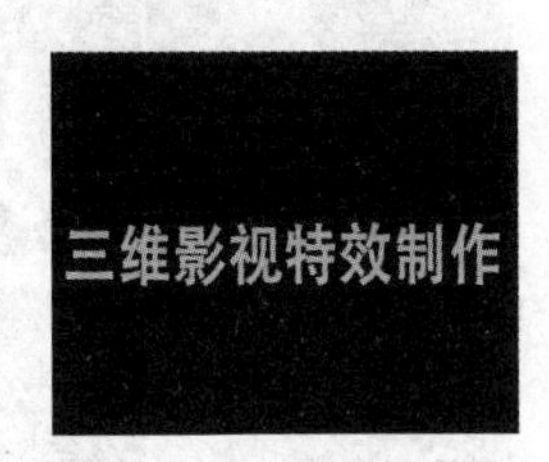

图 4.29

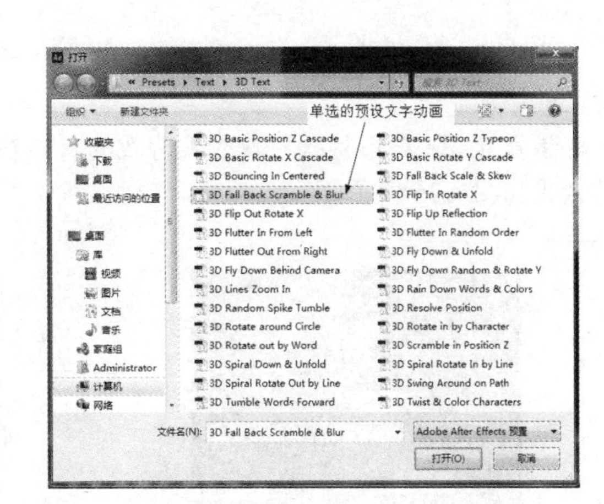

图 4.30

步骤 2：单击【打开】对话框中的打开(O)按钮，完成预设文字动画的添加，在【合成】窗口中的效果如图 4.31 所示。

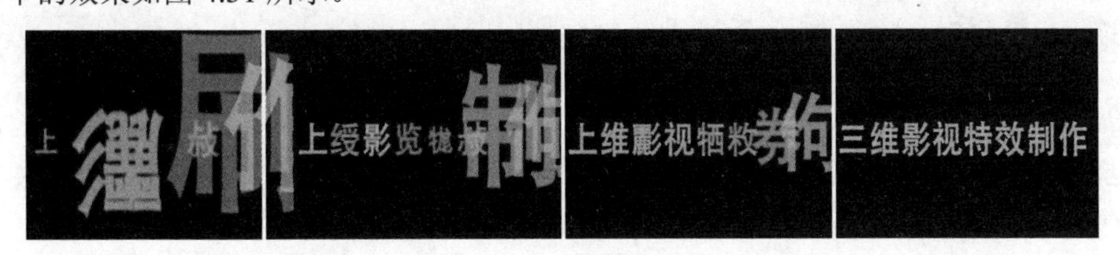

图 4.31

提示：用户在添加了预设动画之后，如果对预设动画不满意，还可以根据实际需要，在预设动画参数的基础上对参数进行修改。

视频播放：“添加预设文字动画”的详细介绍，请观看“添加预设文字动画.wmv”。

4. 添加特效

步骤 1：在菜单栏中单击效果(T)→风格化→辉光命令，完成【辉光】特效的添加。

步骤 2：【辉光】特效的具体参数设置如图 4.32 所示。在【合成预览】窗口中的效果如图 4.33 所示。

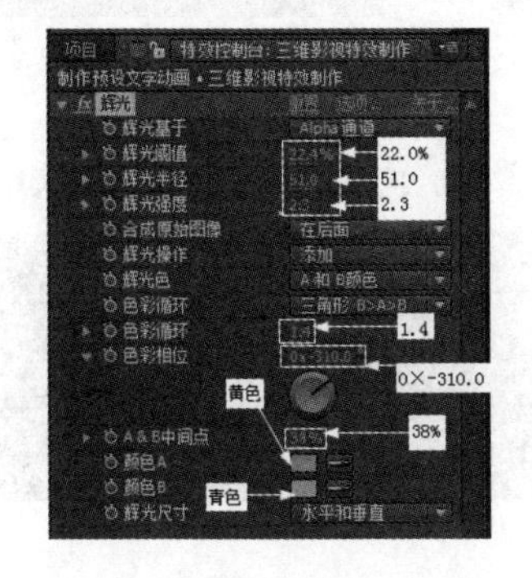

图 4.32

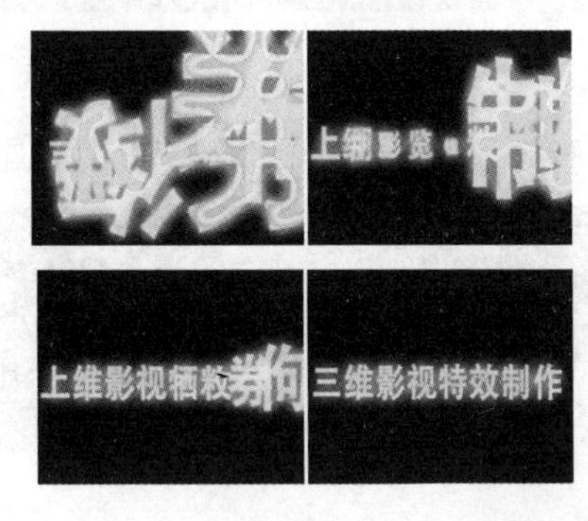

图 4.33

【参考视频】

步骤3：在菜单栏中单击效果(T)→风格化→CC 形状颜色映射命令；完成【CC 形状颜色映射】特效的添加。

步骤4：【CC 形状颜色映射】特效的具体参数设置如图4.34所示。在【合成】窗口中的效果如图4.35所示。

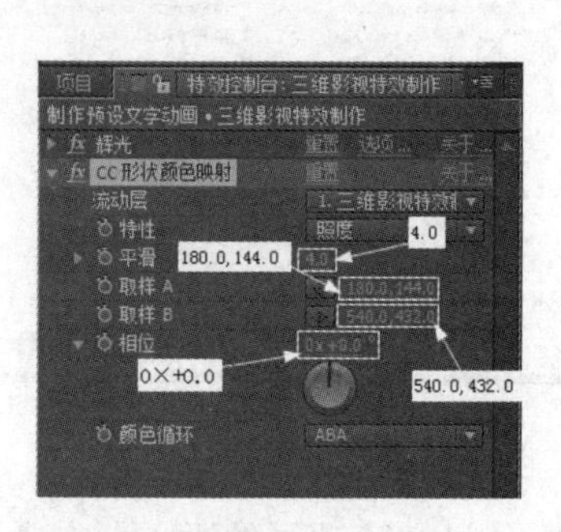

图4.34

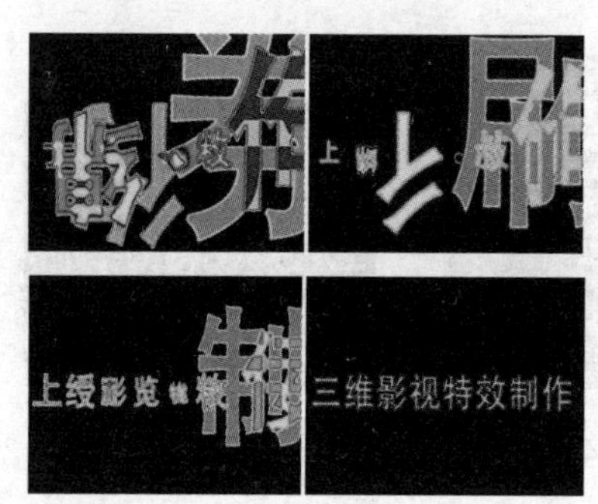

图4.35

视频播放："添加特效"的详细介绍，请观看"添加特效.wmv"。

5. 给文字动画添加背景

步骤1：在【时间线】窗口的空白处单击右键，弹出快捷菜单，在弹出的快捷菜单中单击新建→固态层(S)...命令，弹出【固态层设置】对话框。

步骤2：在【固态层设置】对话框的名称右边的文本输入框中输入"背景"文字，设置固态层的颜色为纯黑色。

步骤3：单击确定按钮即可创建一个固态层，如图4.36所示。

步骤4：在菜单栏中单击效果(T)→模拟仿真→CC 下雪命令，完成【CC 下雪】特效的添加。

步骤5：具体参数设置如图4.37所示。

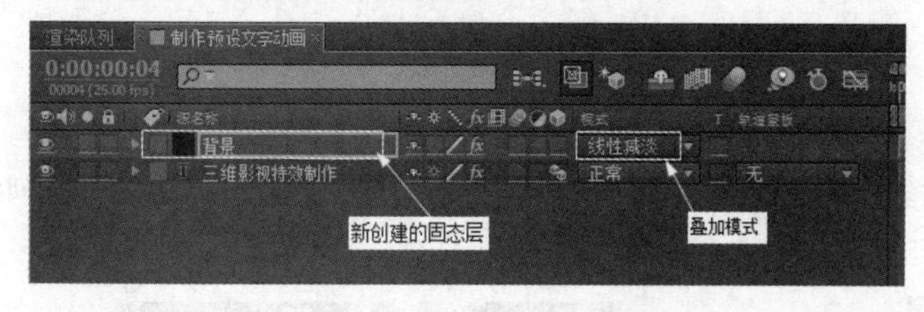

图4.36

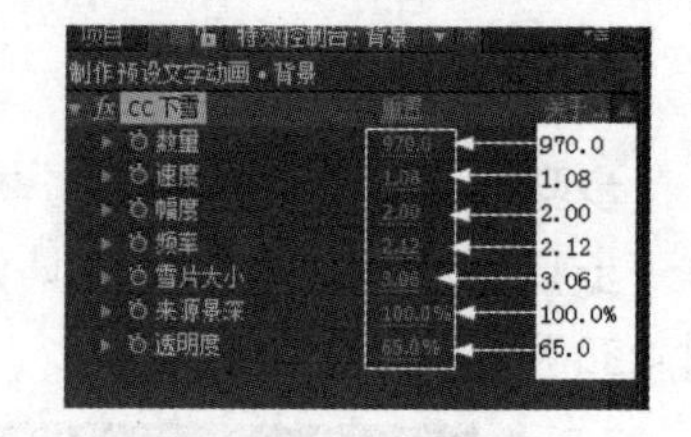

图4.37

步骤6：在【合成预览】窗口中的最终效果如图4.38所示。

图4.38

【参考视频】

视频播放：“给文字动画添加背景”的详细介绍，请观看“给文字动画添加背景.wmv”。

四、案例小结

该案例主要介绍预设文字动画的制作方法和在预设动画基础上的参数修改，要重点掌握添加预设文字动画和预设动画参数的修改。

五、举一反三

根据前面所学知识，制作如下效果。

案例4　制作变形动画文字效果

一、效果预览

案例效果在本书提供的配套素材中的“第4章 创建文字特效/案例效果/案例4.flv”文件中，可通过预览效果对本案例有一个大致的了解。本案例主要介绍使用特效制作变形文字动画。

二、本案例画面及制作步骤(流程)分析

案例部分画面效果如下：

案例制作的大致步骤：

①创建新合成→②创建“涟漪”效果→③重组图层→④创建文字图层→⑤给文字添加特效→⑥给涟漪图层添加特效。

三、详细操作步骤

案例引入：

(1) 怎样创建“涟漪”效果？

(2) 怎样对图层进行重组？

(3) 怎样给涟漪图层添加特效？

在After Effects CS6中，给文字添加【扭曲】或【分解】等特效，并将扭曲或分解的变化过程记录下来就可以制作各种各样的变形文字效果，如水波文字、烟雾文字、爆炸文字等。

【参考视频】

【参考视频】

下面通过制作一个涟漪波光文字动画来详细介绍变形动画文字效果制作的基本方法。

1. 创建新合成

步骤1：启动After Effects CS6。

步骤2：在菜单栏中单击图像合成(C)→新建合成组(C)...命令(或按Ctrl+N组合键)，弹出【图像合成设置】对话框。

步骤3：在【图像合成设置】对话框中的"合成组名称"参数右边的文本输入框中输入"变形文字动画"，将"持续时间"设置为"6秒"。

步骤4：单击确定按钮，创建一个名为"变形文字动画"的合成。

视频播放："创建新合成"的详细介绍，请观看"创建新合成.wmv"。

2. 创建"涟漪"效果

步骤1：在【时间线】窗口的空白处单击右键，弹出快捷菜单，在弹出的快捷菜单中单击新建→固态层(S)...命令，弹出【固态层设置】对话框。

步骤2：在【固态层设置】对话框的名称右边的文本输入框中输入"涟漪图层"文字，设置固态层的颜色为纯黑色。

步骤3：单击确定按钮即可创建一个固态层，如图4.39所示。

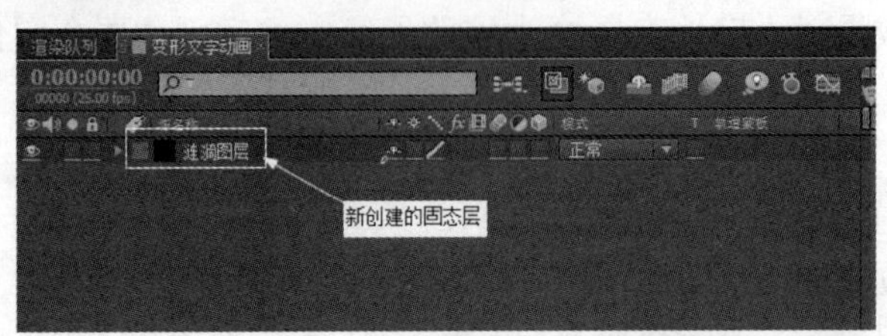

图4.39

步骤4：在菜单栏中单击效果(T)→模拟仿真→水波世界命令，完成【水波世界】特效的添加。

步骤5：【水波世界】特效的具体参数设置如图4.40所示。

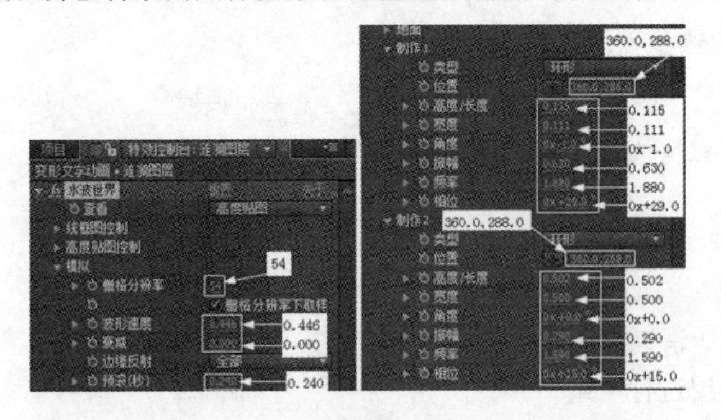

图4.40

视频播放："创建'涟漪'效果"的详细介绍，请观看"创建'涟漪'效果.wmv"。

【参考视频】　【参考视频】

3. 重组图层

步骤 1：单选涟漪图层图层，在菜单栏中单击图层(L)→预合成(P)...命令(或按 Ctrl+Shift+C 组合键)，弹出【预合成】对话框，【预合成】对话框的具体设置如图 4.41 所示。

步骤 2：单击确定按钮，创建一个预合成，如图 4.42 所示。

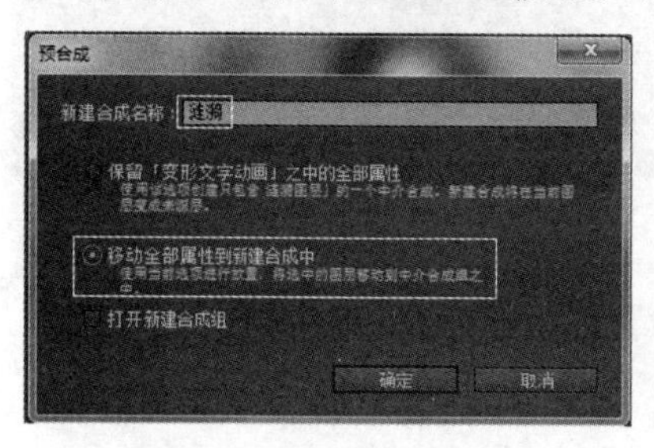

图 4.41

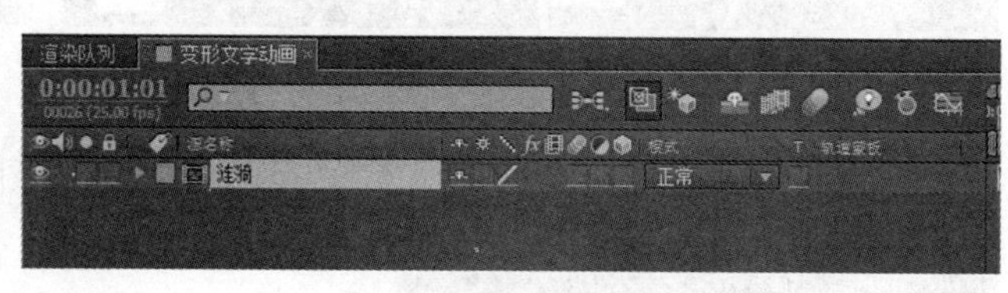

图 4.42

视频播放："重组图层"的详细介绍，请观看"创建'重组图层'效果.wmv"。

4. 创建文字图层

步骤 1：在工具栏中单击T(横排文字工具)。在【合成预览】窗口中单击并输入"影视特效合成变形文字动画"文字。

步骤 2：文字的具体参数设置如图 4.43 所示，最终效果如图 4.44 所示。

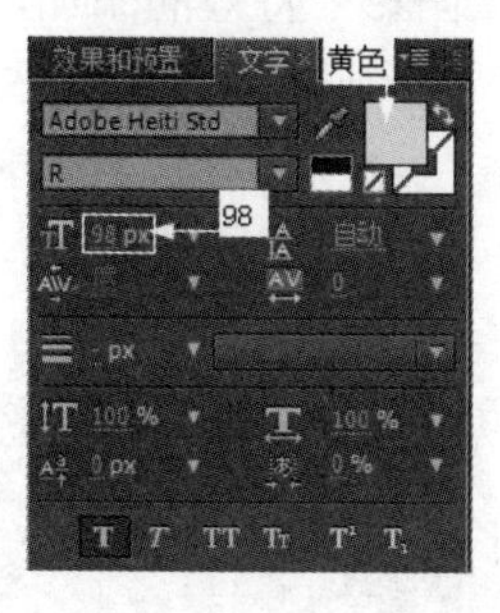

图 4.43

图 4.44

视频播放："创建文字图层"的详细介绍，请观看"创建'创建文字图层'效果.wmv"。

5. 给文字添加特效

步骤 1：单选影视特效合成 ...动画图层，在菜单栏中单击效果(T)→模拟仿真→焦散命令，完成【焦散】特效的添加。

步骤 2：【焦散】特效的具体参数设置如图 4.45 所示。

步骤 3：在【合成预览】窗口中的最终效果如图 4.46 所示。

步骤 4：单选影视特效合成 ...动画图层。在菜单栏中单击图层(L)→预合成(P)...命令(或按 Ctrl+Shift+C 组合键)，弹出【预合成】对话框，【预合成】对话框的具体设置如图 4.47 所示。

【参考视频】

【参考视频】

【参考视频】

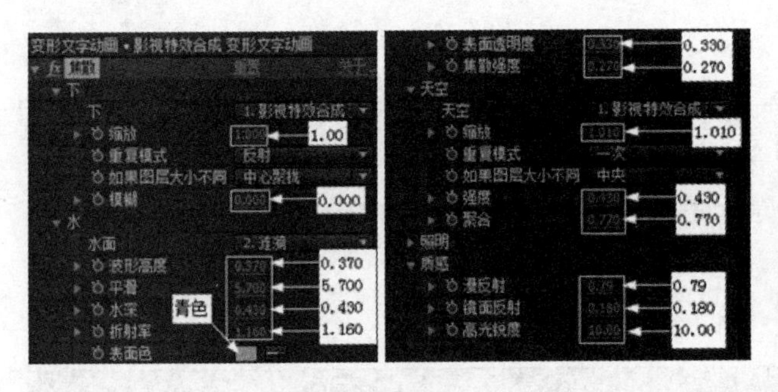

图 4.45

图 4.46

步骤 5：单击 确定 按钮，创建一个预合成，如图 4.48 所示。

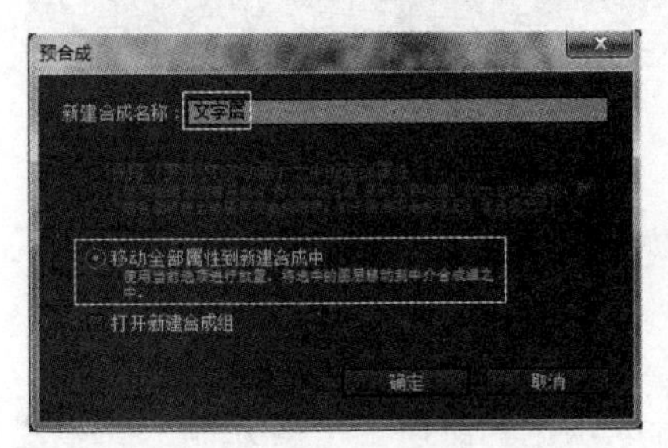

图 4.47

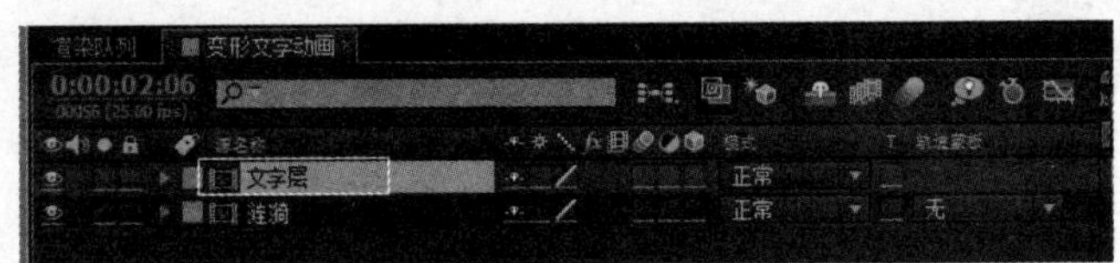

图 4.48

步骤 6：在菜单栏中单击 效果(T) → 透视 → 阴影 命令，完成“阴影”特效的添加，具体参数设置如图 4.49 所示。

步骤 7：在合成窗口中的最终效果如图 4.50 所示。

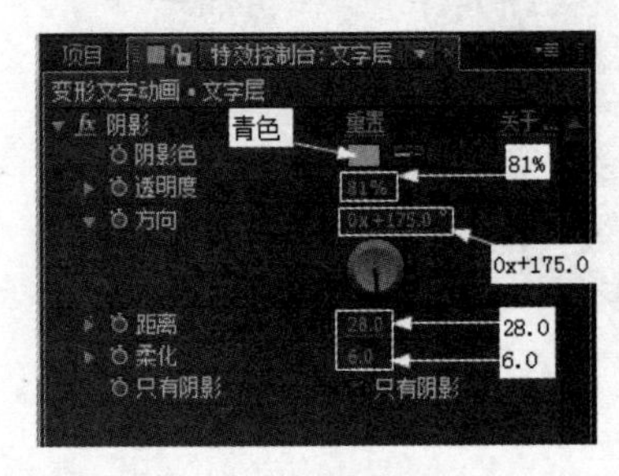

图 4.49

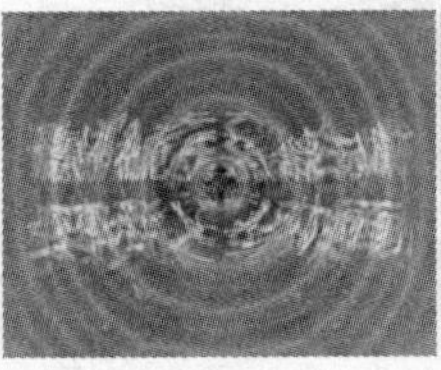

图 4.50

视频播放：“给文字添加特效”的详细介绍，请观看“创建‘给文字添加特效’效果.wmv”。

6. 给涟漪图层添加特效

步骤 1：在【变形文字动画】合成中单选 涟漪 图层。

步骤 2：在菜单栏中单击 效果(T) → 生成 → 四色渐变 命令，完成“涟漪”特效的添加，具体参数设置如图 4.51 所示。

步骤 3：在【合成预览】窗口中的最终效果如图 4.52 所示。

【参考视频】

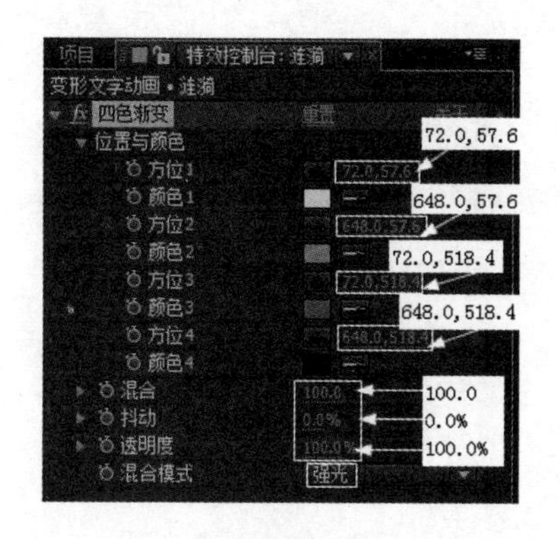

图 4.51

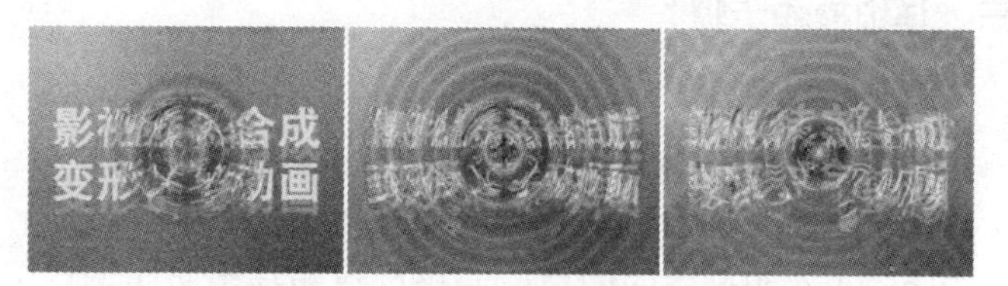

图 4.52

视频播放：“给涟漪图层添加特效”的详细介绍，请观看“创建‘给涟漪图层添加特效’效果.wmv”。

四、案例小结

该案例主要介绍变形动画文字效果的制作，要重点掌握创建“涟漪”效果和图层重组。

五、举一反三

根据前面所学知识，制作如下效果。

案例 5　制作空间文字动画

一、效果预览

案例效果在本书提供的配套素材中的“第 4 章 创建文字特效/案例效果/案例 5.flv”文件中，可通过预览效果对本案例有一个大致的了解。本案例主要介绍空间文字动画制作的原理。

二、本案例画面及制作步骤(流程)分析

案例部分画面效果如下：

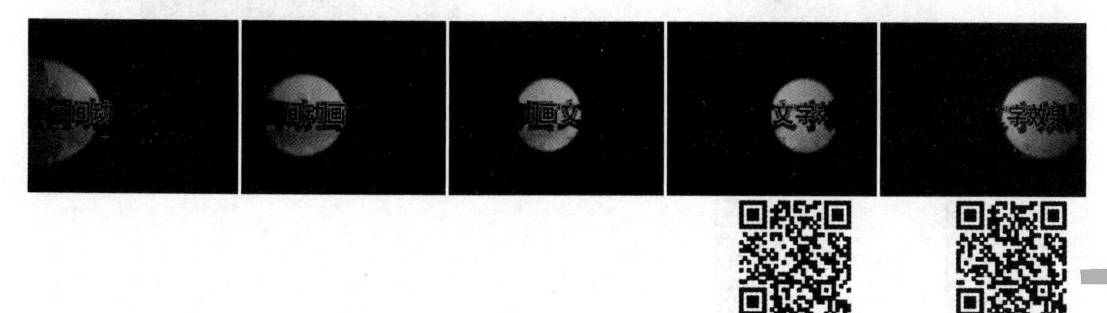

【参考视频】　　【参考视频】

案例制作的大致步骤：

①创建新合成→②创建文字图层→③导入素材→④将 2D 图层转换为 3D 图层→⑤创建照明图层→⑥调整照明图层中的“目标兴趣点”。

三、详细操作步骤

案例引入：

(1) 怎样理解 2D 图层和 3D 图层？

(2) 怎样将 2D 图层转换为 3D 图层？

(3) 什么叫做照明图层？怎样创建和使用照明图层？

(4) 怎样调节照明图层中的“目标兴趣点”？

在 After Effects CS6 中，用户不仅可以进行 2D 合成，而且可以制作 3D 动画效果。3D 动画制作的方法主要有两种，一种方法是通过 3D 图层制作 3D 动画，另一种方法是通过外挂插件特效制作。

在本案例中主要使用 3D 图层来创建一个 3D 文字动画。在 After Effects CS6 默认情况下图层为 2D 图层，如果要使用 2D 图层来制作 3D 动画，可以将 2D 图层转化为 3D 图层。转化之后的图层就会多出一个 Z 轴，Z 轴主要用来描述深度信息。

下面通过制作一个空间文字动画来介绍 3D 文字动画的制作方法和原理。

1. 创建新合成

步骤 1：启动 After Effects CS6。

步骤 2：在菜单栏中单击图像合成(C)→新建合成组(C)...命令(或按 Ctrl+N 组合键)，弹出【图像合成设置】对话框。在“合成组名称”右边的文本输入框中输入“空间文字动画”，将“持续时间”设置为“6 秒”。

步骤 3：单击确定按钮，创建一个名为“空间文字动画”的合成。

视频播放：“创建新合成”的详细介绍，请观看“创建新合成.wmv”。

2. 创建文字图层

步骤 1：在工具栏中单击T(横排文字工具)。在【合成预览】窗口中单击并输入“空间动画文字效果”文字。

步骤 2：文字的具体参数设置如图 4.53 所示，最终效果如图 4.54 所示。

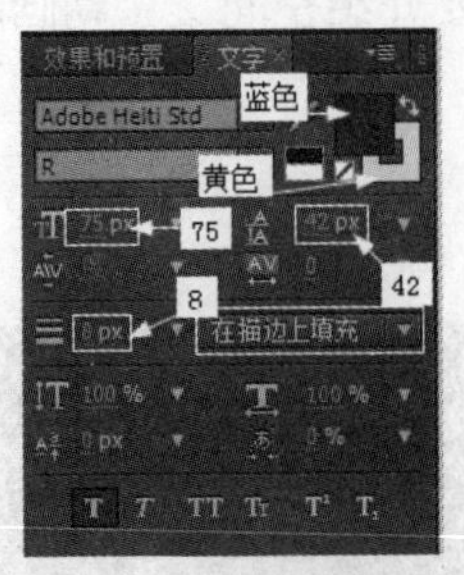

图 4.53

图 4.54

【参考视频】

【参考视频】

视频播放：“创建文字图层”的详细介绍，请观看“创建文字图层.wmv”。

3. 导入素材

步骤 1：在菜单栏中单击文件(F)→导入→文件...命令，弹出【导入文件】对话框。

步骤 2：在【导入文件】对话框中单选“2.jpg”图片素材。单击打开(O)按钮，即可将图片素材导入【项目】窗口中。

步骤 3：将“2.jpg”图片素材拖到【空间文字动画】合成窗口中，调整相应参数，如图 4.55 所示。

步骤 4：在【合成预览】窗口中的效果如图 4.56 所示。

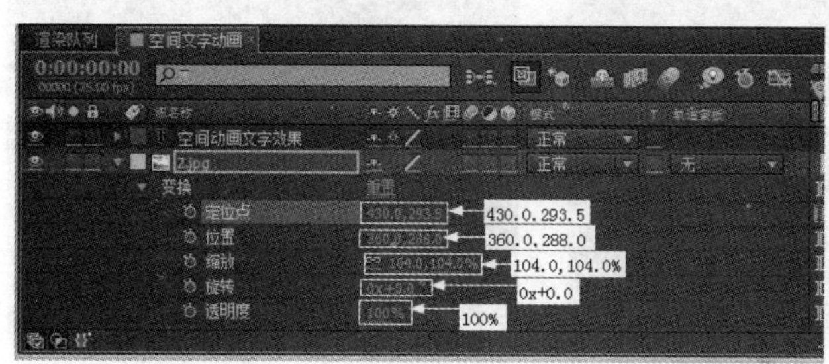

图 4.55

图 4.56

视频播放：“导入素材”的详细介绍，请观看“导入素材.wmv”。

4. 将 2D 图层转换为 3D 图层

步骤 1：分别单击两个图层的【3D 图层】开关，将两个 2D 图层转换为 3D 图层，并设置 2.jpg 图层的 Z 轴参数，如图 4.57 所示。

步骤 2：将【合成预览】窗口的视图转换为“左”视图，如图 4.58 所示。

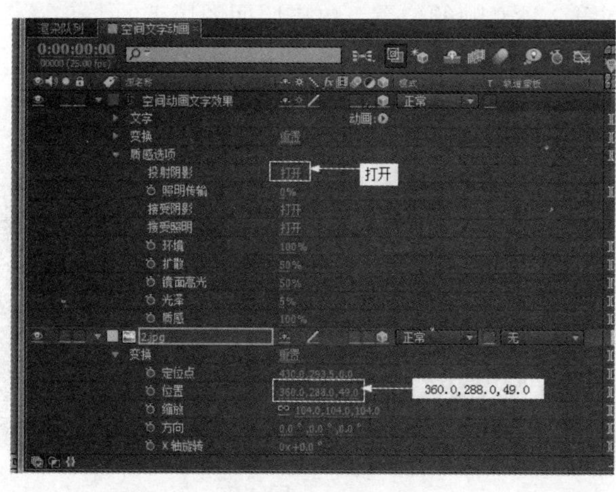

图 4.57

图 4.58

视频播放：“将 2D 图层转换为 3D 图层”的详细介绍，请观看“将 2D 图层转换为 3D 图层.wmv”。

【参考视频】 【参考视频】 【参考视频】

5. 创建照明图层

步骤 1：在【空间文字动画】合成窗口的空白处单击鼠标左键，弹出快捷菜单，在弹出的快捷菜单中单击新建→照明(L)...命令，弹出【照明设置】对话框，参数采用默认值，单击确定按钮可创建一个照明图层。具体参数设置如图 4.59 所示。

步骤 2：在【合成预览】窗口中调整照明聚光灯的位置，如图 4.60 所示。

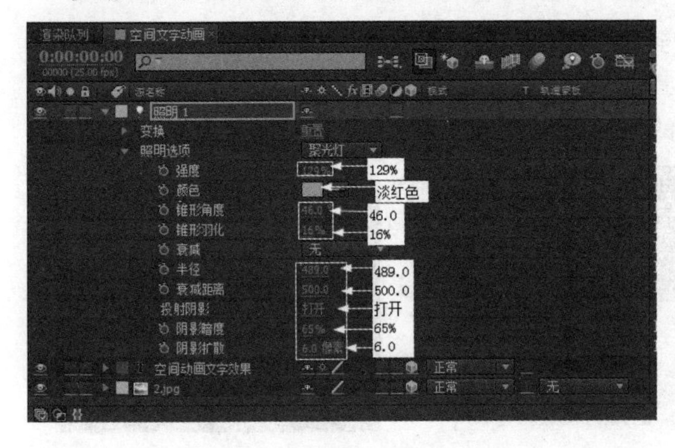

图 4.59

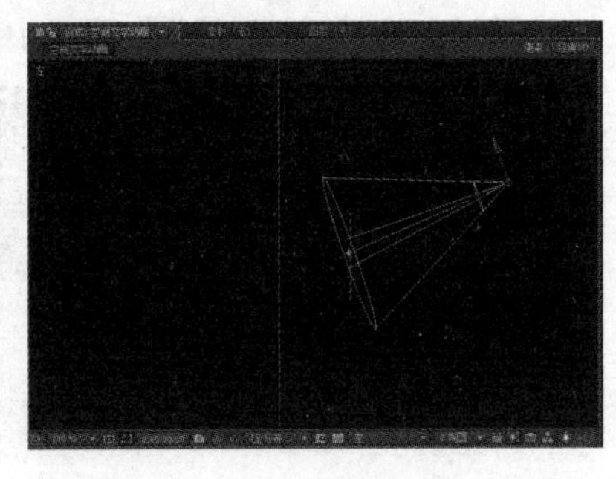

图 4.60

视频播放：“创建照明图层”的详细介绍，请观看“创建照明图层.wmv”。

6. 调整照明图层中的“目标兴趣点”

步骤 1：将【合成预览】窗口切换到有效摄影机视图。

步骤 2：将(当前时间指示器)移到第 0 帧的位置，单击照明图层下的目标兴趣点左边的按钮，添加一个关键帧。调整照明目标兴趣点的位置，如图 4.61 所示。

步骤 3：将(当前时间指示器)移到第 2 秒 0 帧的位置，单击照明图层下的目标兴趣点左边的按钮，添加一个关键帧。调整照明目标兴趣点的位置，如图 4.62 所示。

图 4.61

图 4.62

步骤 4：【空间文字动画】合成窗口如图 4.63 所示。最终合成效果如图 4.64 所示。

【参考视频】

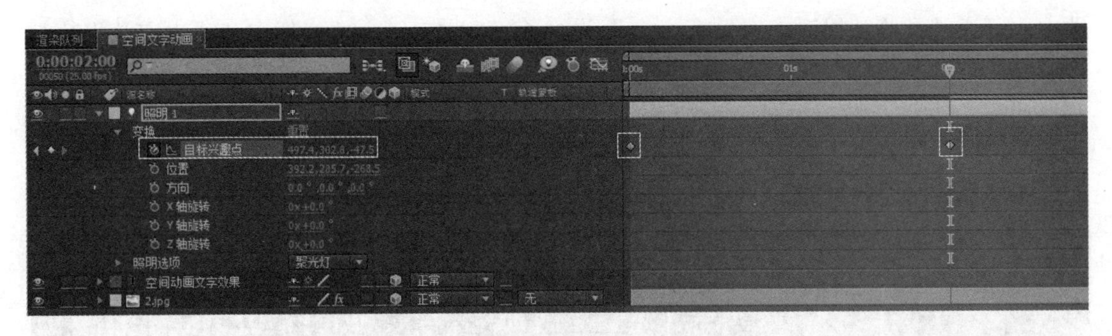

图 4.63

图 4.64

视频播放：“调整照明图层中的‘目标兴趣点’”的详细介绍，请观看“调整照明图层中的‘目标兴趣点’.wmv”。

四、案例小结

该案例主要介绍空间文字动画的制作，要重点掌握将 2D 图层转换为 3D 图层、创建照明图层和调整照明图层中的“目标兴趣点”。

五、举一反三

根据前面所学知识，制作如下效果。

案例 6　卡片式出字效果

一、效果预览

案例效果在本书提供的配套素材中的“第 4 章 创建文字特效/案例效果/案例 6.flv”文

【参考视频】

【参考视频】

件中，可通过预览效果对本案例有一个大致的了解。本案例主要介绍卡片式出字效果的制作原理、方法及技巧。

二、本案例画面及制作步骤(流程)分析

案例部分画面效果如下：

案例制作的大致步骤：

①新建合成和创建文字→②制作卡片擦除效果→③制作渐变背景和发光散射效果→④制作光晕效果。

三、详细操作步骤

案例引入：

(1) 卡片式出字效果制作的原理是什么？

(2) 怎样调节卡片擦除特效的参数？

(3) 在【合成】窗口中怎样复制图层？

(4) 怎样创建预合成？

(5) 图层的叠加模式有什么作用？

在本案例中主要通过“卡片擦除”特效、“方向模糊”特效 和“镜头光晕”特效的综合应用来制作卡片式出字效果。

1. 新建合成和创建文字

1) 创建合成

步骤 1：启动After Effects CS6。

步骤 2：在菜单栏中单击图像合成(C)→新建合成组(C)...命令(或按Ctrl+N组合键)，弹出【图像合成设置】对话框。在“合成组名称”右边的文本输入框中输入“卡片式擦除效果”，将“持续时间”设置为3秒。

步骤 3：单击确定按钮，创建一个名为“卡片式擦除效果”的合成。

2) 创建文字

步骤 1：在工具栏中单击T(横排文字工具)。在【合成预览】窗口中单击并输入“影视后期特效”文字。

步骤 2：文字的具体参数设置如图4.65所示。最终效果如图4.66所示。

【参考视频】

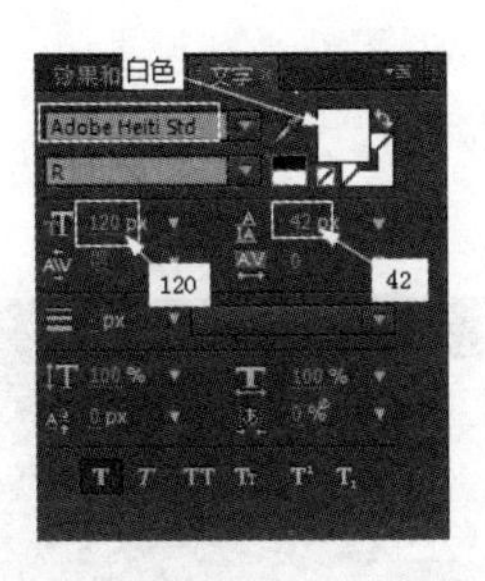

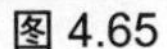
图 4.65

图 4.66

视频播放：“新建合成和创建文字”的详细介绍，请观看“新建合成和创建文字.wmv”。

2. 制作卡片擦除效果

卡片擦除效果主要使用“卡片擦除”特效来实现，具体操作如下。

步骤 1：在【卡片式擦除效果】合成窗口中单选影视后期特效文字图层。

步骤 2：在菜单栏中单击效果(T)→过渡→卡片擦除命令，给单选的图层添加该特效。

步骤 3：将(当前时间指示器)滑块移到第 0 帧的位置，调节“卡片擦除”特效参数，具体调节如图 4.67 所示。在【合成预览】窗口中的效果如图 4.68 所示。

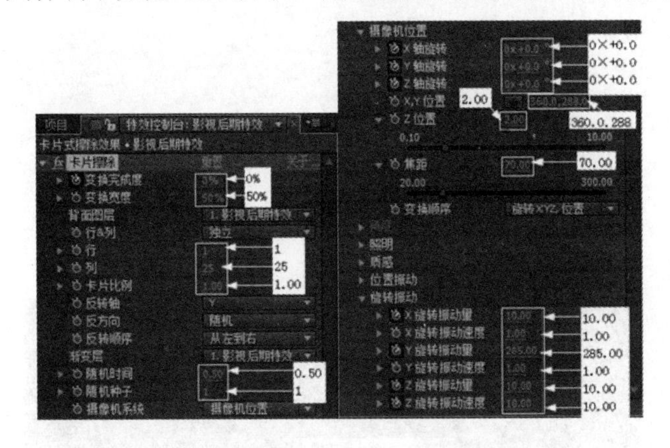

图 4.67

图 4.68

步骤 4：将(当前时间指示器)滑块移到第 2 帧的位置，调节“卡片擦除”特效参数，具体调节如图 4.69 所示。

步骤 5：将(当前时间指示器)滑块移到第 0 帧的位置，将“卡片擦除”特效中的变换完成度参数设置为 0。

步骤 6：将(当前时间指示器)滑块移到第 2 秒 10 帧的位置，将“卡片擦除”特效中的变换完成度参数设置为 100。

步骤 7：单选【卡片式擦除效果】合成窗口中的影视后期特效图层，在菜单栏中单击图层(L)→预合成(P)...命令(或按 Ctrl+Shift+C 组合键)，弹出【预合成】对话框，具体设置如图 4.70 所示，单击确定按钮即可将单选的图层创建为预合成，如图 4.71 所示。

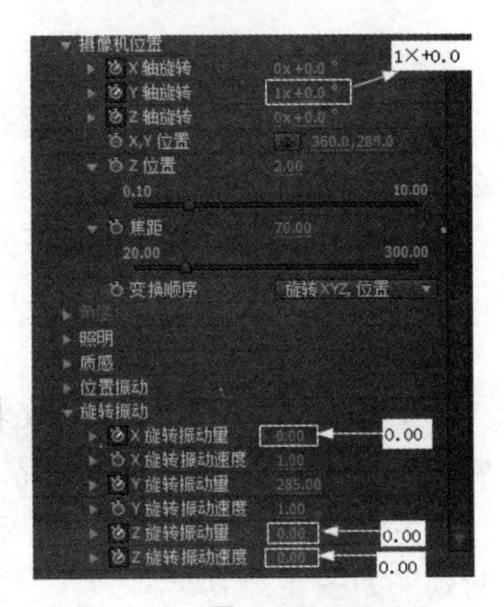

图 4.69

【参考视频】

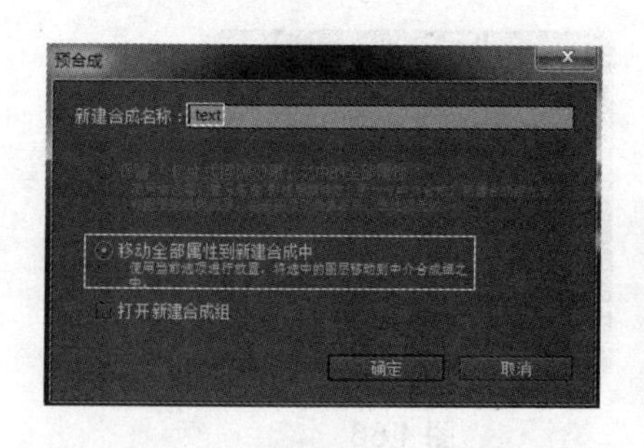

图 4.70

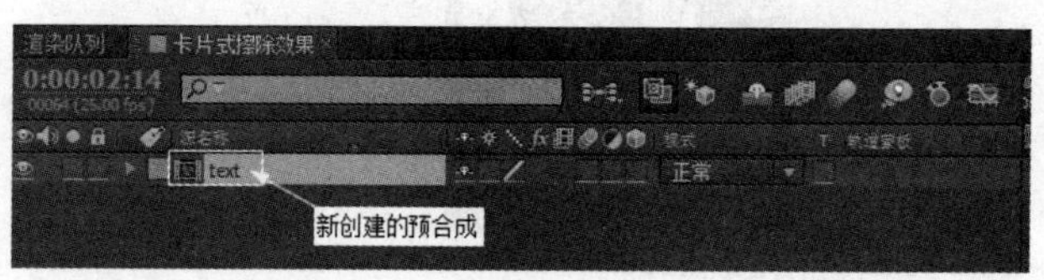

图 4.71

视频播放：“制作卡片擦除效果”的详细介绍，请观看“制作卡片擦除效果.wmv”。

3. 制作渐变背景和发光散射效果

1) 创建渐变背景效果

步骤 1：按 Ctrl+Y 组合键，弹出【固态层】设置对话框，具体设置如图 4.72 所示。

步骤 2：单击 确定 按钮即可创建一个名为“背景”的固态图层，并将该固态图层放置在最底层，如图 4.73 所示。

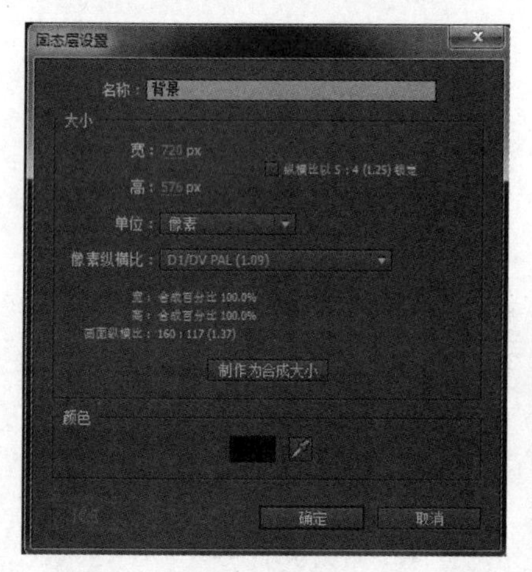

图 4.72

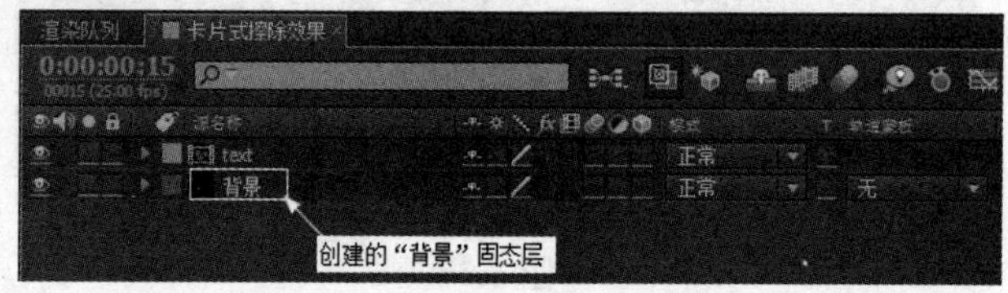

图 4.73

步骤 3：单选创建的 背景 固态层。在菜单栏中单击 效果(T) → 生成 → 渐变 命令即可给单选的图层添加该特效。

步骤 4：设置“渐变”特效参数，具体设置如图 4.74 所示。在【合成预览】窗口中的效果如图 4.75 所示。

2) 制作发光散射效果

步骤 1：在【卡片式擦除效果】合成窗口中单选 text 图层，在菜单栏中单击 效果(T) → 风格化 → 辉光 命令，即可给单选的图层添加“辉光”特效。

步骤 2：设置“辉光”特效的参数，具体设置如图 4.76 所示，在【合成预览】窗口中的效果如图 4.77 所示。

【参考视频】

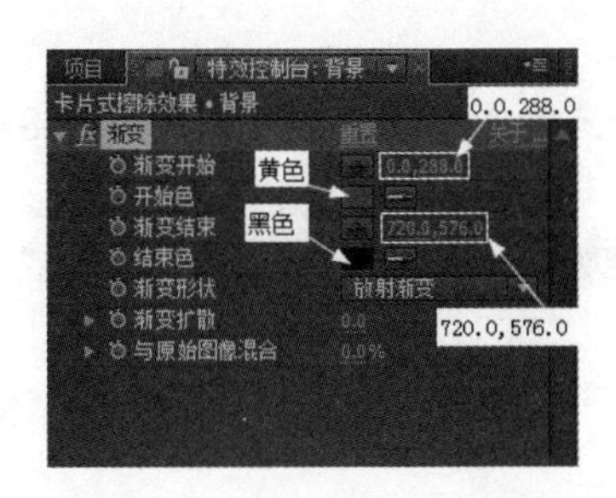

图 4.74

图 4.75

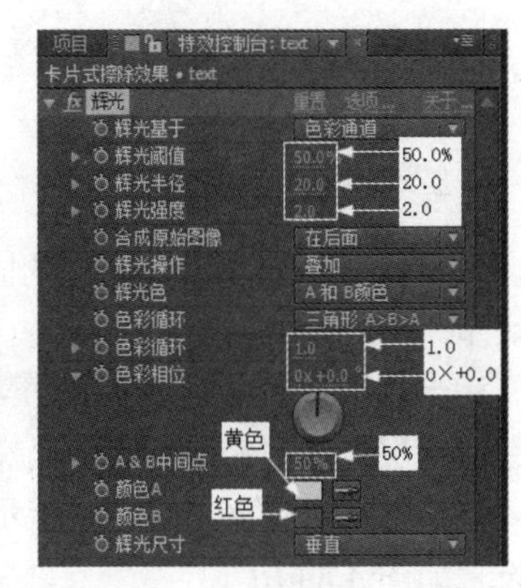

图 4.76

步骤 3：单选 text 图层，按 Ctrl＋D 组合键，复制该图层并将复制的图层重命名为“text01”，如图 4.78 所示。

图 4.77

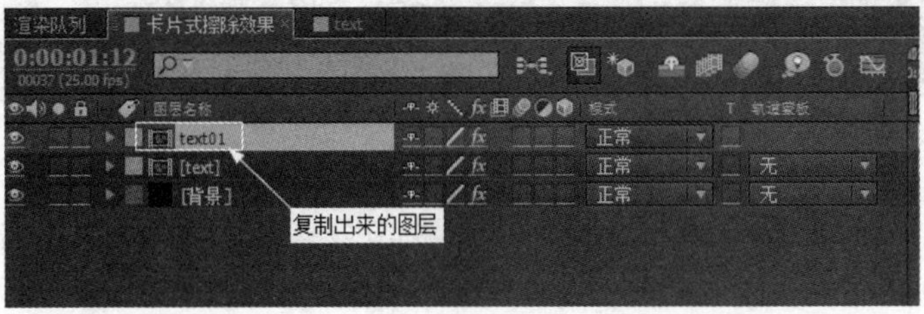

图 4.78

步骤 4：单选 text01 图层，在菜单栏中单击效果(T)→色彩校正→色阶命令即可给单选的图层添加“色阶”特效。将“色阶”特效拖移到“辉光”特效上面并设置“色阶”特效参数，具体设置如图 4.79 所示，在【合成预览】窗口中的效果如图 4.80 所示。

步骤 5：单选 text01 图层，在菜单栏中单击效果(T)→模糊与锐化→方向模糊命令即可添加“方向模糊”特效，具体参数设置和位置如图 4.81 所示。

步骤 6：设置 text01 的混合模式为“叠加”模式，效果如图 4.82 所示。

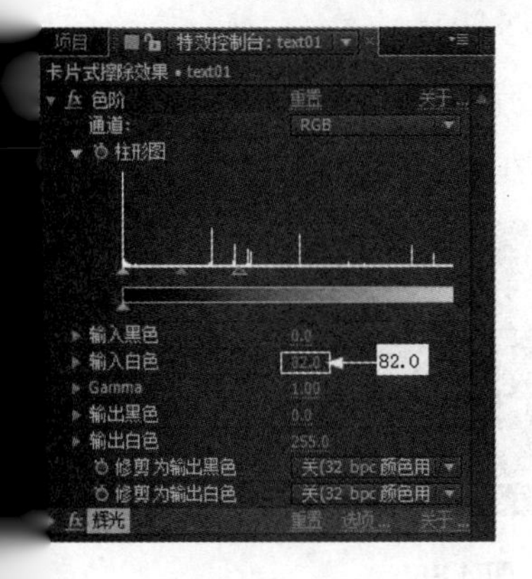

图 4.79

图 4.80

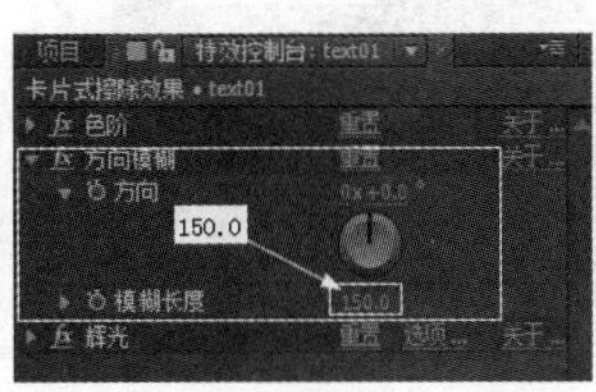

图 4.81

图 4.82

视频播放："制作渐变背景和发光散射效果"的详细介绍，请观看"制作渐变背景和发光散射效果.wmv"。

4. 制作光晕效果

步骤 1：创建一个黑色的固态层，并设置该图层混合模式为"叠加"模式，如图 4.83 所示。

步骤 2：单选创建的[光晕]固态层。在菜单栏中单击效果(T)→生成→镜头光晕命令即可给单选的图层添加"镜头光晕"特效。

步骤 3：将(当前时间指示器)滑块移到第 0 帧的位置，设置"镜头光晕"特效，具体设置如图 4.84 所示。

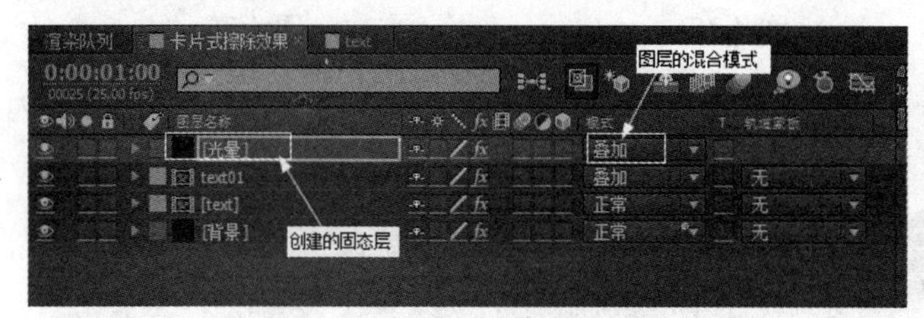

图 4.83

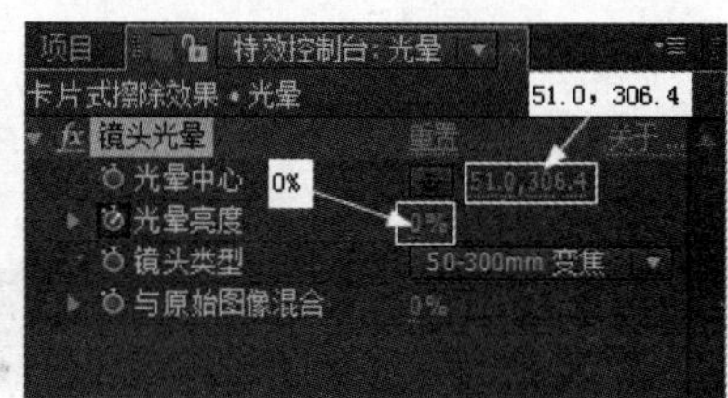

图 4.84

步骤 4：将(当前时间指示器)滑块移到第 1 秒 0 帧的位置，设置"镜头光晕"特效，具体设置如图 4.85 所示。

步骤 5：将(当前时间指示器)滑块移到第 1 秒 10 帧的位置，设置"镜头光晕"特效，具体设置如图 4.86 所示。

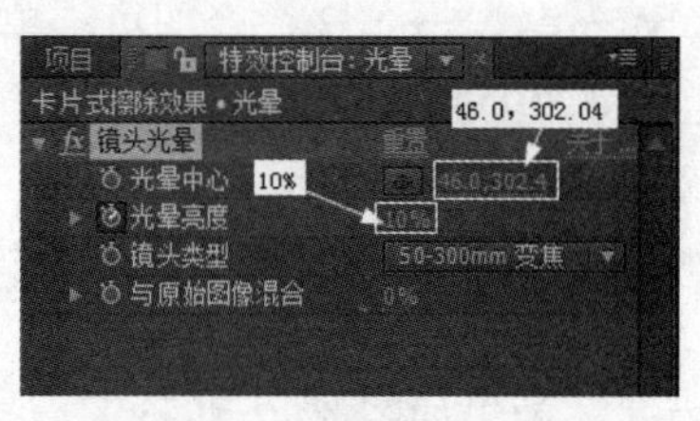

图 4.85

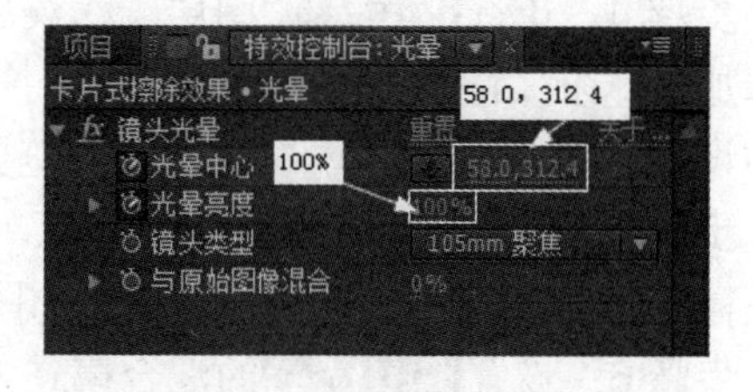

图 4.86

步骤 6：将(当前时间指示器)滑块移到第 2 秒 5 帧的位置，设置"镜头光晕"特效，具体设置如图 4.87 所示。在【合成预览】窗口中的效果如图 4.88 所示。

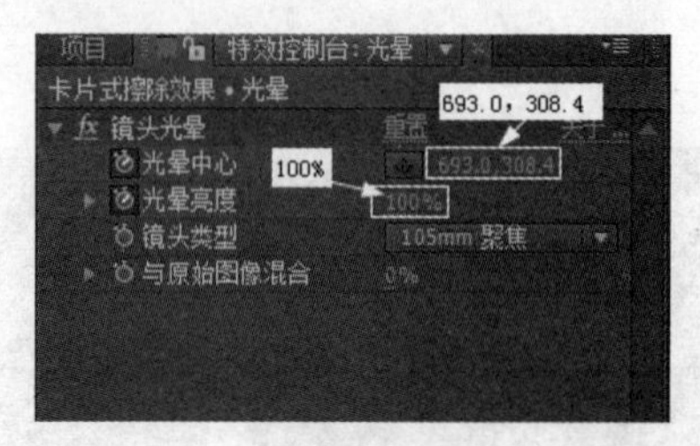

图 4.87

图 4.88

【参考视频】

视频播放：“制作光晕效果”的详细介绍，请观看“制作光晕效果.wmv”。

四、案例小结

该案例主要介绍使用“镜头光晕”特效、“渐变”特效和“卡片擦除”特效来制作卡片式出字效果的方法和技巧，要求重点掌握“卡片擦除”特效的作用和参数调节。

五、举一反三

根据前面所学知识，制作如下效果。

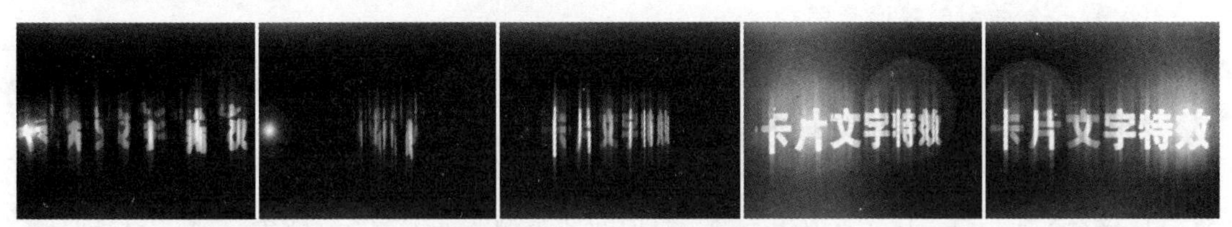

案例 7　玻璃切割效果

一、效果预览

案例效果在本书提供的配套素材“第 4 章 创建文字特效/案例效果/案例 7.flv”文件中，可通过预览效果对本案例有一个大致的了解。本案例主要介绍玻璃切割效果的制作原理、方法及技巧。

二、本案例画面及制作步骤(流程)分析

案例部分画面效果如下：

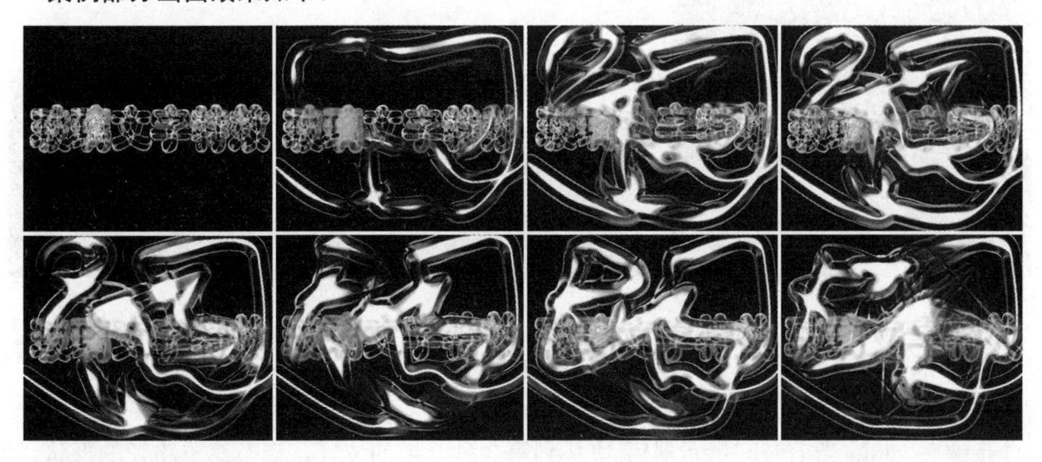

案例制作的大致步骤：

①新建合成和创建遮罩路径→②制作“光效”特效→③制作玻璃合成效果→④制作玻璃文字。

【参考视频】　【参考视频】

三、详细操作步骤

案例引入：

(1) 玻璃切割效果制作的原理是什么？

(2)“描边”特效的作用是什么？

(3) 怎样综合使用“描边”特效、“拖尾”特效、“模糊”特效和“辉光”效果？

在本案例中主要通过“描边”特效、“拖尾”特效、“模糊”特效和“辉光”效果的综合应用来制作玻璃切割效果。

1. 新建合成和创建遮罩路径

1) 创建合成

步骤 1：启动 After Effects CS6。

步骤 2：在菜单栏中单击图像合成(C)→新建合成组(C)...命令(或按 Ctrl+N 组合键)，弹出【图像合成设置】对话框。在“合成组名称”右边的文本输入框中输入“线条”，将“持续时间”设置为 10 秒。

步骤 3：单击确定按钮，即可创建一个名为“线条”的合成。

2) 创建“光线”特效

步骤 1：按 Ctrl+Y 组合键，弹出【固态层设置】对话框，具体设置如图 4.89 所示。

步骤 2：单击确定按钮即可创建一个固态层，如图 4.90 所示。

步骤 3：将(当前时间指示器)滑块移到第 0 帧的位置，单选mask固态层，在工具栏中单击(钢笔工具)，在【合成预览】窗口中绘制如图 4.91 所示的遮罩。

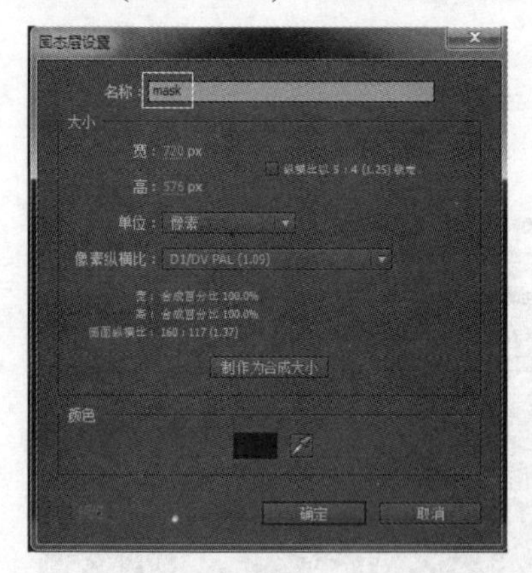

图 4.89

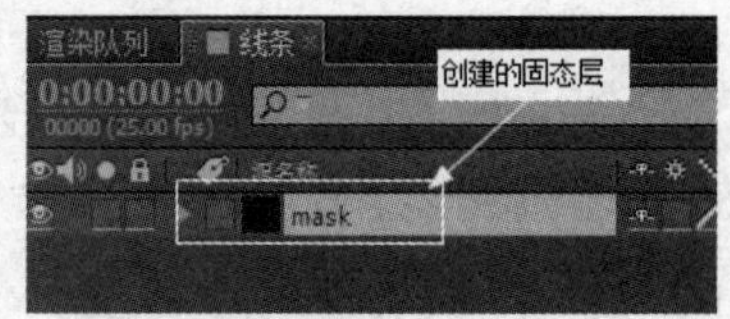

图 4.90

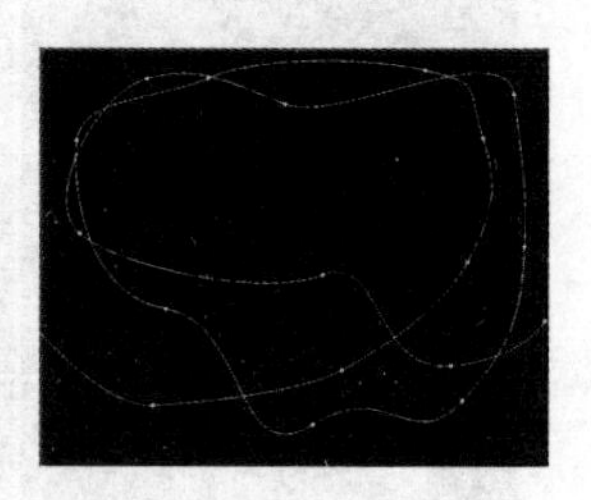

图 4.91

步骤 4：展开绘制的遮罩属性，单击遮罩形状左侧的按钮即可给该遮罩形状创建一个关键帧，如图 4.92 所示。

步骤 5：将(当前时间指示器)滑块移到第 3 秒 0 帧的位置，调节遮罩路径的形状，如图 4.93 所示。

步骤 6：将(当前时间指示器)滑块移到第 7 秒 0 帧的位置，调节遮罩路径的形状，如图 4.94 所示。

【参考视频】

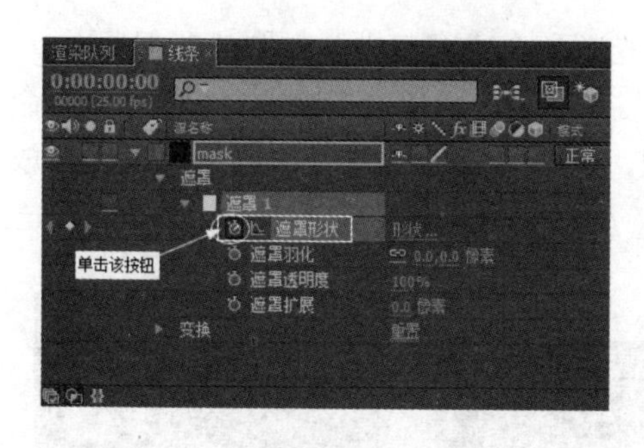

图 4.92

图 4.93

图 4.94

步骤 7：将(当前时间指示器)滑块移到第 9 秒 20 帧的位置，调节遮罩路径的形状，如图 4.95 所示。

提示：在每个关键帧处调节的遮罩路径形状是随意的，用户不一定要按此形态调节，可以调节自己喜欢的形态。

步骤 8：单选 mask 固态层，在菜单栏中单击 效果(T) → 生成 → 描边 命令即可给单选的图层添加“描边”特效。

步骤 9：设置“描边”特效参数，具体设置如图 4.96 所示。在【合成预览】窗口中的效果如图 4.97 所示。

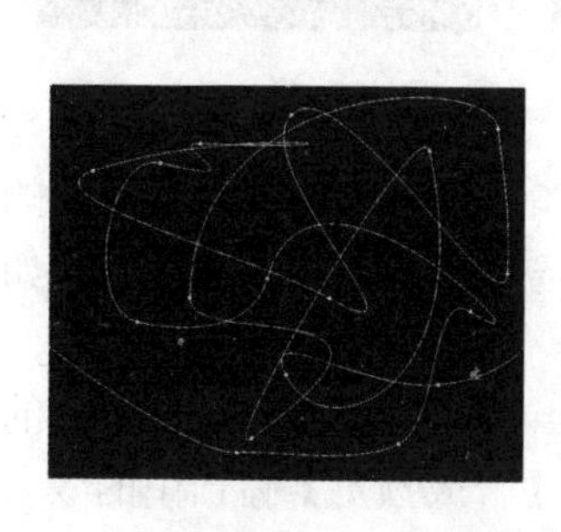

图 4.95

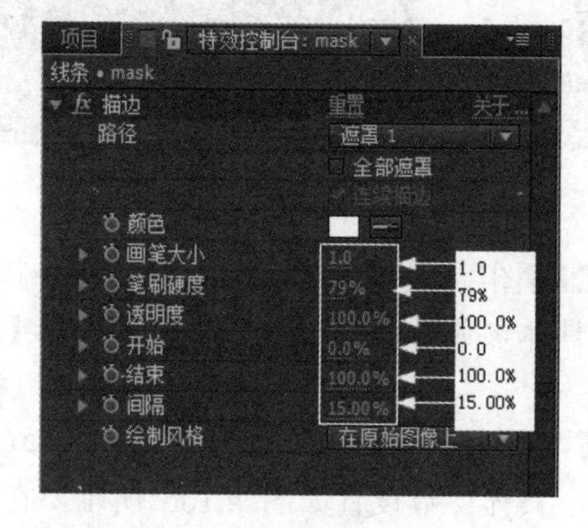

图 4.96

图 4.97

步骤 10：继续单选 mask 固态层，在菜单栏中单击 效果(T) → 模糊与锐化 → 快速模糊 命令即可给单选的图层添加“快速模糊”特效。

步骤 11：调节“快速模糊”特效参数，具体调节如图 4.98 所示。

视频播放：“新建合成和创建遮罩路径”的详细介绍，请观看“新建合成和创建遮罩路径.wmv”。

2. 制作“光效”特效

步骤 1：按 Ctrl＋N 组合键，弹出【图像合成设置】对话框，在该对话框中设置合成的名称为“光效”，其他参数为默认设置。单击 确定 按钮即可创建一个名为“光效”的合成。

【参考视频】

步骤 2：将前面制作的【光线】合成拖曳到【光效】合成窗口中，如图 4.99 所示。

步骤 3：单选【光效】合成窗口中的线条图层。在菜单栏中单击效果(T)→时间→拖尾命令即可给单选的图层添加“拖尾”特效。设置参数，具体设置如图 4.100 所示。在【合成预览】窗口中的效果如图 4.101 所示。

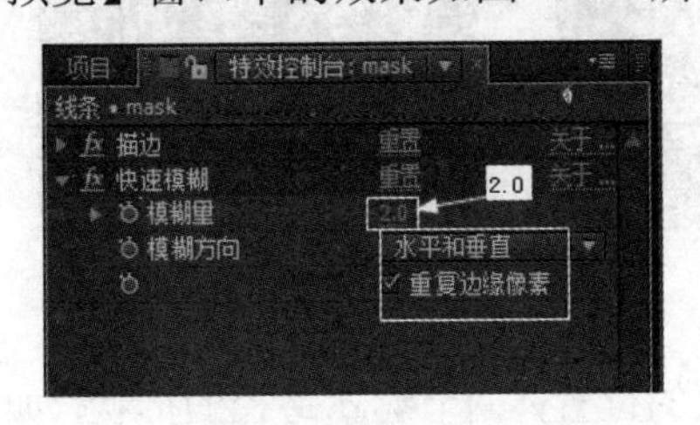

图 4.98

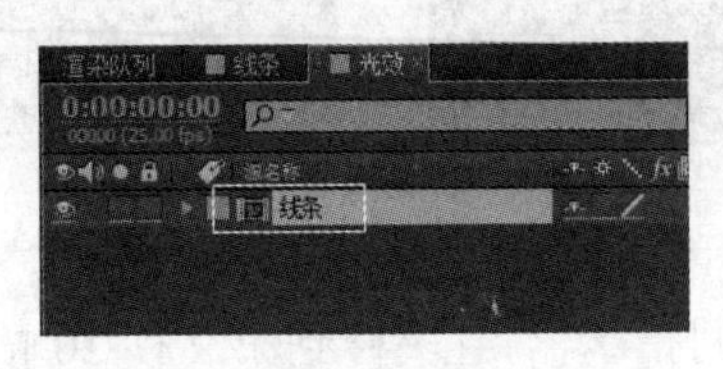

图 4.99

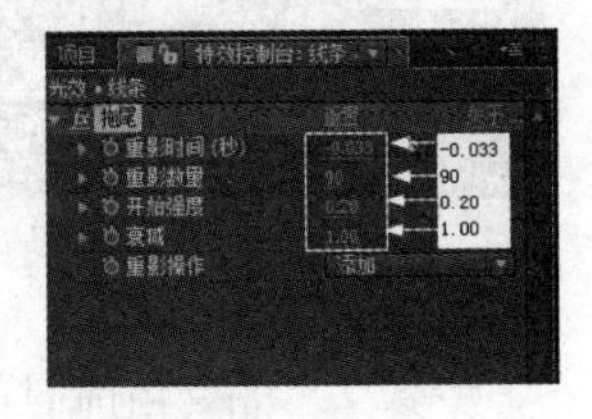

图 4.100

步骤 4：继续单选线条图层。在菜单栏中单击效果(T)→模糊与锐化→高斯模糊命令即可给单选的图层添加“高斯模糊”特效。具体参数设置如图 4.102 所示，在【合成预览】窗口中的效果如图 4.103 所示。

图 4.101

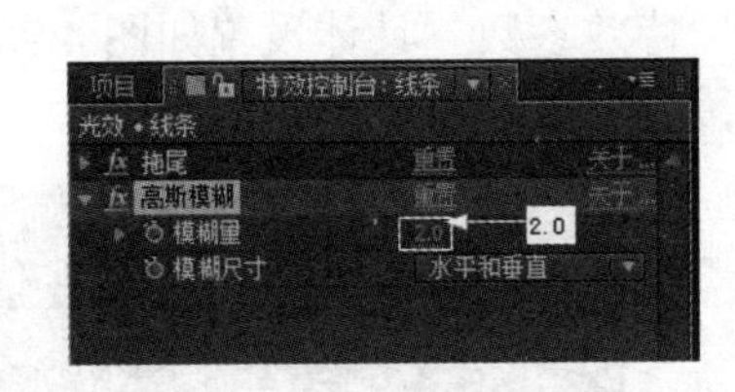

图 4.102

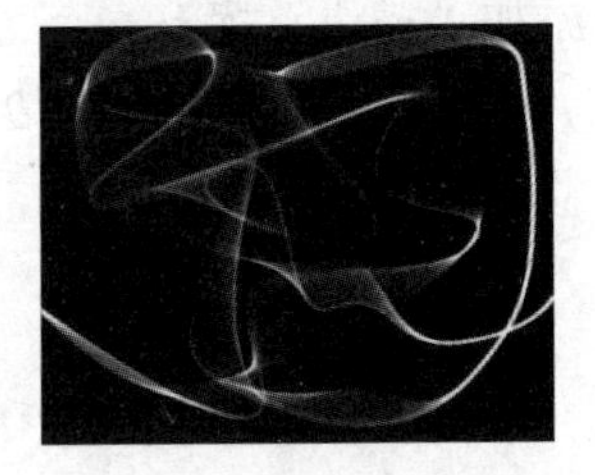

图 4.103

步骤 5：继续单选线条图层。在菜单栏中单击效果(T)→风格化→辉光命令即可给单选的图层添加“辉光”特效。具体参数设置如图 4.104 所示，在【合成预览】窗口中的效果如图 4.105 所示。

步骤 6：继续单选线条图层。在菜单栏中单击效果(T)→色彩校正→三色调命令即可给单选的图层添加“三色调”特效。具体参数设置如图 4.106 所示，在【合成预览】窗口中的效果如图 4.107 所示。

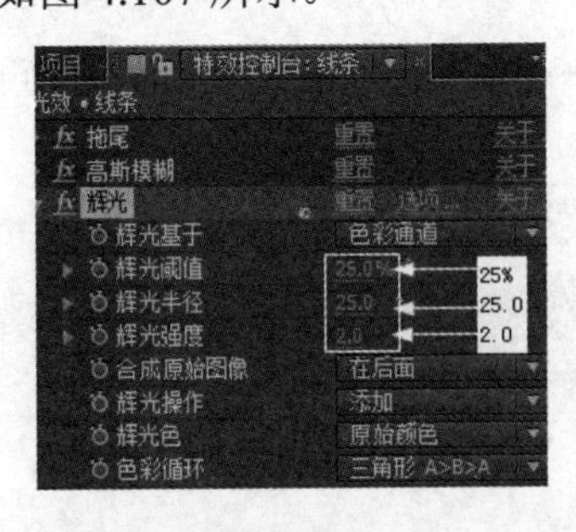

图 4.104

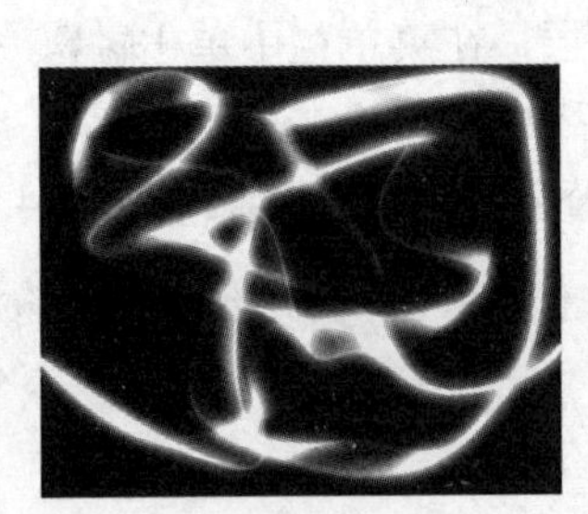

图 4.105

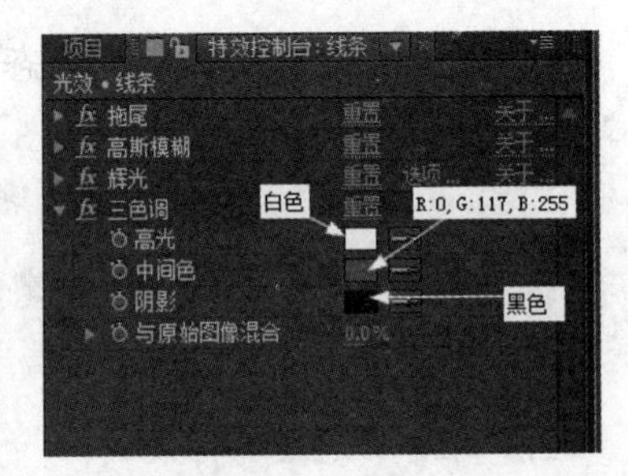

图 4.106

视频播放：“制作‘光效’特效”的详细介绍，请观看“制作‘光效’特效.wmv”。

【参考视频】

3. 制作玻璃合成效果

步骤 1：按 Ctrl+N 组合键，创建一个名为“玻璃效果”的合成。

步骤 2：将【光效】合成拖曳到【玻璃效果】合成窗口中，如图 4.108 所示。

步骤 3：单选 光效 图层，按 Ctrl+D 组合键复制一个图层，并设置图层模式为“叠加”模式，如图 4.109 所示。

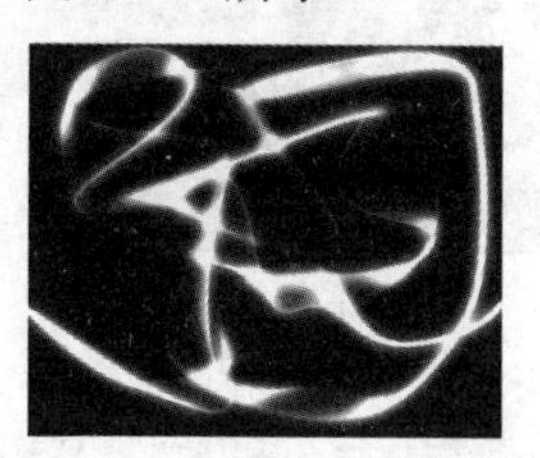

图 4.107

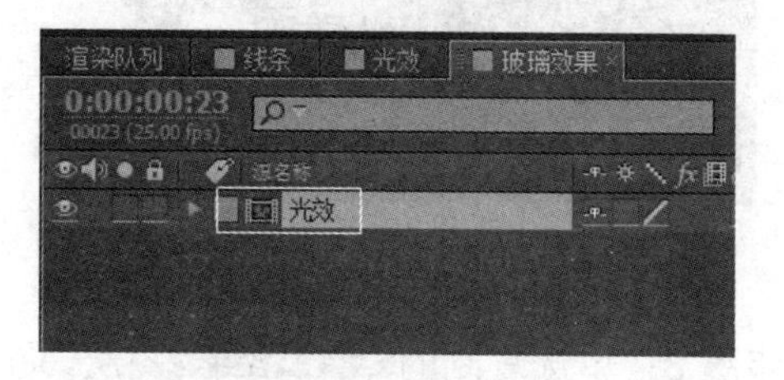

图 4.108

步骤 4：单选复制的 光效 图层，在菜单栏中单击 效果(T)→风格化→CC 玻璃 命令即可给单选的图层添加“CC 玻璃”特效。具体参数设置如图 4.110 所示，在【合成预览】窗口中的效果如图 4.111 所示。

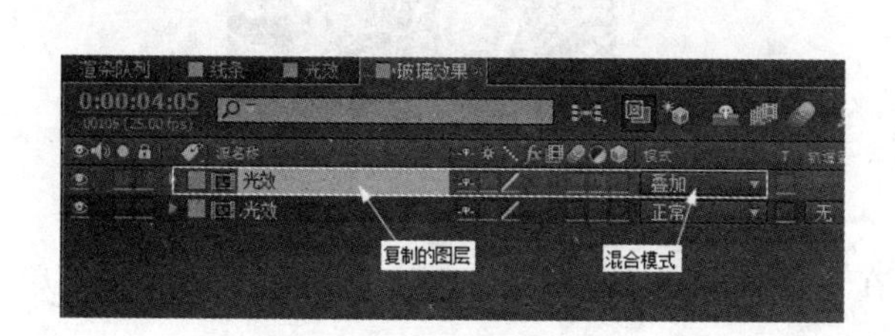

图 4.109

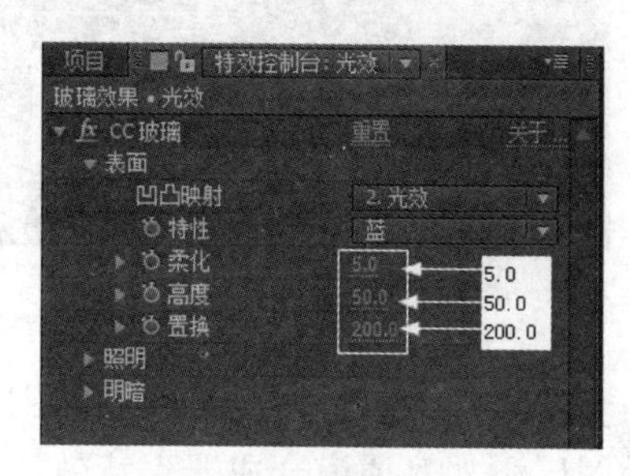

图 4.110

视频播放：“制作玻璃合成效果”的详细介绍，请观看“制作玻璃合成效果.wmv”。

4. 制作玻璃文字

步骤 1：在工具栏中单击 T (文字工具)，在【合成预览】窗口中输入文字，文字参数调节如图 4.112 所示。文字效果如图 4.113 所示。

图 4.111

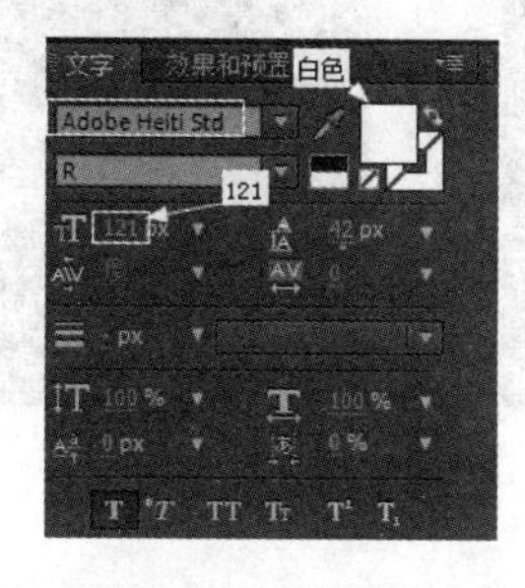

图 4.112

图 4.113

【参考视频】

步骤 2：单选 玻璃文字特效 图层，在菜单栏中单击 效果(T)→模糊与锐化→复合模糊 命令即可给单选的图层添加“复合模糊”特效。具体参数设置如图 4.114 所示，在【合成预览】窗口中的效果如图 4.115 所示。

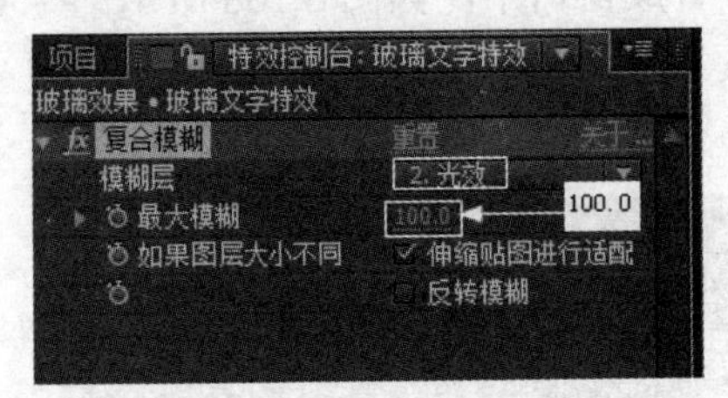

图 4.114

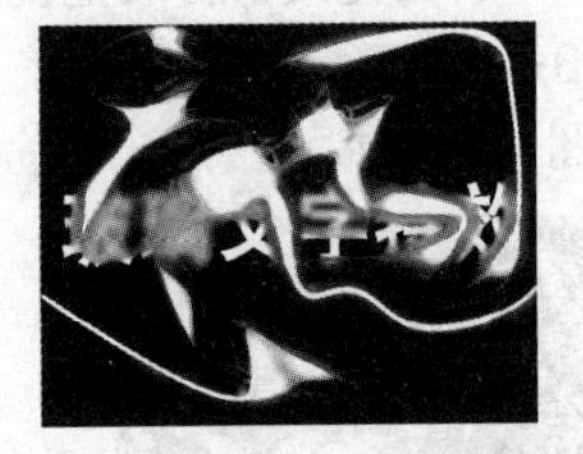

图 4.115

步骤 3：单选复制的 玻璃文字特效 图层，在菜单栏中单击 效果(T)→风格化→CC 玻璃 命令即可给单选的图层添加“CC 玻璃”特效。具体参数设置如图 4.116 所示，在【合成预览】窗口中的效果如图 4.117 所示。

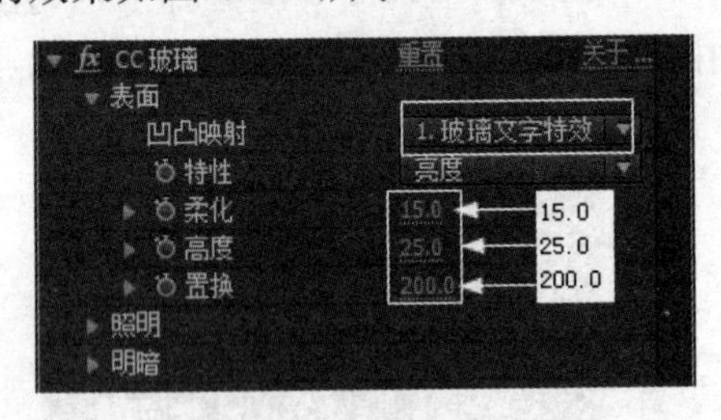

图 4.116

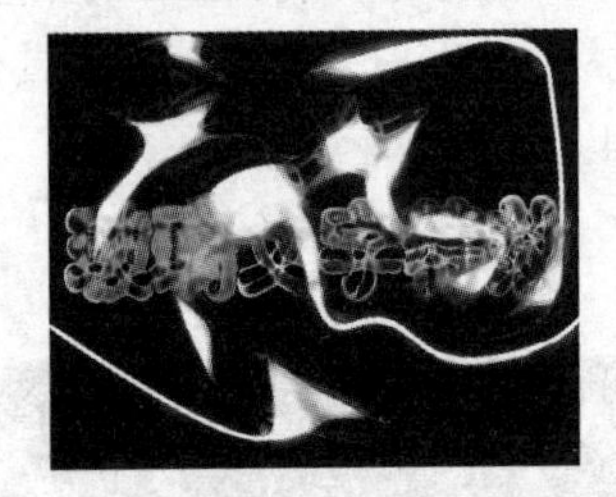

图 4.117

步骤 4：单选最底层的 光效 图层，在菜单栏中单击 效果(T)→通道→通道合成器 命令即可给单选的图层添加“通道合成器”特效。

步骤 5：继续单选最底层的 光效 图层，在菜单栏中单击 效果(T)→通道→移除颜色蒙板 命令即可给单选的图层添加“移除颜色蒙板”特效。

步骤 6：调节“通道合成器”特效和“移除颜色蒙版”特效的参数，具体调节如图 4.118 所示。在【合成预览】窗口中的效果如图 4.119 所示。

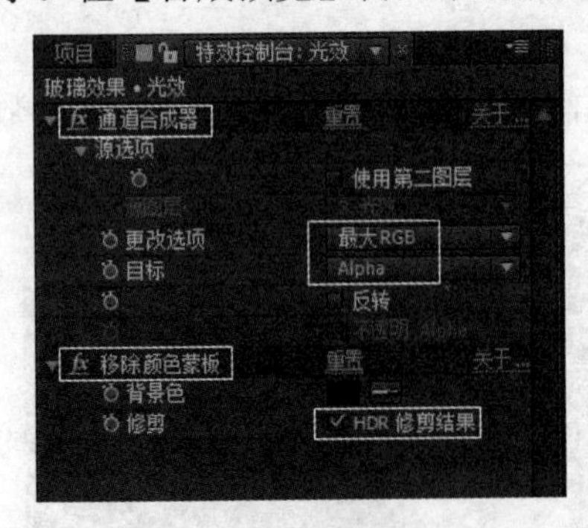

图 4.118

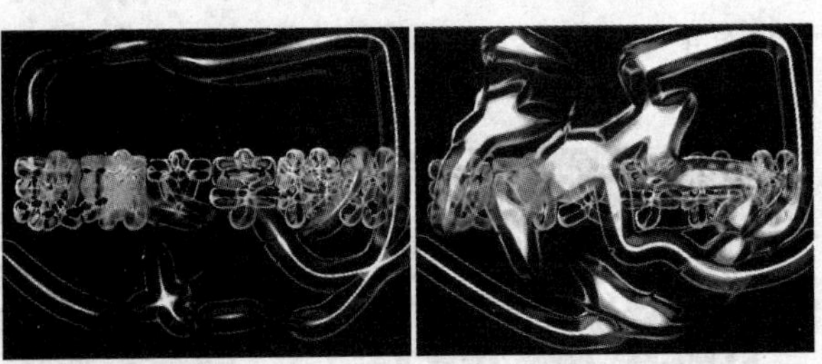
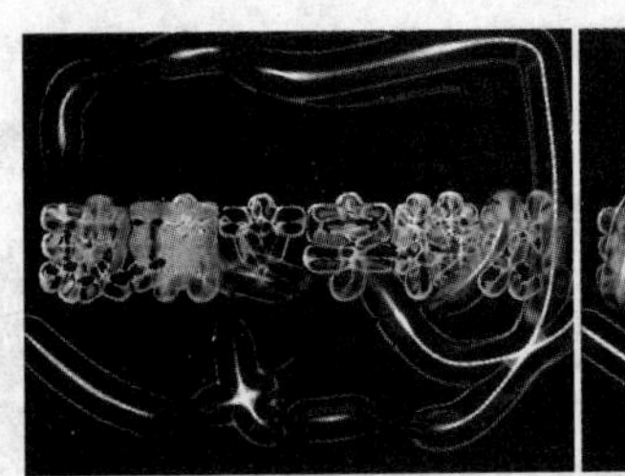

图 4.119

视频播放：“制作玻璃文字”的详细介绍，请观看“制作玻璃文字.wmv”。

【参考视频】

四、案例小结

该案例主要介绍使用“描边”特效、“快速模糊”特效、“拖尾”特效、“高斯模糊”特效、“辉光”特效和“CC 玻璃”特效来制作玻璃切割效果的方法和技巧，重点要求掌握“描边”特效和“拖尾”特效的作用和参数调节。

五、举一反三

根据前面所学知识，制作如下效果。

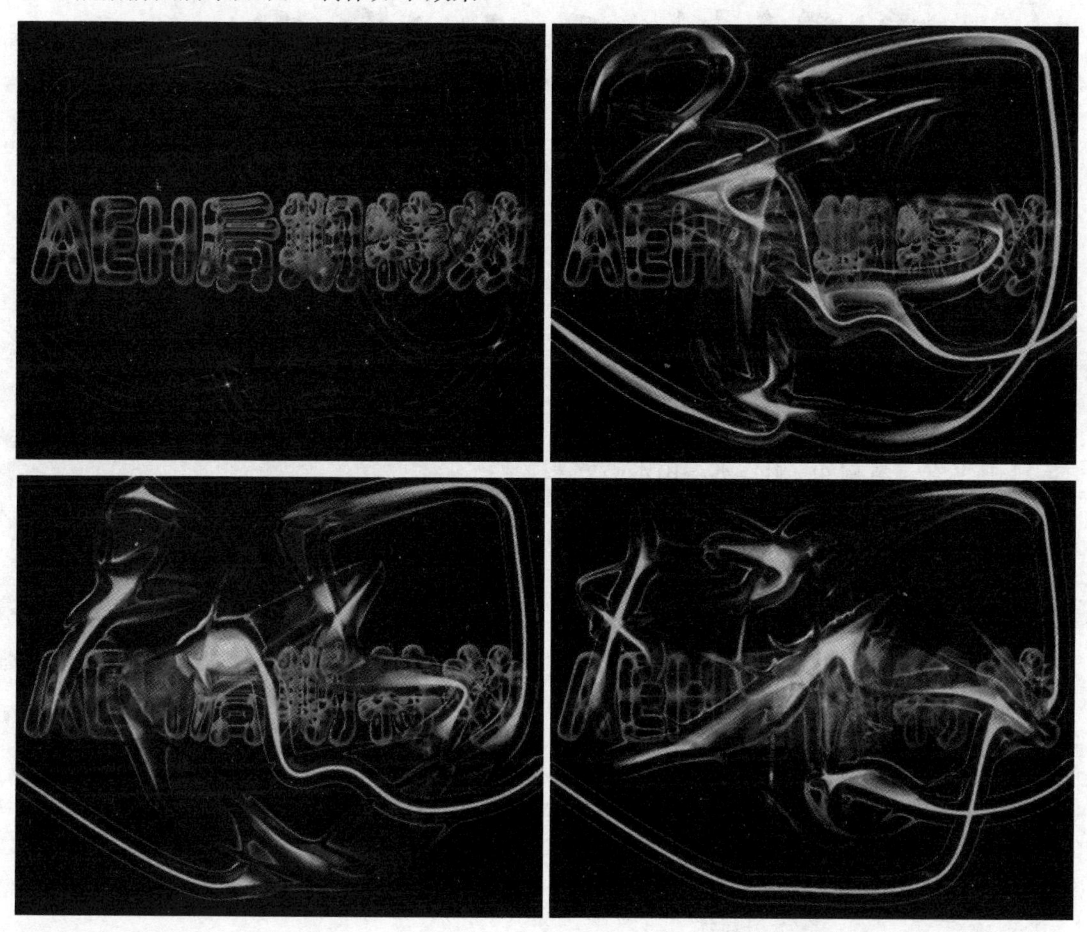

【参考视频】

第5章

色彩校正与调色

技能点

案例1：常用校色特效的介绍
案例2：给视频调色
案例3：制作晚霞效果
案例4：制作水墨山水画效果
案例5：给美女化妆

说明

本章主要通过5个案例全面讲解色彩校正与调色的原理和方法。

【参考视频】

本章主要通过 5 个案例全面介绍色彩校正和调色的相关知识点，通过这 5 个案例的学习，用户基本上可以掌握色彩校正与调色的方法和技巧。

在影视后期合成中对色彩的校正与调色主要包括对素材画面进行曝光过度、曝光不足、偏色以及根据用户的要求处理成特定效果的视觉画面等操作。

案例 1　常用校色特效介绍

一、效果预览

案例效果在本书提供的配套素材“第 5 章 色彩校正与调色/案例效果/案例 1.flv”文件中，可通过预览效果对本案例有一个大致的了解。本案例主要介绍常用校色特效的作用和使用方法。

二、本案例画面及制作步骤(流程)分析

案例部分画面效果如下：

案例制作的大致步骤：

①直方图 → ②“色阶”特效参数介绍和使用方法 → ③“曲线”特效参数介绍和使用方法 → ④“色相位/饱和度”特效参数介绍和使用方法 → ⑤其他调色特效介绍。

三、详细操作步骤

案例引入：

(1) 什么叫做“色阶”特效？怎样调节“色阶”特效的参数？

(2) 什么叫做“曲线”特效？怎样调节“曲线”特效的参数？

(3) 什么叫做“色相位/饱和度”特效？怎样调节“色相位/饱和度”特效的参数？

(4) 在色彩校正特效组中，主要包括哪些调色特效？

在影视后期合成中，对素材画面进行色彩校正和调色，可以通过 After Effects CS6 自带的校色特效或第三方插件两种方法来实现。有时候为了满足客户的苛刻要求，也可以将两种方法综合使用来完成任务。

【参考视频】

下面通过具体案例，详细介绍校色特效和常用第三方插件的作用，以及相关参数的含义。

1. 直方图

直方图是指使用图像的显示方式来展示视频素材画面的影调构成。用户通过直方图的显示方式很容易看出视频画面的影调分布情况，比如画面中有大面积的偏亮显示的画面，则在它的直方图的右边会分布许多峰状波形，如图 5.1 所示。

图 5.1

如果画面中有大面积偏暗的影调，则直方图的左边分布许多峰状的波形，如图 5.2 所示。

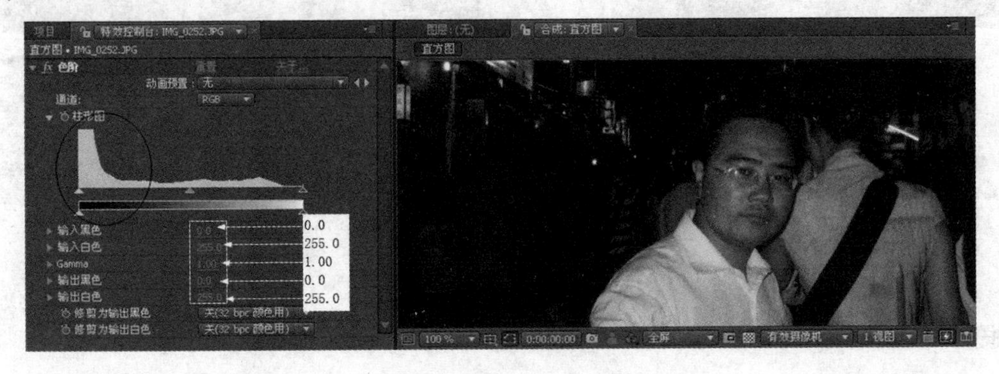

图 5.2

通过直方图可以清楚了解画面上的阴影和高光的位置，在 After Effects CS6 中，用户使用“色阶”或者“曲线”特效很容易调整画面中的影调。

用户还可以通过直方图很容易地辨别出视频素材的画质，例如，在直方图上发现直方图的顶部被平切了，说明视频素材的一部分高光或者阴影由于各种原因已经损失掉，而且这种损失掉的画质是不可挽回的，如图 5.2 所示。

如果在直方图的中间出现了缺口，说明该视频素材在之前经过了多次修改，画质受到了严重损失，而好的画质其直方图的顶部应该平滑过渡。

视频播放：“直方图”的详细介绍，请观看“直方图.wmv”。

【参考视频】

2. “色阶”特效参数介绍和使用方法

使用“色阶”特效可以通过改变输入颜色的级别来获取一个新的颜色范围，以达到修改视频画面亮度和对比度的目的。“色阶”特效参数面板如图 5.3 所示。

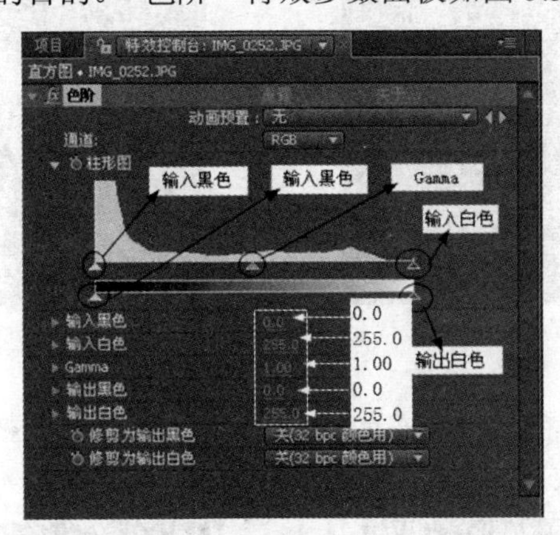

图 5.3

1)“色阶”特效参数介绍

(1) 通道：主要用来选择特效需要修改的通道，可以分别对 RGB、R、G、B 和 Alpha 这几个通道进行单独调整。

(2) 柱形图：主要用来显示各个影调的像素在画面中的分布情况。

(3) 输入黑色：主要用来控制图像中黑色的阈值输入，可以通过调节直方图中左边的黑色小三角形滑块来控制。

(4) 输入白色：主要用来控制图像中白色的阈值输入，可以通过调节直方图中右边的白色小三角形滑块来控制。

(5) Gamma：【Gamma】也叫伽玛值，主要通过直方图中间的灰色小三角形滑块来控制图像影调在阴影和高光的相对值，【Gamma】在一定程度上会影响到中间调，改变整个图像的对比度。

(6) 输出黑色：主要用来控制图像中黑色的阈值输出，由直方图中色条左边的黑色小三角形滑块来控制。

(7) 输出白色：主要用来控制图像中白色的阈值输出，由直方图中色条右边的白色小三角形滑块来控制。

2) 使用“色阶”特效调整图像

步骤 1：根据前面所学知识，启动 After Effects CS6，创建一个名为“常用校色特效的介绍”项目文件。

步骤 2：新建一个名为“色阶特效的使用”的合成。

步骤 3：导入一张如图 5.4 所示的图片并将其拖到“色阶特效的使用”合成中的【时间线】窗口中。

步骤 4：添加“色阶”特效。在菜单栏中单击效果(T)→色彩校正→色阶命令，“色阶”特效参数面板如图 5.5 所示。

图 5.4

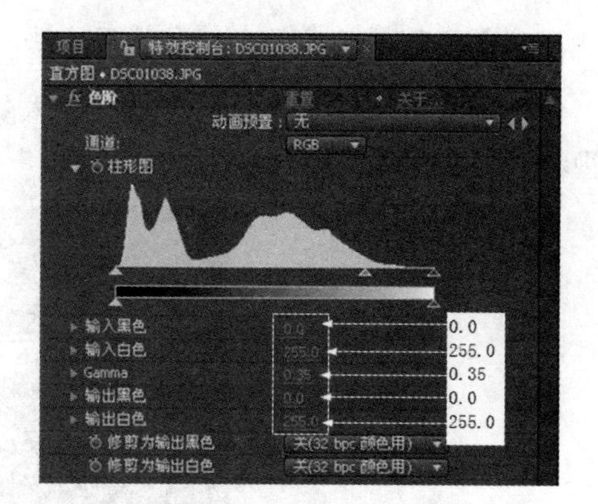

图 5.5

步骤 5：从图 5.5 可以看出图片曝光不足，中间调缺损。调整“色阶”特效参数，具体调整如图 5.6 所示，最终效果如图 5.7 所示。

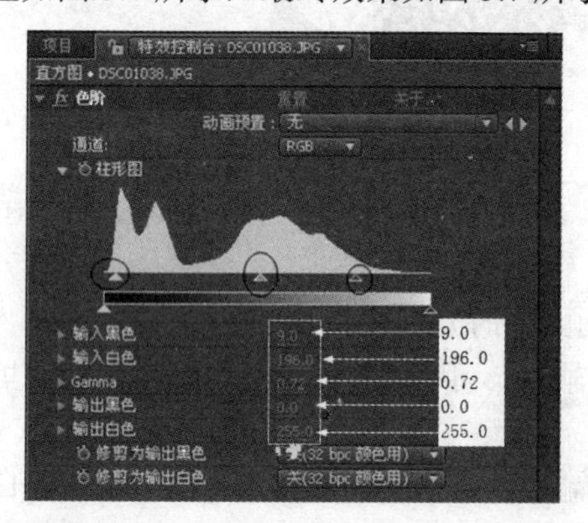

图 5.6

图 5.7

视频播放：“‘色阶’特效参数介绍和使用方法”的详细介绍，请观看“‘色阶’特效参数介绍和使用方法.wmv”。

3. “曲线”特效参数介绍和使用方法

在 After Effects CS6 中，使用“色阶”特效能够调节出的效果，使用“曲线”特效也能做到。“曲线”特效与“色阶”特效相比有以下两个优势。

优势 1：使用“曲线”特效能够对画面整体和单独的颜色通道精确地调整色阶的平衡和对比度。

优势 2：使用“曲线”特效可以通过调节指定的影调来控制指定范围的影调对比度。

1) “曲线”特效参数介绍

“曲线”特效参数面板如图 5.8 所示。

(1) 通道：主要为用户提供通道的选择。通道主要包括 RGB(三色通道)、Red(红色通道)、Green(绿色通道)、Blue(蓝色通道)和 Alpha(Alpha 透明通道)。单击通道右边的▼图标，弹出下拉菜单，在弹出的下拉菜单中单击需要的通道即可。

【参考视频】

(2) 曲线：主要为用户提供曲线的调节方式来改变图像的色调。

(3) (曲线工具)：主要为用户提供在曲线上添加节点。用户可以通过移动节点来调整画面色调。如果要删除节点，只要将需要删除的节点拖到曲线图之外即可。

(4) (铅笔工具)：主要用来在坐标图上随意绘制曲线。

(5) (打开曲线)：主要用来打开以前保存的曲线调整参数和 Photoshop 中使用的曲线数据。

(6) (保存曲线)：主要用来保存当前已调节好的调整曲线，方便以后重复使用。保存的色调调节曲线文件还可以在 Photoshop 中使用。

(7) (平滑曲线)：主要用来平滑曲线。

(8) (重置曲线)：主要用来将曲线恢复到调节之前的状态。

在图 5.8 中，底部水平方向上从左往右表示 0～255 个级别的亮度输入，这与“色阶”特效是一致的。左侧从下往上垂直方向上表示 0～255 个级别的亮度输出。这与“色阶”特效垂直方向上表示像素的多少有些不同。用户通过曲线的调节可以将“输入亮度”改变成对应的“输出亮度”。

2) 使用“曲线”特效制作视频画面

步骤 1：新建一个名为“曲线特效参数的使用”的合成。

步骤 2：导入一张如图 5.9 所示的图片并将其拖到“曲线特效参数的使用”合成中的【时间线】窗口中。

步骤 3：添加“曲线”特效。在菜单栏中单击效果(T)→色彩校正→曲线命令，“曲线”特效参数面板如图 5.10 所示。

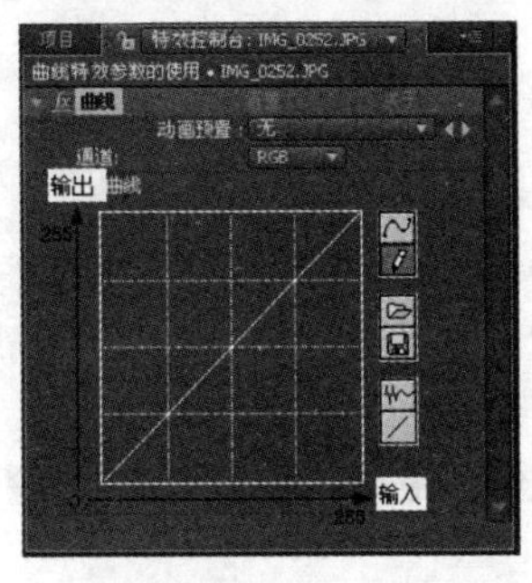

图 5.8

图 5.9

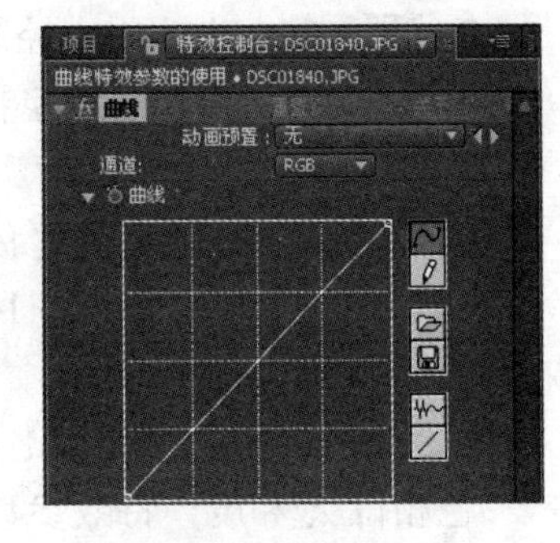

图 5.10

步骤 4：调节“曲线”特效面板中的曲线，具体调节如图 5.11 所示。在【合成】窗口中的最终效果如图 5.12 所示。

视频播放：“‘曲线’特效参数介绍和使用方法”的详细介绍，请观看“‘曲线’特效参数介绍和使用方法.wmv”。

4. “色相位/饱和度”特效参数介绍和使用方法

“色相位/饱和度”特效主要用来调整画面中的色调、亮度和饱和度。“色相位/饱和度”特效参数面板如图 5.13 所示。

【参考视频】

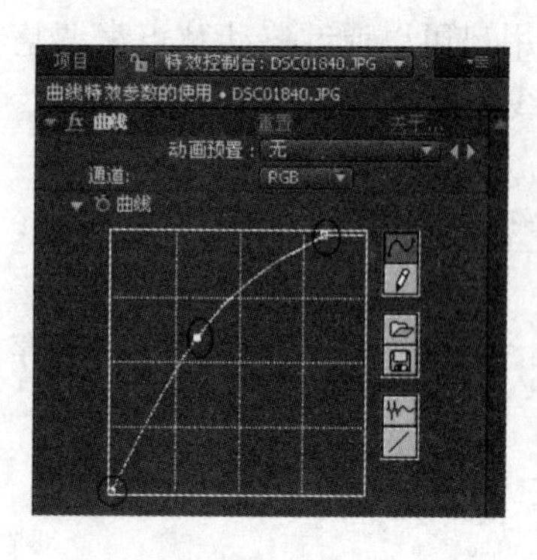

图 5.11

图 5.12

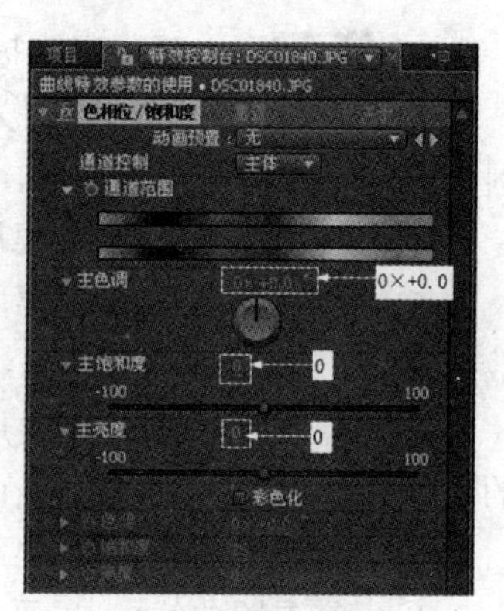

图 5.13

1)“色相位/饱和度”特效参数介绍

(1) 通道控制：主要用来控制受特效影响的通道。如果设置遮罩，会影响所有的通道；如果选择的不是遮罩，在调整通道控制参数时，可以控制受影响通道的具体范围。

(2) 通道范围：主要用来显示通道受影响的范围。

(3) 主色调：主要用来控制指定颜色通道的色调。

(4) 主饱和度：主要用来控制指定颜色通道的饱和度。

(5) 主亮度：主要用来控制指定颜色通道的亮度。

(6) 彩色化：主要用来控制是否将指定图像进行单色处理。

(7) 色调：主要用来将灰阶图像转换为彩色图像。

(8) 饱和度：主要用来控制彩色化图像的饱和度。

(9) 亮度：主要用来控制彩色化图像的亮度。亮度值越大，图像画面就越灰。

2) 利用“色相位/饱和度”特效对图像进行调色

步骤 1：新建一个名为“色相位/饱和度特效使用”的合成。

步骤 2：导入一张如图 5.14 所示的图片，并将其拖曳到“色相位/饱和度特效使用”合成中的【时间线】窗口中。

步骤 3：添加“色相位/饱和度”特效。在菜单栏中单击效果(T)→色彩校正→色相位/饱和度命令，“色相位/饱和度”特效参数面板如图 5.15 所示。

图 5.14

图 5.15

步骤 4：调节“色相位/饱和度”特效面板中的曲线，具体调节如图 5.16 所示。在【合成】窗口中的最终效果如图 5.17 所示。

提示：在其他参数不变的情况下，将图 5.16 中的饱和度的数值设为 0 的话，图像将变成灰色图像，如图 5.18 所示。

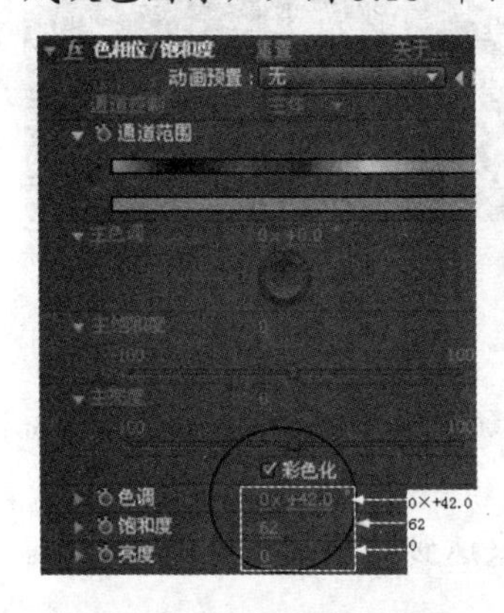

图 5.16

图 5.17

图 5.18

视频播放：“‘色相位/饱和度’特效参数介绍和使用方法”的详细介绍，请观看“‘色相位/饱和度’特效参数介绍和使用方法.wmv”。

5. 其他调色特效介绍

1) “自动颜色”和“自动对比度”特效

“自动颜色”特效主要通过对图像中的阴影、中间调和高光进行分析来调节图像的对比度和颜色。如图 5.19 所示的是使用“自动颜色”特效前后的对比。

“自动对比度”特效主要用来自动调节画面的对比度和颜色混合度。该特效不能单独调节通道，“自动对比度”特效的调节原理是通过将画面中最亮的和最暗的部分映射为白色和黑色来达到使高光部分变得更亮，而暗的部分变得更暗。如图 5.20 所示的是使用“自动对比度”特效前后的对比。

图 5.19

图 5.20

2) “色彩平衡”和“色彩平衡(HLS)”特效

“色彩平衡”特效主要通过控制红、绿、蓝在中间色、阴影色和高光色的比重来实现色彩平衡的一种特效，主要用来对画面中的亮部、暗部和中间色域进行精细调节。如图 5.21 所示的是使用“色彩平衡”特效前后的对比。

【参考视频】

“色彩平衡(HLS)”特效主要通过色相、饱和度和明度3个参数来调节画面色彩平衡关系。如图5.22所示的是使用“色彩平衡(HLS)”特效前后的对比。

图 5.21

图 5.22

3)“CC调色”和“CC色彩偏移”特效

“CC 调色”特效主要通过调节高光、中间值和阴影3种颜色来调整画面的颜色。如图5.23所示的是使用“CC调色”特效前后的对比。

“CC色彩偏移”特效主要通过调节各个颜色通道的偏移值来达到调节画面颜色的目的。如图5.24所示的是使用“CC色彩偏移”特效前后的对比。

图 5.23

图 5.24

视频播放：“其他调色特效介绍”的详细介绍，请观看“其他调色特效介绍.wmv”。

四、案例小结

该案例主要讲解常用校色特效，要重点掌握“色阶”特效参数和使用方法及“曲线”特效参数和使用方法。

五、举一反三

根据所学知识，制作如下效果。

【参考视频】 【参考视频】

案例 2　给视频调色

一、效果预览

案例效果在本书提供的配套素材中的“第 5 章 色彩校正与调色/案例效果/案例 2.flv”文件中，可通过预览效果对本案例有一个大致的了解。本案例主要介绍使用“色阶”特效对视频进行调色的方法。

二、本案例画面及制作步骤(流程)分析

案例部分画面效果如下：

案例制作的大致步骤：

①创建合成→②导入素材→③使用“色阶”特效进行调色→④创建遮罩。

三、详细操作步骤

案例引入：

(1) 对视频进行调色的原理是什么？

(2) 怎样使用“色阶”特效给视频进行调色？

(3) 什么叫做遮罩？怎样创建遮罩？

在学习这个案例的时候，不要求记住每个“色阶”特效设置的具体参数，只要求掌握对图片进行调色的方法和步骤即可。因为，每个人对画面的要求不同，所以，在对画面进行调色的时候，要根据客户的具体要求来调整。例如，有的人喜欢画面透亮一些；有的人喜欢画面厚重一点；有的人则不喜欢太刺眼的画面，而喜欢稍灰的画面。

调色之后的图片并不要求每个人都觉得漂亮，但调整出来的画面要让大多数专业人士都认可。通过该案例的学习，使用户掌握一些图像画面的共性，以此作为以后对图片进行调色的依据。具体操作步骤如下。

1. 创建合成

步骤 1：启动 After Effects CS6 应用软件。

步骤 2：创建新合成。在菜单栏中单击图像合成(C)→新建合成组(C)...命令(按“Ctrl+N”组合键)，弹出【图像合成设置】对话框，在【图像合成设置】对话框中设置尺寸为“720px×576px”，持续时间为“6 秒”，命名为“给视频调色”。单击确定按钮完成合成创建。

【参考视频】

视频播放：“创建合成”的详细介绍，请观看“创建合成.wmv”。

2. 导入素材

步骤 1：在【项目】窗口的空白处单击右键，弹出快捷菜单，在弹出的快捷菜单中单击导入(I) → 文件... 命令，弹出【导入文件】对话框，在【导入文件】对话框中单选“舞狮.MPG”视频素材。

步骤 2：单击 打开(O) 按钮，即可将“舞狮.MPG”视频素材导入【项目】窗口中。

步骤 3：将【项目】窗口中的“舞狮.MPG”视频素材拖到【时间线】窗口中，在【合成】窗口中的效果如图 5.25 所示。

视频播放：“导入素材”的详细介绍，请观看“导入素材.wmv”。

3. 使用“色阶”特效进行调色

步骤 1：在菜单栏中单击效果(T) → 色彩校正 → 色阶命令，“色阶”特效参数面板如图 5.26 所示。在图 5.26 所示中的 5 个参数的具体含义，在本章案例 1 中已经详细介绍了，在这里就不再具体介绍。

图 5.25

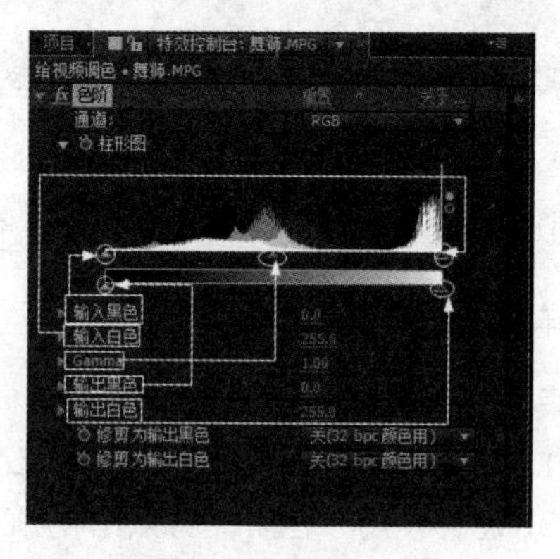

图 5.26

步骤 2：调整画面的【输入黑色】和【输入白色】参数，具体调整如图 5.27 所示。最终效果如图 5.28 所示。

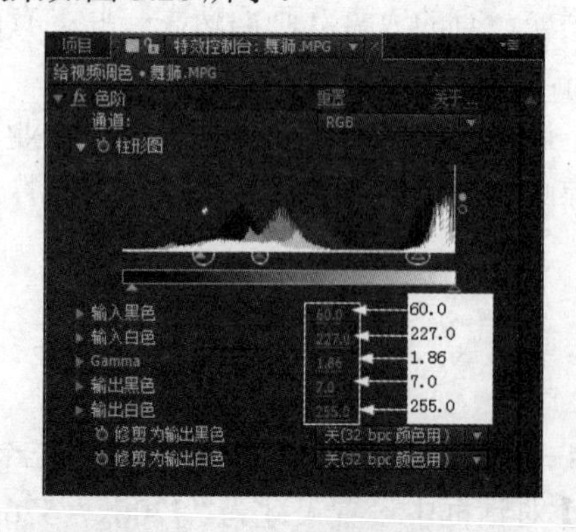

图 5.27

图 5.28

【参考视频】　【参考视频】

步骤 3：从图 5.27 可以看出，【输入黑色】的参数为 60，也就是将原始图像中 60 值的亮度定义为纯黑色，而 60 值以下的亮度比纯黑还要黑，所在画面中才出现纯黑的画面，提高画面的对比度。【输入白色】的参数为 227，也就是将原始图像中 227 值的亮度定义为纯白色，而 227 值以上的亮度比纯白还要白。通过这两个参数的调整之后，画面的亮度对比度有所提高，基本上满足客户的要求。

步骤 4：调整画面的【输出黑色】【输出白色】和【Gamma】参数，具体调整如图 5.29 所示。最终效果如图 5.30 所示。

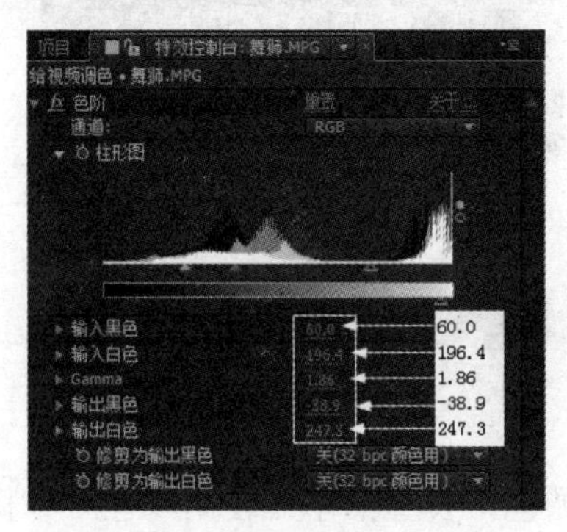

图 5.29

图 5.30

步骤 5：从图 2.29 可以看出，【输出黑色】的参数值为 13，也就是说图像中低于 13 以下的亮度会自动调高到 13 的亮度。【输出白色】的参数值为 236，也就是说画面中高于 236 以上的亮度不被输出，这些高于 236 亮度的像素的参数会自动降低到 236 的亮度，通过调整【输出白色】的参数可以调整图像画面的灰度。

视频播放：“使用‘色阶’特效进行调色”的详细介绍，请观看“使用‘色阶’特效进行调色.wmv”。

4. 创建遮罩

步骤 1：创建固态层。在【时间线】窗口中单击鼠标右键，弹出快捷菜单，在弹出的快捷菜单中单击 新建 → 固态层(S)... 命令，弹出【固态层设置】对话框，在 名称 右边的文本框中输入“遮罩”，其他参数为默认设置，单击 确定 按钮即可创建一个固态层，如图 5.31 所示。

步骤 2：单选 遮罩 图层。在工具栏中单选 (矩形遮照工具)。

步骤 3：在【合成】窗口中绘制一个矩形遮罩，具体参数设置如图 5.32 所示。在【合成】窗口中的效果如图 5.33 所示。

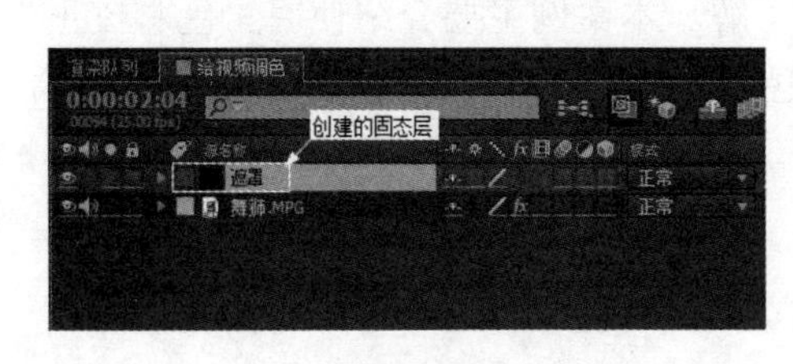

图 5.31

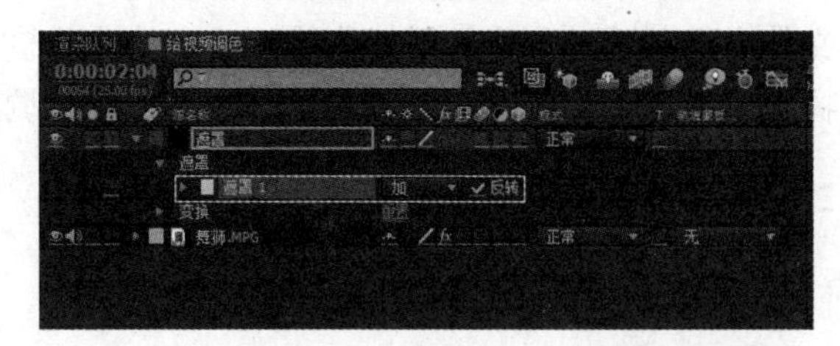

图 5.32

【参考视频】

步骤 4：在菜单栏中单击效果(T)→生成→四色渐变命令，添加一个“四色渐变”特效，参数采用默认设置。在【合成】窗口中的最终效果如图 5.34 所示。

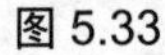

图 5.33

图 5.34

视频播放：“创建遮罩”的详细介绍，请观看“创建遮罩.wmv”。

四、案例小结

该案例主要讲解使用“色阶”特效对图片进行调色，要重点掌握使用“色阶”特效进行调色和创建遮罩的方法。

五、举一反三

打开一张左图所示的图片，使用“色阶”特效进行调色，最终效果如右图所示。

案例 3　制作晚霞效果

一、效果预览

案例效果在本书提供的配套素材中的“第 5 章 色彩校正与调色/案例效果/案例 3.flv”文件中，可通过预览效果对本案例有一个大致的了解。本案例主要介绍使用“色彩校正”特效组的多个特效对图片和视频画面进行综合调色。

二、本案例画面及制作步骤(流程)分析

案例部分画面效果如下：

【参考视频】

【参考视频】

案例制作的大致步骤：

①创建新合成和导入素材→②添加“曲线”特效→③创建遮罩→④创建调节图层并添加特效→⑤添加调节图层和【色阶】特效→⑥创建调节图层并添加“CC 突发光 2.5”特效→⑦添加固态层并创建遮罩。

三、详细操作步骤

案例引入：

(1)“晚霞”效果制作的原理是什么？

(2)“曲线”特效的主要作用是什么？

(3)“色阶”特效的主要作用是什么？

(4)“CC 突发光 2.5”特效的主要作用是什么？

(5) 调节层和遮罩层的主要作用是什么？

在本案例中主要通过综合使用“色彩校正”特效组的特效对画面进行色彩调整来制作各种氛围的画面效果。具体制作方法如下。

1. 创建新合成和导入素材

1) 创建新合成

步骤 1：启动 After Effects CS6 应用软件。

步骤 2：创建新合成。在菜单栏中单击图像合成(C)→新建合成组(C)...命令(按 Ctrl+N 组合键)，弹出【图像合成设置】对话框，在【图像合成设置】对话框中设置尺寸为“720px×576px”，持续时间为“6 秒”，命名为“制作晚霞效果”。单击确定按钮完成合成创建。

2) 导入素材

步骤 1：在【项目】窗口的空白处单击右键，弹出快捷菜单，在弹出的快捷菜单中单击导入(I)→文件...命令，弹出【导入文件】对话框，在【导入文件】对话框中选择“夕阳景色.avi”视频素材和“小镇.jpg”图片素材。

步骤 2：单击打开(O)按钮，即可将“夕阳景色.avi”视频和“小镇.jpg”图片素材导入【项目】窗口中。

步骤 3：视频和图片素材的画面效果如图 5.35 所示。

步骤 4：将【项目】窗口中的“小镇.jpg”图片拖到【制作晚霞效果】窗口中。

视频播放：“创建新合成和导入素材”的详细介绍，请观看“创建新合成和导入素材.wmv”。

【参考视频】　【参考视频】

图 5.35

2. 添加“曲线”特效

步骤 1：在【时间线】窗口中单选 小镇.jpg 图层。

步骤 2：添加“曲线”特效。在菜单栏中单击 效果(T) → 色彩校正 → 曲线 命令，添加一个“曲线”特效，具体参数设置如图 5.36 所示。在【合成预览】窗口中的效果如图 5.37 所示。

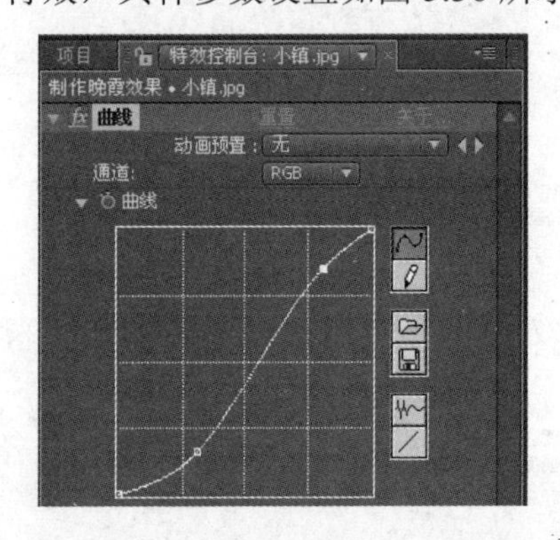

图 5.36

图 5.37

步骤 3：调节红色通道的曲线。具体调整的形状如图 5.38 所示。在【合成】窗口中的效果如图 5.39 所示。

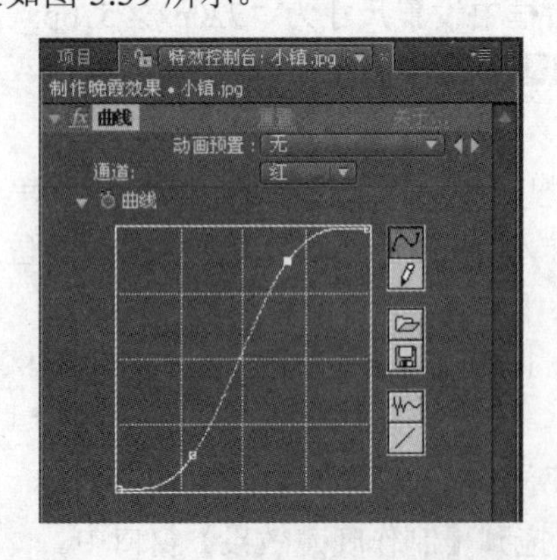

图 5.38

图 5.39

步骤 4：调节蓝色通道的曲线，具体调整的形状如图 5.40 所示。在【合成】窗口中的效果如图 5.41 所示。

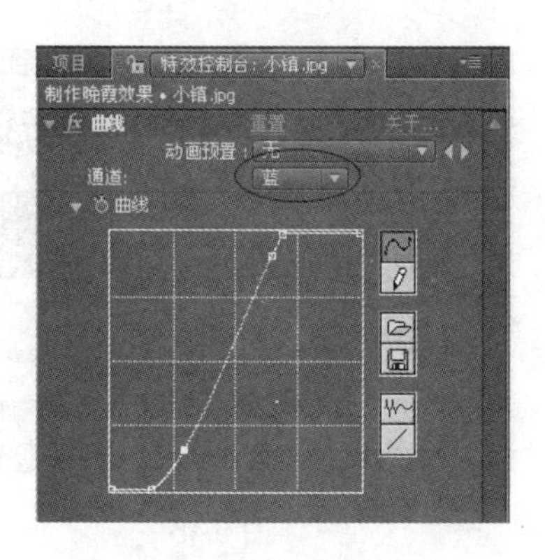

图 5.40

图 5.41

视频播放：“添加‘曲线’特效”的详细介绍，请观看“添加‘曲线’特效.wmv”。

3. 创建遮罩

步骤 1：将【项目】窗口中的“夕阳景色.avi”视频拖到【时间线】窗口中。

步骤 2：在工具栏中单选(矩形遮罩工具)，给 夕阳景色01.avi 图层绘制遮罩，如图 5.42 所示。遮罩的具体参数设置如图 5.43 所示。

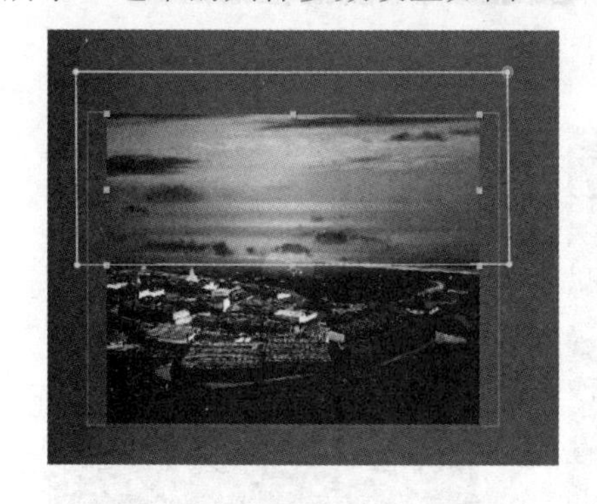

图 5.42

图 5.43

视频播放：“创建遮罩”的详细介绍，请观看“创建遮罩.wmv”。

4. 创建调节图层并添加特效

步骤 1：在【时间线】窗口中单击右键，弹出快捷菜单。在弹出的快捷菜单中单击 新建 → 调节层(A) 命令，创建一个调节层，如图 5.44 所示。

步骤 2：添加“CC 扫光”特效。在菜单栏中单击 效果(T) → 生成 → CC 光线扫射 命令，具体参数设置如图 5.45 所示。在【合成预览】窗口中的最终效果如图 5.46 所示。

步骤 3：在工具栏中单击(钢笔工具)，在【合成预览】窗口中绘制如图 5.47 所示的遮罩。

步骤 4：设置遮罩的参数，具体设置如图 5.48 所示。在【合成预览】窗口中的最终效果如图 5.49 所示。

【参考视频】

【参考视频】

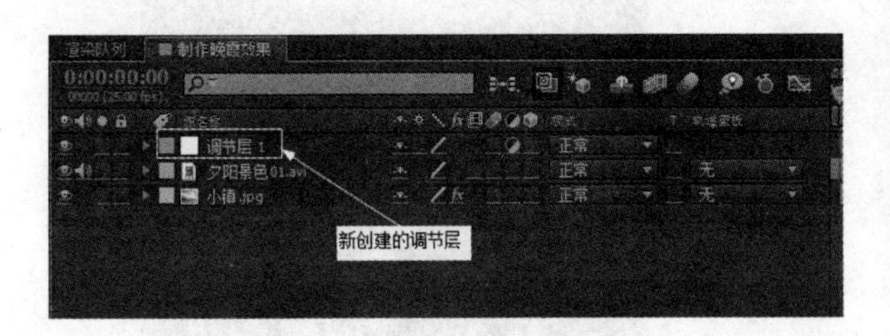

图 5.44

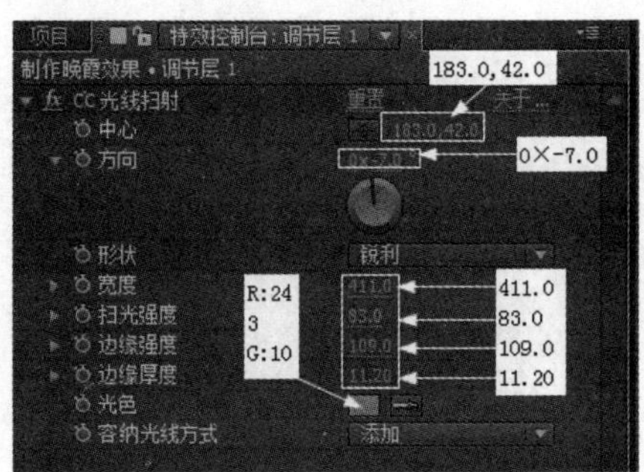

图 5.45

图 5.46

图 5.47

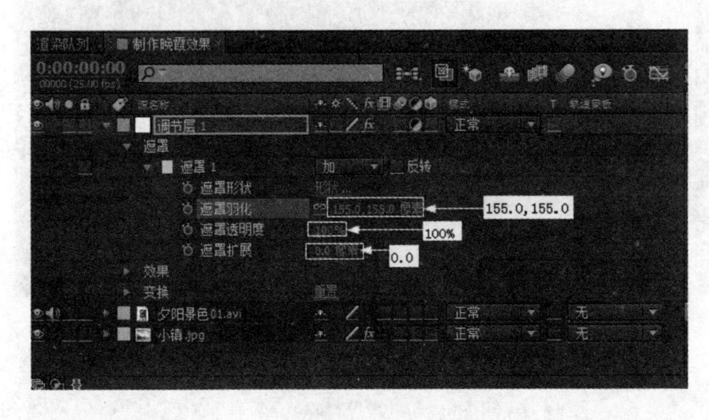

图 5.48

图 5.49

视频播放：“创建调节图层并添加特效”的详细介绍，请观看“创建调节图层并添加特效.wmv”。

5. 添加调节图层和【色阶】特效

步骤 1：在【时间线】窗口中单击右键，弹出快捷菜单。在弹出的快捷菜单中单击新建→调节层(A)命令，创建一个调节层，如图 5.50 所示。

步骤 2：添加“色阶”特效。在菜单栏中单击效果(T)→色彩校正→色阶命令，即可添加一个“色阶”特效，具体参数设置如图 5.51 所示。在【合成预览】窗口中的效果如图 5.52 所示。

【参考视频】

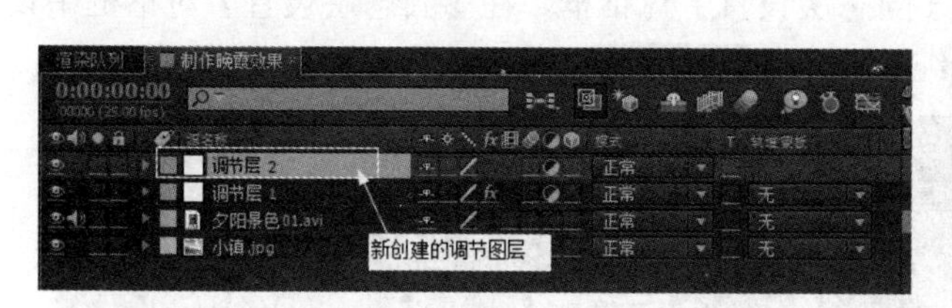

图 5.50

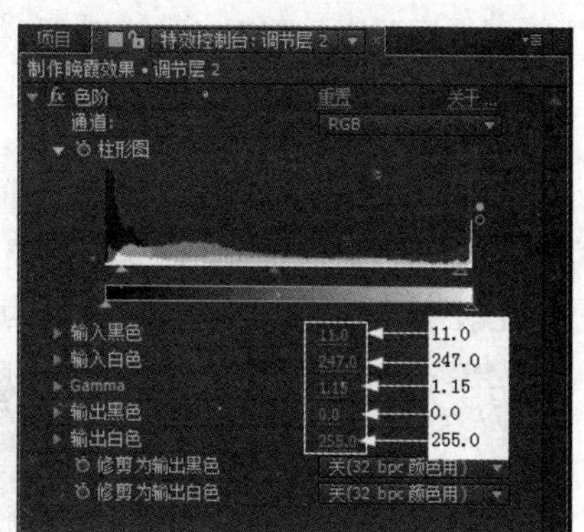

图 5.51

视频播放："添加调节图层和'色阶'特效"的详细介绍，请观看"添加调节图层和'色阶'特效.wmv"。

6. 创建调节图层并添加"CC 突发光 2.5"特效

步骤 1：在【时间线】窗口中单击右键，弹出快捷菜单。在弹出的快捷菜单中单击新建→调节层(A)命令，创建一个调节层，如图 5.53 所示。

图 5.52

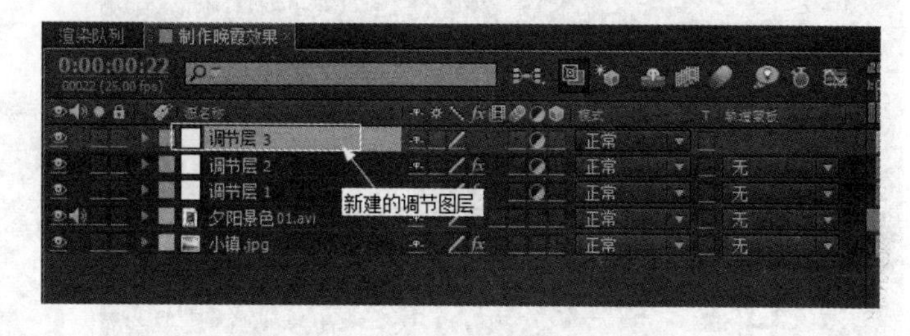

图 5.53

步骤 2：添加"CC 突发光 2.5"特效。在菜单栏中单击效果(T)→生成→CC 突发光 2.5命令，具体参数设置如图 5.54 所示。

步骤 3：设置调节层3图层的图层混合模式为"叠加"混合模式，如图 5.55 所示。

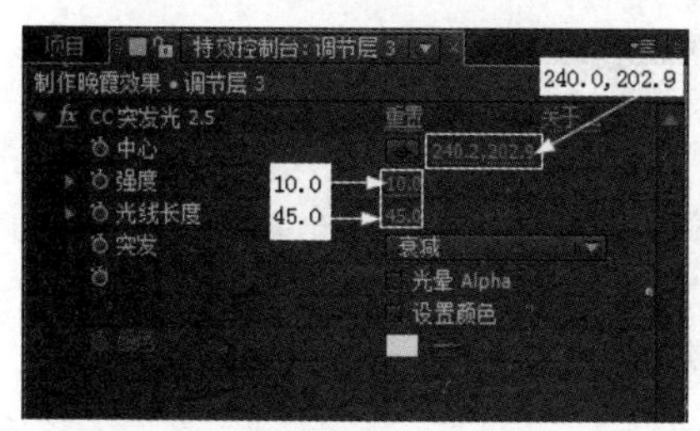

图 5.54

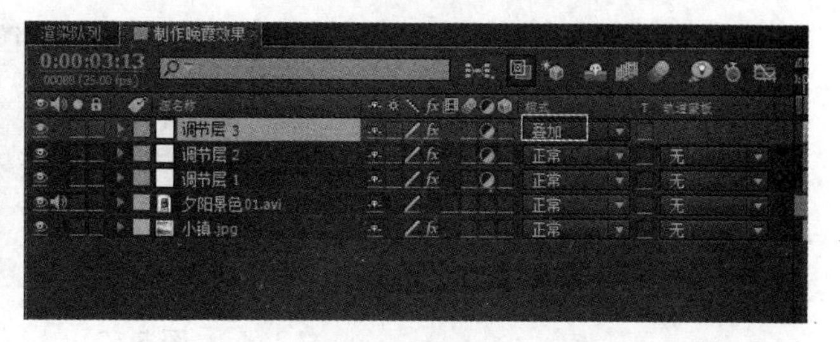

图 5.55

步骤 4：在【合成】窗口中的最终合成效果如图 5.56 所示。

视频播放："创建调节图层并添加'CC 突发光 2.5'特效"的详细介绍，请观看"创建

【参考视频】

【参考视频】

调节图层并添加‘CC 突发光 2.5’特效.wmv”。

7. 添加固态层并创建遮罩

步骤 1：创建固态层。在【时间线】窗口中单击右键，弹出快捷菜单。在弹出的快捷菜单中单击 新建 → 固态层(S)... 命令，弹出【固态层设置】对话框，在【固态层设置】对话框中设置固态层的名称为“遮罩”，颜色为纯黑，单击 确定 按钮完成固态层的创建(图 5.57)。

图 5.56

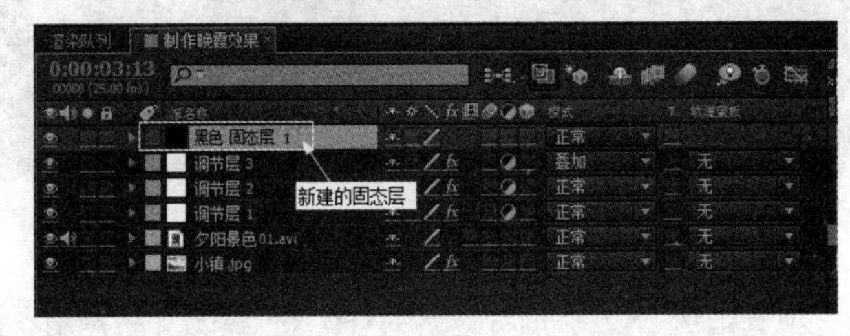

图 5.57

步骤 2：在工具栏中单选 (矩形遮罩工具)，给 黑色 固态层 1 图层绘制遮罩，遮罩的具体参数设置如图 5.58 所示。

步骤 3：在【合成预览】窗口中的遮罩如图 5.59 所示。

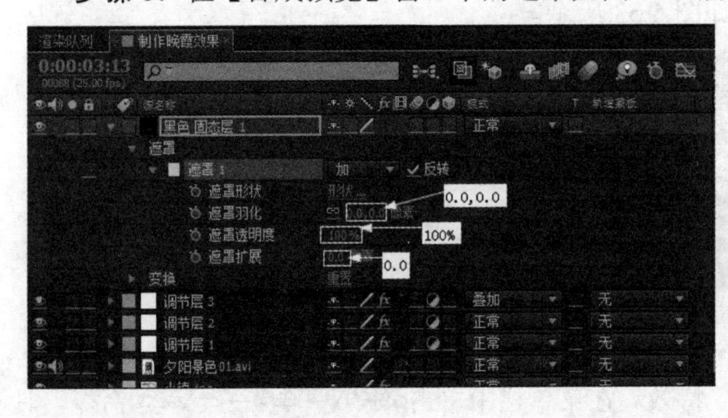

图 5.58

图 5.59

步骤 4：在【合成】窗口中的最终合成效果如图 5.60 所示。

图 5.60

视频播放：“添加固态层并创建遮罩”的详细介绍，请观看“添加固态层并创建遮罩.wmv”。

【参考视频】

四、案例小结

该案例主要讲解使用“色彩校正”特效组的多个特效对图像进行综合调色，要重点掌握添加“曲线”特效、添加调节图层、“色阶”特效和创建调节图层并添加“CC 突发光 2.5”特效。

五、举一反三

根据所学知识，制作如下效果。

案例 4　制作水墨山水画效果

一、效果预览

案例效果在本书提供的配套素材中的“第 5 章 色彩校正与调色/案例效果/案例 4.flv”文件中，可通过预览效果对本案例有一个大致的了解。本案例主要介绍使用 After Effects CS6 自带特效的组合来制作水墨山水画效果。

二、本案例画面及制作步骤(流程)分析

案例部分画面效果如下：

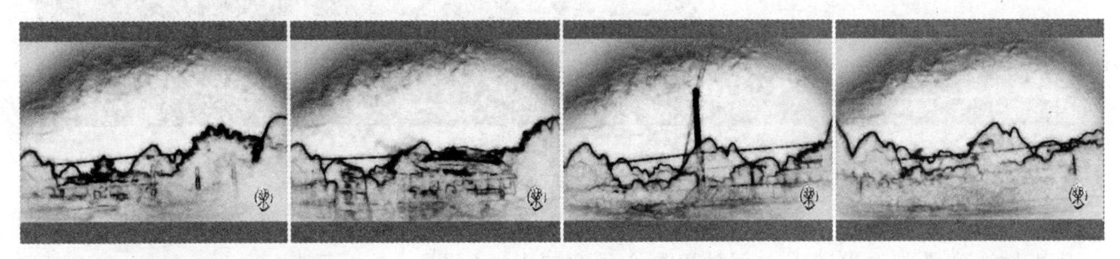

案例制作的大致步骤：

①创建新合成和导入素材→②给图层添加特效→③制作浸墨效果→④图层混合模式设置→⑤设置遮罩。

三、详细操作步骤

案例引入：

(1) 制作水墨山水画效果的原理是什么？

【参考视频】

【参考视频】

(2) 设置图层混合模式有什么作用？

(3)“紊乱置换”特效的主要作用是什么？

(4)“快速模糊”特效的主要作用是什么？

在本案例中主要讲解使用 After Effects CS6 自带特效的组合来完成水墨山水画的制作方法。在影视制作中水墨效果较为常见，在二维软件制作中主要通过取色和多层叠加来完成。具体制作方法如下。

1. 创建新合成和导入素材

1) 创建新合成

步骤 1：启动 After Effects CS6 应用软件。

步骤 2：创建新合成。在菜单栏中单击图像合成(C)→新建合成组(C)...命令(按 Ctrl+N 组合键)，弹出【图像合成设置】对话框，在【图像合成设置】对话框中设置尺寸为“720px×576px”，持续时间为“10 秒”，命名为“制作水墨山水画效果”。单击确定按钮完成合成创建。

2) 导入素材

步骤 1：在【项目】窗口的空白处单击右键，弹出快捷菜单，在弹出的快捷菜单中单击导入(I)→文件...命令，弹出【导入文件】对话框，在【导入文件】对话框中选择“宣纸 1.jpg”“桂林山水.mpg”和“印章.psd”图片素材。

步骤 2：单击打开(O)按钮，即可将“宣纸 1.jpg”“桂林山水.mpg”和“印章.psd”图片素材导入【项目】窗口中。

步骤 3：视频和图片素材的画面效果如图 5.61 所示。

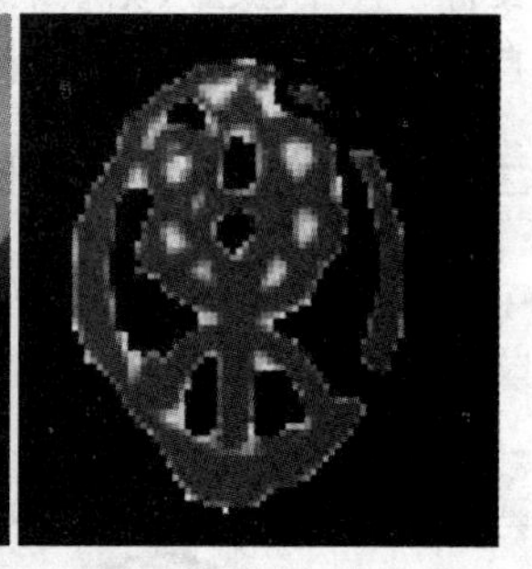

图 5.61

步骤 4：将【项目】窗口中的“宣纸 1.jpg”“桂林山水.avi”和“图层 0/印章.psd”图片素材拖到【制作水墨山水画效果】合成窗口中，如图 5.62 所示。

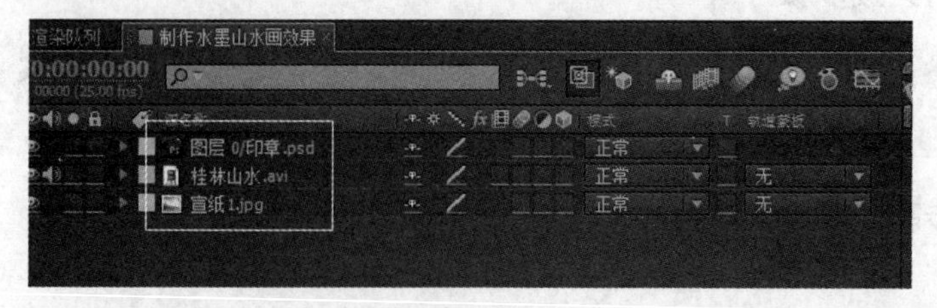

图 5.62

视频播放：“创建新合成和导入素材”的详细介绍，请观看“创建新合成和导入素材.wmv”。

2. 给图层添加特效

步骤 1：给图片画面做去色处理。单选 桂林山水.avi 图层。在菜单栏中单击效果(T)→色彩校正→色相位/饱和度命令，“色相位/饱和度”特效的具体参数设置如图 5.63 所示。在【合成】窗口中的效果如图 5.64 所示。

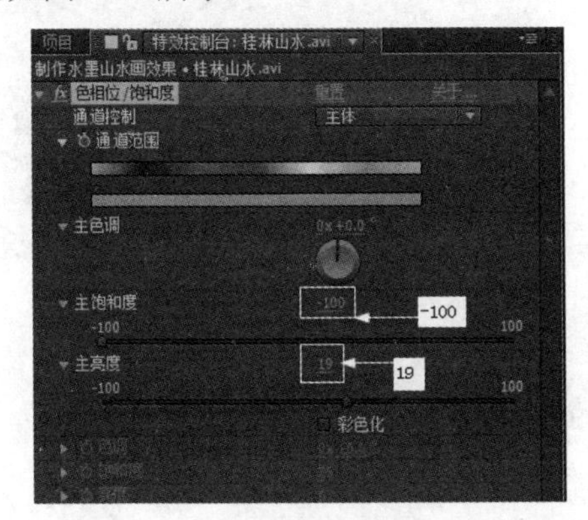

图 5.63

图 5.64

步骤 2：制作水墨笔触效果。在菜单栏中单击效果(T)→风格化→查找边缘命令，“查找边缘”特效的具体参数设置如图 5.65 所示。在【合成预览】窗口中的效果如图 5.66 所示。

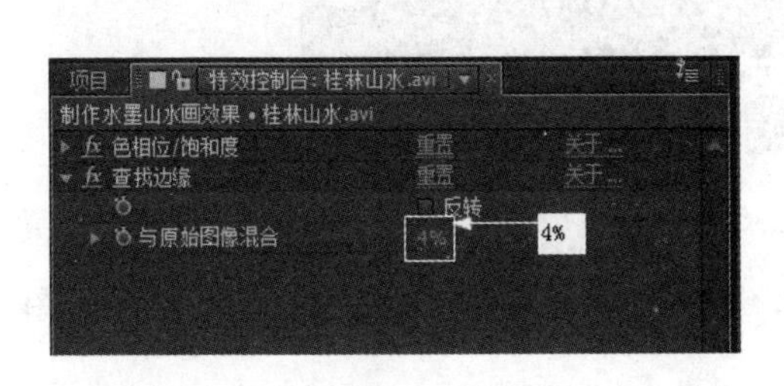

图 5.65

图 5.66

步骤 3：给细节添加模糊效果。在菜单栏中单击效果(T)→噪波与颗粒→中值命令，“中值”特效的具体参数设置如图 5.67 所示。在【合成】窗口中的效果如图 5.68 所示。

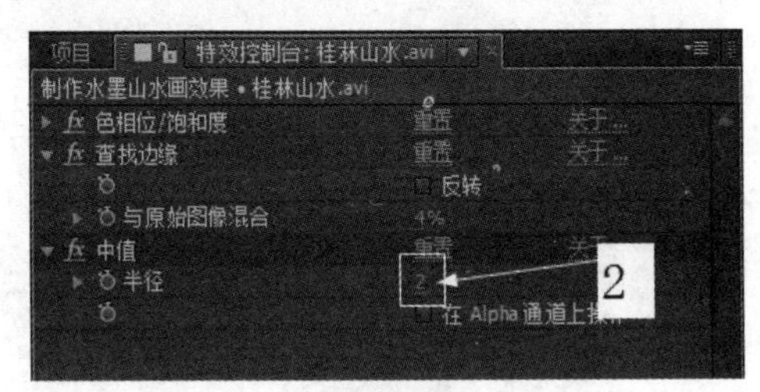

图 5.67

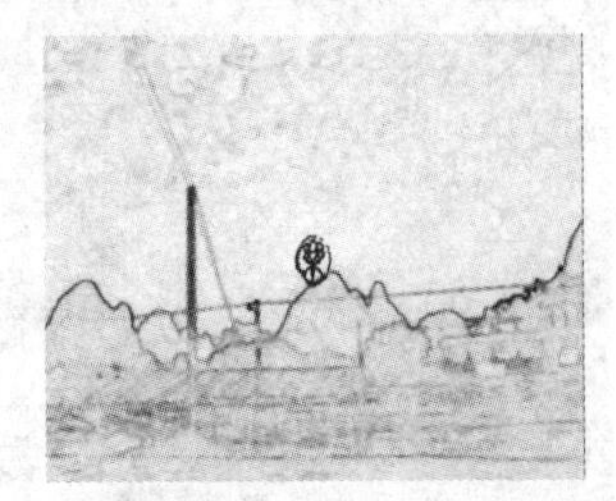

图 5.68

【参考视频】

步骤4：增加画面的对比度。在菜单栏中单击效果(T)→色彩校正→曲线命令，“曲线”特效的具体调整如图5.69所示。在【合成】窗口中的效果如图5.70所示。

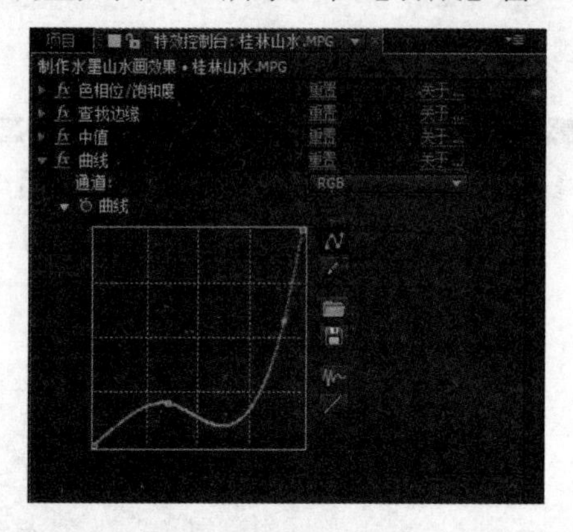

图5.69

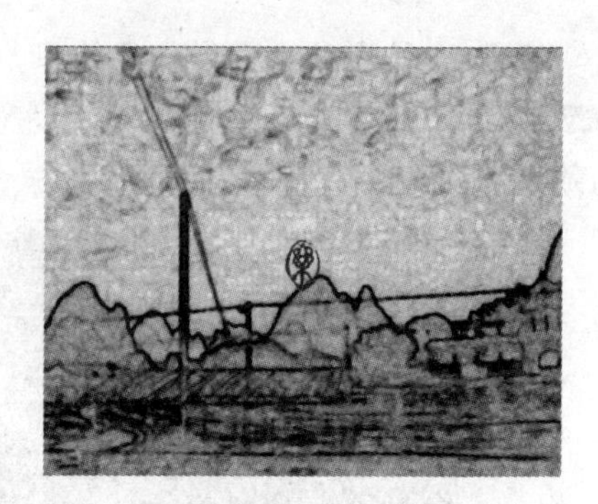

图5.70

视频播放：“给图层添加特效”的详细介绍，请观看“给图层添加特效.wmv”。

3. 制作浸墨效果

步骤1：复制图层。选中桂林山水.MPG图层，按Ctrl+D组合键复制图层，并命名为“桂林山水浸墨”，如图5.71所示。

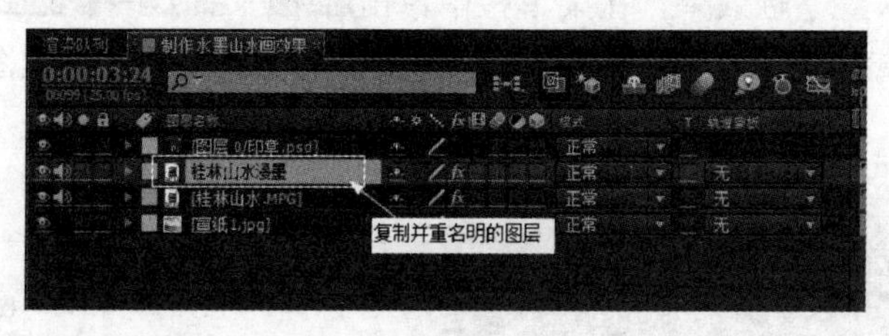

图5.71

步骤2：选中桂林山水浸墨图层。调整曲线，具体形状如图5.72所示。最终效果如图5.73所示。

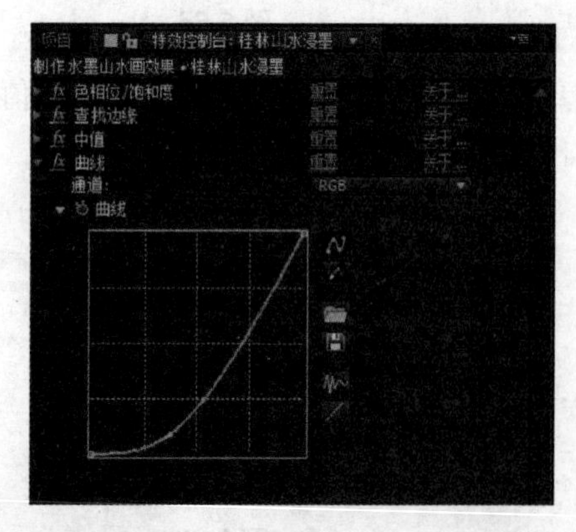

图5.72

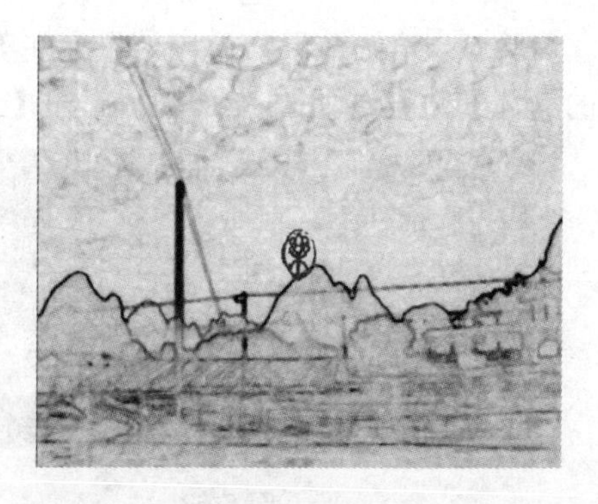

图5.73

【参考视频】

步骤3：给细节添加模糊效果。在菜单栏中单击效果(T)→模糊与锐化→快速模糊命令，“快速模糊”特效的具体参数设置如图5.74所示。在【合成】窗口中的效果如图5.75所示。

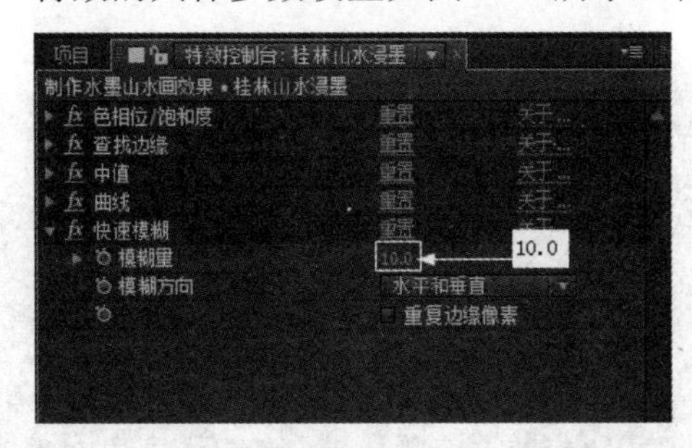

图5.74

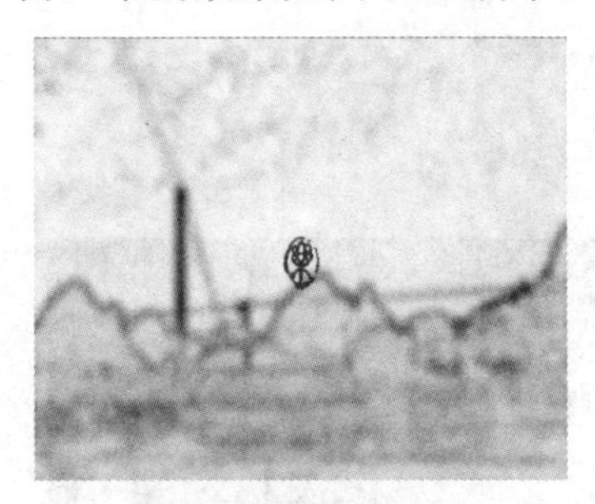

图5.75

步骤4：制作不规则的渗透吸墨效果。在菜单栏中单击效果(T)→扭曲→紊乱置换命令，“紊乱置换”特效的具体参数设置如图5.76所示。在【合成】窗口中的效果如图5.77所示。

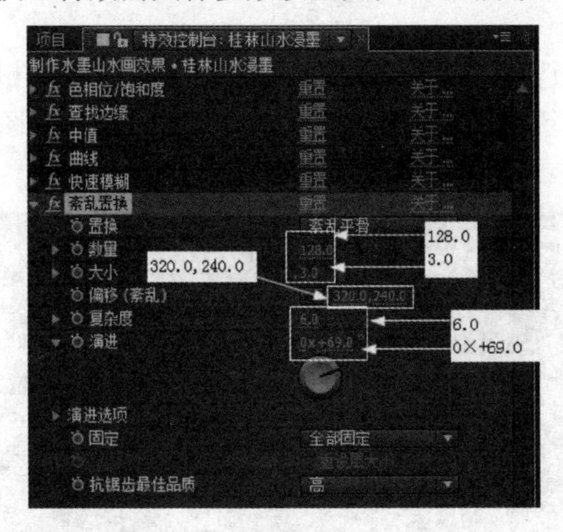

图5.76

图5.77

视频播放：“制作浸墨效果”的详细介绍，请观看“制作浸墨效果.wmv”。

4. 图层混合模式设置

步骤1：设置[桂林山水.MPG]和桂林山水浸墨图层的混合模式，如图5.78所示。在【合成预览】窗口中的效果如图5.79所示。

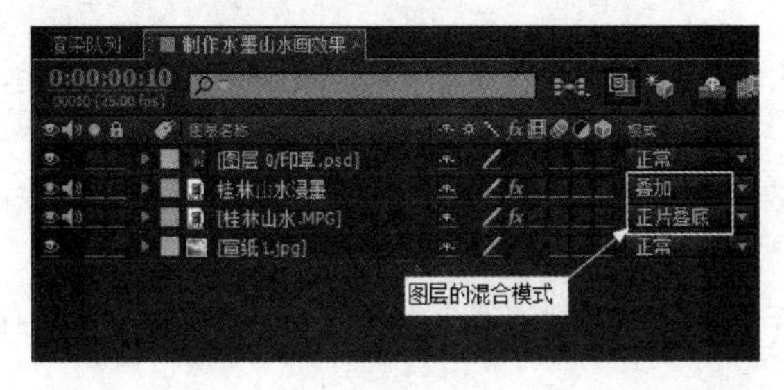

图5.78

图5.79

【参考视频】

步骤 2：给桂林山水浸墨图层绘制遮罩。选中桂林山水浸墨图层，在工具栏中单击(钢笔工具)，在【合成】窗口中绘制如图 5.80 所示的闭合遮罩，遮罩的具体参数设置如图 5.81 所示。

图 5.80

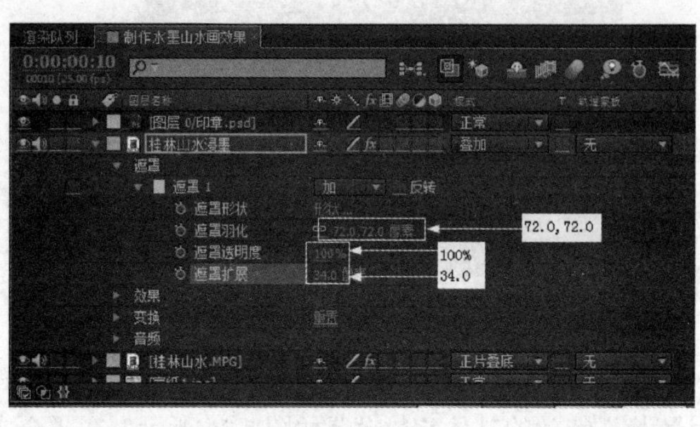

图 5.81

步骤 3：给[桂林山水.MPG]图层绘制遮罩。选中[桂林山水.MPG]图层，在工具栏中单击(钢笔工具)，在【合成】窗口中绘制如图 5.82 所示的闭合遮罩，遮罩的具体参数设置如图 5.83 所示。

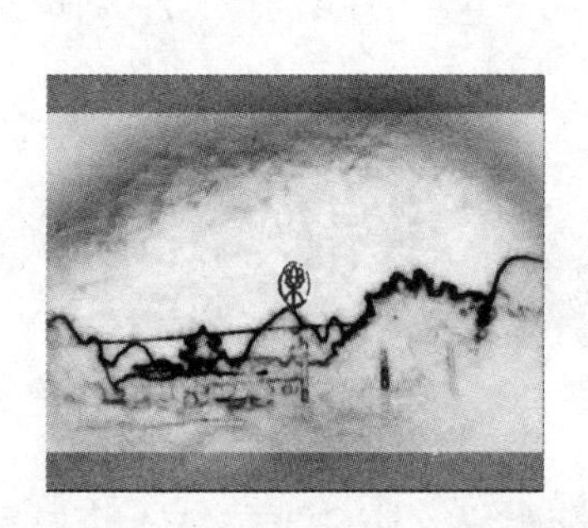

图 5.82

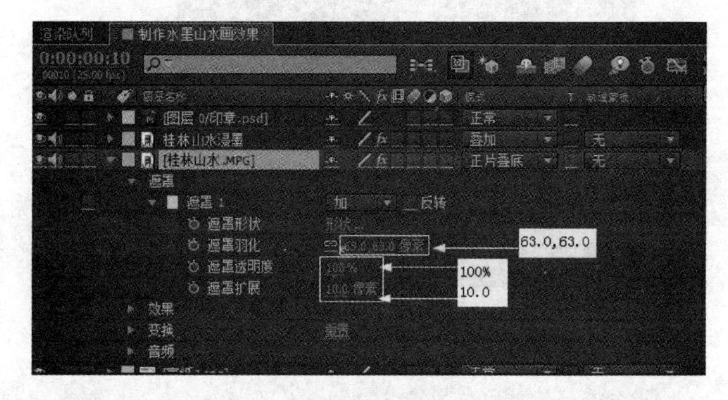

图 5.83

视频播放：“图层混合模式设置”的详细介绍，请观看“图层混合模式设置.wmv”。

5. 设置遮罩

步骤 1：将【项目】窗口中的“宣纸 1.jpg”图片拖到【制作水墨山水画效果】窗口中并调节参数，具体参数设置如图 5.84 所示。在【合成预览】窗口中效果如图 5.85 所示。

步骤 2：在工具栏中单击(矩形遮罩工具)，在【合成】窗口中绘制如图 5.86 所示的遮罩。

步骤 3：设置[图层 印章.psd]图层的混合模式为“强烈混合”并在【合成预览】窗口中调整好位置，最终合成效果如图 5.87 所示。

【参考视频】

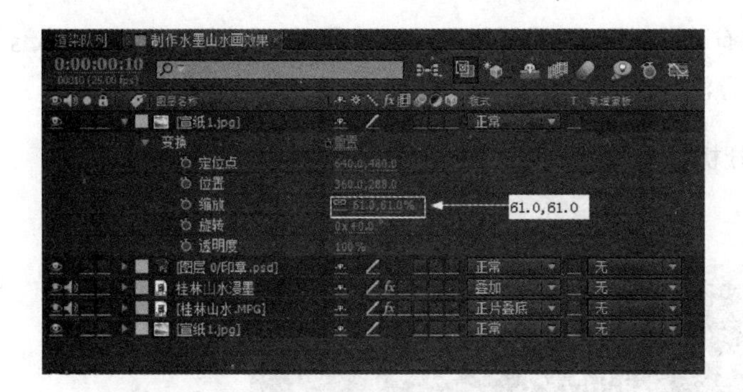

图 5.84

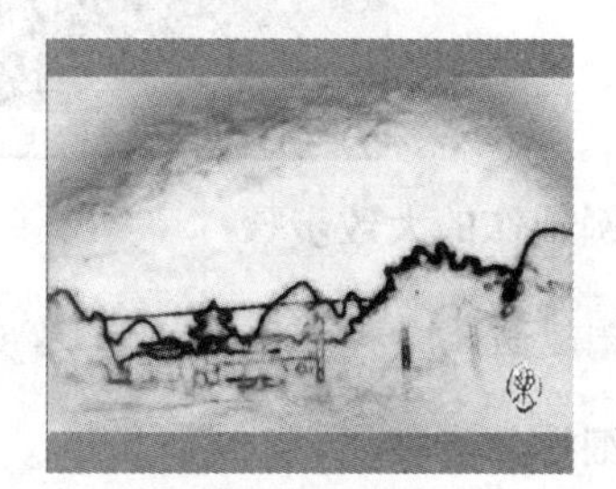

图 5.85

图 5.86

图 5.87

视频播放：“设置遮罩”的详细介绍，请观看“设置遮罩.wmv”。

四、案例小结

该案例主要讲解使用 After Effects CS6 自带特效的组合来制作水墨山水画效果，要重点掌握给图层添加特效和制作浸墨效果。

五、举一反三

根据提供的素材，制作如下效果。

案例 5　给美女化妆

一、效果预览

案例效果在本书提供的配套素材中的“第 5 章 色彩校正与调色/案例效果/案例 5.flv”

【参考视频】

【参考视频】

文件中，可通过预览效果对本案例有一个大致的了解。本案例主要介绍使用 After Effects CS6 自带特效的组合来处理皮肤的方法和技巧。

二、本案例画面及制作步骤(流程)分析

案例部分画面效果如下：

案例制作的大致步骤：

①创建新合成和导入素材→②创建选区→③美白处理→④对皮肤进行光滑处理。

三、详细操作步骤

案例引入：

(1) 怎样创建选取？
(2) 美白处理的原理是什么？
(3)“曲线”特效的作用是什么？
(4)“移除颗粒”特效的主要作用是什么？

对于一个影视后期制作人员来说，对人物肤色的处理是经常碰到的事情。通过该案例的学习，使用户掌握制作柔滑白嫩的皮肤效果的方法和技巧。具体操作步骤如下。

1. 创建新合成和导入素材

1) 创建新合成

步骤 1：启动 After Effects CS6 应用软件。

步骤 2：创建新合成。在菜单栏中单击图像合成(C)→新建合成组(C)...命令(按 Ctrl+N 组合键)，弹出【图像合成设置】对话框，在【图像合成设置】对话框中设置尺寸为“720px×576px”，持续时间为“6 秒”，命名为“给美女化妆”。单击确定按钮完成合成创建。

2) 导入素材

步骤 1：在【项目】窗口的空白处单击右键，弹出快捷菜单，在弹出的快捷菜单中单击导入(I)→文件...命令，弹出【导入文件】对话框，在【导入文件】对话框中选择“武则天.jpg”图片素材。

步骤 2：单击打开(O)按钮，即可将“武则天.jpg”图片导入【项目】窗口中。图片效果如图 5.88 所示。

视频播放：“创建新合成和导入素材”的详细介绍，请观看“创建新合成和导入素材.wmv”。

【参考视频】

【参考视频】

2. 创建选区

步骤1：将【项目】窗口中的“武则天.jpg”图片拖到【给美女化妆】合成窗口中。

步骤2：单击【合成预览】窗口下方的■(显示通道及色彩管理设置)图标。弹出下拉菜单，如图5.89所示。

图5.88

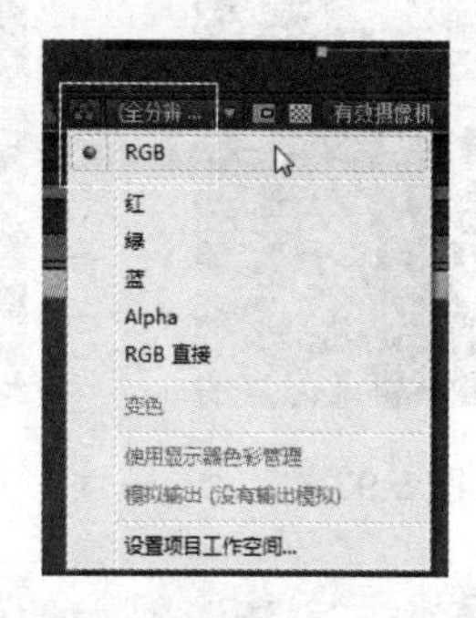

图5.89

步骤3：在弹出的下拉菜单中选择不同的通道，所得到的画面效果如图5.90所示。

图5.90

步骤4：从图5.90可以看出，红色通道是最干净的一个通道，在这里可以使用红色通道来创建选区。

步骤5：复制图层。单选■武则天.jpg图层，按Ctrl+D组合键复制一个图层并重命名为“武则天遮罩”，如图5.91所示。

步骤6：将蓝色通道和绿色通道转换为红色通道。在菜单栏中单击效果(T)→通道→转换通道命令，【转换通道】特效的具体参数设置如图5.92所示。在【合成预览】窗口中的效果如图5.93所示。

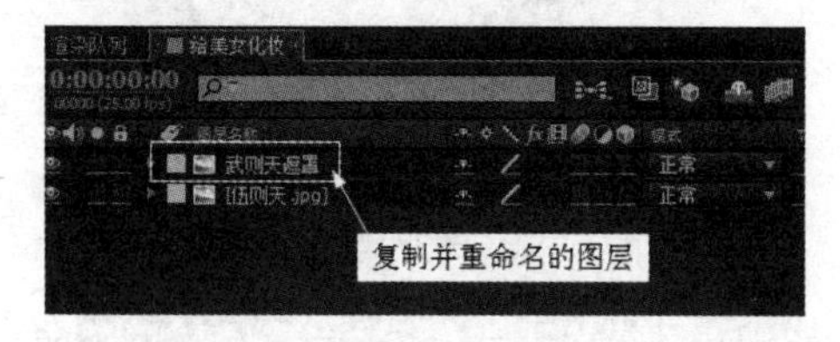

图5.91

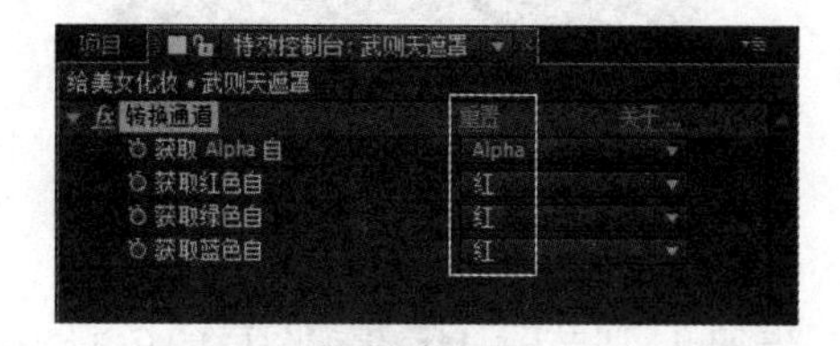

图5.92

步骤 7：调整画面亮度。在菜单栏中单击效果(T)→色彩校正→曲线命令，“曲线”特效的曲线具体调整如图 5.94 所示。在【合成预览】窗口中的效果如图 5.95 所示。

图 5.93

图 5.94

图 5.95

视频播放：“创建选区”的详细介绍，请观看“创建选区.wmv”。

3. 美白处理

步骤 1：创建调节图层。在【给美女化妆】窗口的空白处单击鼠标右键，弹出快捷菜单，在弹出的快捷菜单中单击新建→调节层(A)命令即可创建一个调节层，重命名为“美白调节”并调节该图层的顺序，如图 5.96 所示。

步骤 2：设置美白调节图层蒙版方式为亮度蒙板“武则天遮罩.jpg”模式，如图 5.97 所示。

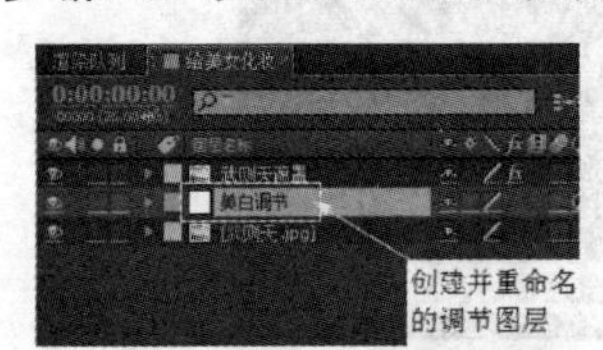

图 5.96

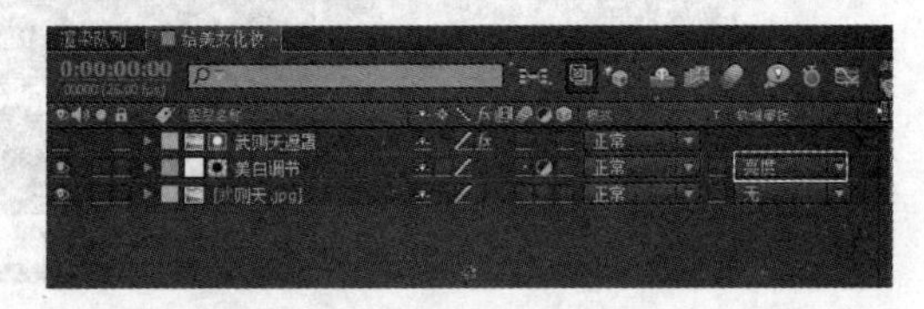

图 5.97

步骤 3：调节美白调节图层的亮度。在菜单栏中单击效果(T)→色彩校正→曲线命令，“曲线”特效的曲线具体调节如图 5.98 所示。在【合成预览】窗口中的效果如图 5.99 所示。

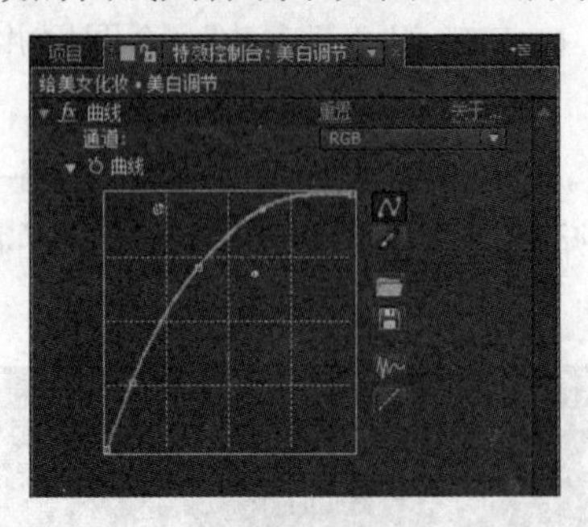

图 5.98

图 5.99

步骤 4：调节美白调节图层的色彩。在菜单栏中单击效果(T)→色彩校正→色相位/饱和度命令，“色相位/饱和度”特效的具体参数设置如图 5.100 所示。

【参考视频】

步骤 5：设置红色通道参数。具体参数设置如图 5.101 所示。在【合成预览】窗口中的效果如图 5.102 所示。

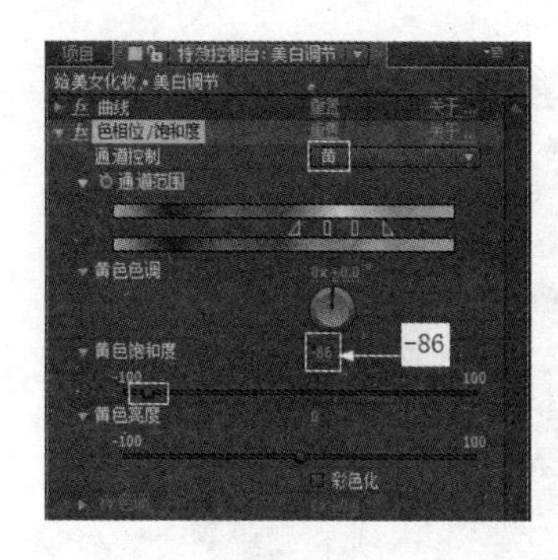

图 5.100

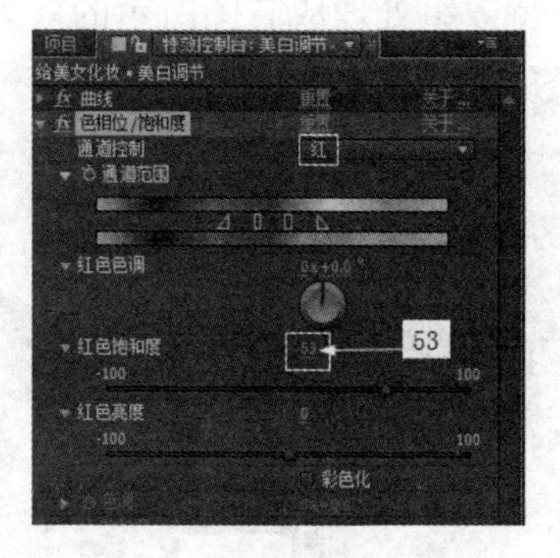

图 5.101

图 5.102

视频播放：“美白处理”的详细介绍，请观看“美白处理.wmv”。

4. 对皮肤进行光滑处理

步骤 1：单选 美白调节 图层。

步骤 2：在菜单栏中单击 效果(T) → 噪波与颗粒 → 移除颗粒 命令，“移除颗粒”特效的具体参数设置如图 5.103 所示。在【合成】窗口中的效果如图 5.104 所示。

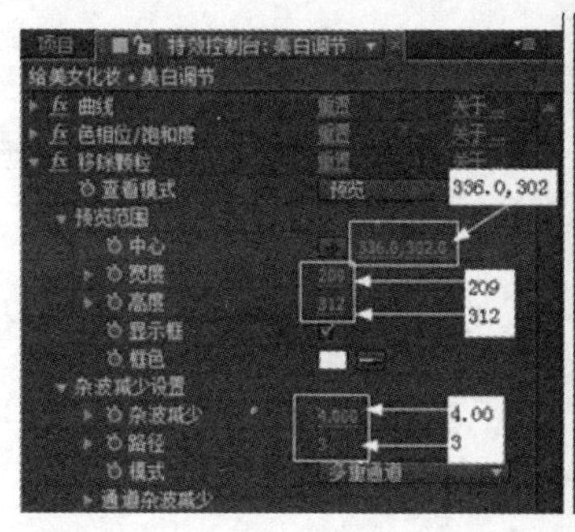

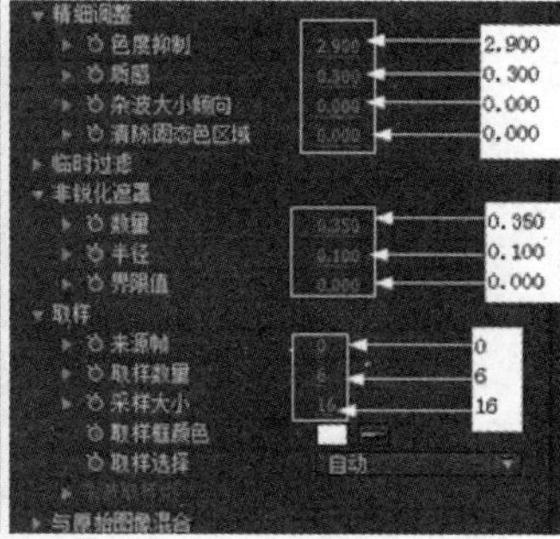

图 5.103

图 5.104

“移除颗粒”特效的主要参数介绍。

(1) 噪波减少设置：主要用来控制去除颗粒的程度。

(2) 精细调整：主要对去除颗粒后画面的细节进行调整。

(3) 非锐化遮罩：主要对最终画面效果进行清晰化处理。

视频播放：“对皮肤进行光滑处理”的详细介绍，请观看“对皮肤进行光滑处理.wmv”。

四、案例小结

该案例主要讲解使用 After Effects CS6 自带特效的组合来处理皮肤的方法和技巧，要重点掌握创建选区和美白处理。

【参考视频】

【参考视频】

五、举一反三

打开左图所示的图片，使用特效组处理成右图所示的效果。

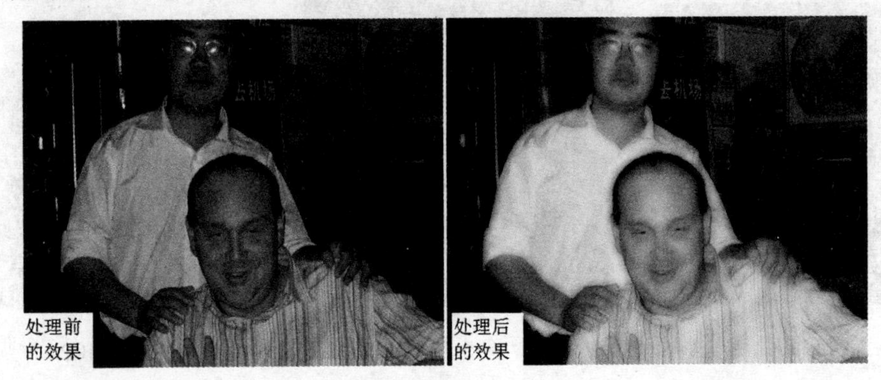

【参考视频】

第6章

抠像技术

技 能 点

案例1：蓝频抠像技术
案例2：亮度抠像技术
案例3：半透明抠像技术
案例4：毛发抠像技术
案例5：替换背景

说 明

本章主要通过5个案例全面讲解抠像技术的原理和使用技巧。

【参考视频】

在本章中主要通过 5 个案例全面介绍键控组(抠像特效组)的使用方法和技巧。在 After Effects 中有多个键控特效，这些键控特效有其自身的特点和用途。用户通过本章的学习，在以后的后期合成中可以根据合成素材的特点选择最合适的键控特效。

案例 1　蓝频抠像技术

一、效果预览

案例效果在本书提供的配套素材中的“第 6 章 抠像技术/案例效果/案例 1.flv”文件中。通过预览效果对本案例有一个大致的了解。本案例主要介绍蓝频抠像技术。

二、本案例画面及制作步骤(流程)分析

案例部分画面效果如下：

案例制作的大致步骤：

①创建合成和导入素材→②使用键控特效进行抠像→③调整抠像图层画面的色阶和亮度对比度→④创建遮罩效果。

三、详细操作步骤

案例引入：

(1) 什么是抠像？

(2) 蓝频抠像的原理是什么？

(3) “蒙版抑制” 特效的作用是什么？

蓝频抠像技术与绿频抠像技术的原理和方法基本相同，即在纯蓝色或纯绿色的背景下拍摄素材，然后使用键控特效将其蓝色背景或绿色背景去除，在这里要提醒用户的是，拍摄对象尽量不要包含有蓝色或绿色。东方国家在对演员进行拍摄时一般使用蓝色背景，而西方国家在对演员进行拍摄时一般使用绿色背景，因为西方国家的演员眼睛是蓝色的。

1. 创建合成和导入素材

1) 创建合成

步骤 1：启动 After Effects CS6 应用软件。

【参考视频】

步骤 2：创建新合成。在菜单栏中单击图像合成(C)→新建合成组(C)...命令，弹出【图像合成设置】对话框，在【图像合成设置】对话框中设置尺寸为“720px×576px”，持续时间为“6秒”，命名为“蓝频抠像”。单击确定按钮完成合成创建。

2) 导入素材

步骤 1：在【项目】窗口的空白处单击右键，弹出快捷菜单，在弹出的快捷菜单中单击导入→文件...命令，弹出【导入文件】对话框，在【导入文件】对话框中单选“小菲.JPG”和“草地 5.jpg”图片素材。

步骤 2：单击打开(O)按钮，即可将“小菲.JPG”和“草地 5.jpg”图片素材导入【项目】窗口中，如图 6.1 所示。

步骤 3：将【项目】窗口中的“小菲.JPG”和“草地 5.jpg”图片素材拖到【蓝频抠像】合成窗口中，如图 6.2 所示。

图 6.1

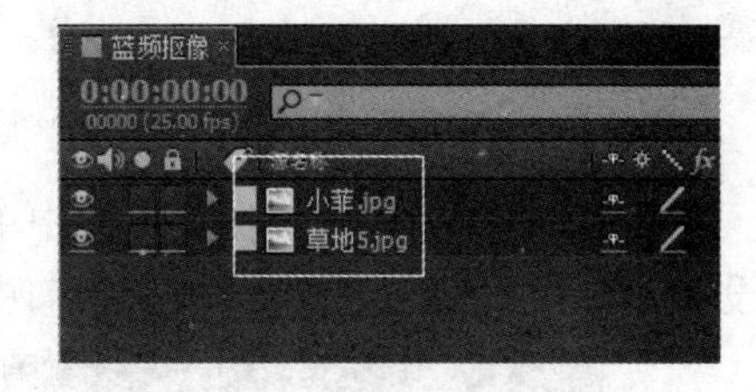

图 6.2

视频播放：“创建合成和导入素材”的详细介绍，请观看“创建合成和导入素材.wmv”。

2. 使用键控特效进行抠像

步骤 1：选择图层。在【蓝频抠像】合成窗口中单击小菲.jpg图层即可选中该图层。

步骤 2：添加键控特效。在菜单栏中单击效果(T)→键控→Keylight (1.2)命令，完成键控特效的添加，如图 6.3 所示。

步骤 3：在【特效控制面板】中单击图标，在【合成】窗口中的蓝色画面上单击，即可将蓝色背景去除，如图 6.4 所示。

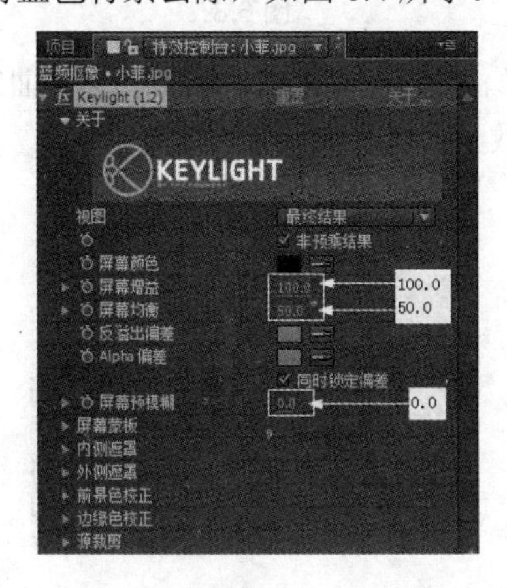

图 6.3

图 6.4

【参考视频】

步骤 4：对抠像之后的图层边缘进行柔和处理。在菜单栏中单击效果(T)→蒙板→蒙板抑制命令，“蒙版抑制”特效的具体参数设置如图 6.5 所示。在【合成】窗口中的效果如图 6.6 所示。

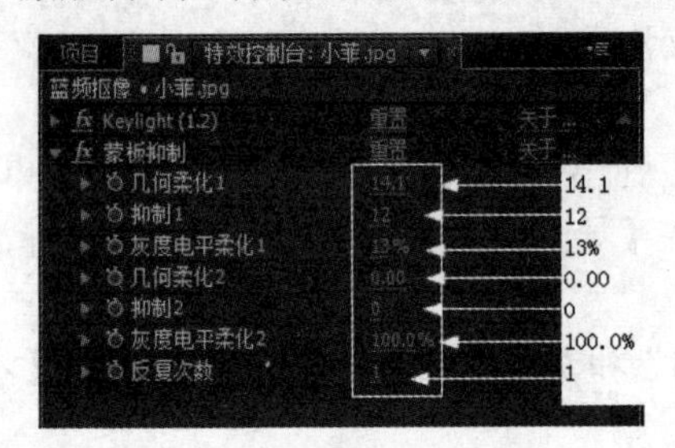

图 6.5

图 6.6

视频播放：“使用键控特效进行抠像”的详细介绍，请观看“使用键控特效进行抠像.wmv”。

3. 调整抠像图层画面的色阶和亮度对比度

步骤 1：调整色阶。在菜单栏中单击效果(T)→色彩校正→色阶命令，“色阶”特效的具体参数设置如图 6.7 所示。在【合成】窗口中的效果如图 6.8 所示。

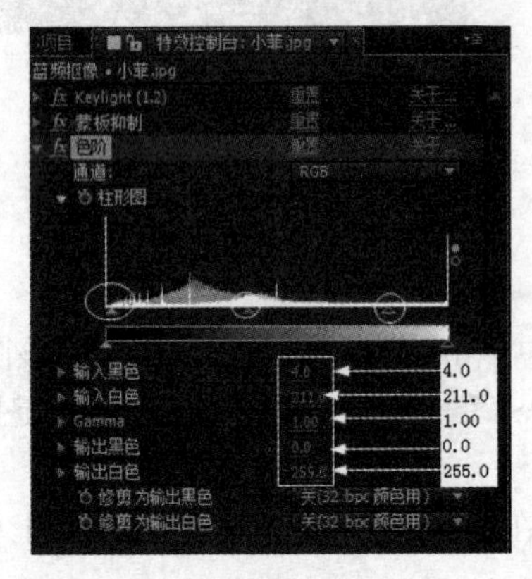

图 6.7

图 6.8

步骤 2：调整画面的亮度对比度。在菜单栏中单击效果(T)→色彩校正→曲线命令，“曲线”特效的曲线调整如图 6.9 所示。在【合成】窗口中的效果如图 6.10 所示。

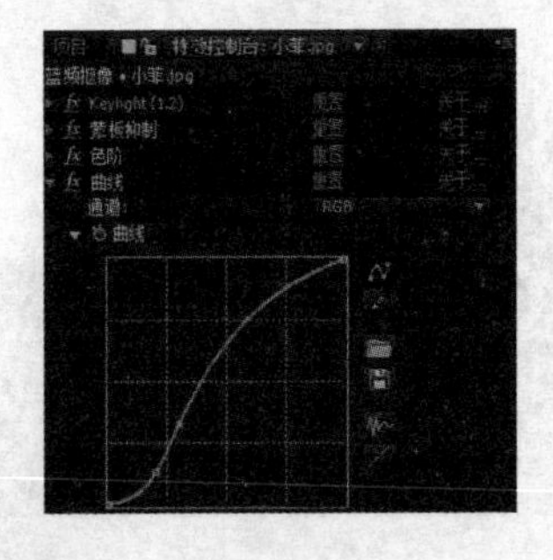

图 6.9

图 6.10

【参考视频】

视频播放：“调整抠像图层画面的色阶和亮度对比度”的详细介绍，请观看“调整抠像图层画面的色阶和亮度对比度.wmv”。

4. 创建遮罩效果

步骤 1：创建固态层。在【时间线】窗口的空白处单击右键，弹出快捷菜单。在弹出的快捷菜单中单击 新建 → 固态层(S)... 命令，弹出【固态层设置】对话框，具体设置如图 6.11 所示。单击 确定 按钮即可创建一个固态层，如图 6.12 所示。

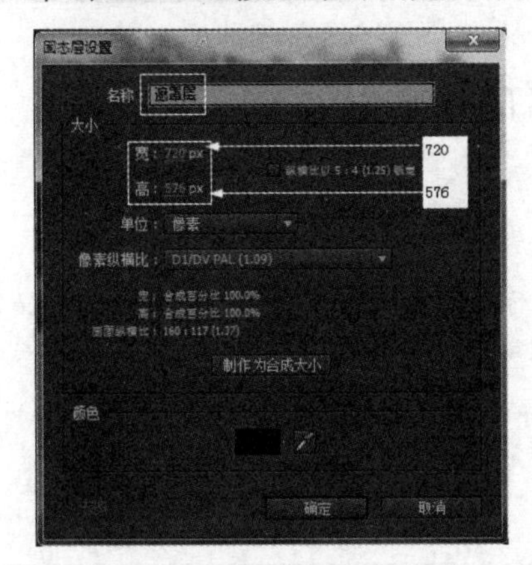

图 6.11

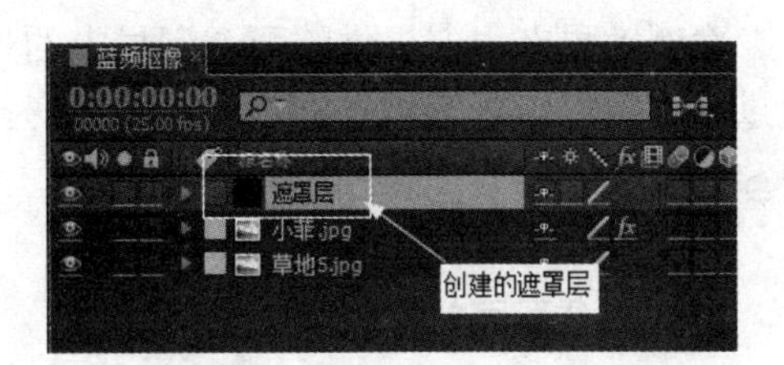

图 6.12

步骤 2：在工具栏中单击(矩形遮罩工具)，在【合成】窗口中绘制遮罩，遮罩的具体参数设置如图 6.13 所示。在【合成】窗口中的效果如图 6.14 所示。

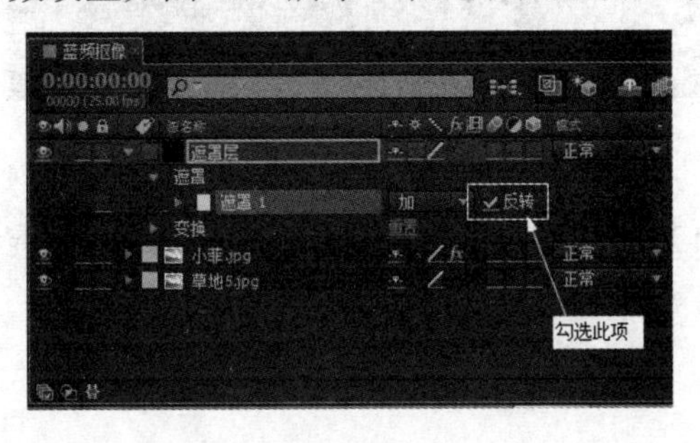

图 6.13

图 6.14

视频播放：“创建遮罩效果”的详细介绍，请观看“创建遮罩效果.wmv”。

四、案例小结

本案例主要介绍蓝频抠像技术，要求掌握使用键控特效进行抠像和调整抠像图层画面的色阶及亮度对比度。

五、举一反三

根据前面所学知识，使用左边两张图片合成右边所示的效果。

【参考视频】

【参考视频】

【参考视频】

案例2　亮度抠像技术

一、效果预览

案例效果在本书提供的配套素材中的“第6章 抠像技术/案例效果/案例2.flv”文件中。通过预览效果对本案例有一个大致的了解。本案例主要介绍亮度抠像技术。

二、本案例画面及制作步骤(流程)分析

案例部分画面效果如下：

案例制作的大致步骤：

①创建合成和导入素材→②调整“书法13.jpg”图层的亮度和对比度→③使用键控特效进行抠像→④创建遮罩效果。

三、详细操作步骤

案例引入：

(1) 亮度抠像的原理是什么？

(2)“亮度键”特效的作用是什么？

(3) 怎样提高素材画面的对比度？

亮度抠像的原理是根据图像明暗对比进行抠像，主要对明暗差别比较明显的素材进行抠像，下面通过该案例来学习亮度抠像的一般操作步骤和技巧。

1. 创建合成和导入素材

1) 创建合成

步骤1：启动After Effects CS6应用软件。

【参考视频】

步骤 2：创建新合成。在菜单栏中单击图像合成(C)→新建合成组(C)...命令，弹出【图像合成设置】对话框，在【图像合成设置】对话框中设置尺寸为“720px×576px”，持续时间为“10秒”，命名为“亮度抠像”。单击确定按钮完成合成创建。

2) 导入素材

步骤 1：在【项目】窗口的空白处单击右键，弹出快捷菜单，在弹出的快捷菜单中单击导入→文件...命令，弹出【导入文件】对话框，在【导入文件】对话框中单选“漓江.avi”和“书法 13.jpg”图片素材。

步骤 2：单击打开(O)按钮，即可将“漓江.avi”和“书法 13.jpg”素材导入【项目】窗口中，如图 6.15 所示。

步骤 3：将【项目】窗口中的“漓江.avi”和“书法 13.jpg”图片素材拖到【亮度抠像】合成窗口中，如图 6.16 所示。

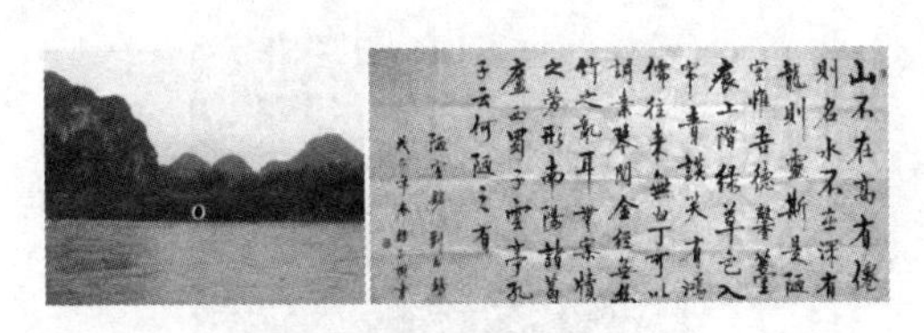

图 6.15

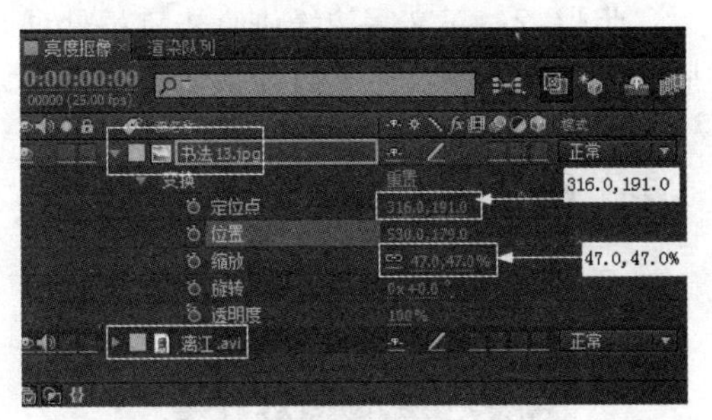

图 6.16

视频播放：“创建合成和导入素材”的详细介绍，请观看“创建合成和导入素材.wmv”。

2. 调整“书法 13.jpg”图层的亮度和对比度

步骤 1：选择图层。在【时间线】窗口中单选书法13.jpg图层。

步骤 2：调整图层的亮度和对比度。在菜单栏中单击效果(T)→色彩校正→曲线命令，【曲线】特效的曲线调整如图 6.17 所示。在【合成】窗口中的效果如图 6.18 所示。

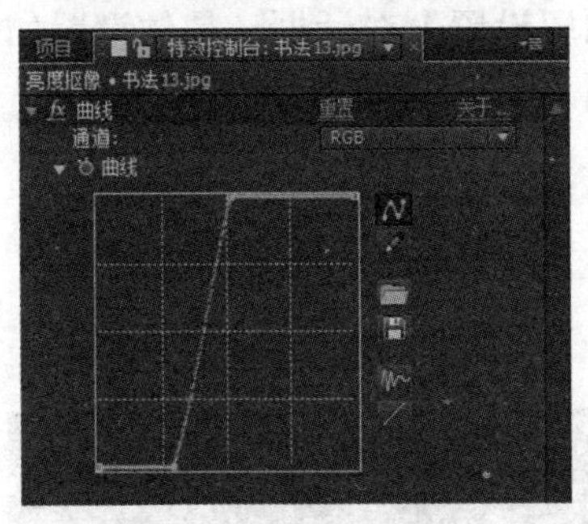

图 6.17

图 6.18

视频播放：“调整‘书法 13.jpg’图层的亮度对比度”的详细介绍，请观看“调整‘书法 13.jpg’图层的亮度对比度.wmv”。

【参考视频】　【参考视频】

3. 使用键控特效进行抠像

步骤 1：抠像。在菜单栏中单击效果(T)→键控→亮度键命令，“亮度键”特效参数的具体设置如图 6.19 所示。在【合成】窗口中的效果如图 6.20 所示。

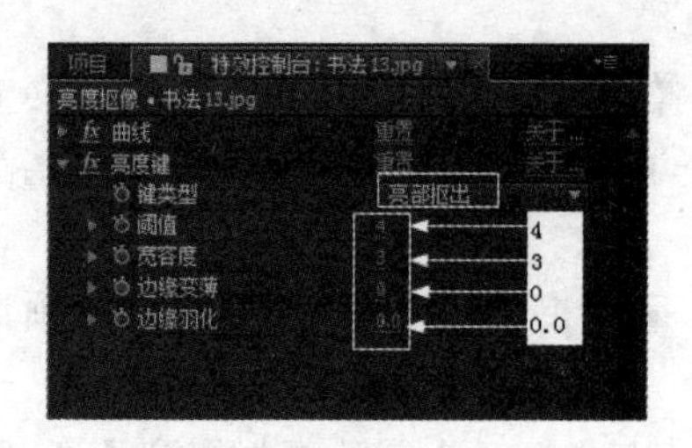

图 6.19

图 6.20

步骤 2：对文字边缘进行去锯齿处理。在菜单栏中单击效果(T)→蒙板→蒙板抑制命令，“蒙版抑制”特效的具体参数设置如图 6.21 所示。在【合成】窗口中的效果如图 6.22 所示。

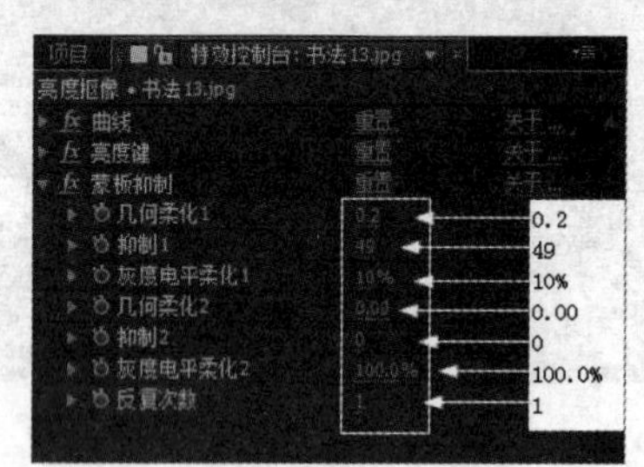

图 6.21

图 6.22

视频播放：“使用键控特效进行抠像”的详细介绍，请观看“使用键控特效进行抠像.wmv”。

4. 创建遮罩效果

步骤 1：创建固态层。在【时间线】窗口的空白处单击右键，弹出快捷菜单。在弹出的快捷菜单中单击新建→固态层(S)...命令，弹出【固态层设置】对话框，具体设置如图 6.23 所示，单击确定按钮即可创建一个固态层，如图 6.24 所示。

图 6.23

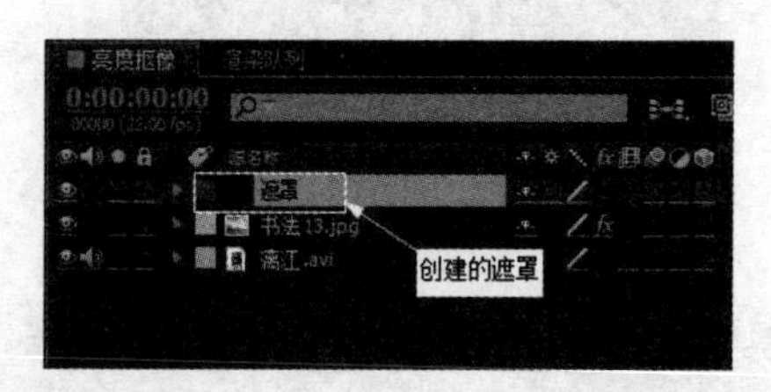

图 6.24

【参考视频】

步骤 2：在工具栏中单击■(矩形遮罩工具)，在【合成】窗口中绘制遮罩，遮罩的具体参数设置如图 6.25 所示。在【合成】窗口中的效果如图 6.26 所示。

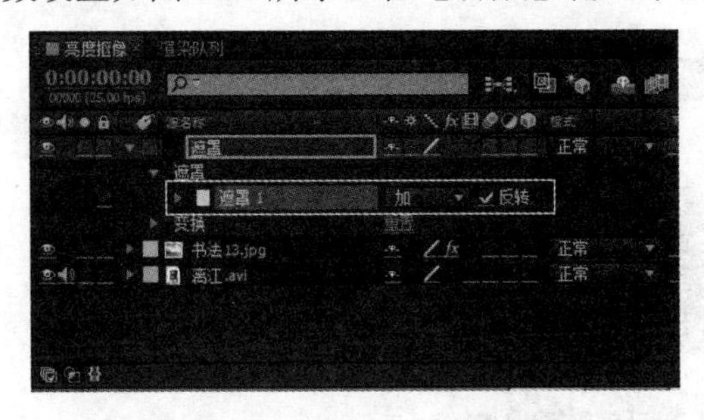

图 6.25

图 6.26

视频播放：“创建遮罩效果”的详细介绍，请观看“创建遮罩效果.wmv”。

四、案例小结

本案例主要介绍亮度抠像技术，要求掌握调整“书法 13.jpg”图层的亮度和对比度，以及使用键控特效进行抠像。

五、举一反三

根据所学知识，制作如下效果。

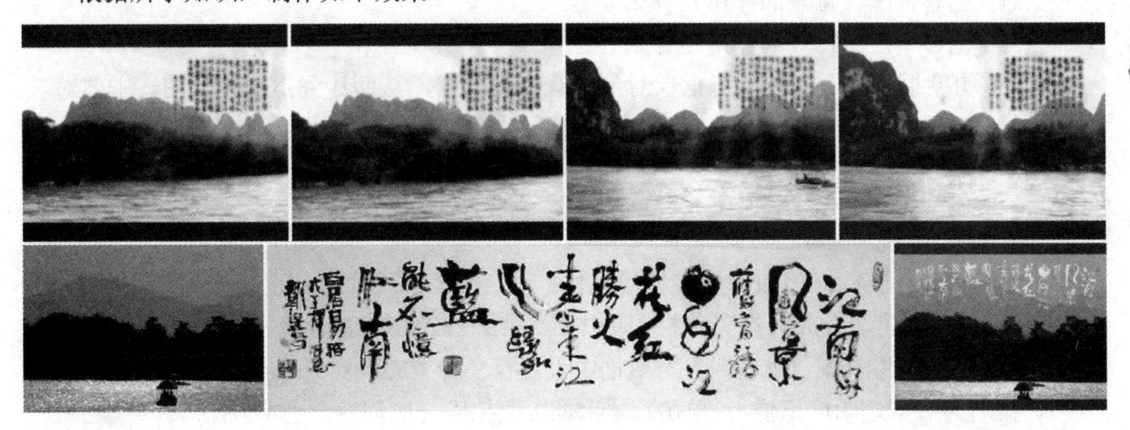

案例 3　半透明度抠像技术

一、效果预览

案例效果在本书提供的配套素材中的“第 6 章 抠像技术/案例效果/案例 3.flv”文件中。通过预览效果对本案例有一个大致的了解。本案例主要介绍半透明度抠像技术的方法及技巧。

【参考视频】　【参考视频】

二、本案例画面及制作步骤(流程)分析

案例部分画面效果如下：

案例制作的大致步骤：

①创建合成和导入素材→②对“明星.jpg”进行抠像→③对“明星.jpg”进行调色→④创建遮罩效果。

三、详细操作步骤

案例引入：

(1) 半透明度抠像的原理是什么？

(2)“色彩范围”特效的作用是什么？

(3)“色彩平衡”特效的作用是什么？

半透明度抠像的原理主要对抠像对象进行多次取样，从而达到抠像的目的。主要对玻璃、薄衣服之类的半透明对象进行抠像。具体操作步骤如下。

1. 创建合成和导入素材

1) 创建合成

步骤1：启动After Effects CS6应用软件。

步骤2：创建新合成。在菜单栏中单击图像合成(C)→新建合成组(C)...命令，弹出【图像合成设置】对话框，在【图像合成设置】对话框中设置尺寸为“720px×576px”，持续时间为“6秒”，命名为“半透明度抠像”。单击确定按钮完成合成创建。

2) 导入素材

步骤1：在【项目】窗口的空白处单击右键，弹出快捷菜单，在弹出的快捷菜单中单击导入→文件...命令，弹出【导入文件】对话框，在【导入文件】对话框中单选“明星.jpg”和“西湖.jpg”素材。

步骤2：单击打开(O)按钮，即可将“明星.jpg”和“西湖.jpg”素材导入【项目】窗口中，如图6.27所示。

步骤3：将【项目】窗口中的“明星.jpg”和“西湖.jpg”素材拖到【半透明度抠像】合成窗口中，如图6.28所示。

【参考视频】

图 6.27

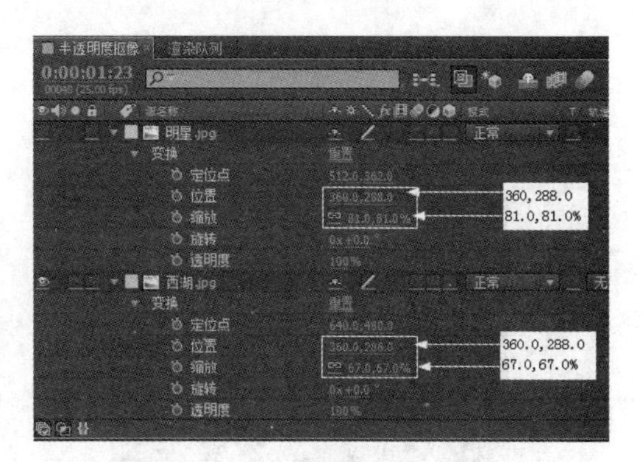

图 6.28

视频播放：“创建合成和导入素材”的详细介绍，请观看“创建合成和导入素材.wmv”。

2. 对“明星.jpg”进行抠像

步骤 1：选择图层。在【半透明度抠像】窗口中单选 明星.jpg 图层。

步骤 2：抠像。在菜单栏中单击 效果(T) → 键控 → 色彩范围 命令，“色彩范围”特效参数如图 6.29 所示。

步骤 3：单击【色彩范围】特效面板中的图标，在【合成预览】窗口中单击需要的颜色，如图 6.30 所示。

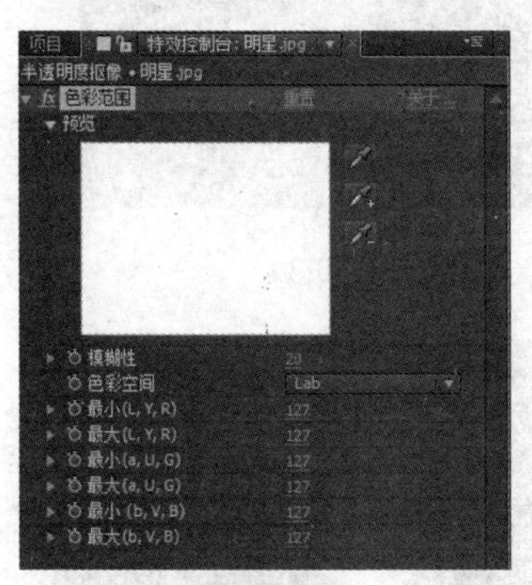

图 6.29

图 6.30

步骤 4：单击之后，【合成预览】窗口中的效果如图 6.31 所示。【色彩范围】特效面板如图 6.32 所示。

步骤 5：单击【色彩范围】特效面板中的图标，在【色彩范围】特效面板中需要去除的地方单击，如图 6.33 所示。在【合成】窗口中的效果如图 6.34 所示。

步骤 6：方法同第 5 步骤。使用图标在【色彩范围】特效面板中不需要的地方单击，直到满意为此。在【合成预览】窗口中的效果如图 6.35 所示。

步骤 7：“色彩范围”特效参数设置如图 6.36 所示。

【参考视频】

图 6.31

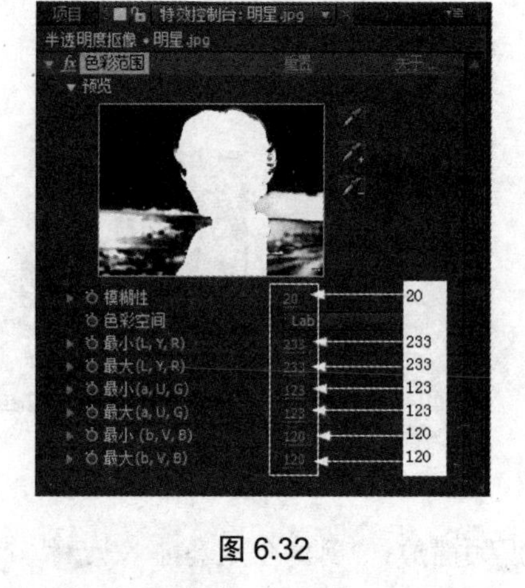

图 6.32

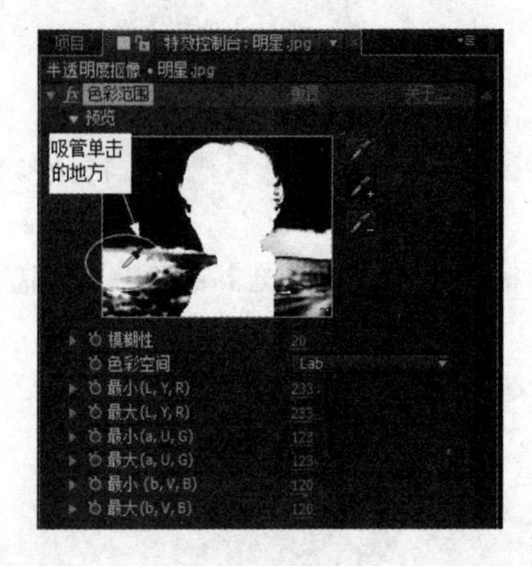

图 6.33

图 6.34

图 6.35

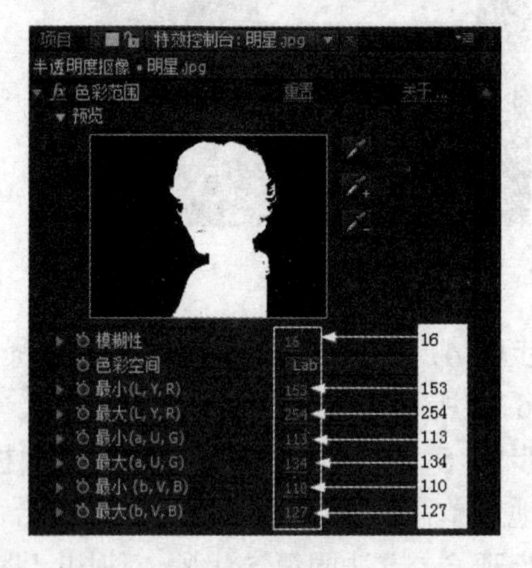

图 6.36

步骤 8：抑制色彩溢出。在菜单栏中单击效果(T)→蒙板→蒙板抑制命令，“蒙板抑制”特效的具体参数设置如图 6.37 所示。在【合成】窗口中的效果如图 6.38 所示。

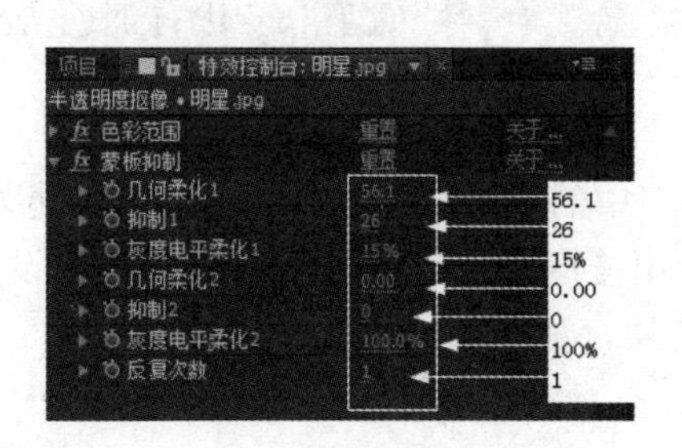

图 6.37

图 6.38

视频播放：“对‘明星.jpg’进行抠像”的详细介绍，请观看“对‘明星.jpg’进行抠像.wmv”。

3. 对“明星.jpg”进行调色

步骤 1：选择图层。在【半透明度抠像】窗口中单选明星.jpg图层。

步骤 2：调整色阶。在菜单栏中单击效果(T)→色彩校正→色阶命令，“色阶”特效的具体参数设置如图 6.39 所示。在【合成预览】窗口中的效果如图 6.40 所示。

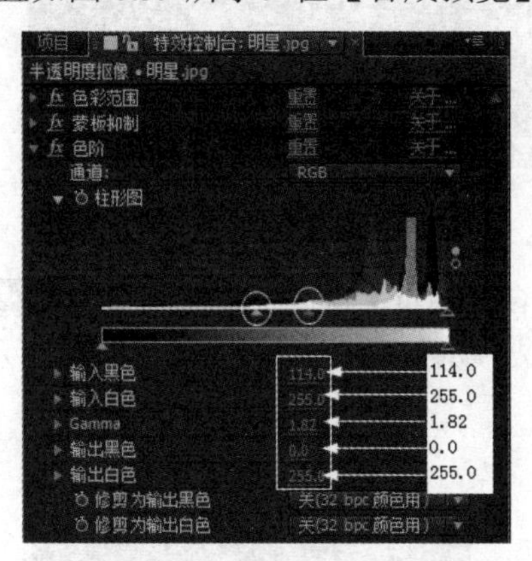

图 6.39

图 6.40

步骤 3：调整色阶。在菜单栏中单击效果(T)→色彩校正→色彩平衡命令，“色彩平衡”特效的具体参数设置如图 6.41 所示。在【合成预览】窗口中的效果如图 6.42 所示。

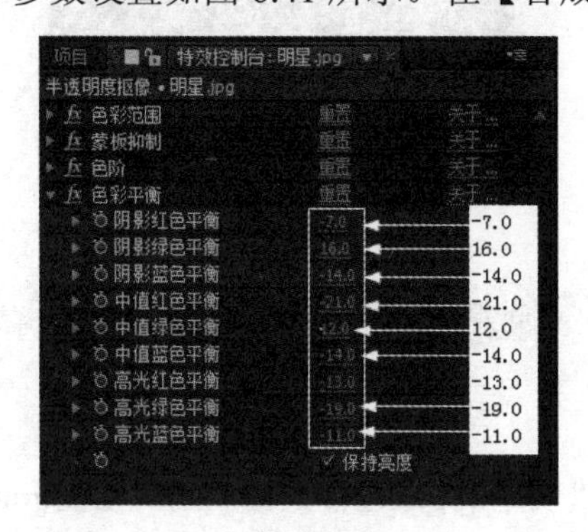

图 6.41

图 6.42

【参考视频】

视频播放：“对‘明星.jpg’进行调色”的详细介绍，请观看“对‘明星.jpg’进行调色.wmv”。

4. 创建遮罩效果

步骤 1：创建固态层。在【半透明度抠像】窗口中的空白处单击右键，弹出快捷菜单。在弹出的快捷菜单中单击 新建 → 固态层(S)... 命令，弹出【固态层设置】对话框，具体设置如图 6.43 所示，单击 确定 按钮即可创建一个固态层，如图 6.44 所示。

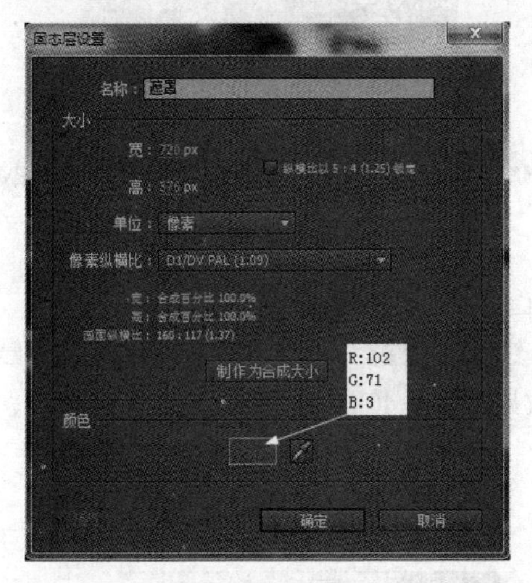

图 6.43

图 6.44

步骤 2：在工具栏中单击(矩形遮罩工具)，在【合成预览】窗口中绘制遮罩，[遮罩] 和 明星.jpg 图层的具体参数设置如图 6.45 所示。在【合成预览】窗口中的效果如图 6.46 所示。

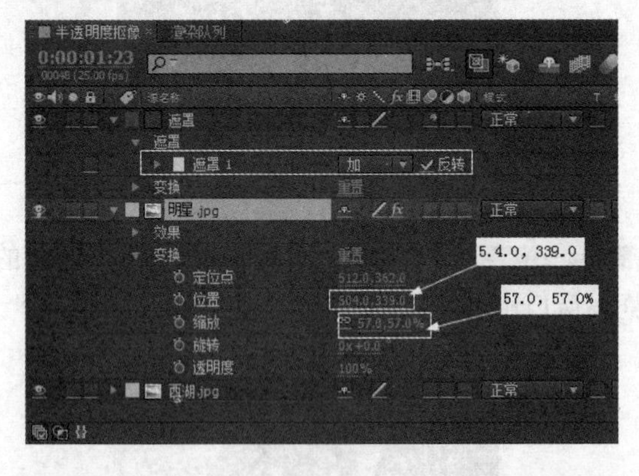

图 6.45

图 6.46

视频播放：“创建遮罩效果”的详细介绍，请观看“创建遮罩效果.wmv”。

四、案例小结

本案例主要介绍半透明度抠像技术，要求掌握对“明星.jpg”进行抠像和对“明星.jpg”进行调色。

【参考视频】

【参考视频】

【参考视频】

五、举一反三

根据前面所学知识，使用左边两张图片合成右边所示的效果。

案例 4　毛发抠像技术

一、效果预览

案例效果在本书提供的配套素材中的“第 6 章 抠像技术/案例效果/案例 4.flv”文件中。通过预览效果对本案例有一个大致的了解。本案例主要介绍毛发抠像技术的方法及技巧。

二、本案例画面及制作步骤(流程)分析

案例部分画面效果如下：

案例制作的大致步骤：

①创建合成和导入素材→②对“西方美女.jpg”图层进行抠像→③对抠像后的画面边缘进行处理→④创建遮罩、调整画面的亮度和对比度。

三、详细操作步骤

案例引入：

(1) 毛发抠像的原理是什么？
(2)“溢出抑制”特效的作用是什么？
(3)“内部/外部键”特效的作用是什么？

【参考视频】

(4) 调节层的作用和使用原理是什么？

对毛发进行抠像，是影视后期合成最难的工作，因为毛发本身容易残留背景色，既要去除残留的背景色，又要保留毛发的完整性，使用前面介绍的几种抠像技术是没法做到的。在本案例中，使用一些特殊抠像特效来完成毛发的抠像。具体操作步骤如下。

1. 创建合成和导入素材

1) 创建合成

步骤 1：启动 After Effects CS6 应用软件。

步骤 2：创建新合成。在菜单栏中单击图像合成(C)→新建合成组(C)...命令，弹出【图像合成设置】对话框，在【图像合成设置】对话框中设置尺寸为“720px×576px”，持续时间为“6 秒”，命名为“毛发抠像”。单击确定按钮完成合成创建。

2) 导入素材

步骤 1：在【项目】窗口的空白处单击右键，弹出快捷菜单，在弹出的快捷菜单中单击导入→文件...命令，弹出【导入文件】对话框，在【导入文件】对话框中单选“西方美女.jpg”和“西湖.jpg”素材。

步骤 2：单击打开(O)按钮，即可将“西方美女.jpg”和“西湖.jpg”素材导入【项目】窗口中，如图 6.47 所示。

步骤 3：将【项目】窗口中的“西方美女.jpg”和“西湖.jpg”素材拖到【毛发抠像】合成窗口中，如图 6.48 所示。

图 6.47

图 6.48

视频播放：“创建合成和导入素材”的详细介绍，请观看“创建合成和导入素材.wmv”。

2. 对“西方美女.jpg”图层进行抠像

步骤 1：选择图层。在【毛发抠像】窗口中单击西方美女.jpg图层。

步骤 2：抠像。在菜单栏中单击效果(T)→键控→颜色键命令，在【颜色键】特效面板中单击图标，再在【合成预览】窗口中需要去除的颜色处单击。“颜色键”特效参数的具体设置如图 6.49 所示。

步骤 3：【合成预览】窗口中的最终效果如图 6.50 所示。

视频播放：“对‘西方美女.jpg’图层进行抠像”的详细介绍，请观看“对‘西方美女.jpg’图层进行抠像.wmv”。

【参考视频】

【参考视频】

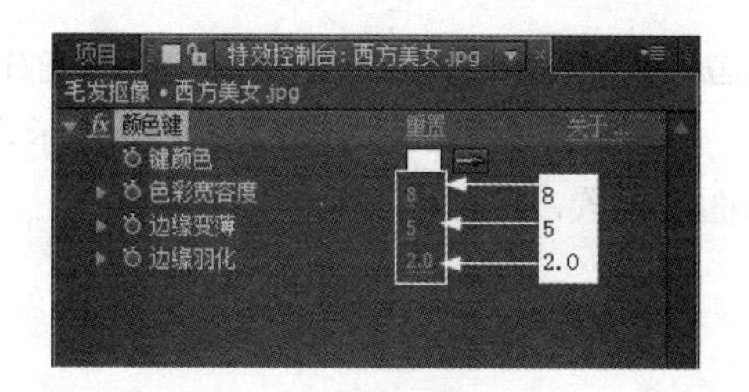

图 6.49

图 6.50

3. 对抠像后的画面边缘进行处理

步骤 1：抑制颜色。在菜单栏中单击效果(T)→键控→溢出抑制命令，“溢出抑制”特效参数的具体设置如图 6.51 所示。

步骤 2：在【合成预览】窗口中的最终效果如图 6.52 所示。

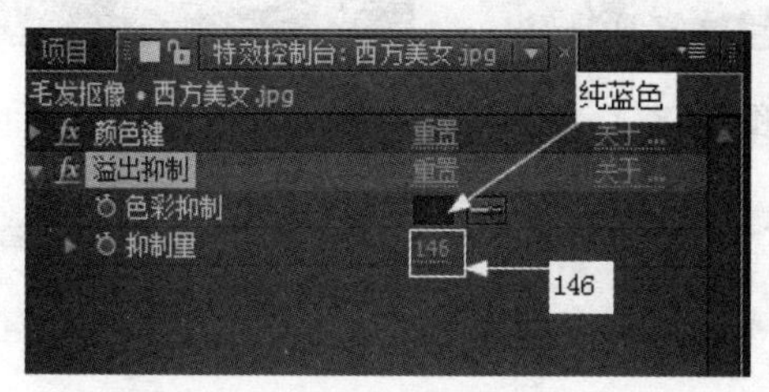

图 6.51

图 6.52

步骤 3：绘制遮罩 1。在工具箱中单击(钢笔工具)，在【合成预览】窗口中绘制如图 6.53 所示的闭合遮罩路径。具体参数设置如图 6.54 所示。

图 6.53

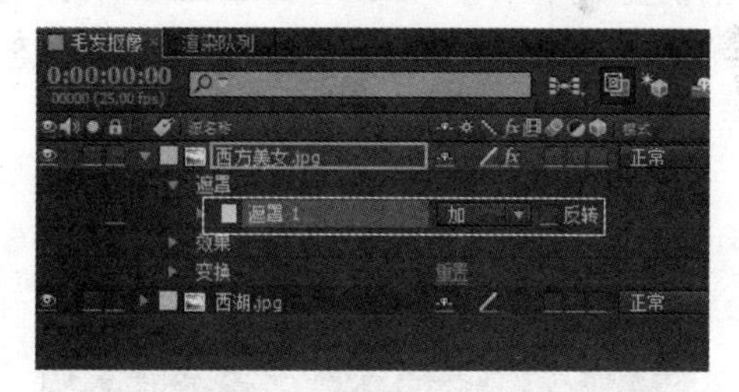

图 6.54

步骤 4：绘制遮罩 2。在工具箱中单击(钢笔工具)，在【合成预览】窗口中绘制如图 6.55 所示的闭合遮罩路径。具体参数设置如图 6.56 所示。

图 6.55

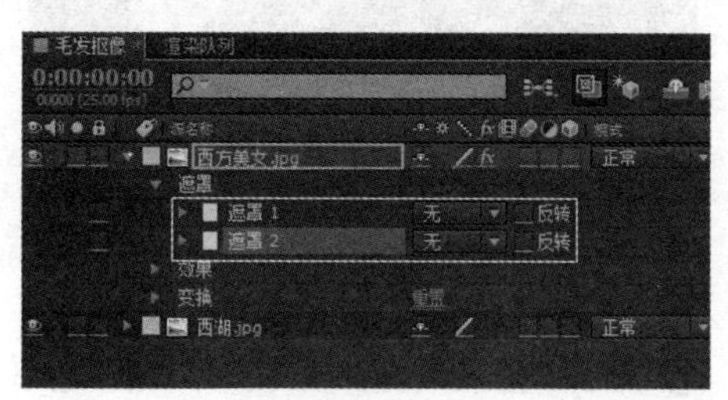

图 6.56

步骤 5：添加键控特效。在菜单栏中单击效果(T)→键控→内部/外部键命令，“内部/外部键”特效参数的具体设置如图 6.57 所示。在【合成预览】窗口中的最终效果如图 6.58 所示。

步骤 6：再在【合成预览】窗口中调整好画面的位置，如图 6.59 所示。

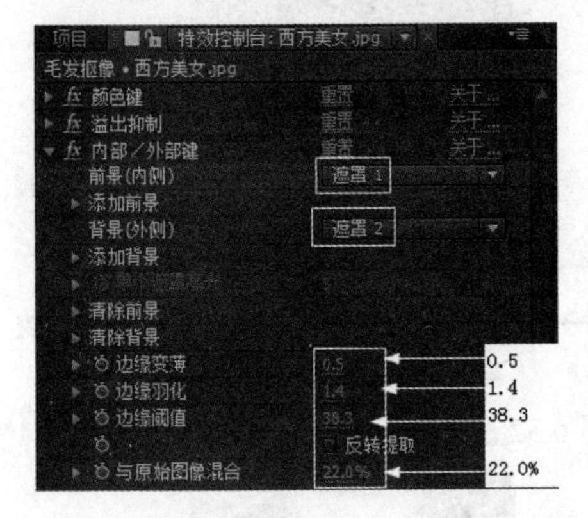

图 6.57

图 6.58

图 6.59

视频播放：“对抠像后的画面边缘进行处理”的详细介绍，请观看“对抠像后的画面边缘进行处理”图层进行抠像.wmv”。

4. 创建遮罩、调整画面的亮度和对比度

步骤 1：创建固态层。在【毛发抠像】窗口的空白处单击右键，弹出快捷菜单。在弹出的快捷菜单中单击新建→固态层(S)...命令，弹出【固态层设置】对话框，具体设置如图 6.60 所示，单击确定按钮即可创建一个固态层，如图 6.61 所示。

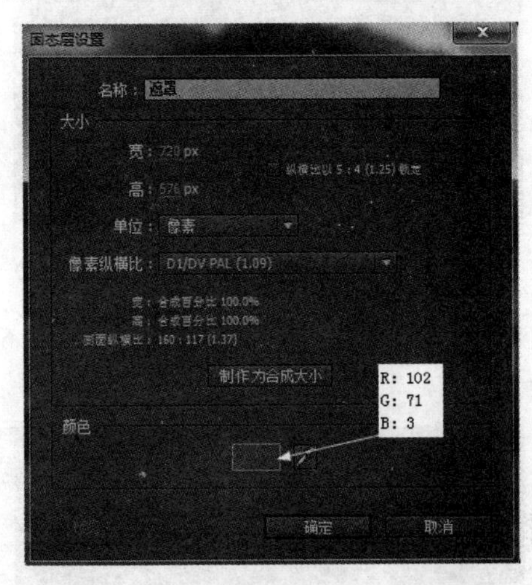

图 6.60

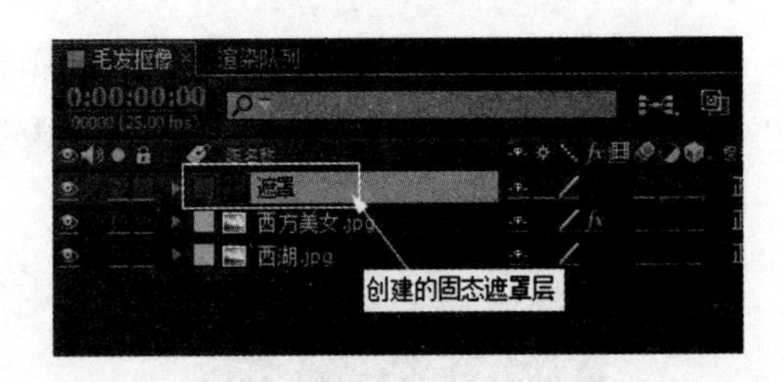

图 6.61

步骤 2：在工具箱中单击(矩形遮罩工具)，在【合成预览】窗口中绘制遮罩，[遮罩]层的具体设置如图 6.62 所示。在【合成预览】窗口中的效果如图 6.63 所示。

【参考视频】

步骤 3：创建调节层。在【毛发抠像】窗口的空白处单击右键，弹出快捷菜单。在弹出的快捷菜单中单击新建→调节层(A)命令，即可创建一个调节层。

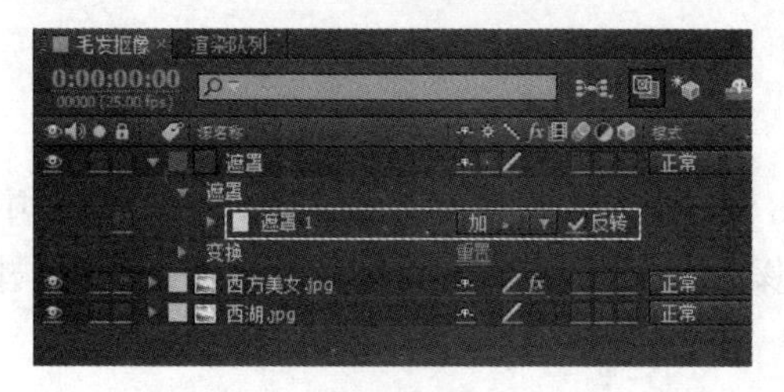

图 6.62

图 6.63

步骤 4：调节画面的亮度和对比度。在菜单栏中单击效果(T)→色彩校正→曲线命令，【曲线】特效的具体调节如图 6.64 所示。在【合成预览】窗口中的效果如图 6.65 所示。

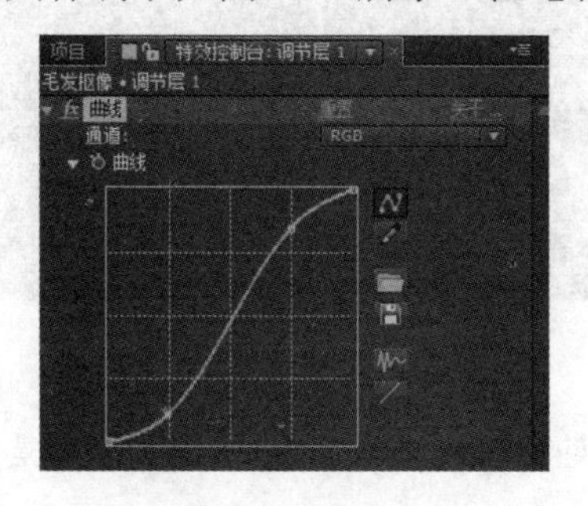

图 6.64

图 6.65

视频播放：“创建遮罩、调整画面的亮度和对比度”的详细介绍，请观看“创建遮罩、调整画面的亮度和对比度”wmv”。

四、案例小结

本案例主要介绍毛发抠像技术，要求掌握对“西方美女.jpg”图层进行抠像和对抠像后的画面边缘进行处理。

五、举一反三

根据前面所学知识，使用左边两张图片合成右边所示的效果。

【参考视频】

【参考视频】

案例5 替换背景

一、效果预览

案例效果在本书提供的配套素材中的“第6章 抠像技术/案例效果/案例5.flv”文件中。通过预览效果对本案例有一个大致的了解。本案例主要介绍键控特效来替换背景的方法以及技巧。

二、本案例画面及制作步骤(流程)分析

案例部分画面效果如下：

案例制作的大致步骤：

①创建合成和导入素材→②绘制遮罩→③调整视频的视角→④添加前景并对前景进行抠像→⑤画面色彩匹配。

三、详细操作步骤

案例引入：

(1) 替换背景制作的原理是什么？

(2)“边角固定”特效的作用是什么？

(3)“色彩链接”特效的作用是什么？

在后期合成中，用户经常会遇到前景色与背景色的亮度、色调不协调，特别是前景为静态图片而背景为变化多端的动态背景时，为了很好地进行合成，就需要通过After Effects CS6中相关特效组来综合完成。下面就详细介绍替换背景的方法和技巧。

1. 创建合成和导入素材

1) 创建合成

步骤1： 启动After Effects CS6应用软件。

步骤2： 创建新合成。在菜单栏中单击图像合成(C)→新建合成组(C)...命令，弹出【图像合成设置】对话框，在【图像合成设置】对话框中设置尺寸为“720px×576px”，持续时间为“6秒”，命名为“替换背景”。单击确定按钮完成合成创建。

2) 导入素材

步骤1： 在【项目】窗口的空白处单击右键，弹出快捷菜单，在弹出的快捷菜单中单击导入→文件...命令，弹出【导入文件】对话框，在【导入文件】对话框中单选“电视.jpg”

【参考视频】

“西方之美.jpg”和“背景视频.avi”素材。

步骤 2：单击打开(O)按钮，即可将“电视.jpg”“西方之美.jpg”和“背景视频.avi”素材导入【项目】窗口中。

步骤 3：将【项目】窗口中的“电视.jpg”和“背景视频.avi”素材拖到【替换背景】合成窗口中，如图 6.66 所示。

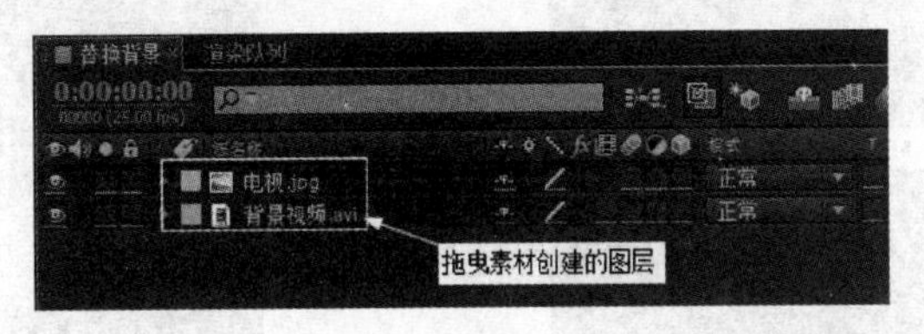

图 6.66

视频播放：“创建合成和导入素材”的详细介绍，请观看“创建合成和导入素材.wmv”。

2. 绘制遮罩

步骤 1：选择图层。在【替换背景】合成窗口中单击电视.jpg图层。

步骤 2：绘制遮罩。在工具箱中单击(钢笔工具)，在【合成预览】窗口中绘制如图 6.67 所示的闭合遮罩路径。具体参数设置如图 6.68 所示。

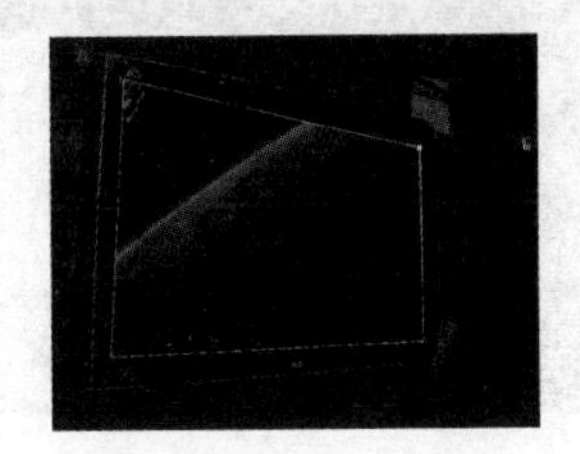

图 6.67

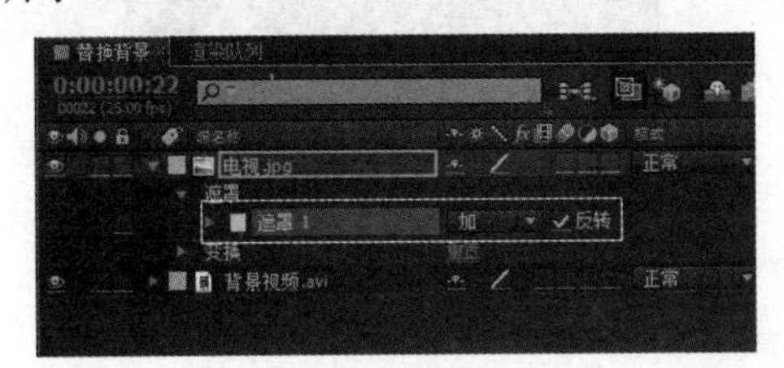

图 6.68

视频播放：“绘制遮罩”的详细介绍，请观看“绘制遮罩.wmv”。

3. 调整视频的视角

步骤 1：选择图层。在【替换背景】合成窗口中单击背景视频.avi图层。

步骤 2：调整视频的视角。在菜单栏中单击效果(T)→扭曲→边角固定命令，“边角固定”特效参数的具体设置如图 6.69 所示。在【合成预览】窗口中的最终效果如图 6.70 所示。

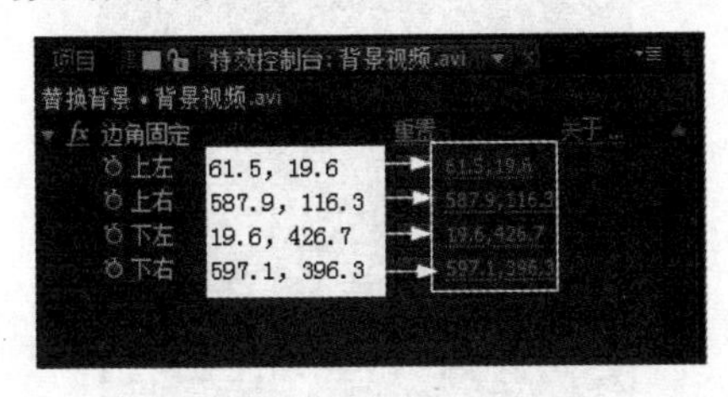

图 6.69

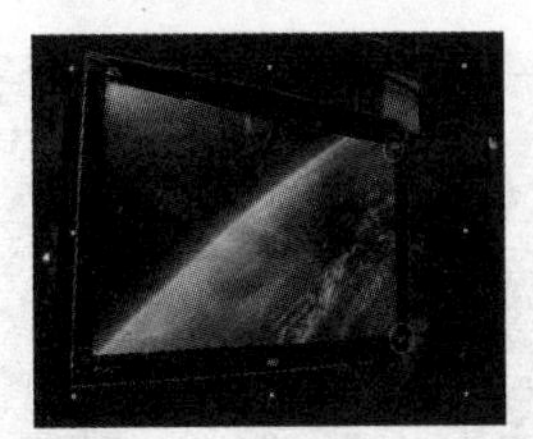

图 6.70

视频播放：“调整视频的视角”的详细介绍，请观看“调整视频的视角.wmv”。

【参考视频】

【参考视频】

【参考视频】

4. 添加前景并对前景进行抠像

步骤 1：将【项目】窗口中的“西方之美 1.jpg”图片拖到【替换背景】合成窗口中如图 6.71 所示。在【合成】窗口中调整位置，如图 6.72 所示。

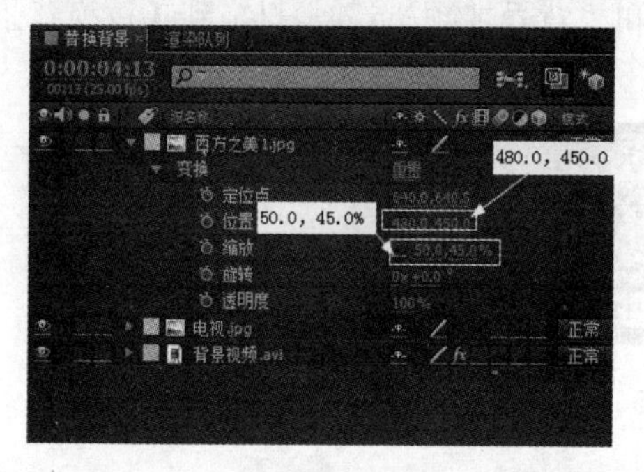

图 6.71

图 6.72

步骤 2：调整前景的亮度对比度。在菜单栏中单击效果(T)→色彩校正→曲线命令，“曲线”特效的具体调节如图 6.73 所示。在【合成】窗口中的效果如图 6.74 所示。

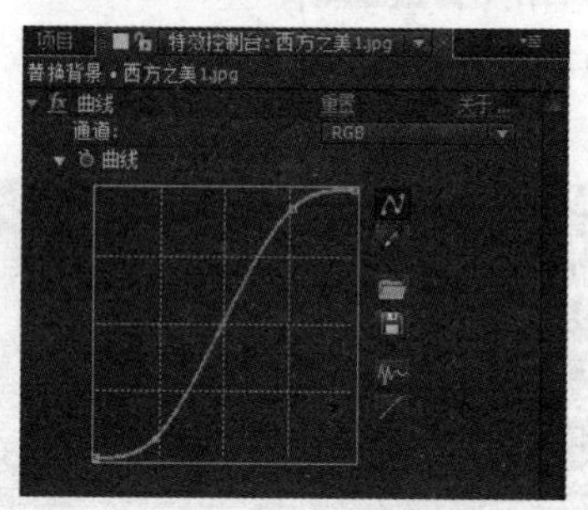

图 6.73

图 6.74

步骤 3：抠像。在菜单栏中单击效果(T)→键控→色彩范围命令，即可添加一个“色彩范围”键控特效。在【色彩范围】面板中单击图标，在画面中需要去除的颜色处单击，再单击图标在画面中连续单击需要去除颜色的地方，在【合成】窗口中的最终效果如图 6.75 所示。“色彩范围”特效的具体参数设置如图 6.76 所示。

图 6.75

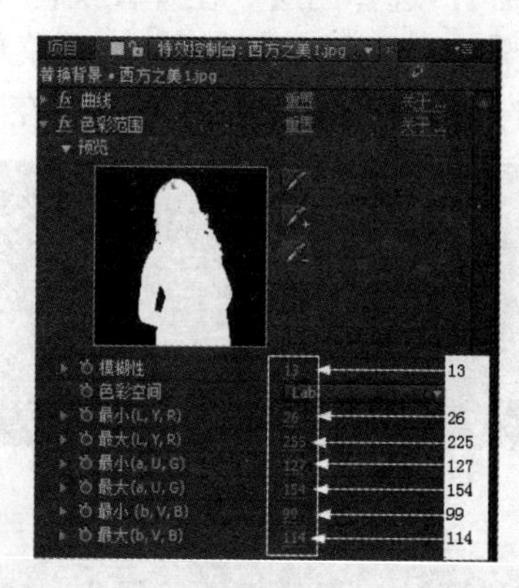

图 6.76

步骤 4：对抠像画面的边缘进行颜色抑制。在菜单栏中单击效果(T)→蒙板→蒙板抑制命令，“蒙版抑制”特效的具体参数设置如图 6.77 所示，在【合成】窗口中的效果如图 6.78 所示。

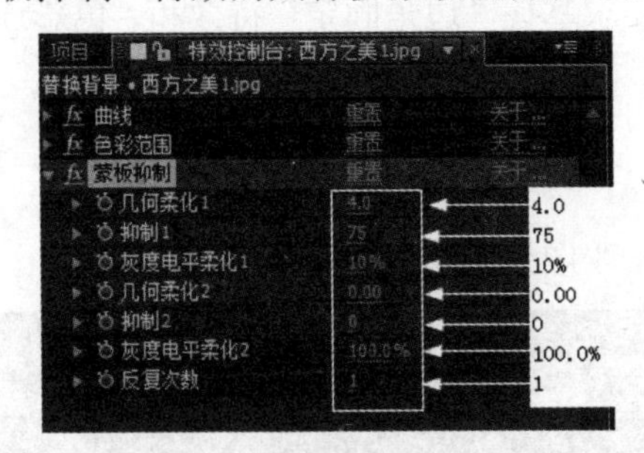

图 6.77

图 6.78

视频播放：“添加前景并对前景进行抠像”的详细介绍，请观看“添加前景并对前景进行抠像.wmv”。

5. 画面色彩匹配

步骤 1：单选西方之美 1.jpg图层。在菜单栏中单击效果(T)→色彩校正→色彩链接命令，“色彩链接”特效的具体参数设置如图 6.79 所示，在【合成预览】窗口中的效果如图 6.80 所示。

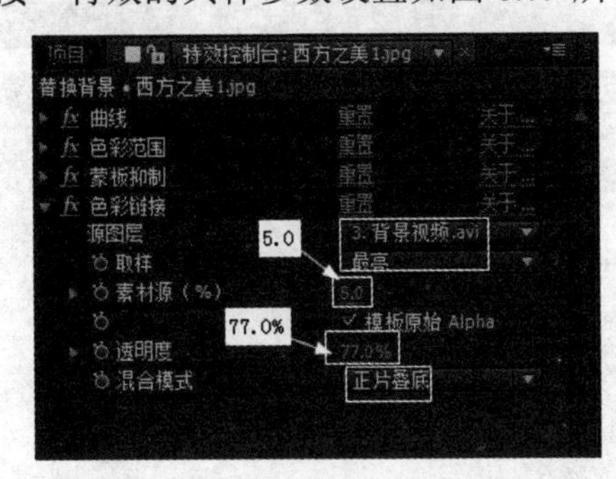

图 6.79

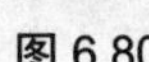

图 6.80

步骤 2：单选电视.jpg图层。在菜单栏中单击效果(T)→色彩校正→色彩链接命令，“色彩链接”特效的具体参数设置如图 6.81 所示，在【合成预览】窗口中的效果如图 6.82 所示。

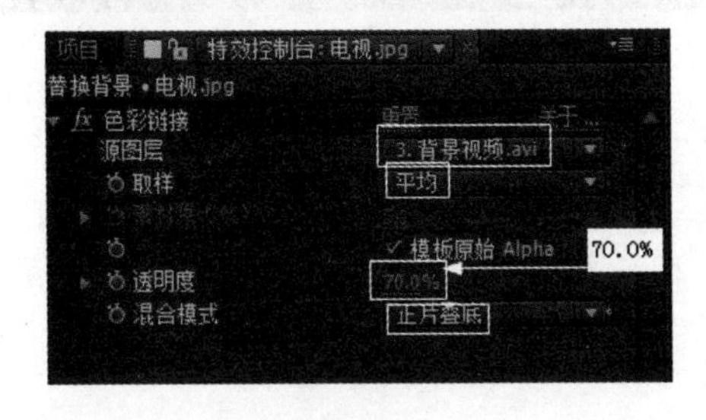

图 6.81

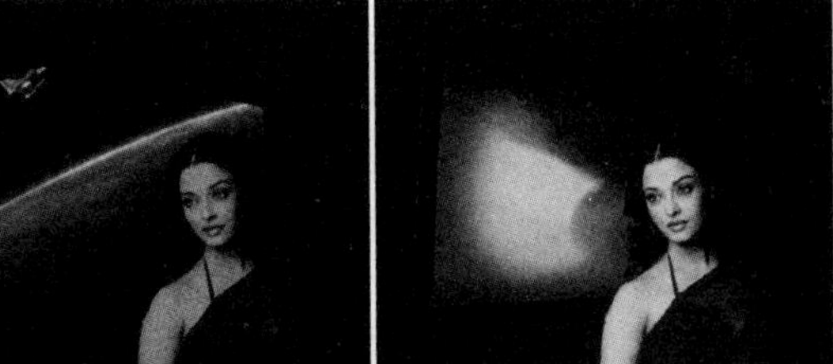

图 6.82

视频播放：“画面色彩匹配”的详细介绍，请观看“画面色彩匹配.wmv”。

【参考视频】

【参考视频】

四、案例小结

本案例主要介绍使用键控技术来替换背景，要求掌握“边角固定”特效和“色彩连接”特效参数的设置和使用技巧。

五、举一反三

根据前面所学知识，使用提供的两段素材和一张图片素材制作如下效果。

【参考视频】

第 7 章

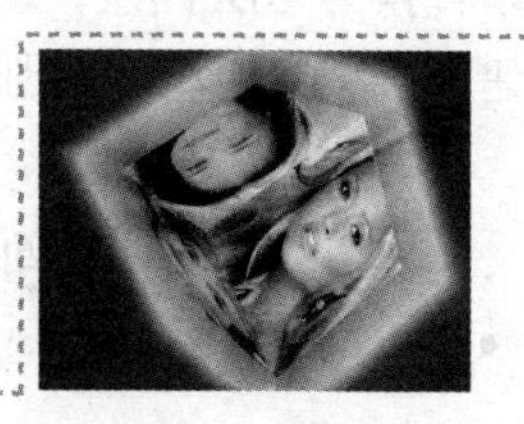

创建三维空间

技 能 点

案例 1：制作空间网格线
案例 2：制作人物长廊
案例 3：创建三维空间中旋转的文字效果
案例 4：制作旋转的立方体效果

说 明

本章主要通过 4 个案例全面讲解创建三维空间效果的原理和方法。

【参考视频】

在本章中主要通过4个案例全面介绍三维空间的创建原理和方法。在After Effects CS6中普通图层都可以转换为3D图层，转换之后的图层具有透视深度属性，通过使用摄影机或灯光等技术创建三维空间运动，增强作品强烈的视觉冲击力。

案例1　制作空间网格线

一、效果预览

案例效果在本书提供的配套素材中的“第7章 抠像技术/案例效果/案例1.flv”文件中。通过预览效果对本案例有一个大致的了解。本案例主要介绍摄影机创建空间网格线和制作三维空间的原理。

二、本案例画面及制作步骤(流程)分析

案例部分画面效果如下：

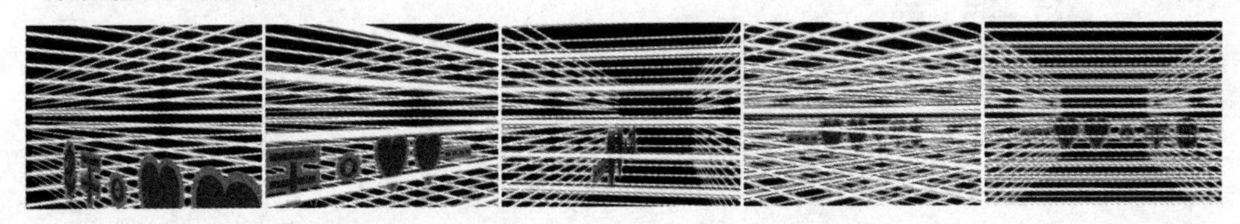

案例制作的大致步骤：

①创建合成→②制作平面线条→③创建合成并将“制作空间网格线”进行嵌套→④旋转和调整图层的位置→⑤创建文字图层→⑥创建空白对象图层→⑦创建摄像机图层→⑧给空白对象图层添加关键帧并调整参数→⑨创建调节图层并添加特效。

三、详细操作步骤

案例引入：

(1) 空间网格线制作的原理是什么？

(2) 怎样创建摄像机图层，怎样调节摄像机图层的参数？

(3) 怎样创建空白图层，空白图层的主要作用是什么？

(4) 调节图层的工作原理是什么？

空间网格线的制作思路是：制作平面线条，然后将平面线条图层转换为3D图层，复制3D图层并调整在三维空间中的位置，使用摄影机创建透视的三维空间，再通过调节层的父子关系进行统一的位移和旋转等操作。

1. 创建新合成

步骤1：启动After Effects CS6应用软件。

步骤2：创建新合成。在菜单栏中单击图像合成(C)→新建合成组(C)...命令(或按键盘上的“Ctrl+N”组合键)，弹出【图像合成设置】对话框，在【图像合成设置】对话框中设置尺寸

【参考视频】

为“1800px×576px”，持续时间为“6 秒”，命名为“制作空间网格线”。单击 确定 按钮完成合成创建。

视频播放：“创建新合成”的详细介绍，请观看“创建新合成.wmv”。

2. 制作平面线条

步骤 1：创建固态层。在【制作空间网格线】合成窗口的空白处单击右键，弹出快捷菜单，在弹出的快捷菜单中单击 新建 → 固态层(S)... 命令，弹出【固态层设置】对话框，具体设置如图 7.1 所示。

步骤 2：单击 确定 按钮，即可完成固态的创建，如图 7.2 所示。

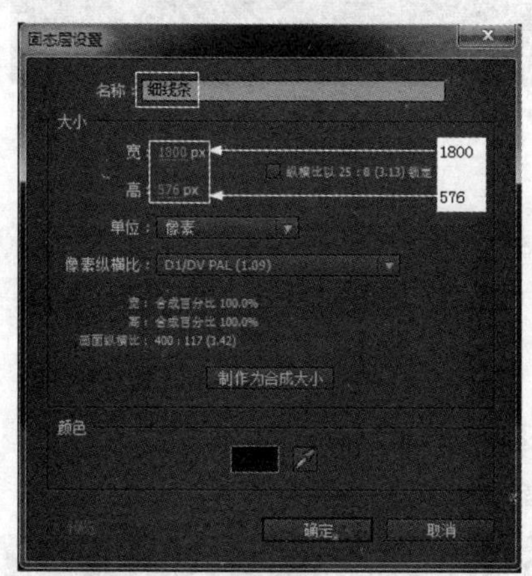

图 7.1

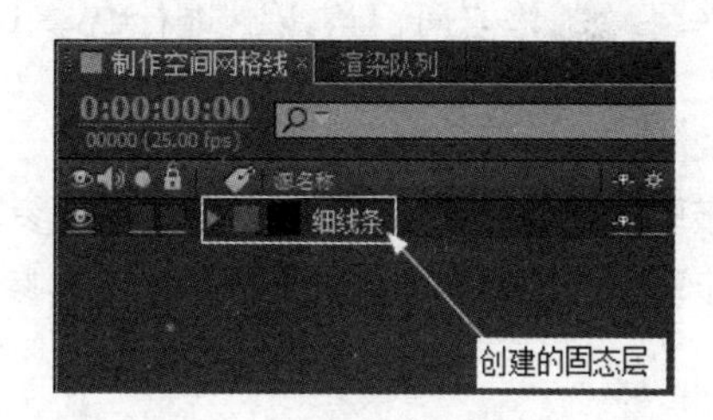

图 7.2

步骤 3：添加特效。在菜单栏中单击 效果(T) → 生成 → 网格 命令，“网格”特效具体参数设置如图 7.3 所示，在【合成预览】窗口中的效果如图 7.4 所示。

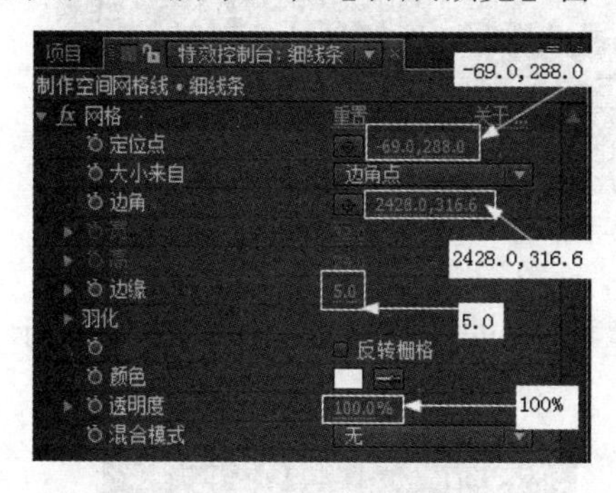

图 7.3

图 7.4

视频播放：“制作平面线条”的详细介绍，请观看“制作平面线条.wmv”。

3. 创建合成并将“制作空间网格线”进行嵌套

步骤 1：创建新合成。在菜单栏中单击 图像合成(C) → 新建合成组(C)... 命令，弹出【图像合成设置】对话框，在【图像合成设置】对话框中设置尺寸为“720px×576px”，持续时间为“6

【参考视频】　【参考视频】

秒”，命名为“制作空间网格线嵌套”。单击确定按钮完成合成创建。

步骤 2：将【项目】窗口中的制作空间网格线合成拖到制作空间网格线嵌套合成的【制作空间网格线嵌套】合成窗口中，连续拖四次，在【制作空间网格线嵌套】合成窗口中的效果如图 7.5 所示。

步骤 3：将【制作空间网格线嵌套】合成窗口中的图层全部转换为 3D 图层，如图 7.6 所示。

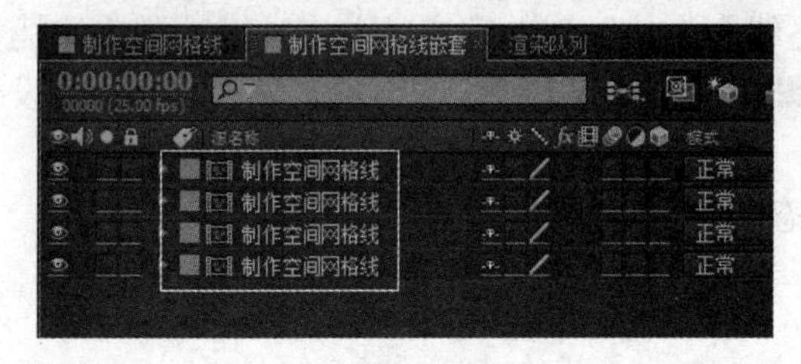

图 7.5

三维图层标志

图 7.6

视频播放：“创建合成并将‘制作空间网格线’进行嵌套”的详细介绍，请观看“创建合成并将‘制作空间网格线’进行嵌套.wmv”。

4. 旋转和调整图层的位置

步骤 1：1 制作空间网格线图层的具体参数设置如图 7.7 所示。

步骤 2：2 制作空间网格线图层的具体参数设置如图 7.8 所示。

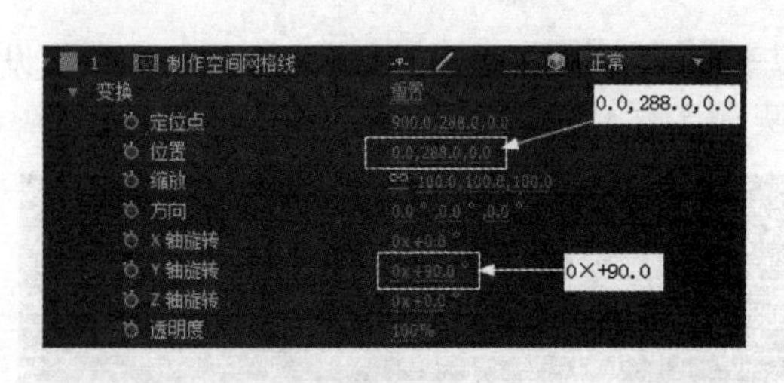

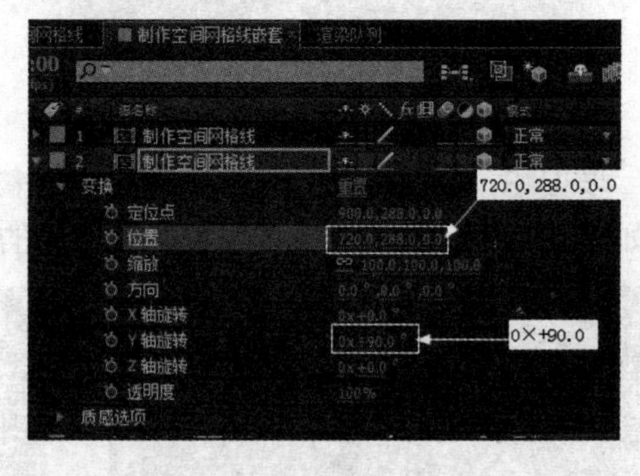

图 7.7

图 7.8

步骤 3：3 制作空间网格线图层和 4 制作空间网格线图层的位置参数设置如图 7.9 所示。在【合成预览】窗口中的效果如图 7.10 所示。

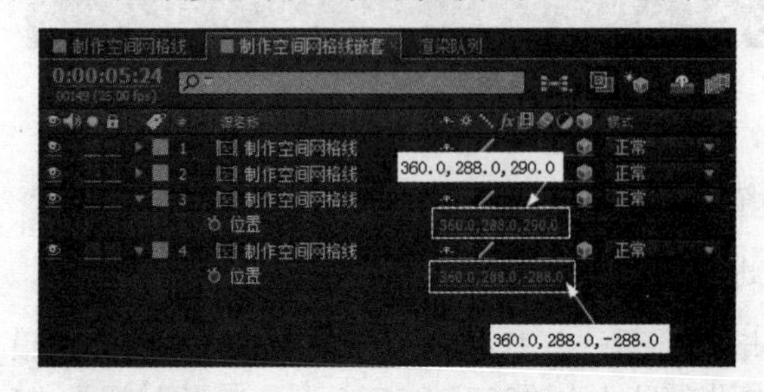

图 7.9

图 7.10

【参考视频】

步骤 4：设置所有图层的长度，具体参数设置如图 7.11 所示。

视频播放：“旋转和调整图层的位置”的详细介绍，请观看“旋转和调整图层的位置.wmv”。

5. 创建文字图层

步骤 1：在工具栏中单击(横排文字工具)，在【合成预览】窗口中输入文字，文字的具体参数设置如图 7.12 所示。在【合成】窗口中的效果如图 7.13 所示。

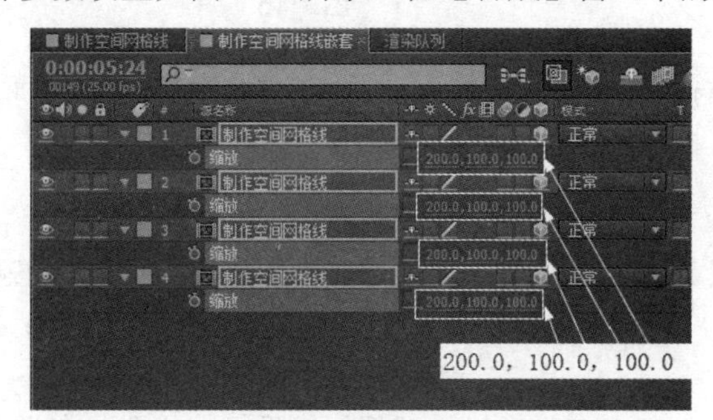

图 7.11

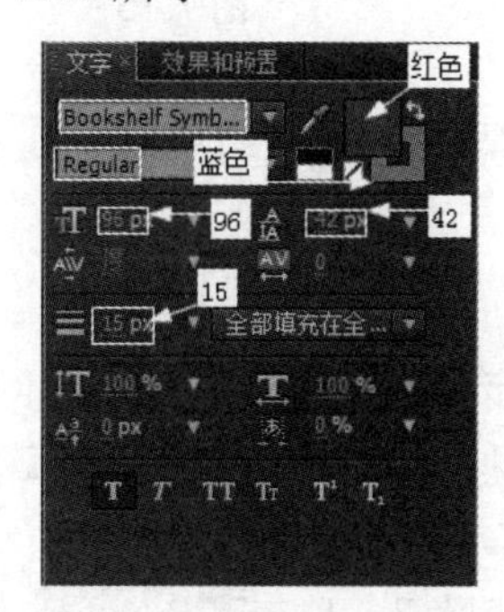

图 7.12

步骤 2：将文字图层转换为 3D 图层，如图 7.14 所示。

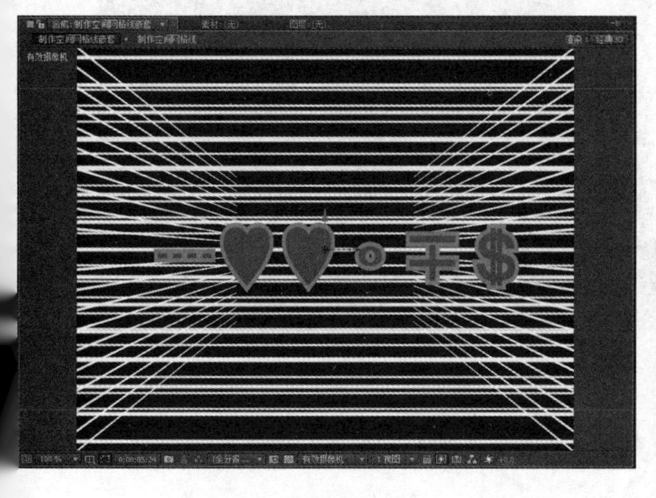

图 7.13

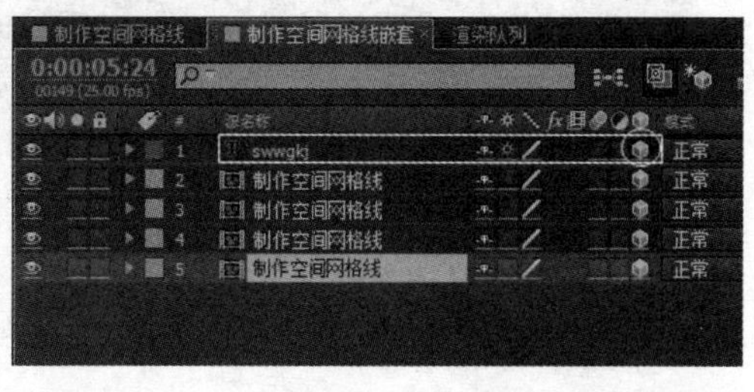

图 7.14

视频播放：“创建文字图层”的详细介绍，请观看“创建文字图层.wmv”。

6. 创建空白对象图层

步骤 1：在【制作空间网格线嵌套】窗口中单击鼠标右键弹出快捷菜单，在弹出的快捷菜单中单击新建→空白对象(N)命令，创建一个空白图层，如图 7.15 所示。

步骤 2：将空白图层转换为 3D 图层并设置为其他图层的父子关系，如图 7.16 所示。

【参考视频】

【参考视频】

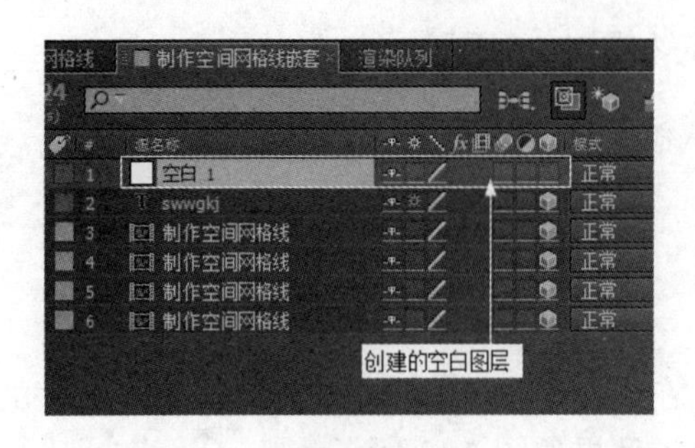

图 7.15

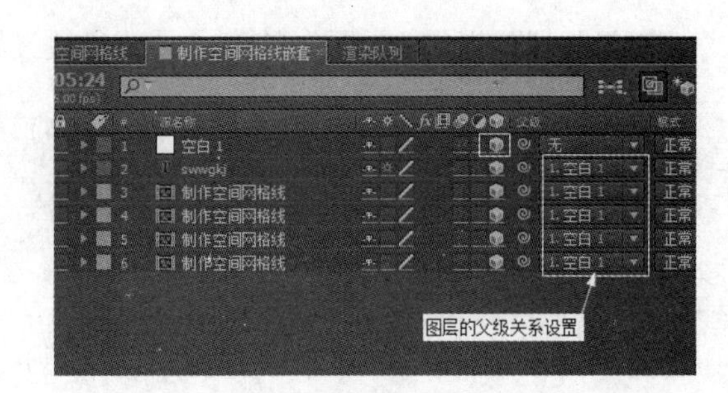

图 7.16

视频播放：“创建空白对象图层”的详细介绍，请观看“创建空白对象图层.wmv”。

7. 创建摄像机图层

步骤 1：在【制作空间网格线嵌套】合成窗口中单击鼠标右键弹出快捷菜单，在弹出的快捷菜单中单击新建→摄像机(C)...命令，弹出【摄像机设置】对话框，具体设置如图 7.17 所示。

步骤 2：单击确定按钮，即可创建一个摄像机，调整好摄像机的位置，在【合成预览】窗口中的效果如图 7.18 所示。

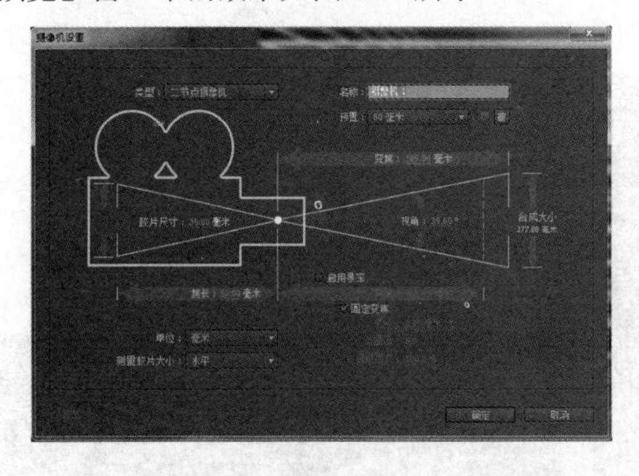

图 7.17

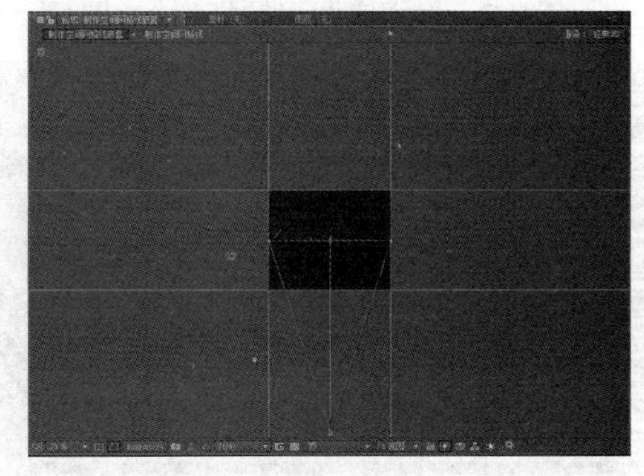

图 7.18

视频播放：“创建摄像机图层”的详细介绍，请观看“创建摄像机图层.wmv”。

8. 给空白对象图层添加关键帧并调整参数

步骤 1：将(当前时间指示器)移到第 1 帧处，分别单击位置和Y 轴旋转左边的图标，创建两个关键帧。这两个关键帧的具体参数设置如图 7.19 所示。

步骤 2：将(当前时间指示器)移到第 5 秒 24 帧处，分别单击位置和Y 轴旋转左边的图标，创建两个关键帧，这两个关键帧的具体参数设置如图 7.20 所示。

视频播放：“给空白对象图层添加关键帧并调整参数”的详细介绍，请观看“给空白对象图层添加关键帧并调整参数.wmv”。

【参考视频】

【参考视频】

【参考视频】

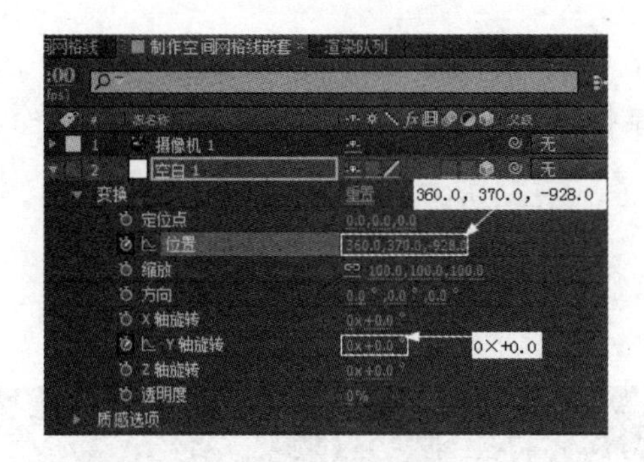

图 7.19

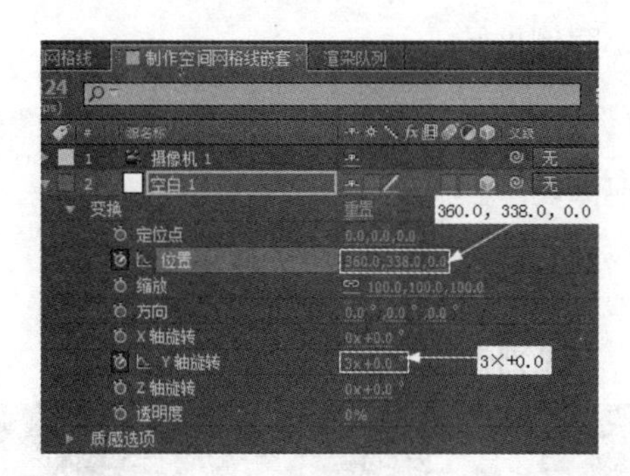

图 7.20

9. 创建调节图层并添加特效

步骤 1：创建调节层。在【制作空间网格线嵌套】合成窗口中单击鼠标右键弹出快捷菜单，在弹出的快捷菜单中单击新建→调节层(A)命令，即可创建一个调节层，如图 7.21 所示。

步骤 2：添加特效。在菜单栏中单击效果(T)→风格化→辉光命令，"网格"特效具体参数设置如图 7.22 所示，在【合成预览】窗口中的效果如图 7.23 所示。

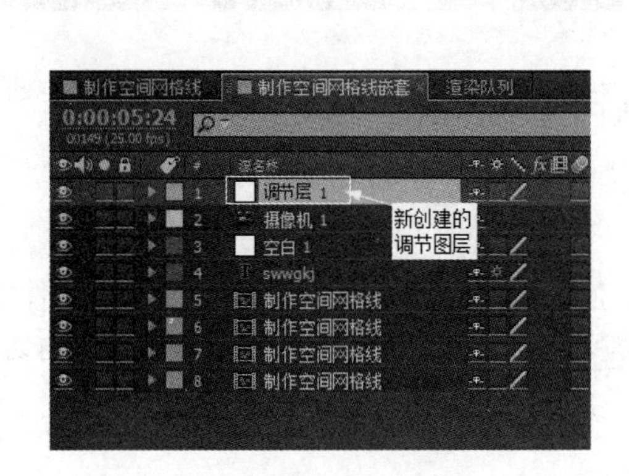

图 7.21

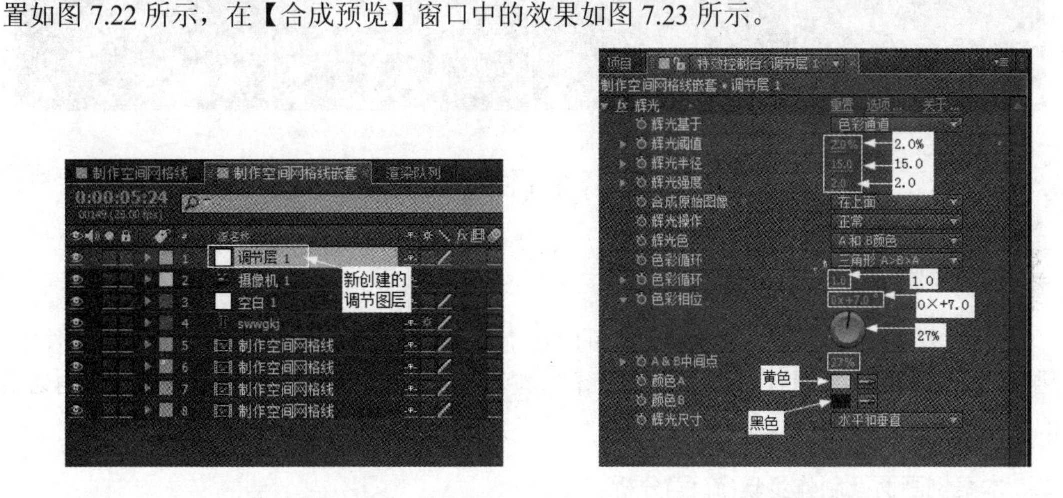

图 7.22

图 7.23

视频播放："创建调节图层并添加特效"的详细介绍，请观看"创建调节图层并添加特效.wmv"。

【参考视频】

四、案例小结

本案例主要介绍空间网格线的制作，要求掌握摄影机创建空间网格线和制作三维空间的原理。

五、举一反三

根据前面所学知识，制作如下效果。

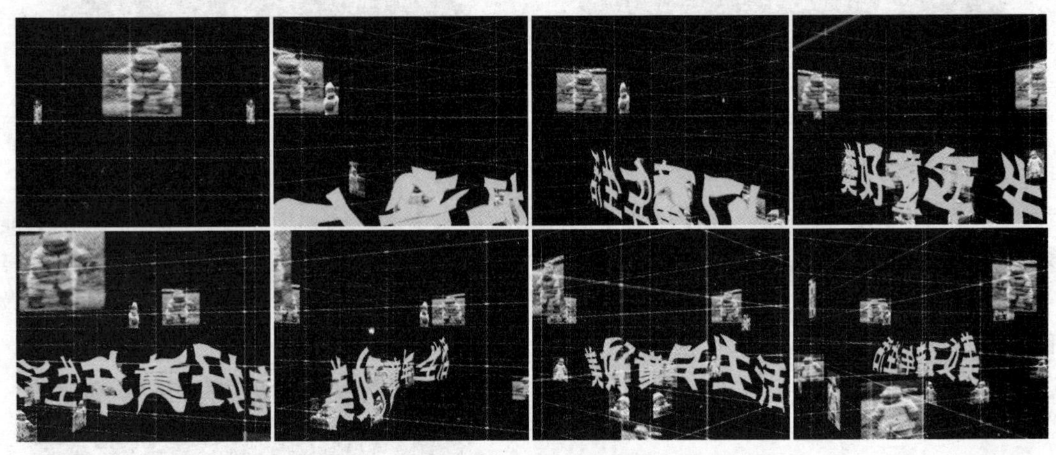

案例 2　制作人物长廊

一、效果预览

案例效果在本书提供的配套素材中的“第 7 章 抠像技术/案例效果/案例 2.flv”文件中。通过预览效果对本案例有一个大致的了解。本案例主要介绍多个摄像机的使用和视角切换的方法。

二、本案例画面及制作步骤(流程)分析

案例部分画面效果如下：

案例制作的大致步骤：

①创建新合成和导入素材 → ②创建人物组合成 → ③创建嵌套合成 → ④创建摄像机。

【参考视频】

三、详细操作步骤

案例引入：

(1) 人物长廊制作的原理是什么？

(2) 怎样创建摄像机？怎样调节摄像机图层的参数？

(3) 什么是有效摄像机？怎样使用有效摄像机？

(4) 使用嵌套合成时，需要注意哪些方面？

人物长廊的制作思路是：将大量人物图片在三维空间中排列为一条长廊，然后通过摄像机图层的位置改变来模拟摄像机在人物长廊中穿行的效果。

在本案例中还使用多个摄像机和视角切换的方法、标尺和参考线。具体操作步骤如下。

1. 创建新合成和导入素材

1) 创建新合成

步骤 1：启动 After Effects CS6 应用软件。

步骤 2：创建新合成。在菜单栏中单击图像合成(C)→新建合成组(C)...命令(或按键盘上的 Ctrl+N 组合键)，弹出【图像合成设置】对话框，在【图像合成设置】对话框中设置尺寸为“2000px×576px”，持续时间为“10 秒”，命名为“人物组 1”。单击确定按钮完成合成创建。

2) 导入素材

步骤 1：在【项目】窗口的空白处单击右键，弹出快捷菜单，在弹出的快捷菜单中单击导入→文件...命令，弹出【导入文件】对话框，在【导入文件】对话框中单选如图 7.24 所示图片素材。

步骤 2：单击打开(O)按钮，即可将图片素材导入【项目】窗口中，如图 7.25 所示。

图 7.24

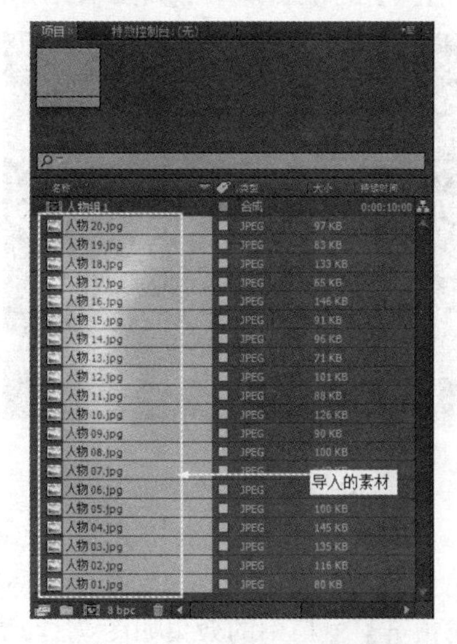

图 7.25

【参考视频】

视频播放："创建新合成和导入素材"的详细介绍，请观看"创建新合成和导入素材.wmv"。

2. 创建人物组合成

1) 设置参考线

步骤 1：显示标尺。在菜单栏中单击视图(V)→显示标尺命令，即可显示标尺。

步骤 2：设置参考线。将鼠标移到左侧标尺上，鼠标变成形状，按住鼠标左键不放的同时往右拖动，即可拖出一条参考线来。

步骤 3：方法同第2步。继续拖动，拖出其他参考线来，最终效果如图7.26所示。

步骤 4：将鼠标移到上侧标尺上，鼠标变成形状，按住鼠标左键不放的同时往下拖动，即可拖出一条参考线。

步骤 5：方法同第4步。再拖出1条参考线，最终效果如图7.27所示。

图 7.26

图 7.27

2) 将图片素材拖到【人物组1】合成窗口中并进行排列

步骤 1：分别将【项目】窗口中的"人物1.jpg"至"人物10.jpg"图片素材拖到【人物组1】合成窗口中，如图7.28所示。在【合成预览】窗口中排列的效果如图7.29所示。

图 7.28

图 7.29

步骤 2：创建"人物组2"合成。"人物组2"合成的创建方法同"人物组1"合成方法完全相同，只是图片不同而已，读者自己创建。【人物组2】合成窗口如图7.30所示。在【合成预览】窗口中的效果如图7.31所示。

【参考视频】

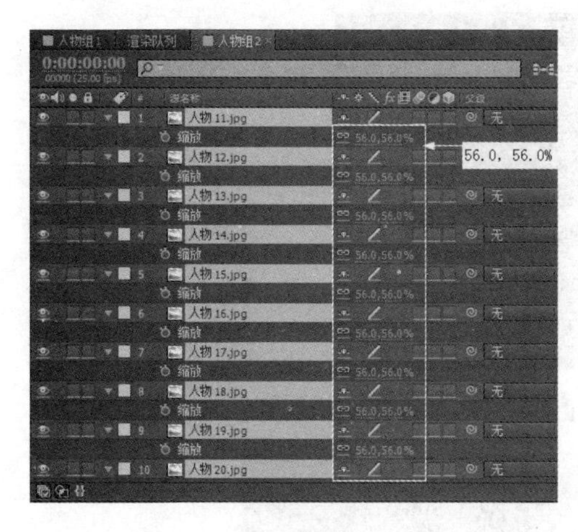

图 7.30

图 7.31

视频播放：“创建人物组合成”的详细介绍，请观看“创建人物组合成.wmv”。

3. 创建嵌套合成

步骤 1：创建合成。在菜单栏中单击图像合成(C)→新建合成组(C)...命令，弹出【图像合成设置】对话框，在【图像合成设置】对话框中设置尺寸为“720px×576px”，持续时间为“10 秒”，命名为“人物长廊”。单击确定按钮完成合成创建。

步骤 2：合成嵌套。将“人物组 1”和“人物组 2”合成拖到“人物长廊”合成中，【人物长廊】合成窗口如图 7.32 所示。设置【合成预览】窗口为左右视图显示，如图 7.33 所示。

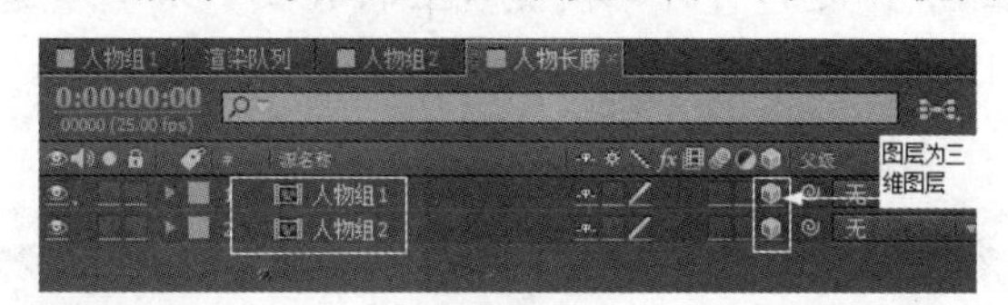

图 7.32

图 7.33

步骤 3：设置 1 人物组1 图层和 2 人物组2 图层的位移和旋转参数，具体设置如图 7.34 所示，在【合成预览】窗口中的效果如图 7.35 所示。

【参考视频】

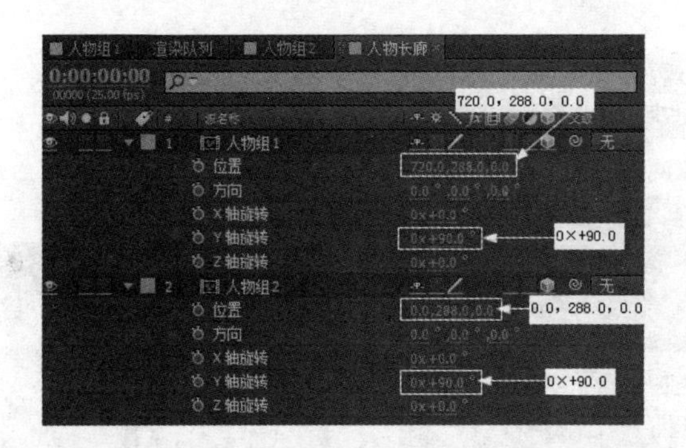

图 7.34

图 7.35

提示：在【合成】窗口中，单选需要展开参数的图层，按键盘上的 P 键，显示单选图层的位置参数，在按住 Shift 键的同时，按键盘上的 R 键，加选单选图层的旋转参数。如果不按 Shift，按键盘上的 R 键，则切换到旋转参数显示；按 S 键，显示单选图层的缩放参数。

视频播放："创建嵌套合成"的详细介绍，请观看"创建嵌套合成.wmv"。

4. 创建摄像机

步骤 1：在【人物组长廊】合成窗口中单击右键，弹出快捷菜单，在弹出的快捷菜单中单击新建→摄像机(C)...命令，弹出【摄像机设置】对话框，设置采用默认设置，单击确定按钮，即可创建一个摄像机图层，如图 7.36 所示。【合成预览】窗口如图 7.37 所示。

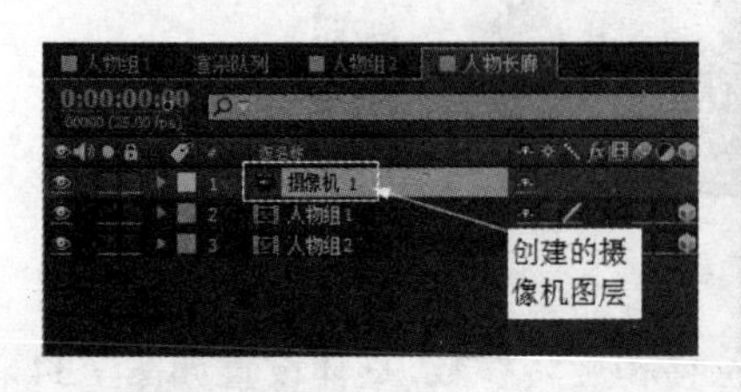

图 7.36

图 7.37

【参考视频】

步骤 2：将▣(当前时间指示器)移到第 0 秒 0 帧的位置，分别单击目标兴趣点和位置左边的▣图标创建两个关键帧，设置摄像机图层的变换参数，具体设置如图 7.38 所示。在【合成预览】窗口中的效果如图 7.39 所示。

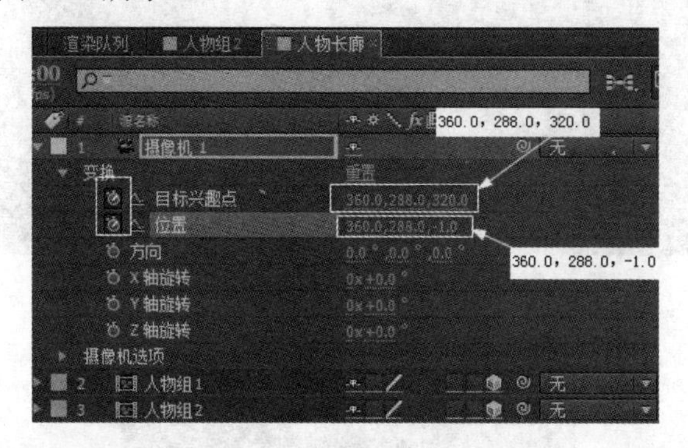

图 7.38

图 7.39

步骤 3：将▣(当前时间指示器)移到第 4 秒 0 帧的位置，分别单击目标兴趣点和位置左边的▣图标创建两个关键帧，设置摄像机图层的变换参数，具体设置如图 7.40 所示。在【合成预览】窗口中的效果如图 7.41 所示。

步骤 4：方法同第 1 步。再创建一个摄像机图层，图层名为“摄像机 2”，选择该图层，如图 7.42 所示。

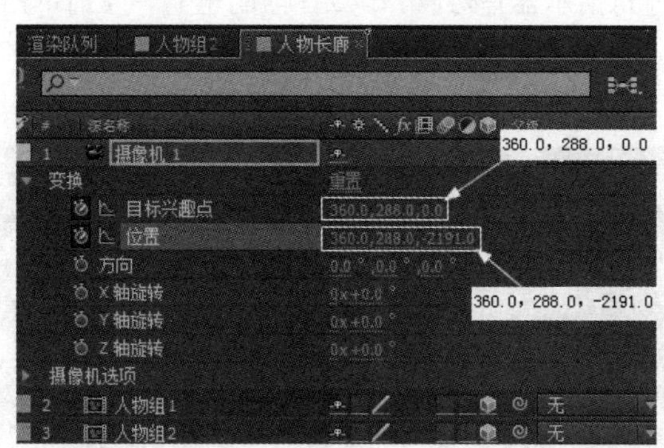

图 7.40

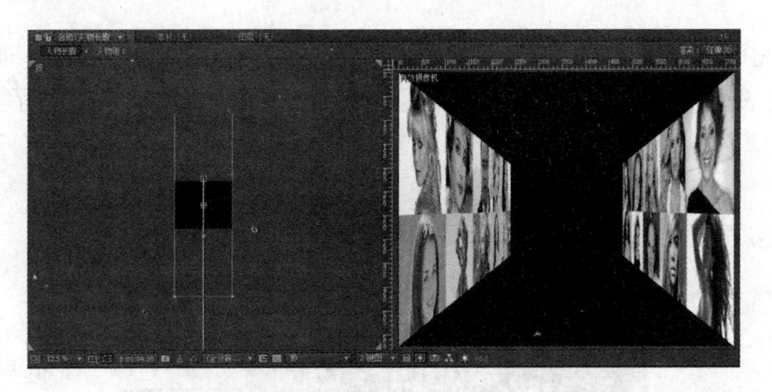

图 7.41

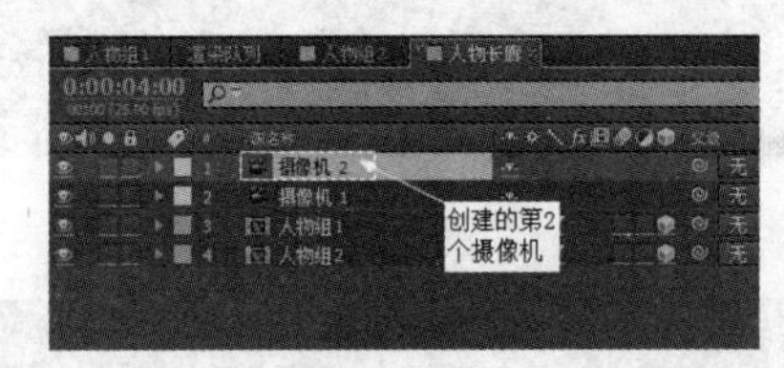

图 7.42

步骤 5：将(当前时间指示器)移到第 4 秒 2 帧的位置，分别单击目标兴趣点和位置左边的图标创建两个关键帧，设置摄像机图层的变换参数，具体设置如图 7.43 所示。在【合成预览】窗口中的效果如图 7.44 所示。

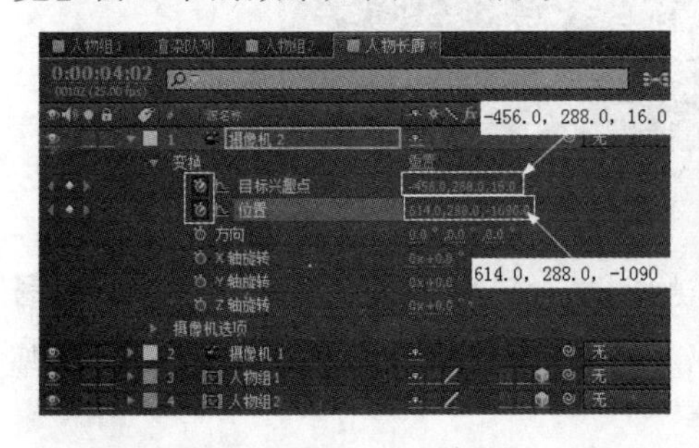

图 7.43

图 7.44

步骤 6：将(当前时间指示器)移到第 6 秒 0 帧的位置，分别单击目标兴趣点和位置左边的图标创建两个关键帧，设置摄像机图层的变换参数，具体设置如图 7.45 所示。在【合成预览】窗口中的效果如图 7.46 所示。

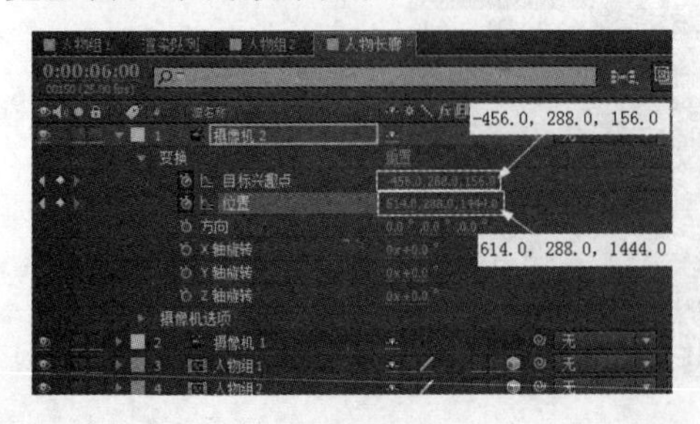

图 7.45

图 7.46

步骤 7：将(当前时间指示器)移到第 6 秒 2 帧的位置，设置摄像机图层的变换参数，具体设置如图 7.47 所示。在【合成预览】窗口中的效果如图 7.48 所示。

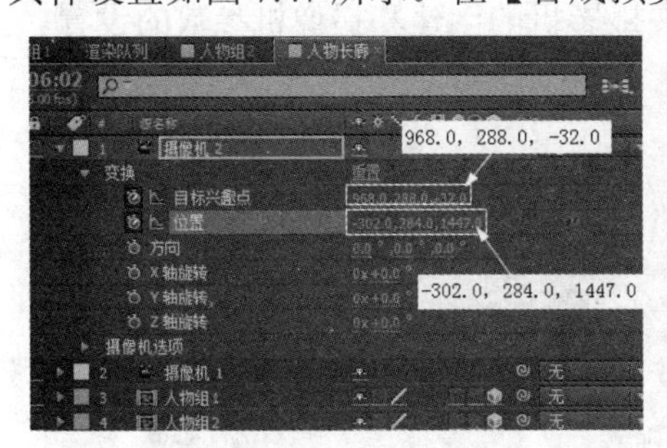

图 7.47

图 7.48

步骤 8：将(当前时间指示器)移到第 8 秒 2 帧的位置，分别单击目标兴趣点和位置左边的图标创建两个关键帧，设置摄像机图层的变换参数，具体设置如图 7.49 所示。在【合成预览】窗口中的效果如图 7.50 所示。

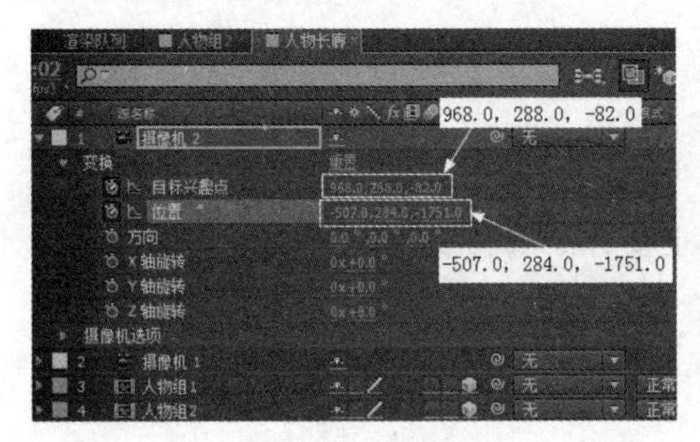

图 7.49

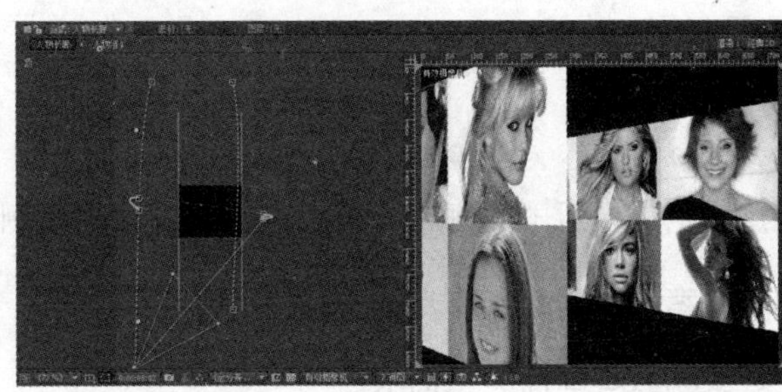

图 7.50

步骤 9：将鼠标移到摄像机 2图层的第 0 秒 0 帧的位置，鼠标变成形状，按住鼠标左键不放拖到第 4 秒 2 帧的位置松开鼠标即可，如图 7.51 所示。

步骤 10：设置【合成预览】窗口的显示方式为“有效摄像机”方式，视图方式为“1 视图”方式，如图 7.52 所示。

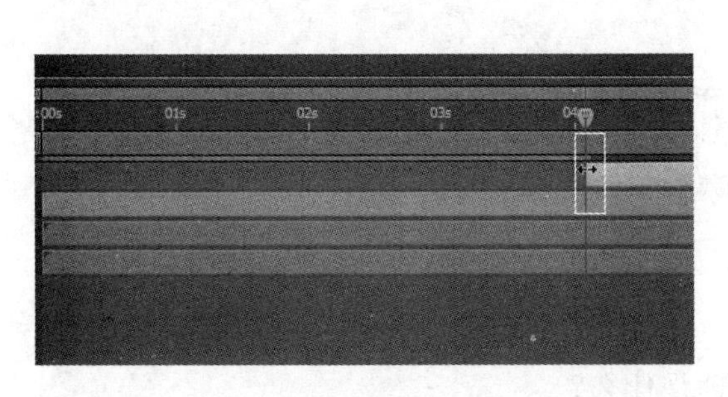

图 7.51

图 7.52

视频播放：“创建摄像机”的详细介绍，请观看“创建摄像机.wmv”。

【参考视频】

四、案例小结

本案例主要介绍人物长廊效果的制作，要求掌握摄影机的创建和摄像机参数的设置。

五、举一反三

根据前面所学知识，制作如下效果。

 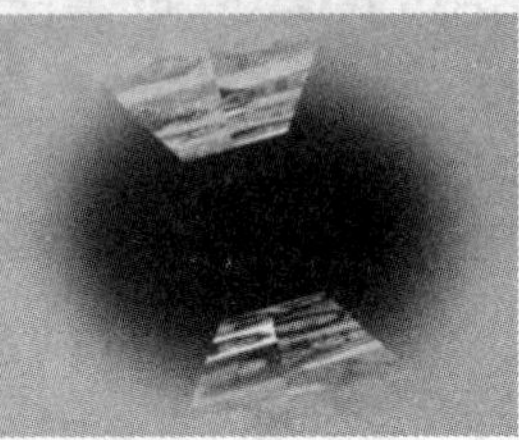  

案例 3　创建三维空间中旋转的文字效果

一、效果预览

案例效果在本书提供的配套素材中的“第 7 章 抠像技术/案例效果/案例 3.flv”文件中。通过预览效果对本案例有一个大致的了解。本案例主要介绍三维文字功能的使用方法。

二、本案例画面及制作步骤(流程)分析

案例部分画面效果如下：

案例制作的大致步骤：

①新建合成→②创建路径文字→③创建旋转文字效果→④创建摄像机和灯光→⑤创建固态层、调节层和特效。

三、详细操作步骤

案例引入：

(1) 三维空间中旋转文字效果制作的原理是什么？

(2) 怎样创建路径文字？

(3) 怎样创建旋转文字效果？

在 After Effects CS6 中，用户可以使用三维文字的功能，在三维空间中对文字进行自由

【参考视频】

移动和旋转等操作。在本案例中主要介绍利用三维文字的功能制作在三维空间中旋转的文字效果，具体操作步骤如下。

1. 新建合成

步骤 1：启动 After Effects CS6 应用软件。

步骤 2：创建新合成。在菜单栏中单击图像合成(C)→新建合成组(C)...命令(或按键盘上的 Ctrl+N 组合键)，弹出【图像合成设置】对话框，在【图像合成设置】对话框中设置尺寸为“720px×576px”，持续时间为“10 秒”，命名为“三维文字旋转效果”。单击确定按钮完成合成创建。

视频播放：“新建合成”的详细介绍，请观看“新建合成.wmv”。

2. 创建路径文字

步骤 1：在工具箱中单击T(横排文字工具)，在【合成预览】窗口中输入文字，如图 7.53 所示。文字属性设置如图 7.54 所示。

图 7.53

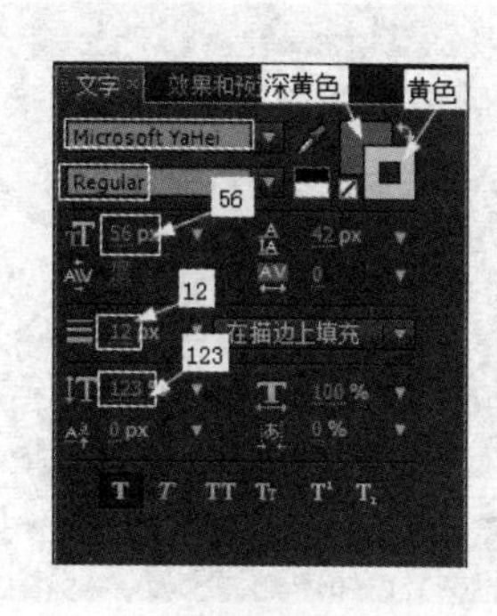

图 7.54

步骤 2：在工具箱中单击(椭圆形遮罩工具)，为文字图层绘制遮罩，遮罩参数设置如图 7.55 所示，在【合成预览】窗口中的效果如图 7.56 所示。

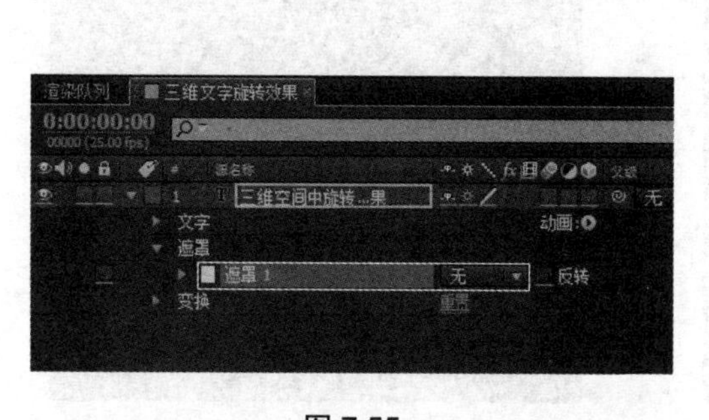

图 7.55

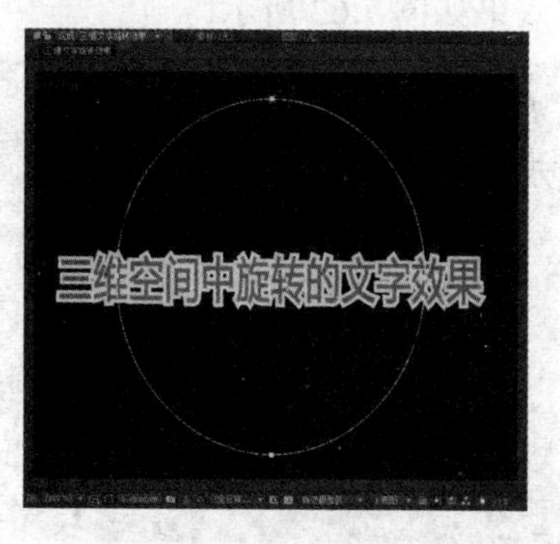

图 7.56

步骤 3：设置文字的路径为遮罩 1，如图 7.57 所示，在【合成预览】窗口中的效果如图 7.58 所示。

【参考视频】

【参考视频】

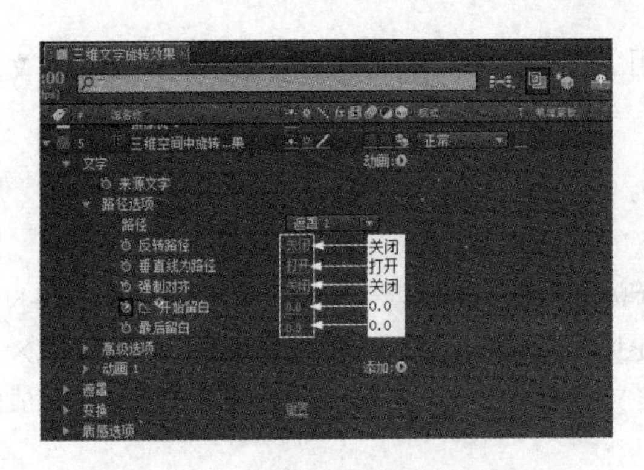

图 7.57

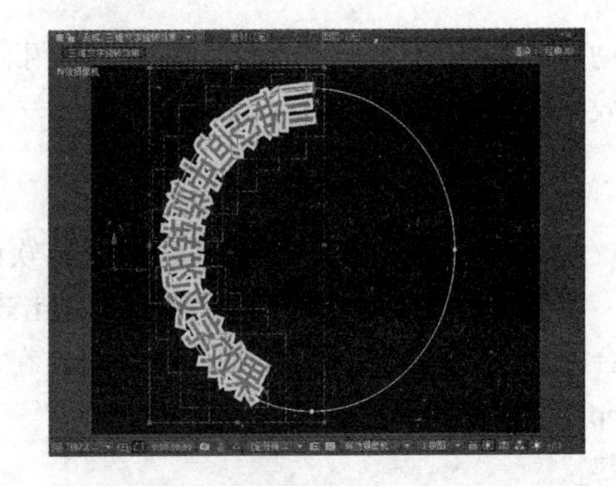

图 7.58

步骤 4：单击动画:中的图标，弹出快捷菜单，在弹出的快捷菜单中单击激活逐字 3D 化命令，将文字图层转换为 3D 图层。

步骤 5：单击动画:中的图标，弹出快捷菜单，在弹出的快捷菜单中单击旋转命令，具体参数设置如图 7.59 所示。在【合成预览】窗口中的效果如图 7.60 所示。

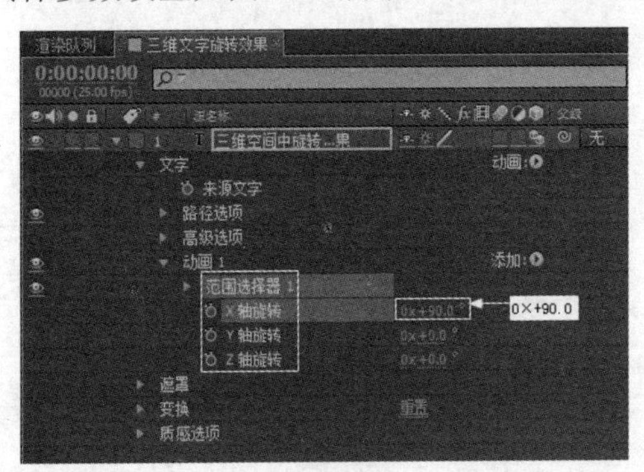

图 7.59

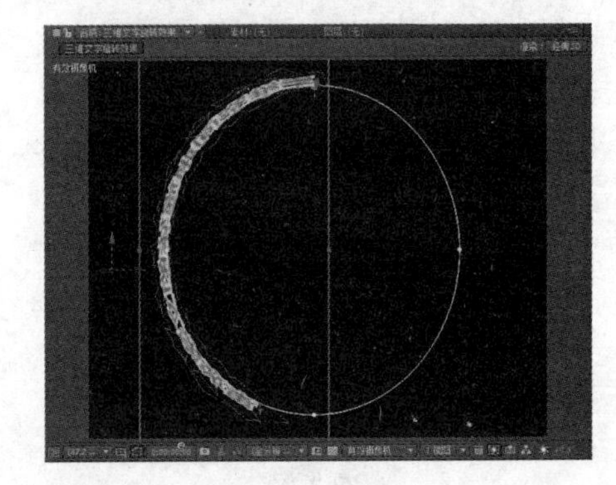

图 7.60

步骤 6：设置文字图层中的变换参数。具体设置如图 7.61 所示，在【合成预览】窗口中的效果如图 7.62 所示。

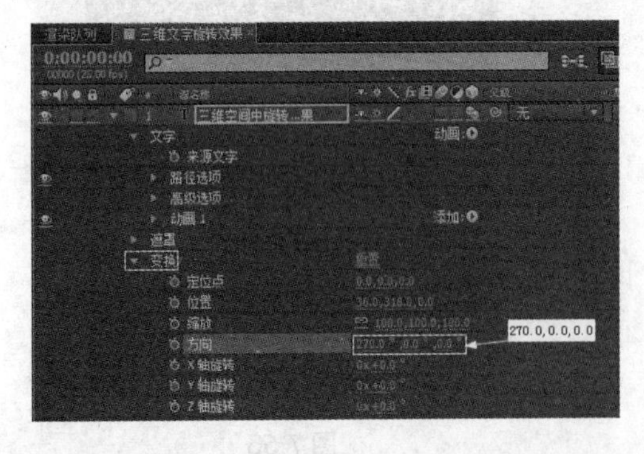

图 7.61

图 7.62

视频播放：“创建路径文字”的详细介绍，请观看“创建路径文字.wmv”。

【参考视频】

3. 创建旋转文字效果

步骤 1：将(当前时间指示器)移到第 0 秒 0 帧的位置，单击开始留白左边的图标，创建一个关键帧，具体参数设置如图 7.63 所示。

步骤 2：将(当前时间指示器)移到第 8 秒 0 帧的位置，单击开始留白左边的图标，创建一个关键帧，具体参数设置如图 7.64 所示。

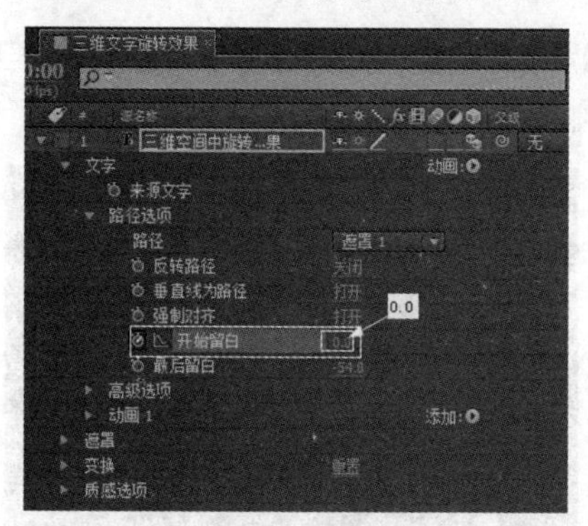

图 7.63

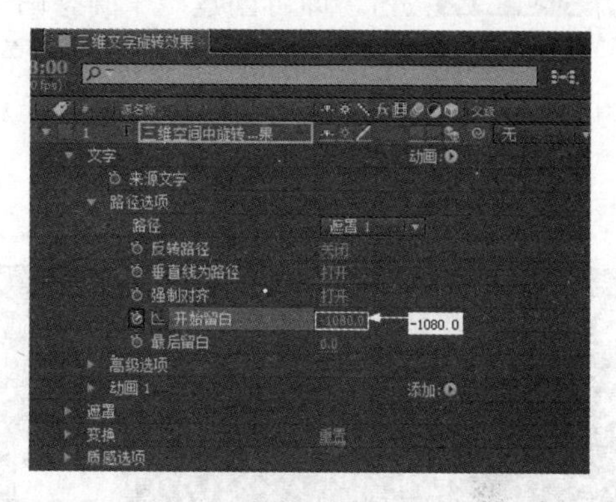

图 7.64

视频播放：“创建旋转文字效果”的详细介绍，请观看“创建旋转文字效果.wmv”。

4. 创建摄像机和灯光

步骤 1：在【三维文字旋转效果】合成窗口中单击鼠标右键，弹出快捷菜单，在弹出的快捷菜单中单击新建→摄像机(C)...命令，弹出【摄像机设置】对话框，设置采用默认设置，单击确定按钮，即可创建一个摄像机图层。

步骤 2：在【三维文字旋转效果】合成窗口中单击鼠标右键，弹出快捷菜单，在弹出的快捷菜单中单击新建→照明(L)...命令，弹出【照明设置】对话框，设置采用默认设置，单击确定按钮，即可创建一个照明图层。

步骤 3：设置照明层参数，具体参数设置如图 7.65 所示，在【合成】窗口中的效果如图 7.66 所示。

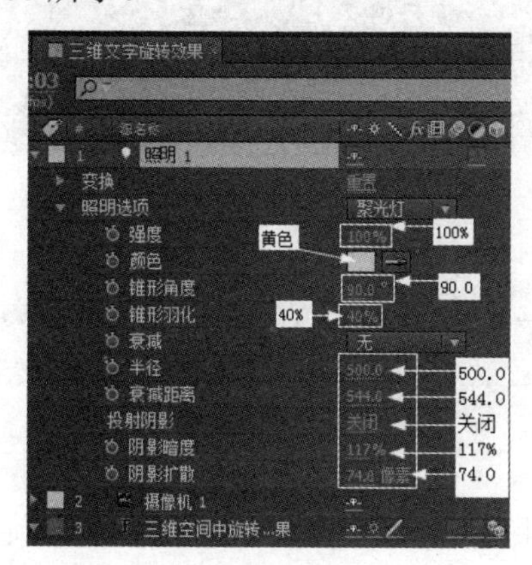

图 7.65

图 7.66

【参考视频】

视频播放：“创建摄像机和灯光”的详细介绍，请观看“创建摄像机和灯光.wmv”。

5. 创建固态层、调节层和特效

步骤 1：在【三维文字旋转效果】合成窗口中单击鼠标右键，弹出快捷菜单，在弹出的快捷菜单中单击新建→固态层(S)...命令，弹出【固态层设置】对话框，设置采用默认设置，单击确定按钮，即可创建一个固态图层。

步骤 2：添加下雨特效。在菜单栏中单击效果(T)→模拟仿真→CC 下雨命令，设置图层的模式为叠加，如图 7.67 所示。在【合成预览】窗口中的效果如图 7.68 所示。

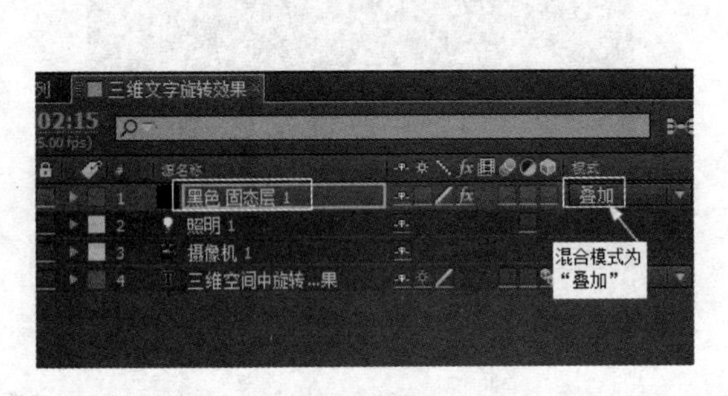

图 7.67

图 7.68

步骤 3：创建调节层。在【三维文字旋转效果】合成窗口中单击鼠标右键，弹出快捷菜单，在弹出的快捷菜单中单击新建→调节层(A)命令即可。

步骤 4：添加特效。在菜单栏中单击效果(T)→生成→四色渐变命令，设置图层的模式为叠加，如图 7.69 所示。在【合成预览】窗口中的效果如图 7.70 所示。

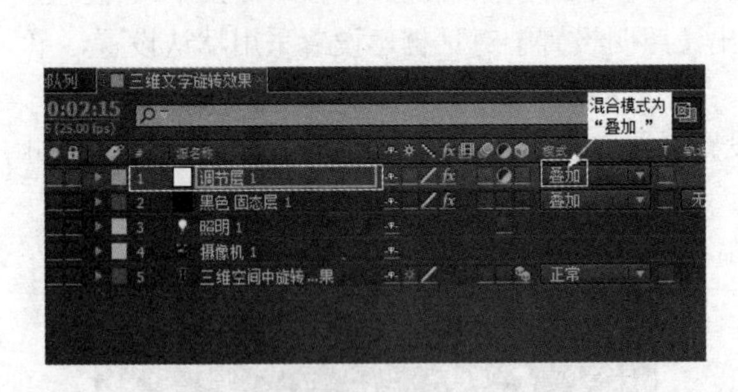

图 7.69

图 7.70

视频播放：“创建固态层、调节层和特效”的详细介绍，请观看“创建固态层、调节层和特效.wmv”。

四、案例小结

本案例主要介绍创建三维空间中旋转的文字效果，要求掌握文字路径的创建和旋转参数的设置。

【参考视频】【参考视频】

五、举一反三

根据前面所学知识，制作如下效果。

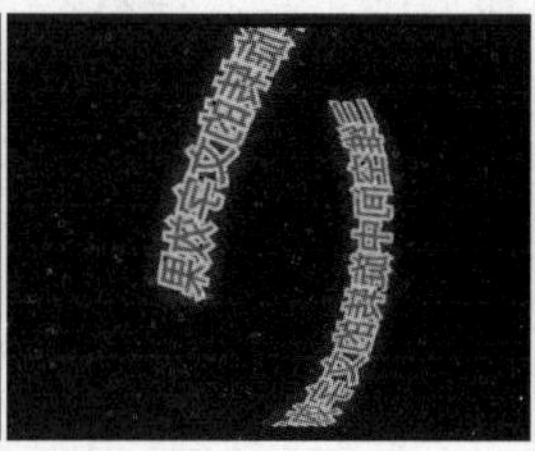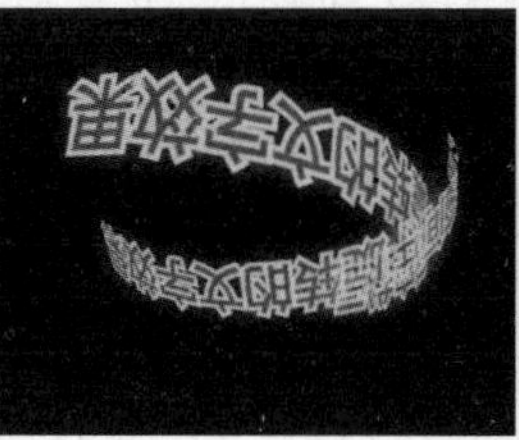

案例 4　制作旋转的立方体效果

一、效果预览

案例效果在本书提供的配套素材中的“第 7 章 抠像技术/案例效果/案例 4.flv”文件中。通过预览效果对本案例有一个大致的了解。本案例主要介绍旋转立方体效果的制作方法和技巧。

二、本案例画面及制作步骤(流程)分析

案例部分画面效果如下：

案例制作的大致步骤：

①新建合成和导入素材→②制作立方体效果→③通过空白图层制作立方体的运动效果。

三、详细操作步骤

案例引入：

(1) 旋转的立方体效果制作的原理是什么？
(2) 怎样调节三维图层参数？
(3) 怎样通过空白图层调节其他图层的运动？

在 After Effects CS6 中，可以将图片图层转换为三维图层来制作立方体三维旋转效果，具体操作步骤如下：

1．新建合成和导入素材

1) 建立新合成

步骤 1：启动 After Effects CS6 应用软件。

【参考视频】　【参考视频】

步骤 2：创建新合成。在菜单栏中单击图像合成(C)→新建合成组(C)...命令(或按键盘上的“Ctrl+N”组合键)，弹出【图像合成设置】对话框，在【图像合成设置】对话框中设置尺寸为“720px×576px”，持续时间为“10 秒”，命名为“立方体效果”。单击确定按钮完成合成创建。

2) 导入素材

步骤 1：在【项目】窗口的空白处单击右键，弹出快捷菜单，在弹出的快捷菜单中单击导入→文件...命令，弹出【导入文件】对话框，在【导入文件】对话框中单选如图 7.71 所示图片素材。

步骤 2：单击打开(O)按钮，即可将图片素材导入【项目】窗口中，如图 7.72 所示。

图 7.71

图 7.72

视频播放：“新建合成和导入素材”的详细介绍，请观看“新建合成和导入素材.wmv”。

2. 制作立方体效果

立方体效果的制作，主要通过调节三维图层的位置和旋转参数来制作。

步骤 1：将【项目】窗口中的素材拖曳到【立方体效果】合成窗口中，如图 7.73 所示。

步骤 2：调节【立方体效果】合成窗口中图层的位置参数和旋转参数，具体参数设置如图 7.74 和图 7.75 所示。

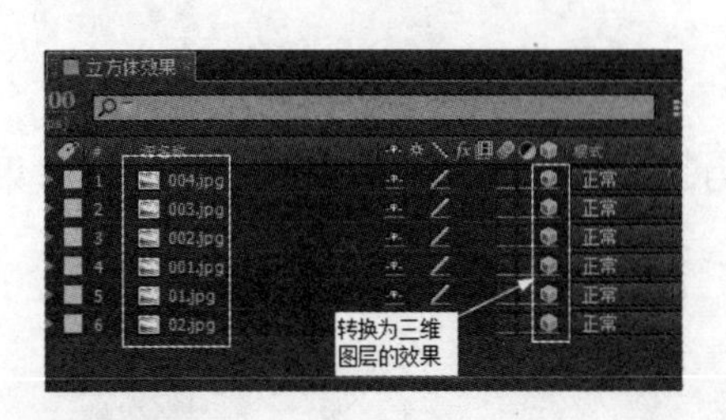

图 7.73

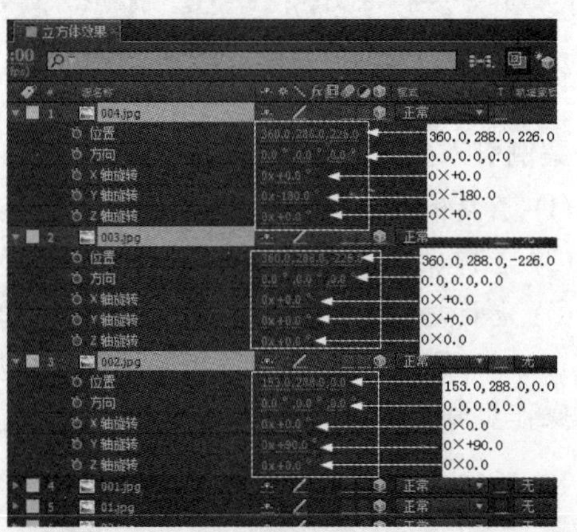

图 7.74

【参考视频】

视频播放："制作立方体效果"的详细介绍，请观看"制作立方体效果.wmv"。

3. 通过空白图层制作立方体的运动效果

1) 创建空白图层并设置与其他图层的父子关系

步骤 1：在【立方体效果】合成窗口中的空白处单击右键，弹出快捷菜单。在弹出的快捷菜单中单击 新建 → 空白对象(N) 命令即可创建一个空白图层。

步骤 2：将创建的空白图层转换为三维图层，如图 7.76 所示。

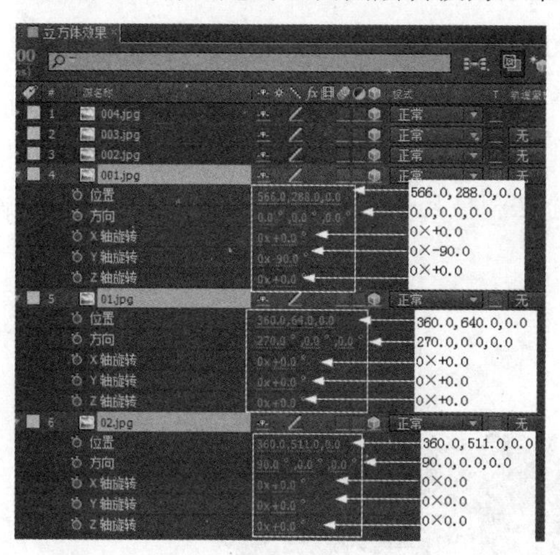

图 7.75

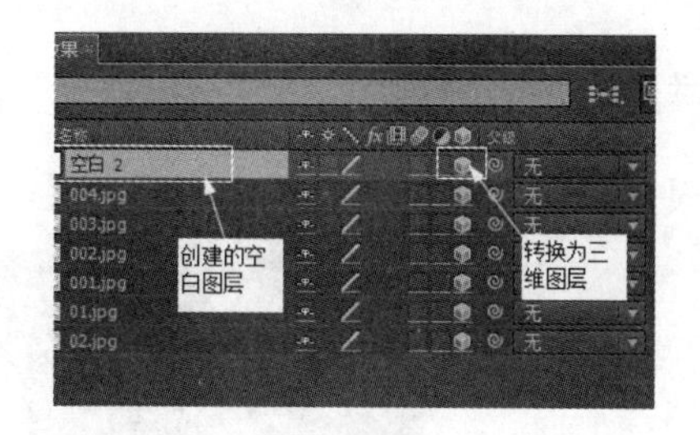

图 7.76

步骤 3：将其他图层设置成 空白 2 图层的子图层，如图 7.77 所示。

2) 调节"空白 2"图层的参数来制作立方体运动

步骤 1：将(当前时间指示器)移到第 0 帧的位置，调节参数并设置关键帧，具体参数设置如图 7.78 所示，在【合成预览】窗口中的效果如图 7.79 所示。

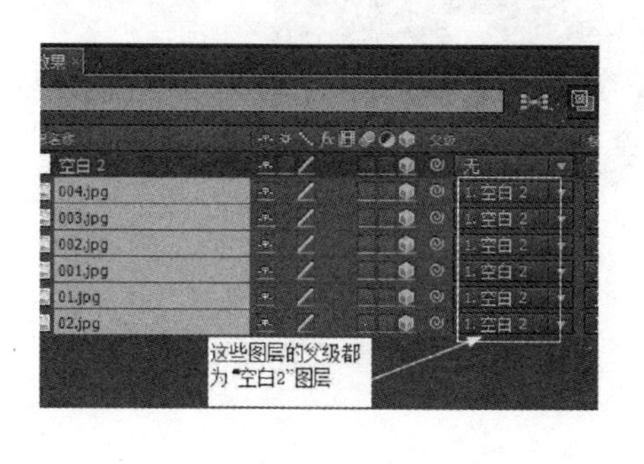

图 7.77

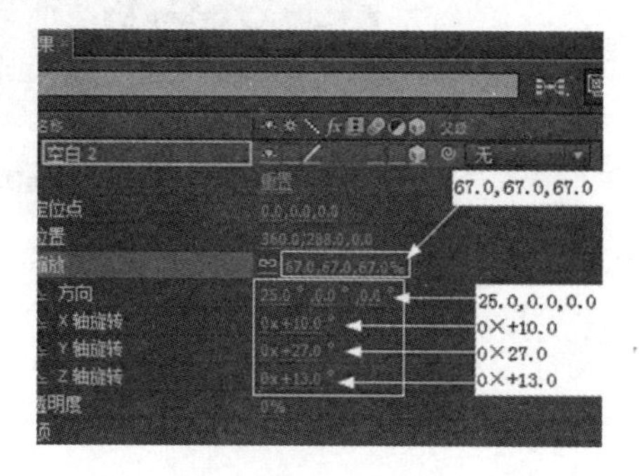

图 7.78

步骤 2：将(当前时间指示器)移到第 8 秒 0 帧的位置，调节参数并设置关键帧，具体参数设置如图 7.80 所示，在【合成预览】窗口中的效果如图 7.81 所示。

视频播放："通过空白图层制作立方体的运动效果"的详细介绍，请观看"通过空白图层制作立方体的运动效果.wmv"。

【参考视频】　【参考视频】

图 7.79

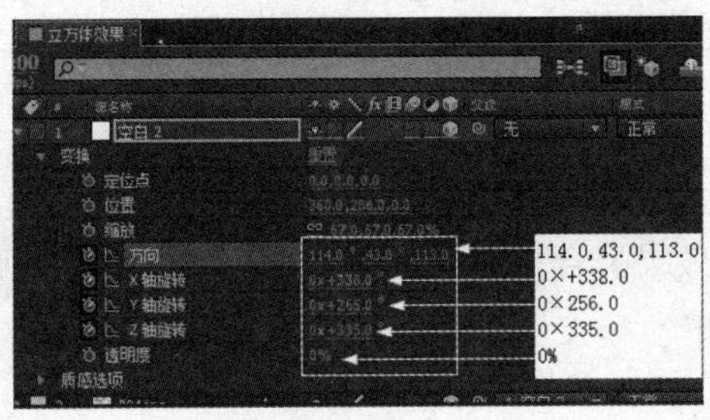

图 7.80

图 7.81

四、案例小结

本案例主要介绍旋转的立方体效果的制作方法和技巧，重点掌握空白图层的作用和使用方法。

五、举一反三

根据前面所学知识，制作如下效果。

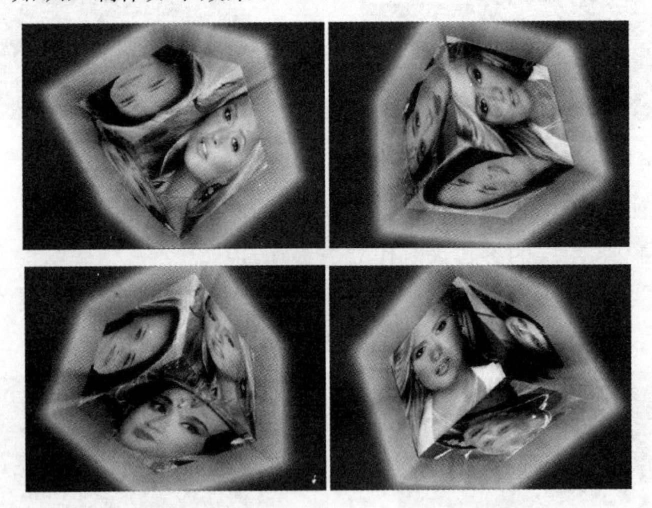

【参考视频】

第 8 章

运动跟踪技术

技 能 点

案例 1：画面的稳定
案例 2：一点跟踪
案例 3：四点跟踪

说　　明

本章主要通过 3 个案例全面讲解运动跟踪的原理和方法。

【参考视频】

在本章中主要通过3个案例全面介绍影视后期合成中的运动跟踪技术。运动跟踪技术是影视后期合成中的高级合成技术，也只有专业的视频合成软件才具有运动跟踪功能。在所有的影视后期合成软件中 After Effects CS6 在动态跟踪方面一直处于领先水平，使用 After Effects CS6 中的运动跟踪功能不仅可以同时跟踪画面中多个点的运动轨迹，还可以跟踪画面的透视角度的变化。

案例1　画面的稳定

一、效果预览

案例效果在本书提供的配套素材中的“第8章 运动跟踪技术/案例效果/案例1.flv”文件中。通过预览效果对本案例有一个大致的了解。本案例主要介绍画面的稳定原理和方法。

二、本案例画面及制作步骤(流程)分析

案例部分画面效果如下：

案例制作的大致步骤：

①创建合成和导入素材→②进行画面稳定处理→③进行黑边处理。

三、详细操作步骤

案例引入：

(1) 画面稳定处理的原理是什么？
(2) 什么是画面稳定？
(3) 什么是跟踪技术？
(4) 怎样进行黑边处理？

画面稳定是指在一个图层中，通过跟踪画面中的一个特征点来将晃动的视频画面处理成稳定的视频画面。画面稳定技术主要用来修复在运动拍摄中由于摄像机晃动造成的画面抖动现象。画面稳定的具体操作步骤如下。

1．创建新合成和导入素材

1) 创建合成

步骤1：启动 After Effects CS6 应用软件。

步骤2：创建新合成。在菜单栏中单击图像合成(C)→新建合成组(C)...命令(或按键盘上的

【参考视频】

“Ctrl+N”组合键)，弹出【图像合成设置】对话框，在【图像合成设置】对话框中设置尺寸为“720px×576px”，持续时间为“5 秒”，命名为“画面的稳定”。单击 确定 按钮完成合成创建。

2) 导入素材

步骤 1：在【项目】窗口的空白处单击右键，弹出快捷菜单，在弹出的快捷菜单中单击 导入 → 文件... 命令，弹出【导入文件】对话框，在【导入文件】对话框中单选“视频 1.MPG”视频文件。

步骤 2：单击 确定 按钮，即可将视频文件导入【项目】窗口中。

视频播放：“创建新合成和导入素材”的详细介绍，请观看“创建新合成和导入素材.wmv”。

2. 进行画面稳定处理

步骤 1：将“视频 1.mpg”视频文件拖到“画面的稳定”合成的【画面的稳定】合成窗口中，如图 8.1 所示。

步骤 2：切换工作界面。在菜单栏中单击 窗口(W) → 工作区(S) → 动态跟踪 命令，将界面切换至动态跟踪界面。

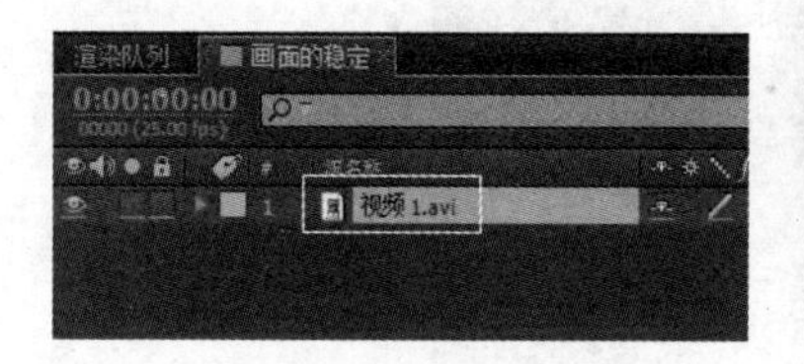

图 8.1

图 8.2

步骤 3：设置运动来源。【跟踪】面板的具体设置如图 8.2 所示。

步骤 4：在【跟踪】面板中单击 稳定运动 按钮，在【合成预览】窗口中出现一个跟踪点，如图 8.3 所示。

步骤 5：移动跟踪点。将鼠标移到跟踪点上，并按住鼠标左键不放，此时，跟踪点被放大显示，如图 8.4 所示。这样可以准确放置跟踪点。

图 8.3

图 8.4

步骤 6：精确设置跟踪点位置。将跟踪点放置到一个比较明显的特征点上面，如图 8.5 所示。松开鼠标完成跟踪点的设置，如图 8.6 所示。

【参考视频】

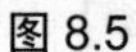

图 8.5

图 8.6

步骤 7：设置取样范围。将鼠标移到取样框的角点上，按住鼠标左键不放进行移动，具体如图 8.7 所示。

步骤 8：在【跟踪】面板中单击设置目标...按钮，弹出【运动目标】对话框，具体设置如图 8.8 所示。

图 8.7

图 8.8

步骤 9：单击确定按钮，完成运动目标的设置。

步骤 10：设置跟踪通道。在【跟踪】面板中单击选项...按钮，弹出【运动稳定器选项】对话框，具体设置如图 8.9 所示。

步骤 11：单击确定按钮，完成跟踪通道的设置。

步骤 12：进行跟踪。单击【跟踪】面板中的▶(向前分析)按钮，等完成分析之后，单击应用按钮，弹出【动态跟踪应用选项】对话框，具体设置如图 8.10 所示。

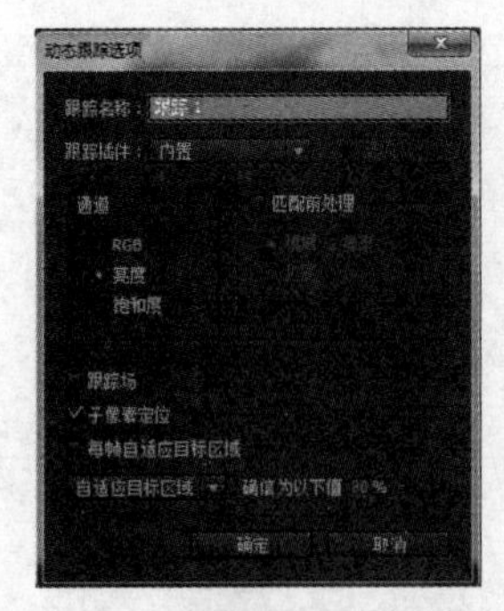

图 8.9

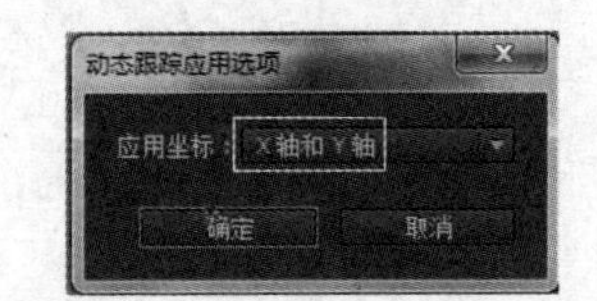

图 8.10

步骤 13：单击确定按钮，完成跟踪。

步骤 14：完成跟踪之后，在【画面的稳定】合成窗口中可以看到生成了很多关键帧，如图 8.11 所示。

提示：如果用户对跟踪不满意还可以从不满意的关键帧的位置再进行一次跟踪，也可以进行单帧设置。

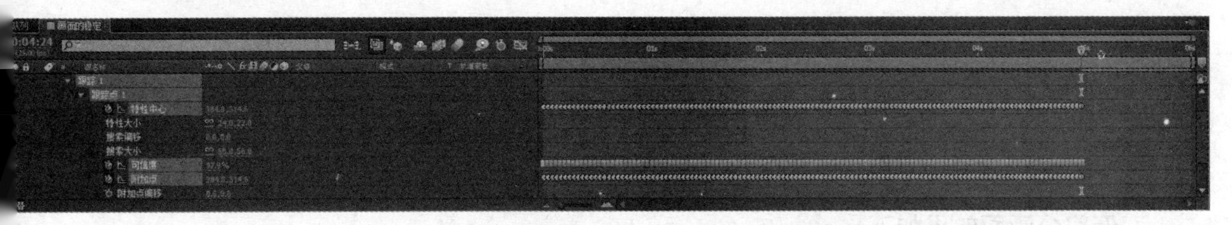

图 8.11

视频播放："进行画面稳定处理"的详细介绍，请观看"进行画面稳定处理.wmv"。

3. 进行黑边处理

步骤 1：跟踪完之后，在进行预览中可以看到如图 8.12 所示的黑边。处理的方法是设置视频的变换属性中的比例参数，具体参数设置如图 8.13 所示。

图 8.12

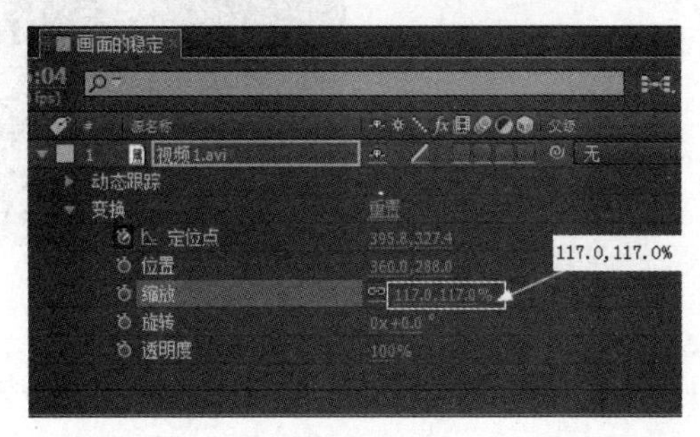

图 8.13

步骤 2：设置比例参数之后的效果如图 8.14 所示。

视频播放："进行黑边处理"的详细介绍，请观看"进行黑边处理.wmv"。

图 8.14

四、案例小结

本案例主要介绍处理画面稳定的方法，要求掌握处理画面稳定的原理和基本操作步骤。

五、举一反三

根据前面所学知识，对"视频 4.mpg"视频进行画面稳定处理。

【参考视频】

【参考视频】

【参考视频】

案例 2　一点跟踪

一、效果预览

案例效果在本书提供的配套素材中的“第 8 章　运动跟踪技术/案例效果/案例 2.flv”文件中。通过预览效果对本案例有一个大致的了解。本案例主要介绍一点跟踪的原理和方法。

二、本案例画面及制作步骤(流程)分析

案例部分画面效果如下：

案例制作的大致步骤：

①创建合成和导入素材→②创建运动立方体预合成→③创建跟踪。

三、详细操作步骤

案例引入：

(1) 一点跟踪的原理是什么？

(2)“CC 粒子仿真世界”特效的作用是什么？

(3) 怎样创建跟踪？

一点跟踪的原理就是目标图层跟踪源图层中的一个特征点，然后将这个特征点的运动路径应用到目标图层，使目标图层运动以保持与原图层特征点的相对位置不变。本案例综合使用特效和跟踪技术来完成图像的合成。具体操作步骤如下。

1. 创建新合成和导入素材

1) 创建合成

步骤 1：启动 After Effects CS6 应用软件。

步骤 2：创建新合成。在菜单栏中单击 图像合成(C) → 新建合成组(C)... 命令(或按键盘上的

【参考视频】

"Ctrl+N"组合键)，弹出【图像合成设置】对话框，在【图像合成设置】对话框中设置尺寸为"720px×576px"，持续时间为"12秒"，命名为"一点跟踪"。单击确定按钮完成合成创建。

2) 导入素材

步骤1：在【项目】窗口的空白处单击右键，弹出快捷菜单，在弹出的快捷菜单中单击导入→文件...命令，弹出【导入文件】对话框，在【导入文件】对话框中单选"视频2.MPG"视频文件。

步骤2：单击确定按钮，即可将视频文件导入【项目】窗口中。

视频播放："创建新合成和导入素材"的详细介绍，请观看"创建新合成和导入素材.wmv"。

2. 创建运动立方体预合成

步骤1：将【项目】窗口中的"视频2.mpg"视频素材拖到【一点跟踪】窗口中。

步骤2：创建固态层。在【时间线】窗口中的空白处单击右键弹出快捷菜单，在弹出的快捷菜单中单击新建→固态层(S)...命令，弹出【固态图层设置】对话框，具体参数设置如图8.15所示。

步骤3：单击确定按钮，完成固态层的创建，如图8.16所示。

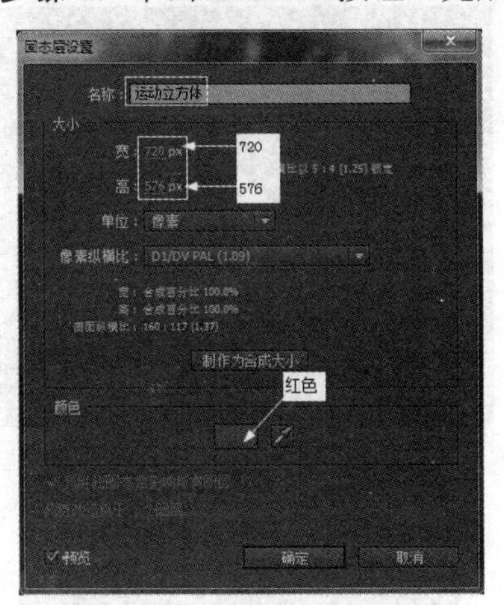

图8.15

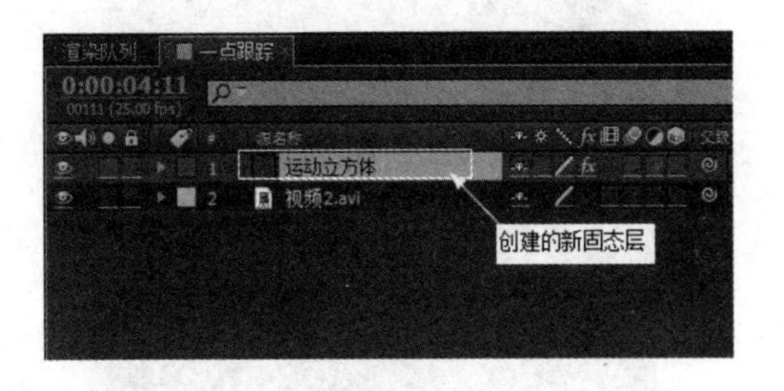

图8.16

步骤4：给1 星光固态层添加特效。在菜单栏中单击效果(T)→模拟仿真→CC 粒子仿真世界命令，【CC粒子仿真世界】特效参数设置如图8.17所示。在【合成预览】窗口的效果如图8.18所示。

步骤5：再给1 星光图层添加特效。在菜单栏中单击效果(T)→风格化→辉光命令，【辉光】特效参数设置如图8.19所示。在【合成预览】窗口中的效果如图8.20所示。

步骤6：将1 运动立方体图层转换为预合成。在菜单栏中单击图层(L)→预合成(P)...命令，弹出【预合成】窗口。具体设置如图8.21所示，

步骤7：单击确定按钮，在【一点跟踪】合成窗口中的效果如图8.22所示。

【参考视频】

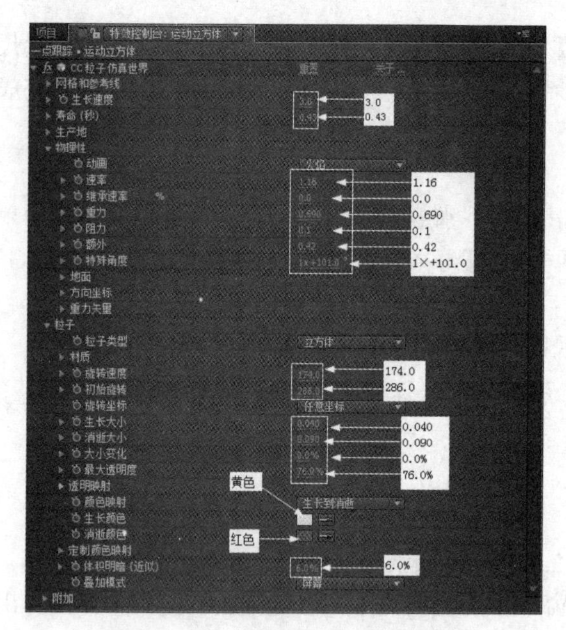

图 8.17

图 8.18

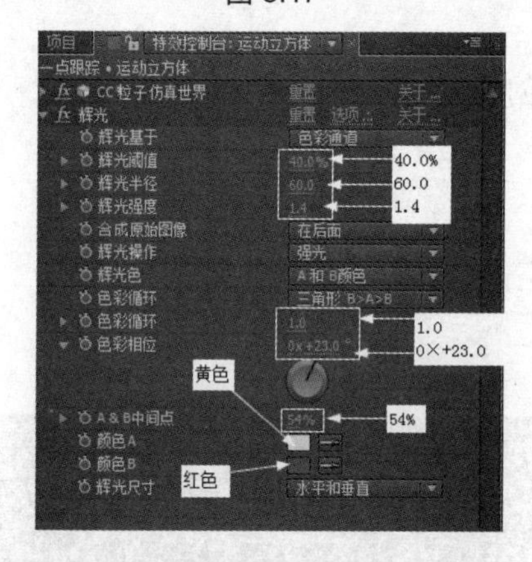

图 8.19

图 8.20

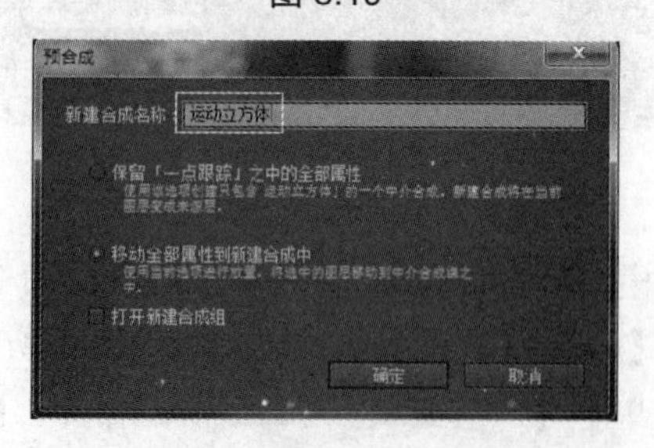

图 8.21

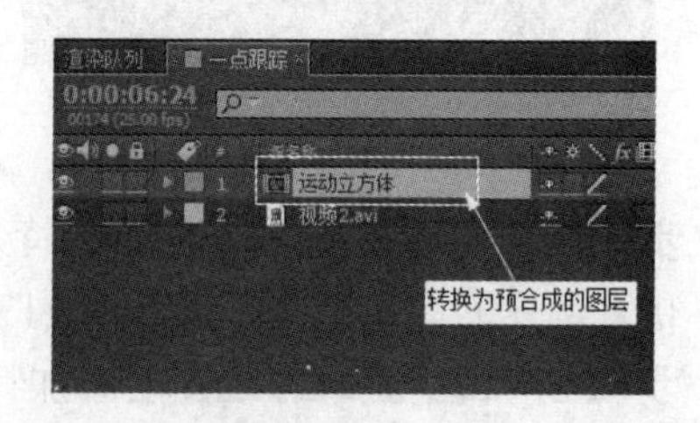

图 8.22

视频播放：“创建立方体运动预合成”的详细介绍，请观看“创建立方体运动预合成.wmv”。

【参考视频】

3. 创建跟踪

步骤 1：转换工作界面。在菜单栏中单击窗口(W)→工作区(S)→动态跟踪命令，完成工作界面的转换。

步骤 2：在【一点跟踪】合成窗口中单选 1 运动立方体图层。【跟踪】面板的具体参数设置如图 8.23 所示。

步骤 3：进行跟踪。单击【跟踪】面板中的追踪运动按钮，此时，【跟踪】面板(图 8.24)。

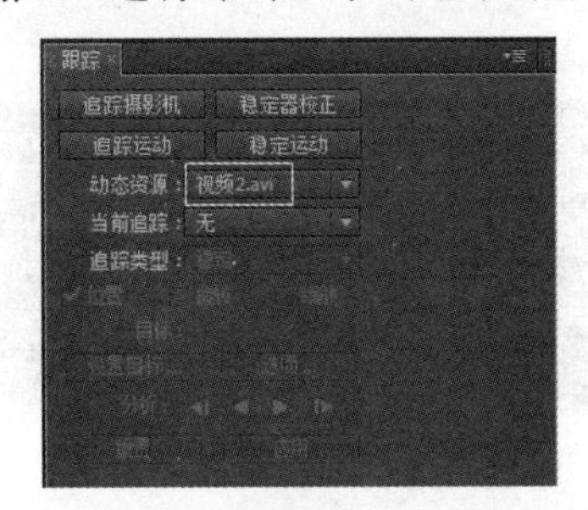

图 8.23

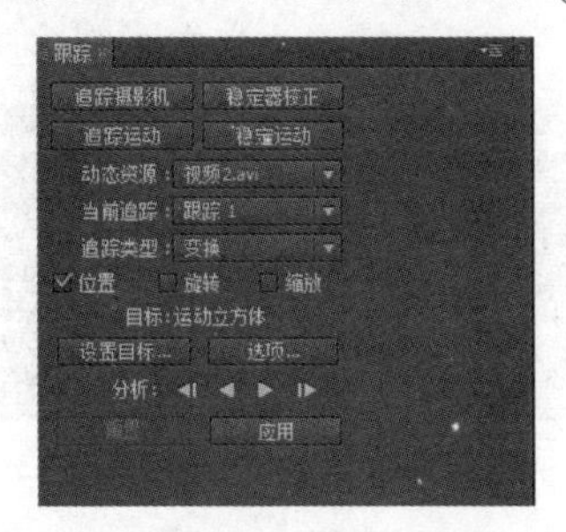

图 8.24

步骤 4：在【合成预览】窗口中出现一个跟踪点，如图 8.25 所示。将鼠标移到跟踪点的位置，如图 8.26 所示。松开鼠标即可完成跟踪点的设置。

图 8.25

图 8.26

步骤 5：设置运动目标。在【跟踪】面板中单击设置目标...按钮，弹出【运动目标】对话框，具体设置如图 8.27 所示。单击确定按钮，完成运动目标的设置。

步骤 6：设置动态跟踪选项。在【跟踪】面板中单击选项...按钮，弹出【动态跟踪选项】对话框，具体设置如图 8.28 所示。单击确定按钮，完成动态跟踪选项的设置。

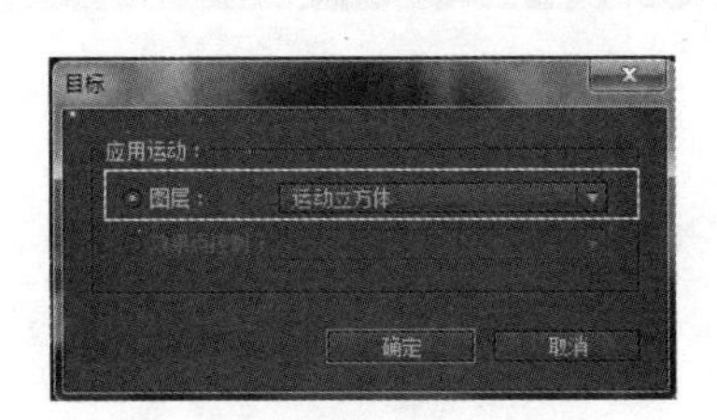

图 8.27

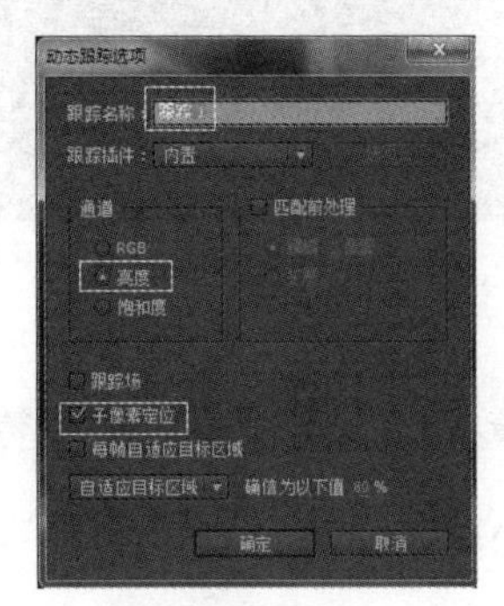

图 8.28

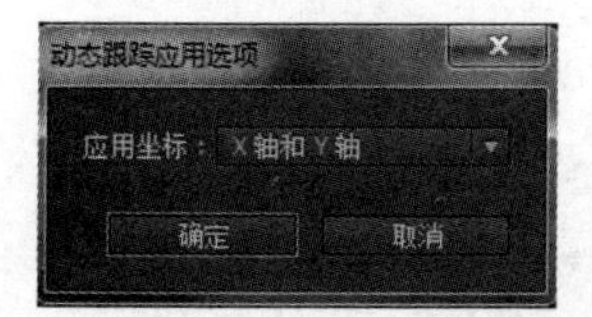

图 8.29

步骤 7：在【跟踪】面板中单击(向前分析)按钮进行跟踪分析，然后在【跟踪】面板中单击 应用 按钮，弹出【动态跟踪应用选项】对话框，具体设置如图 8.29 所示，单击 确定 按钮完成跟踪应用。

步骤 8：完成跟踪之后的【一点跟踪】合成窗口如图 8.30 所示，产生了很多关键帧。

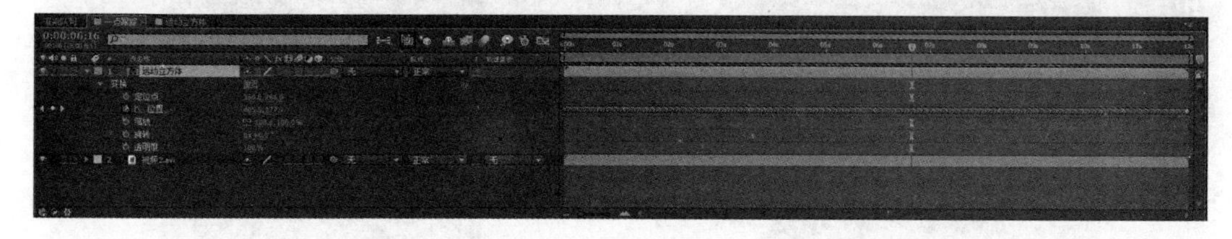

图 8.30

步骤 9：将(当前时间指示器)移到第 8 秒 10 帧的位置，选中后面所有的关键帧，如图 8.31 所示。按“Delete”键，删除选中的关键帧，如图 8.32 所示。

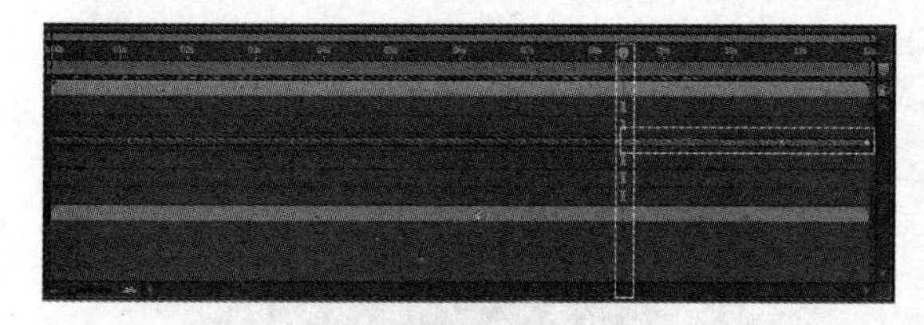

图 8.31

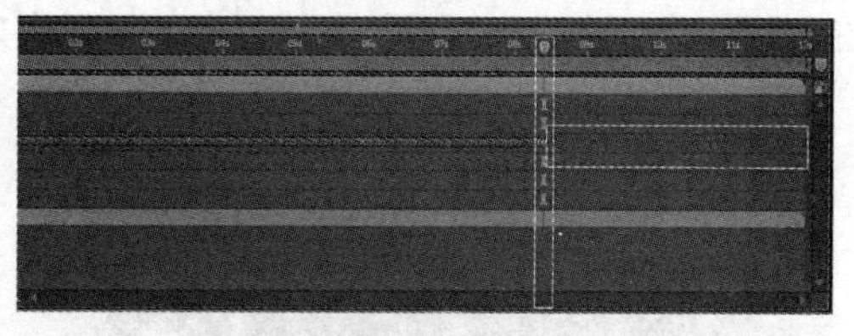

图 8.32

步骤 10：选中 1 运动立方体 图层中的最后 1 个关键帧，如图 8.33 所示。在【合成预览】窗口中将 1 运动立方体 图层中控制点移到外面，如图 8.34 所示。然后保存文件。

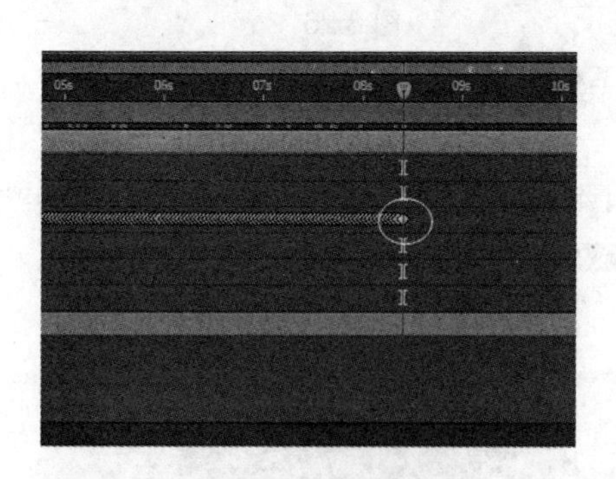

图 8.33

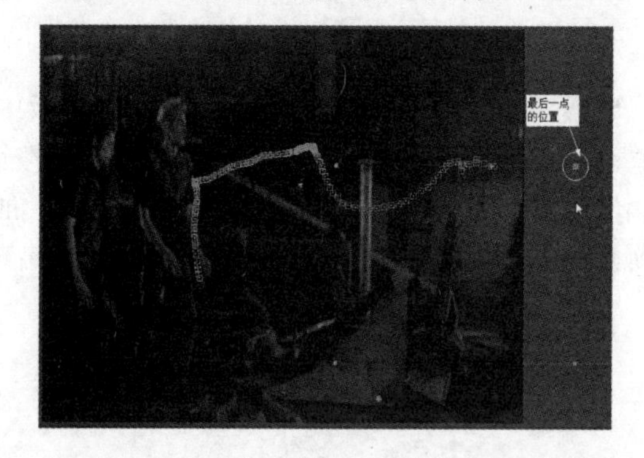

图 8.34

视频播放：“创建跟踪”的详细介绍，请观看“创建跟踪.wmv”。

四、案例小结

本案例主要介绍一点跟踪的原理和跟踪方法，要求掌握一点跟踪的原理。

【参考视频】

五、举一反三

根据前面所学知识，制作如下效果。

案例 3　四点跟踪

一、效果预览

案例效果在本书提供的配套素材中的“第 8 章 运动跟踪技术/案例效果/案例 3.flv”文件中。通过预览效果对本案例有一个大致的了解。本案例主要介绍四点跟踪技术。

二、本案例画面及制作步骤(流程)分析

案例部分画面效果如下：

案例制作的大致步骤：

①创建合成和导入素材→②创建跟踪→③调整目标跟踪图层的大小。

三、详细操作步骤

案例引入：

(1) 四点跟踪的原理是什么？

(2) 怎样调节跟踪图层的大小？

(3) 怎样创建跟踪？

在 After Effects CS6 中，四点跟踪技术也叫透视跟踪技术，该跟踪技术是后期合成中最高级的跟踪技术，跟踪的原理是通过同时跟踪源图层中的 4 个特征点的运动轨迹，以计算出画面的透视角度变化并应用到目标图层，可以使合成画面中的特定物体产生透视角度变化，以达到模拟三维运动或者摄像机角度变化的效果。具体操作步骤如下。

1. 创建新合成和导入素材

1) 创建合成

步骤 1：启动 After Effects CS6 应用软件。

【参考视频】

步骤 2：创建新合成。在菜单栏中单击图像合成(C)→新建合成组(C)...命令(或按键盘上的“Ctrl+N”组合键)，弹出【图像合成设置】对话框，在【图像合成设置】对话框中设置尺寸为“720px×576px”，持续时间为“3 秒”，命名为“四点跟踪”。单击确定按钮完成合成创建。

2) 导入素材

步骤 1：在【项目】窗口的空白处单击右键，弹出快捷菜单，在弹出的快捷菜单中单击导入→文件...命令，弹出【导入文件】对话框，在【导入文件】对话框中单选“视频 3.MPG”视频文件。

步骤 2：单击确定按钮，即可将视频文件导入【项目】窗口中。

视频播放：“创建新合成和导入素材”的详细介绍，请观看“创建新合成和导入素材.wmv”。

2. 创建跟踪

步骤 1：分别将“MOV01297.MPG”和“视频 3.avi”两段视频素材拖到【四点跟踪】合成窗口中，如图 8.35 所示。

步骤 2：将(当前时间指示器)移到第 0 秒 0 帧的位置，在菜单栏中单击窗口(W)→工作区(S)→动态跟踪命令，将界面切换至动态跟踪界面。

步骤 3：单选 2 视频 3.avi 图层，设置【跟踪】面板参数，具体设置如图 8.36 所示。

图 8.35

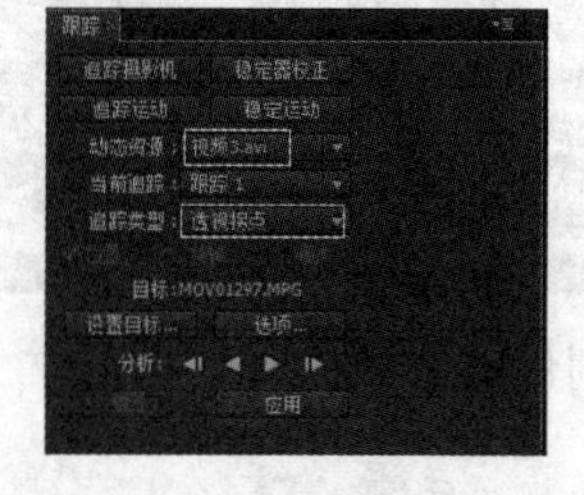

图 8.36

步骤 4：设置【跟踪】面板参数之后，在【合成预览】窗口中的效果如图 8.37 所示。

步骤 5：从图 8.37 所示可以看出，出现了四个跟踪点，将每一个跟踪点调节到绿色面板的白色特征点上，具体设置如图 8.38 所示。

图 8.37

图 8.38

【参考视频】

提示：在调节跟踪点的时候，四个跟踪点要与绿色面板上白色的点对应，否则的话，会出现视频扭曲的现象。

步骤 6：设置运动目标。在【跟踪】面板中单击 设置目标... 按钮，弹出【运动目标】对话框，具体设置如图 8.39 所示。单击 确定 按钮，完成运动目标的设置。

步骤 7：设置动态跟踪选项。在【跟踪】面板中单击 选项... 按钮，弹出【动态跟踪选项】对话框，具体设置如图 8.40 所示。单击 确定 按钮，完成动态跟踪选项的设置。

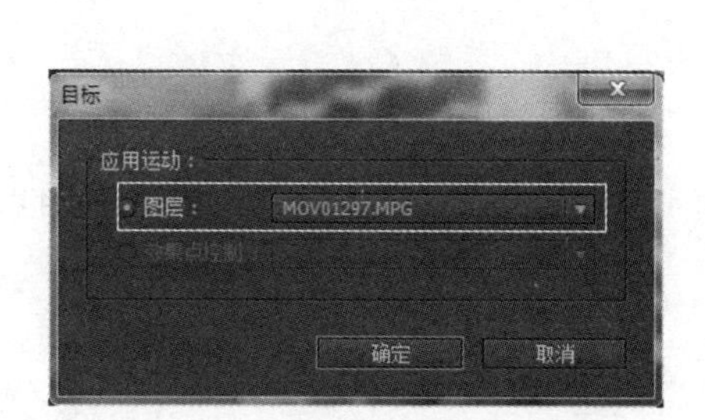

图 8.39

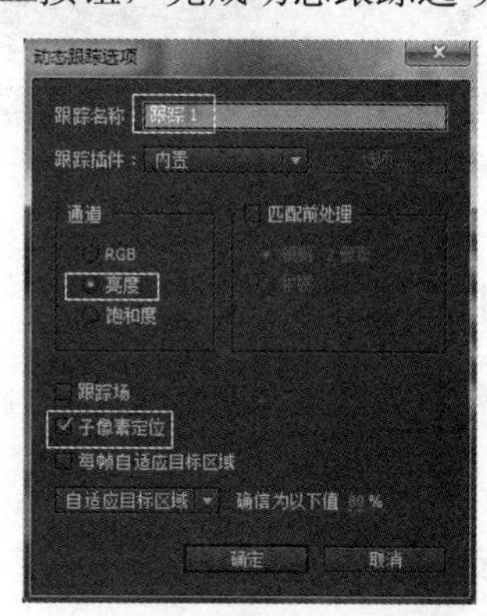

图 8.40

步骤 8：在【跟踪】面板中单击▶(向前分析)按钮，进行跟踪分析，完成分析之后，在【跟踪】面板中单击 应用 按钮完成跟踪。在【四点跟踪】合成窗口中的效果(图 8.41)。

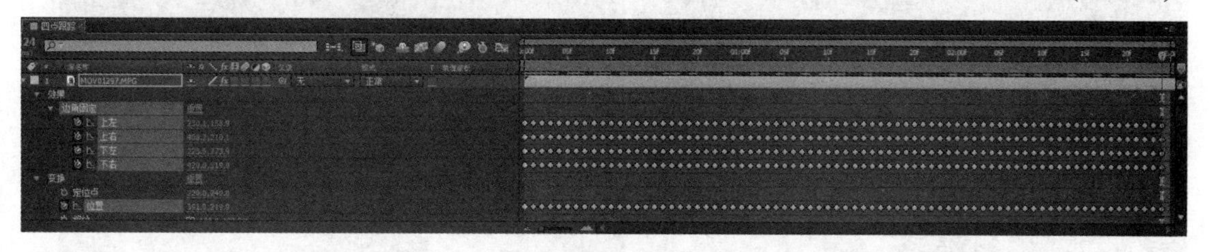

图 8.41

视频播放：“创建跟踪”的详细介绍，请观看“创建跟踪.wmv”。

3. 调整目标跟踪图层的大小

步骤 1：跟踪完成之后，在【合成预览】窗口中的效果如图 8.42 所示。可以看出，出现了绿色的边，说明目标图层的尺寸太小。

步骤 2：调整目标图层的大小。展开 1 MOV01297.MPG 图层。设置比例参数，具体设置如图 8.43 所示。

步骤 3：保存文件。

视频播放：“调整目标跟踪图层的大小”的详细介绍，请观看“调整目标跟踪图层的大小.wmv”。

【参考视频】

【参考视频】

图 4.42

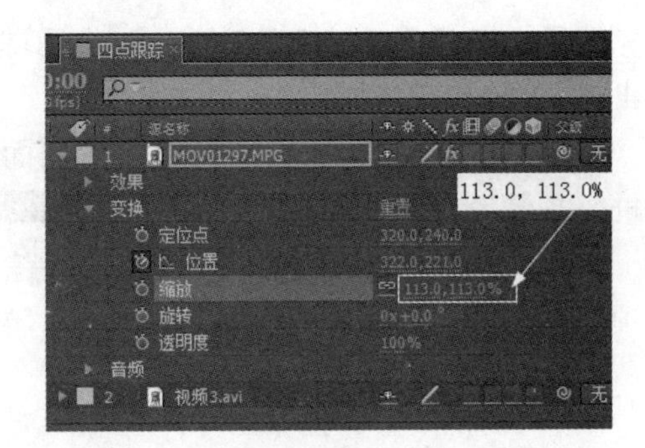

图 8.43

四、案例小结

本案例主要介绍四点跟踪(透视跟踪)的原理和详细的跟踪操作步骤，要求掌握四点跟踪的原理。

五、举一反三

根据前面所学知识，制作如下效果。

【参考视频】

第9章 综合案例

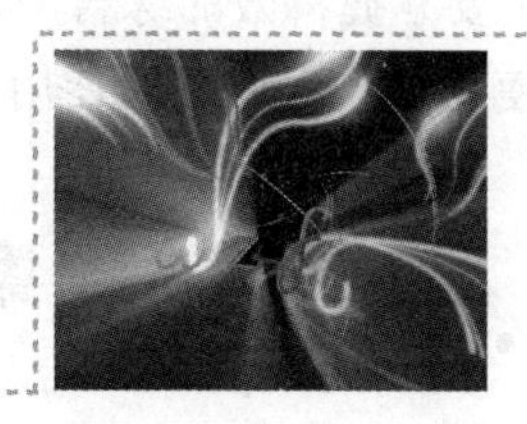

技能点

案例1: 动态背景
案例2: 穿梭线条效果
案例3: 旋转光球效果
案例4: 展开的倒计时效果
案例5: After Effects插件基础知识
案例6: 霓虹灯效果
案例7: 灵动光线效果

说明

本章主要通过7个案例的介绍，对前面所学知识进行全面复习和巩固及插件的介绍和综合应用。

【参考视频】

在本章中主要通过 7 个案例全面复习和巩固前面所学知识以及插件的安装方法和综合使用技巧。本章主要掌握特效的综合应用、特效参数设置、各种图层的操作、插件的安装方法、常用插件的使用以及表达式的使用方法和含义。

案例 1　动态背景

一、效果预览

案例效果在本书提供的配套素材中的“第 9 章 综合案例/案例效果/案例 1.flv”文件中。通过预览效果对本案例有一个大致的了解。本案例主要介绍动态背景的制作方法和技巧。

二、本案例画面及制作步骤(流程)分析

案例部分画面效果如下：

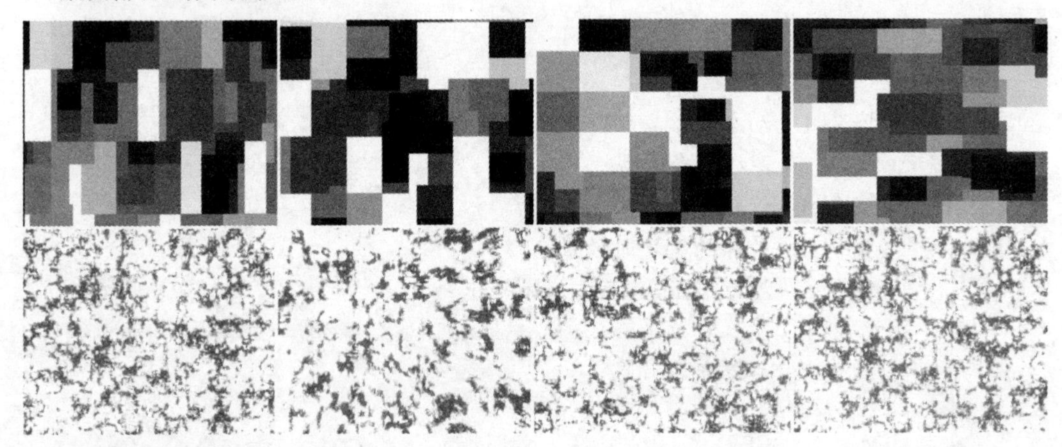

案例制作的大致步骤：

①动态色块的制作 ➡ ②炉烬背景的制作。

三、详细操作步骤

案例引入：

(1) 动态色块制作的原理是什么？

(2) 炉烬背景制作的原理是什么？

(3)“分形噪波”特效有什么作用？

(4)“三色调”特效有什么作用？

在进行影视后期节目制作的时候，经常需要用到动态背景，因为它可以烘托前景、营造气氛，为制作成功的作品锦上添花。下面通过两个动态背景的制作来介绍动态背景制作的方法和技巧。

【参考视频】

1. 动态色块的制作

1) 创建合成

步骤 1：启动 After Effects CS6 应用软件。

步骤 2：创建新合成。在菜单栏中单击图像合成(C)→新建合成组(C)...命令(或按键盘上的 Ctrl+N 组合键)，弹出【图像合成设置】对话框，在【图像合成设置】对话框中设置尺寸为“720px×576px”，持续时间为“5 秒”，命名为“动态色块”。单击确定按钮完成合成创建。

2)创建固态层

步骤 1：在【动态色块】合成窗口的空白处单击鼠标右键，弹出快捷菜单，在弹出的快捷菜单中单击新建→固态层(S)...命令，弹出【固态层设置】对话框。具体设置如图 9.1 所示。

步骤 2：单击确定按钮，创建一个固态层，如图 9.2 所示。

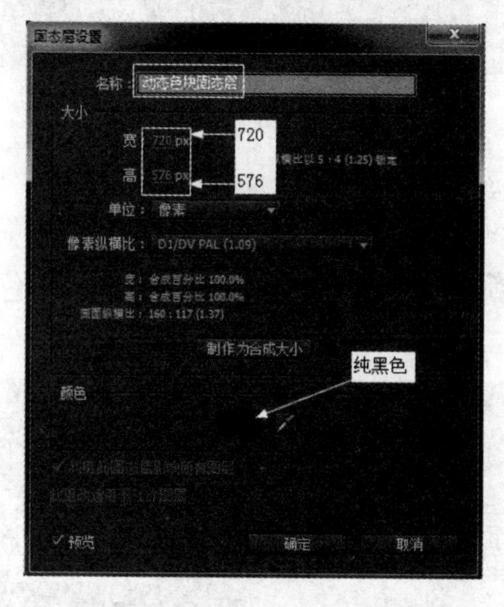

图 9.1

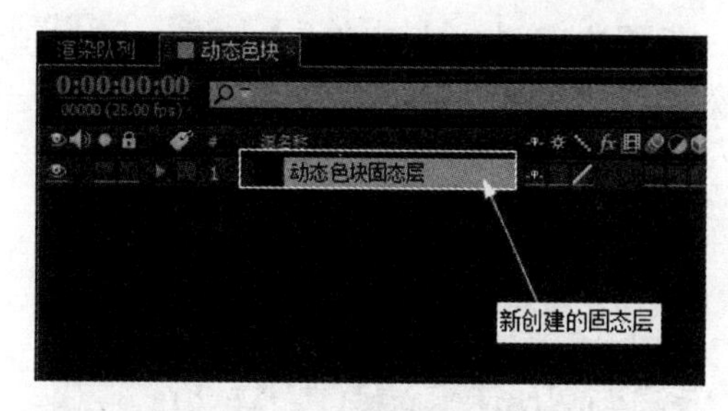

图 9.2

3) 给固态层添加特效

步骤 1：单选 1 动态色块固态层层。

步骤 2：在菜单栏中单击效果(T)→杂波与颗粒→分形噪波命令，给选中的固态图层添加一个“分形噪波”特效。

步骤 3：将(当前时间指示器)移到第 0 秒的位置。添加关键帧。设置“分形噪波”特效的参数，具体参数设置如图 9.3 所示。

步骤 4：将(当前时间指示器)移到第 5 秒的位置。分别单击“分形噪波”特效的参数左边(添加关键帧)按钮，添加关键帧。设置“分形噪波”特效的参数，具体参数设置如图 9.4 所示。

步骤 5：在菜单栏中单击效果(T)→通道→最大/最小命令，给固态图层添加一个“最大/最小”特效，具体参数设置如图 9.5 所示。

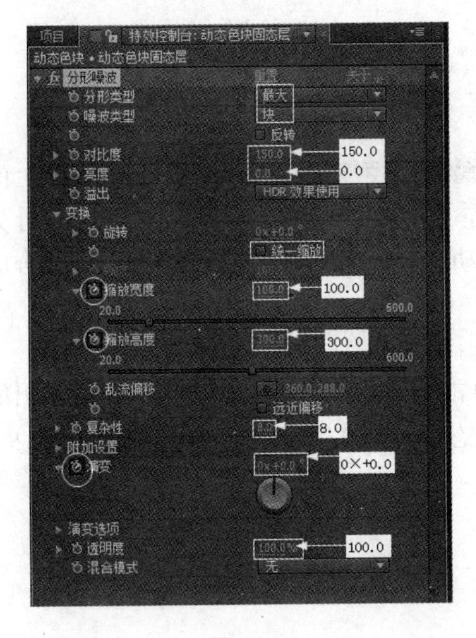

图 9.3

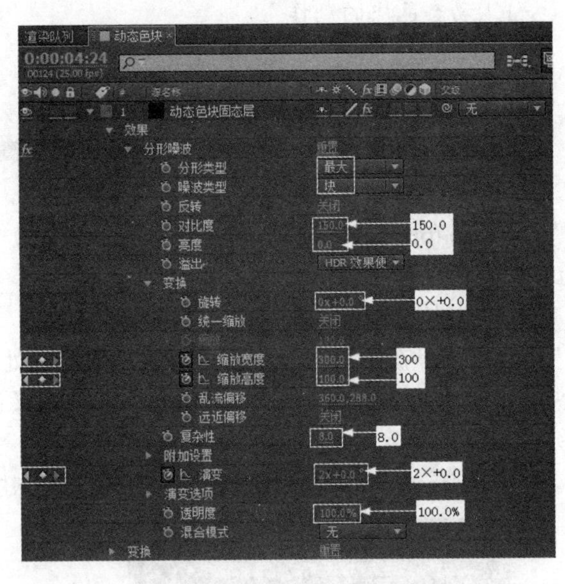

图 9.4

提示：“最大/最小”特效的半径范围用于控制每个通道参数的最大值和最小值。使用该特效可以扩大或者缩小蒙版的范围。

步骤 6：在菜单栏中单击效果(T)→色彩校正→三色调命令，给固态图层添加一个“三色调”特效，具体参数设置如图 9.6 所示。

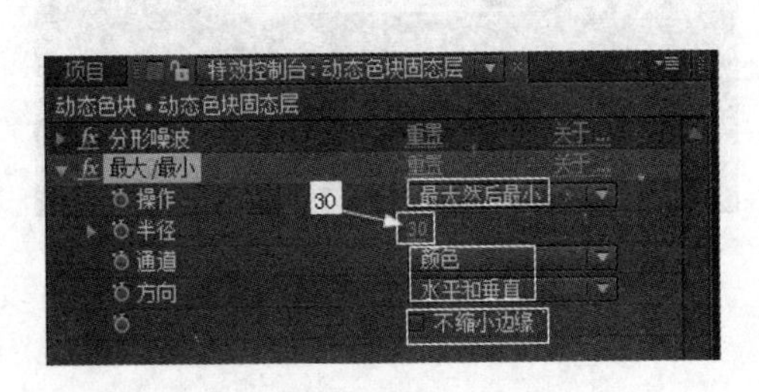

图 9.5

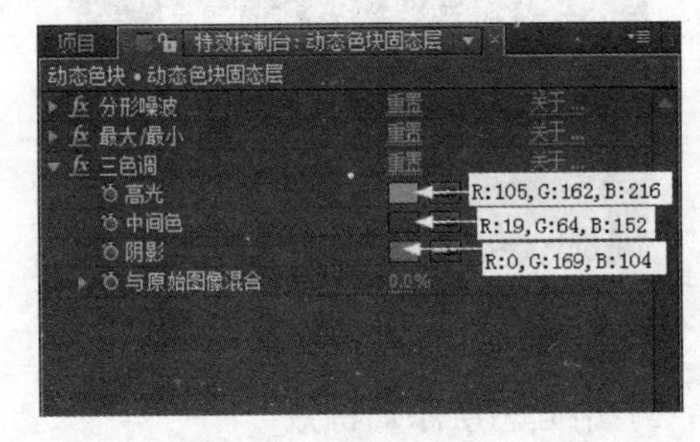

图 9.6

步骤 7：最终效果如图 9.7 所示。

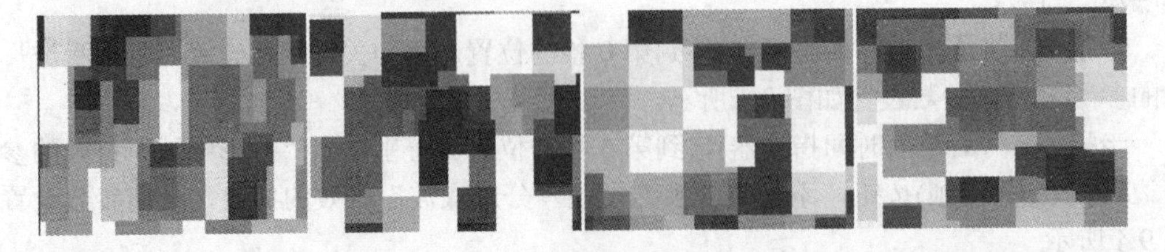

图 9.7

视频播放：“动态色块的制作”的详细介绍，请观看“动态色块的制作.wmv”。

【参考视频】

2. 炉烬背景的制作

1) 创建新合成

在菜单栏中单击图像合成(C)→新建合成组(C)...命令，弹出【图像合成设置】对话框，在【图像合成设置】对话框中设置尺寸为“720px×576px”，持续时间为“5 秒”，命名为“炉烬背景的制作”。单击确定按钮完成合成创建。

2) 创建固态层

步骤 1：在【炉烬背景的制作】合成窗口的空白处单击鼠标右键，弹出快捷菜单，在弹出的快捷菜单中单击新建→固态层(S)...命令，弹出【固态层设置】对话框。具体参数设置如图 9.8 所示。

步骤 2：单击确定按钮，创建一个固态层，如图 9.9 所示。

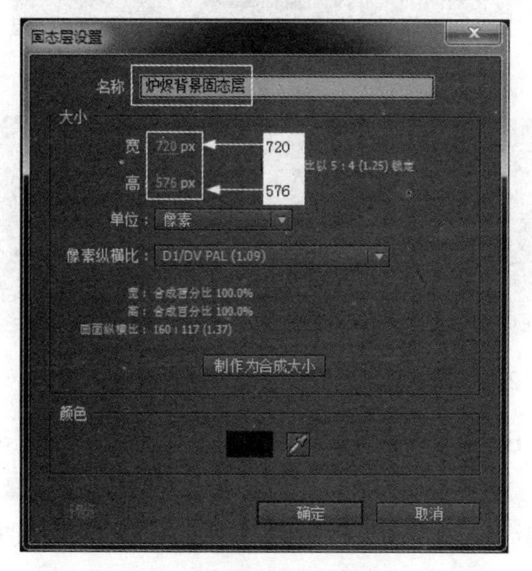

图 9.8

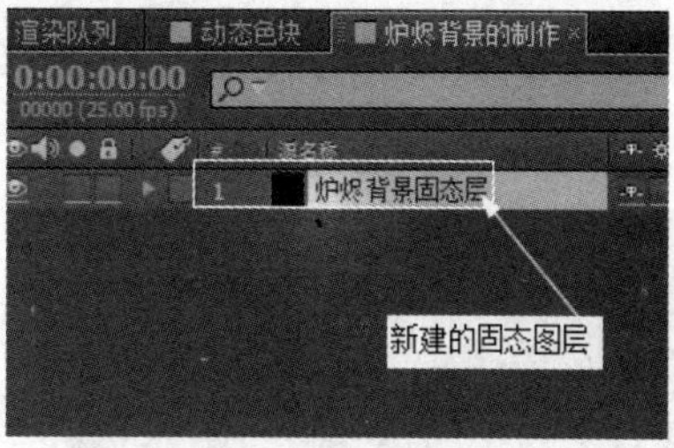

图 9.9

3) 给固态层添加特效

步骤 1：单选 1 炉烬背景固态层 层。

步骤 2：在菜单栏中单击效果(T)→杂波与颗粒→分形噪波命令，给选中的固态图层添加一个“分形噪波”特效。

步骤 3：将(当前时间指示器)移到第 0 秒的位置，添加关键帧。设置“分形噪波”特效的参数，具体设置如图 9.10 所示。

步骤 4：将(当前时间指示器)移到第 5 秒的位置。分别单击“分形噪波”特效的参数左边(添加关键帧)按钮，添加关键帧。设置“分形噪波”特效的参数，具体参数设置如图 9.11 所示。

步骤 5：在【特效控制台】窗口中选择“分形噪波”特效的名称，按 Ctrl+D 组合键将当前的“分形噪波”特效复制一个，然后选择固态层，单击键盘上的 U 键展开两个“分形噪波”特效的关键帧属性，选择复制的“分形噪波”特效的所有关键帧，如图 9.12 所示。

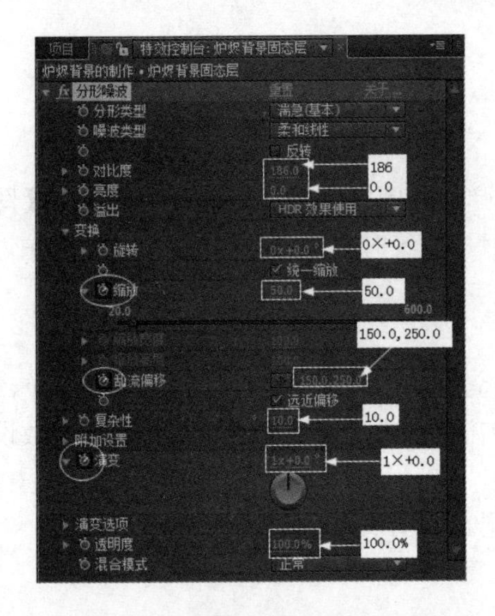

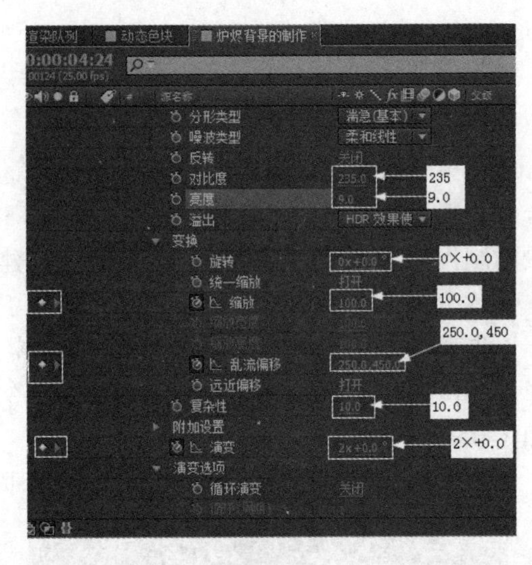

图 9.10　　　　图 9.11

图 9.12

图 9.13

步骤 6：将鼠标移到选中的任意关键帧上，单击右键弹出快捷菜单，在弹出的快捷菜单中单击关键帧辅助→时间反向关键帧命令，将第 0 秒的关键帧与第 5 秒的关键帧的“分形噪波”特效参数进行反转。

步骤 7：在【特效控制台】窗口中将两个“分形噪波”特效的混合模式设置为“叠加”，如图 9.13 所示。

步骤 8：在菜单栏中单击效果(T)→色彩校正→三色调命令，给固态层添加一个“三色调”特效，具体参数设置如图 9.14 所示。

步骤 9：在菜单栏中单击效果(T)→风格化→辉光命令，给固态图层添加一个“辉光”特效。具体参数设置如图 9.15 所示。最终效果如图 9.16 所示。

视频播放：“炉烬背景的制作”的详细介绍，请观看“炉烬背景的制作.wmv”。

【参考视频】

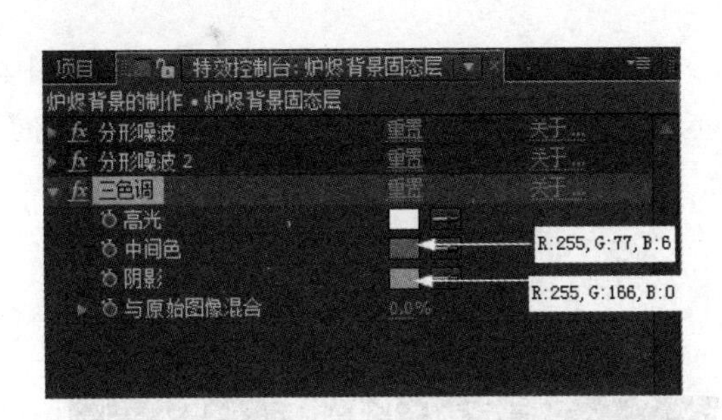

图 9.14

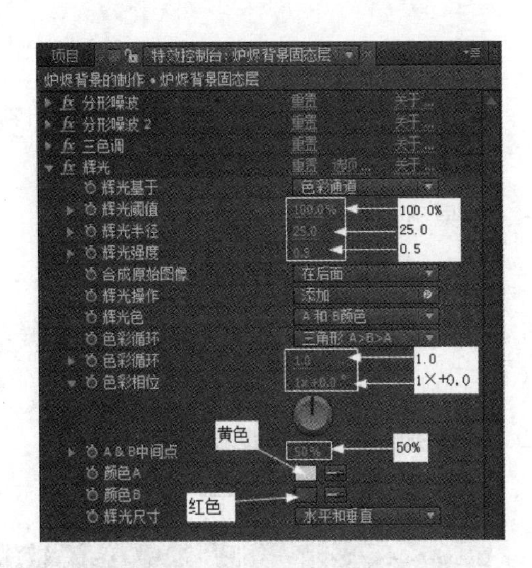

图 9.15

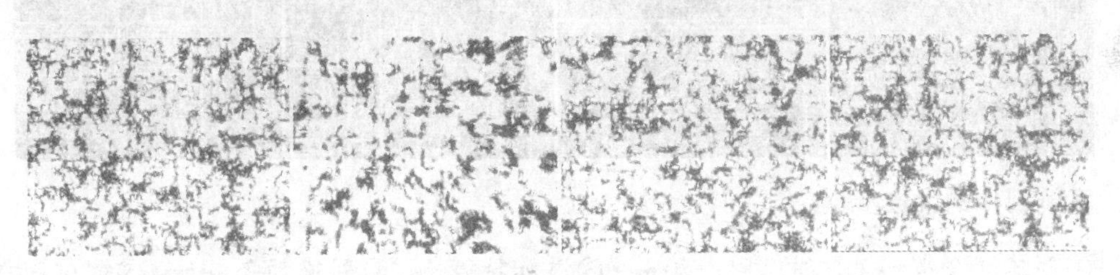

图 9.16

四、案例小结

本案例主要通过“动态色块的制作”和“炉烬背景的制作”两个小案例，详细介绍了特效的综合使用方法和技巧，重点掌握使用综合特效制作动态背景的方法和特效参数的设置。

五、举一反三

根据前面所学知识，制作如下动态背景效果。

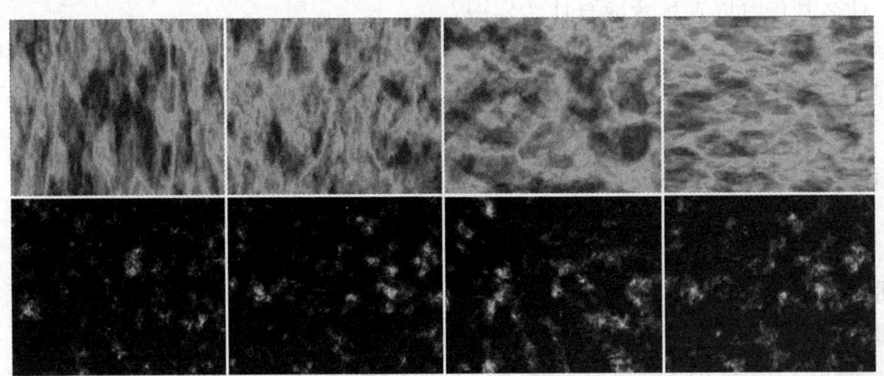

【参考视频】

案例2　穿梭线条效果

一、效果预览

案例效果在本书提供的配套素材中的“第9章 综合案例/案例效果/案例2.flv”文件中。通过预览效果对本案例有一个大致的了解。本案例主要介绍使用多个特效制作穿梭线条效果。

二、本案例画面及制作步骤(流程)分析

案例部分画面效果如下：

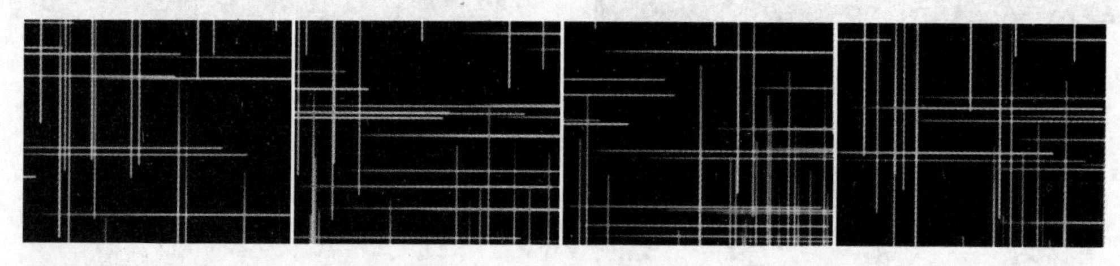

案例制作的大致步骤：

①创建新合成→②创建固态层→③添加特效→④创建预合成→⑤创建固态层并添加粒子特效→⑥复制图层→⑦修改粒子特效参数→⑧复制粒子图层并修改参数→⑨创建调节层并添加特效。

三、详细操作步骤

案例引入：

(1) 穿梭线条效果的原理是什么？

(2) 什么是粒子特效？

(3)“粒子运动”特效有什么作用？

(4) 什么是预合成？预合成有什么作用？

在影视后期制作中粒子特效的使用非常频繁，使用粒子特效可以加入大量的相似物体并控制它们按照一定的规律运动。例如古代战争场面中大量人物的复制，物体的剧烈爆炸效果等，带给观众强烈的视觉冲击力。在本案例中主要利用粒子特效来制作一个“穿梭线条”效果。具体操作步骤如下。

1. 创建新合成

步骤1：启动After Effects CS6应用软件。

步骤2：创建新合成。在菜单栏中单击图像合成(C)→新建合成组(C)...命令(或按键盘上的Ctrl+N组合键)，弹出【图像合成设置】对话框，在【图像合成设置】对话框中设置尺寸为“720px×

【参考视频】

576px”，持续时间为“10 秒”，命名为“穿梭线条效果”。

步骤 3：单击 确定 按钮完成合成创建。

视频播放：“创建新合成”的详细介绍，请观看“创建新合成.wmv”。

2. 创建固态层

步骤 1：在【穿梭线条效果】合成窗口的空白处单击鼠标右键，弹出快捷菜单，在弹出的快捷菜单中单击 新建→固态层(S)... 命令，弹出【固态层设置】对话框，具体设置如图 9.17 所示。

步骤 2：单击 确定 按钮，创建一个固态层，如图 9.18 所示。

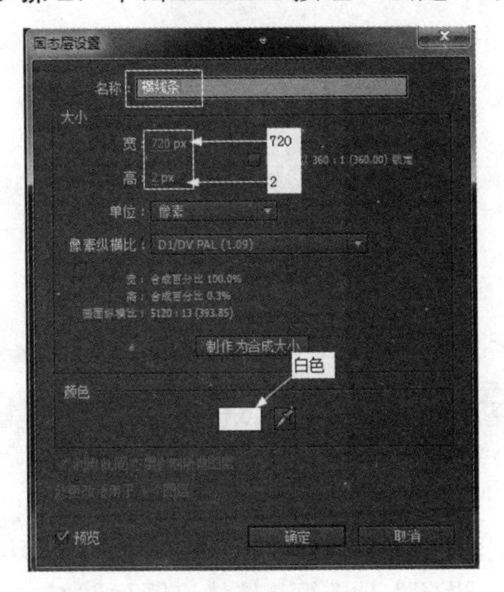

图 9.17

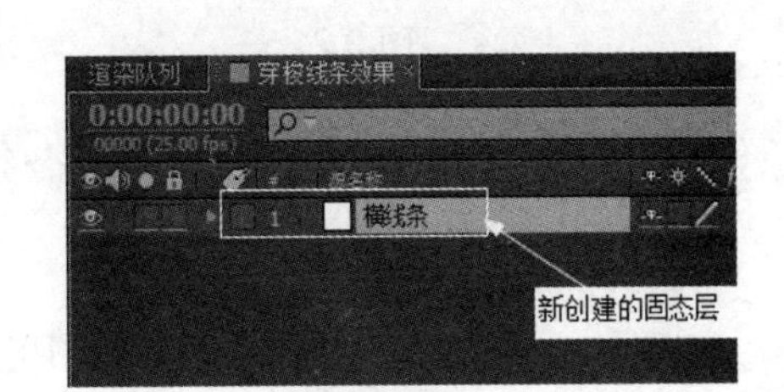

图 9.18

视频播放：“创建固态层”的详细介绍，请观看“创建固态层.wmv”。

3. 添加特效

步骤 1：单选 1 横线条 固态层。

步骤 2：在菜单栏中单击 效果(T)→生成→渐变 命令，给固态图层添加一个“渐变”特效。

步骤 3：“渐变”特效具体参数的设置如图 9.19 所示。在【合成预览】窗口中的效果如图 9.20 所示。

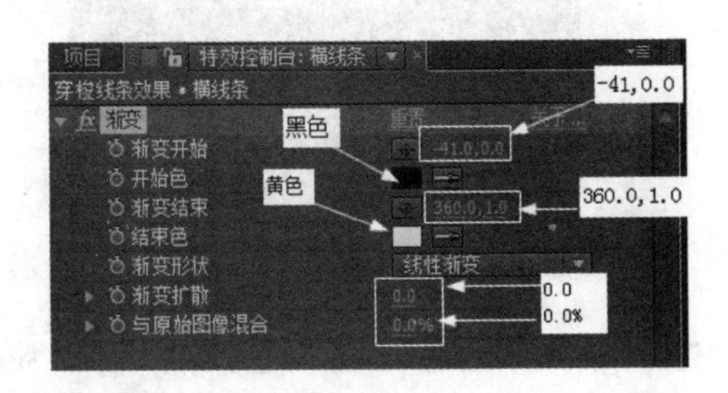

图 9.19

图 9.20

【参考视频】　【参考视频】

视频播放："添加特效"的详细介绍，请观看"添加特效.wmv"。

4. 创建预合成

步骤 1：确保 1 横线条 固态层被选中。

步骤 2：在菜单栏中单击图层(L)→预合成(P)...命令，弹出【预合成】窗口，具体设置如图 9.21 所示。

步骤 3：单击确定按钮，将固态层预合成。在【穿梭线条效果】合成窗口中的效果如图 9.22 所示。

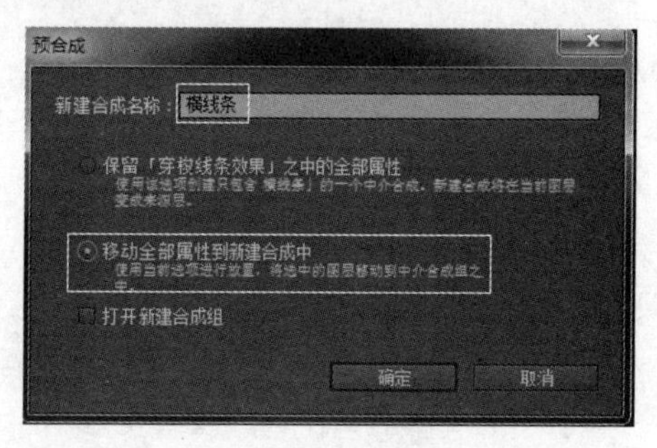

图 9.21

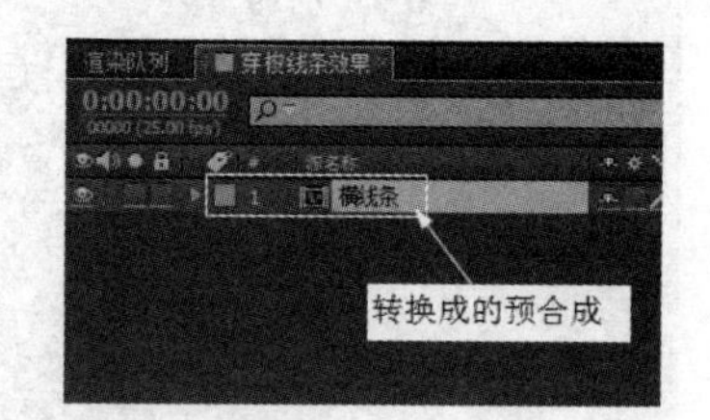

图 9.22

视频播放："创建预合成"的详细介绍，请观看"创建预合成.wmv"。

5. 创建固态层并添加粒子特效

步骤 1：在【穿梭线条效果】窗口的空白处单击鼠标右键弹出快捷菜单，在弹出的快捷菜单中单击新建→固态层(S)...命令，弹出【固态层设置】对话框，具体设置如图 9.23 所示。

步骤 2：单击确定按钮，创建一个固态层，如图 9.24 所示。

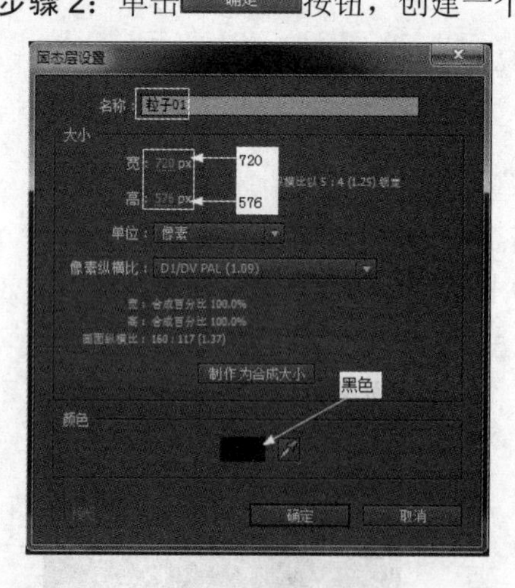

图 9.23

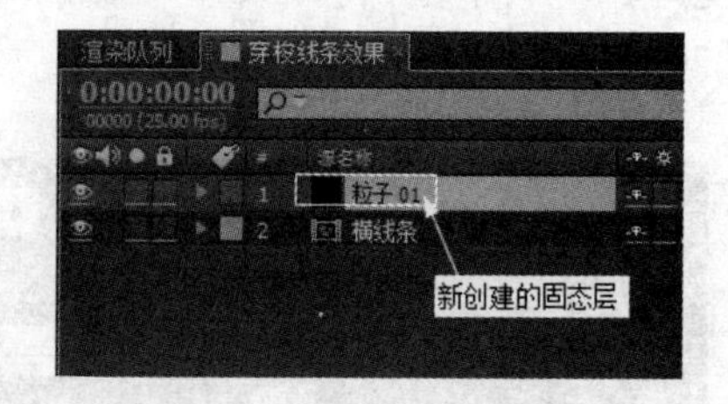

图 9.24

步骤 3：在菜单栏中单击效果(T)→模拟仿真→粒子运动命令，给粒子01图层添加一个"粒子运动"特效。具体参数设置如图 9.25 所示。在【合成预览】窗口中的效果如图 9.26 所示。

【参考视频】

【参考视频】

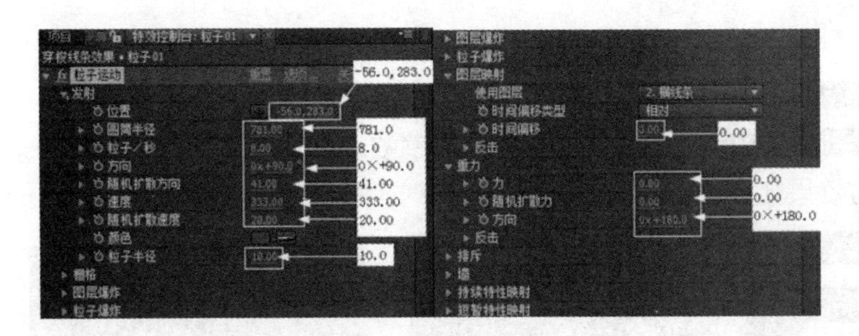

图 9.25

图 9.26

视频播放：“创建固态层并添加粒子特”的详细介绍，请观看“创建固态层并添加粒子特.wmv”。

6. 复制图层

步骤 1：单选 1 粒子01 图层。按键盘上的 Ctrl+D 组合键。复制并粘贴被选中的图层。将复制的图层重命名为“粒子 02”，如图 9.27 所示。

步骤 2：单选 3 [横线条] 图层。按键盘上的 Ctrl+D 组合键。复制并粘贴被选中的图层。将复制的图层重命名为“竖线条”，调整变换，如图 9.28 所示。

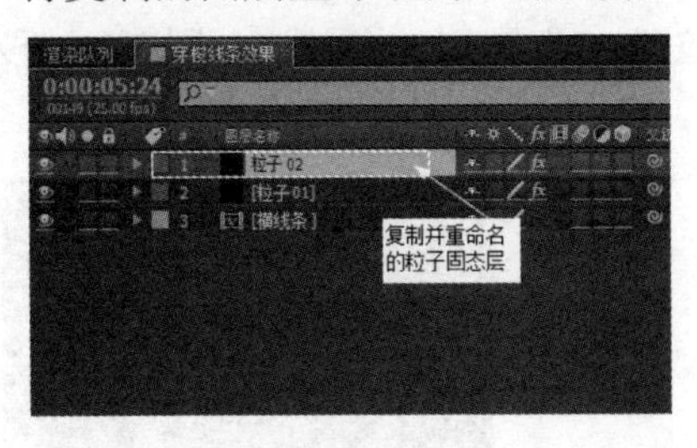

图 9.27

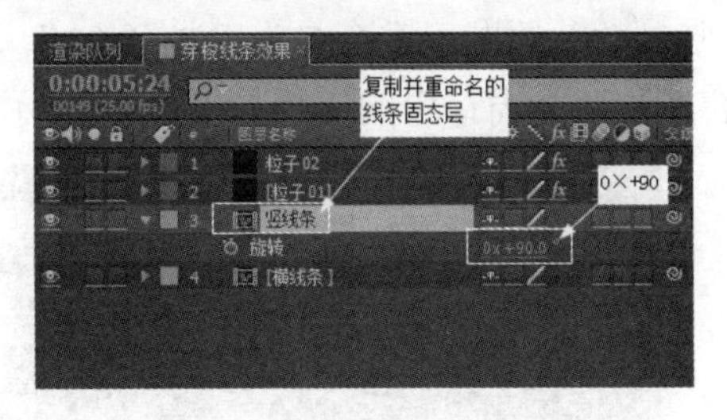

图 9.28

步骤 3：转换为预合成。确保 3 竖线条 被选中，在菜单栏中单击 图层(L) → 预合成(P)... 命令，弹出【预合成】窗口，具体设置如图 9.29 所示。

步骤 4：单击 确定 按钮，将选中的图层预合成。在【时间线】窗口中的效果如图 9.30 所示。

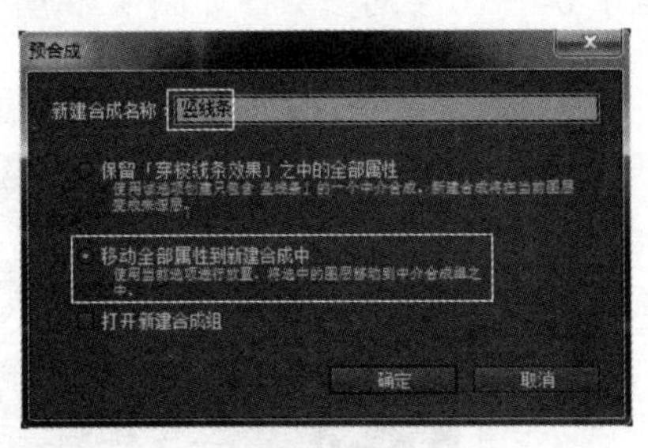

图 9.29

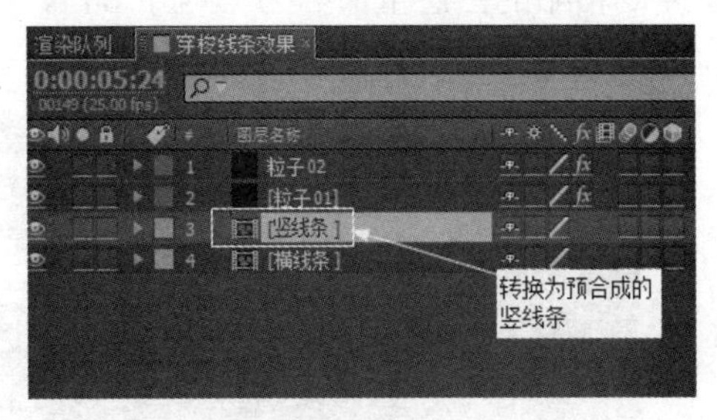

图 9.30

视频播放：“复制图层”的详细介绍，请观看“复制图层.wmv”。

【参考视频】

【参考视频】

7．修改粒子特效参数

步骤 1：单选 1 粒子02 图层。

步骤 2：修改 1 粒子02 图层中添加的“粒子”特效的参数，修改之后的参数如图 9.31 所示。在【合成】窗口中的效果如图 9.32 所示。

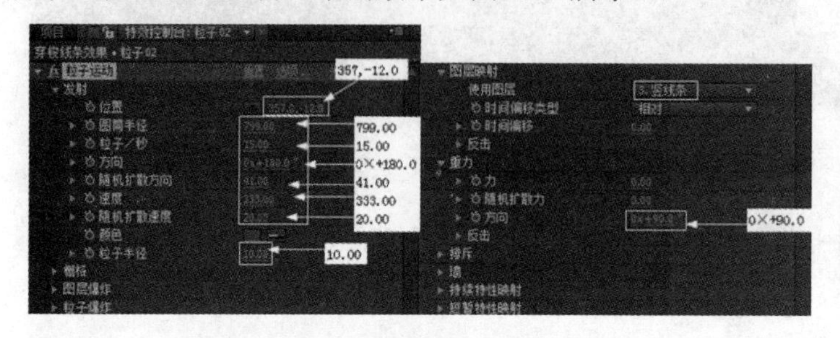

图 9.31

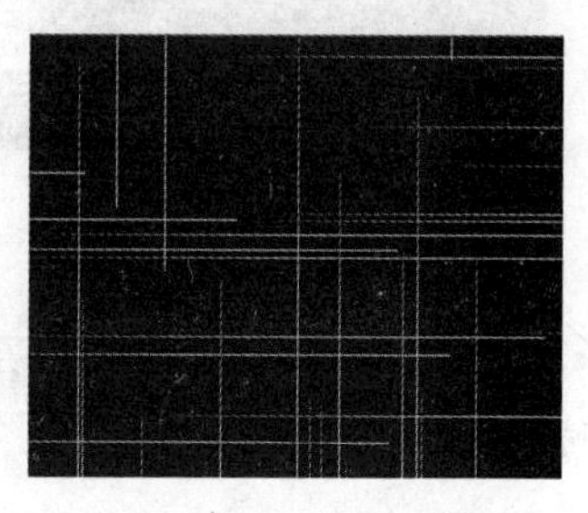
图 9.32

视频播放：“修改‘粒子’特效参数”的详细介绍，请观看“修改‘粒子’特效参数.wmv”。

8．复制粒子图层并修改参数

步骤 1：单选 2 [粒子01] 图层，按键盘上的 Ctrl+D 组合键，复制并粘贴被选中的图层，将复制粘贴的图层重命名为“粒子 03”。修改“粒子 03”图层的参数，如图 9.33 所示。在【合成预览】窗口中的效果如图 9.34 所示。

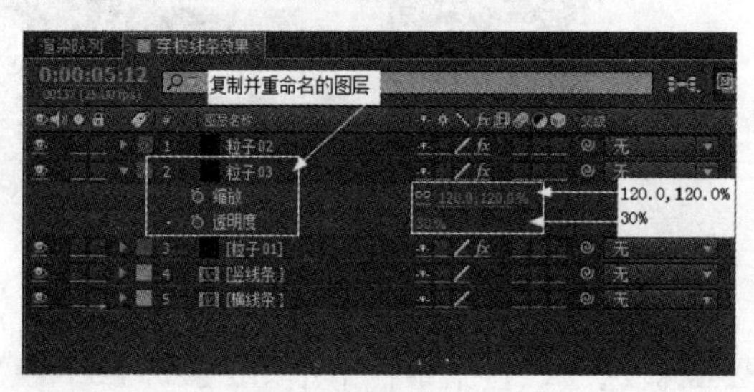

图 9.33

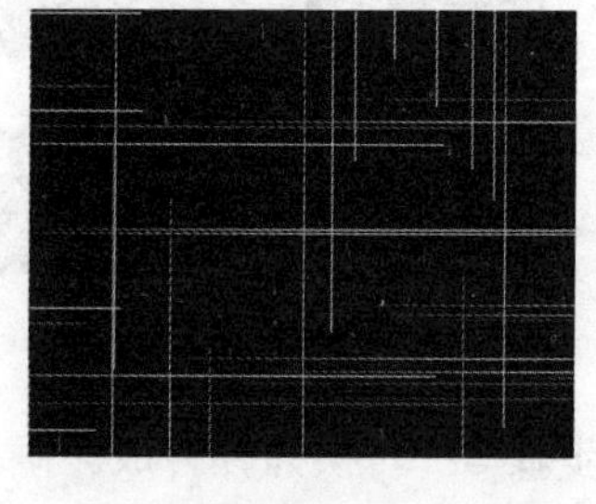
图 9.34

步骤 2：单选 1 粒子02 图层，按键盘上的 Ctrl+D 组合键，复制并粘贴被选中的图层，将复制粘贴的图层重命名为“粒子 04”。修改“粒子 04”图层的参数，如图 9.35 所示。在【合成预览】窗口中的效果如图 9.36 所示。

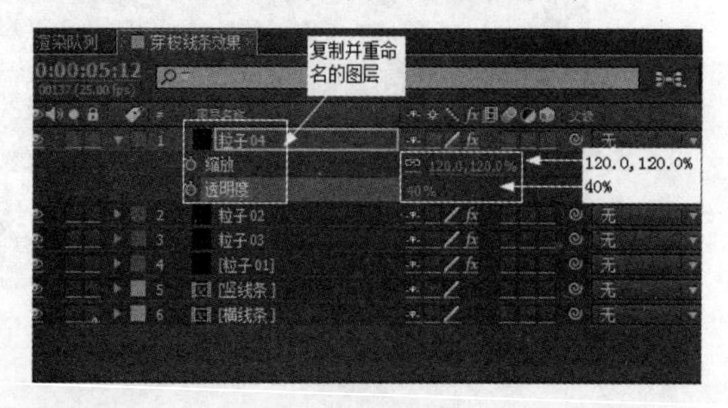

图 9.35

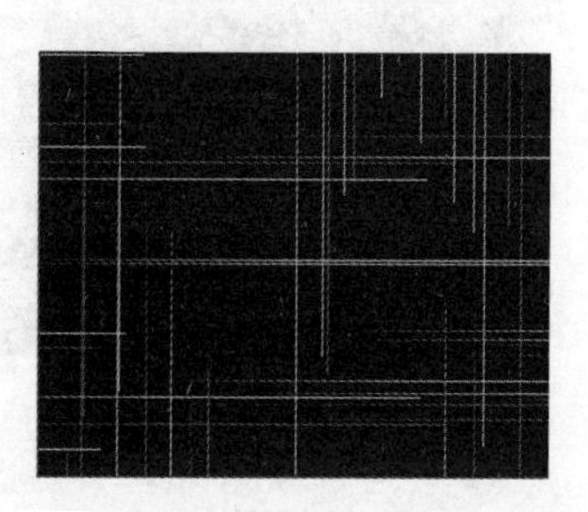
图 9.36

【参考视频】

视频播放：“复制粒子图层并修改参数”的详细介绍，请观看“复制粒子图层并修改参数.wmv”。

9．创建调节层并添加特效

步骤 1：在【时间线】窗口的空白处单击鼠标右键，弹出快捷菜单，在弹出的快捷菜单中单击新建→调节层(A)命令，添加一个调节层，如图 9.37 所示。

步骤 2：在菜单栏中单击效果(T)→风格化→辉光命令，添加一个“辉光”特效命令，具体参数设置如图 9.38 所示。

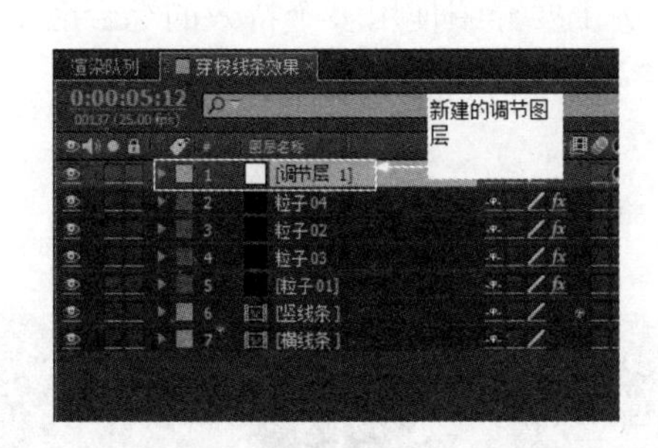

图 9.37

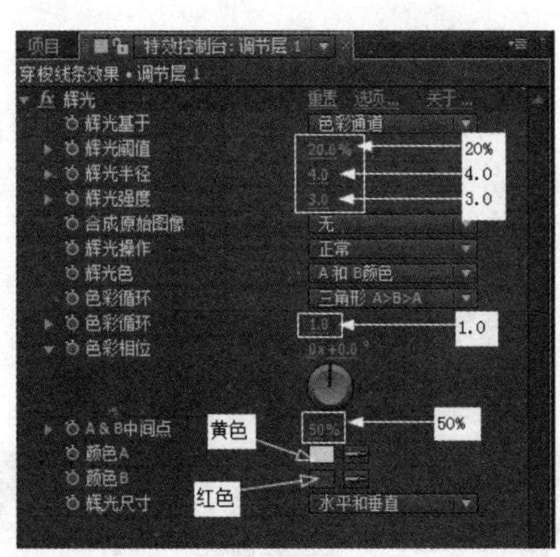

图 9.38

步骤 3：调整“辉光”特效命令之后，在【合成预览】窗口中的效果如图 9.39 所示。

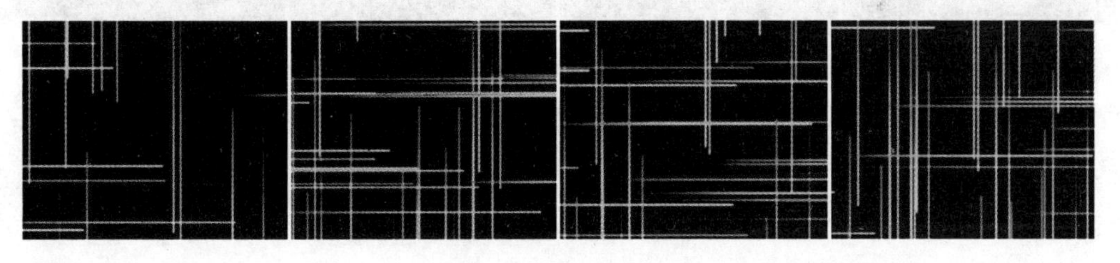

图 9.39

视频播放：“创建调节并添加特效”的详细介绍，请观看“创建调节并添加特效.wmv”。

四、案例小结

本案例主要介绍使用影视后期特效制作穿梭线条效果的方法和技巧，重点掌握各个特效的作用和参数设置。

五、举一反三

根据前面所学知识，制作如下动态背景效果。

【参考视频】

【参考视频】

【参考视频】

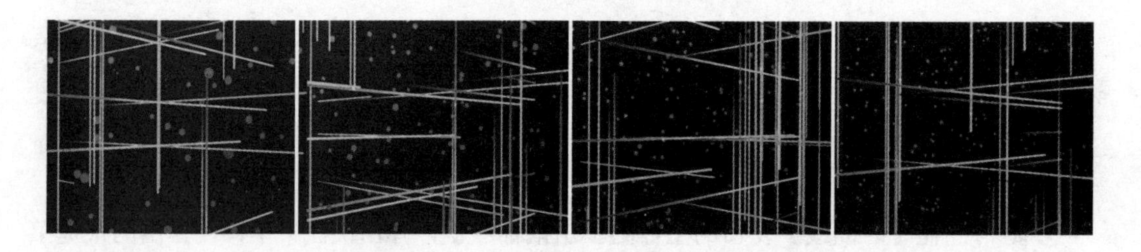

案例3 旋转光球效果

一、效果预览

案例效果在本书提供的配套素材中的“第9章 综合案例/案例效果/案例3.flv”文件中。通过预览效果对本案例有一个大致的了解。本案例主要介绍使用多个特效的综合应用制作旋转光球效果。

二、本案例画面及制作步骤(流程)分析

案例部分画面效果如下：

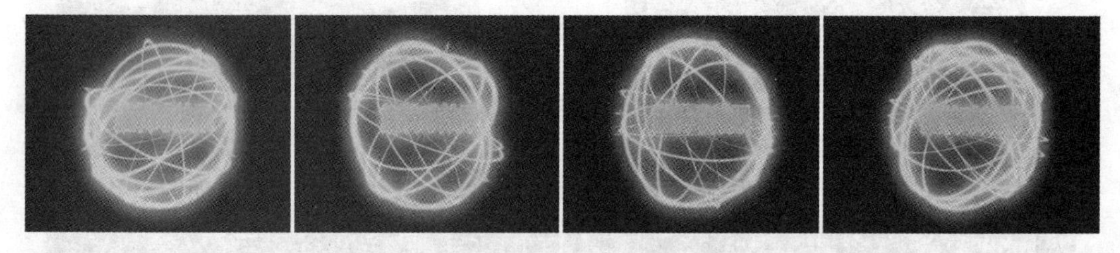

案例制作的大致步骤：

①创建新合成→②创建固态层→③绘制遮罩并添加特效→④创建预合成并添加特效→⑤复制图层和创建文字图层→⑥复制图层并添加特效→⑦预合成并添加特效。

三、详细操作步骤

案例引入：

(1) 旋转光球效果的制作原理是什么？

(2) 什么是遮罩？遮罩的原理是什么？

(3) 怎样写程序？程序的表达式怎样写？

(4) 在表达式编写过程中需要注意哪些方面？

在影视后期制作中，后期制作人员经常需要制作一些光的效果，将它们放在一些落幕的出字效果中作为一个辅助元素，用来引导观众视线，凸显主题元素。本案例中主要使用After Effects CS6中自带的工具、特效和表达式制作一个旋转光球效果。具体操作步骤如下。

【参考视频】

1. 创建新合成

步骤 1：启动 After Effects CS6 应用软件。

步骤 2：创建新合成。在菜单栏中单击图像合成(C)→新建合成组(C)...命令(或按键盘上的“Ctrl+N”组合键)，弹出【图像合成设置】对话框，在【图像合成设置】对话框中设置尺寸为“720px×576px”，持续时间为“10 秒”，命名为“旋转光球效果”。

步骤 3：单击 确定 按钮完成合成创建。

视频播放：“创建新合成”的详细介绍，请观看“创建新合成.wmv”。

2. 创建固态层

步骤 1：在【时间线】窗口的空白处单击鼠标右键，弹出快捷菜单，在弹出的快捷菜单中单击新建→固态层(S)...命令，弹出【固态层设置】对话框，具体设置如图 9.40 所示。

步骤 2：单击 确定 按钮，创建一个固态层，如图 9.41 所示。

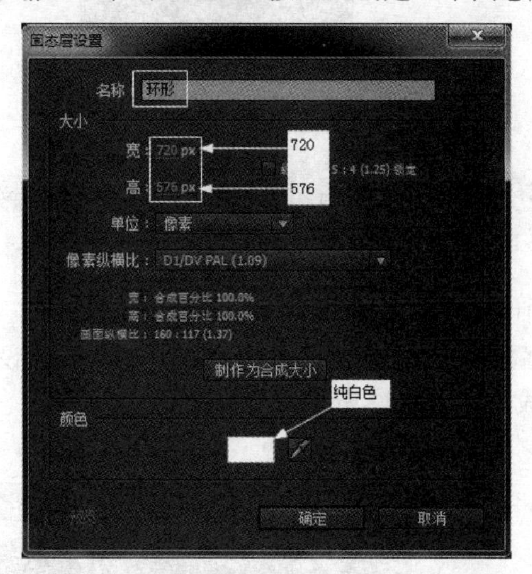

图 9.40

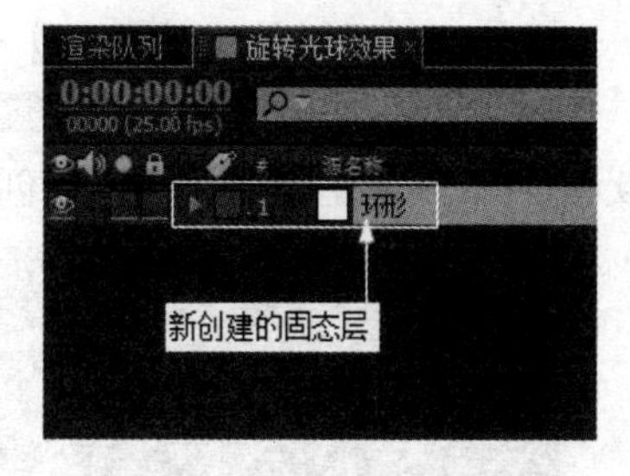

图 9.41

视频播放：“创建固态层”的详细介绍，请观看“创建固态层.wmv”。

3. 绘制遮罩并添加特效

步骤 1：单选新创建的固态图层。

步骤 2：在工具箱中单击(椭圆形遮罩工具)，在【合成预览】窗口中绘制如图 9.42 所示遮罩。

步骤 3：在【旋转光球效果】合成窗口中的效果如图 9.43 所示。

步骤 4：添加“高斯模糊”特效。在菜单栏中单击效果(T)→模糊与锐化→高斯模糊命令，给固态图层添加一个“高斯模糊”特效，具体参数设置如图 9.44 所示。

步骤 5：添加“高斯模糊”特效之后，“环形”遮罩在【合成预览】窗口中的效果如图 9.45 所示。

【参考视频】　【参考视频】

图 9.42

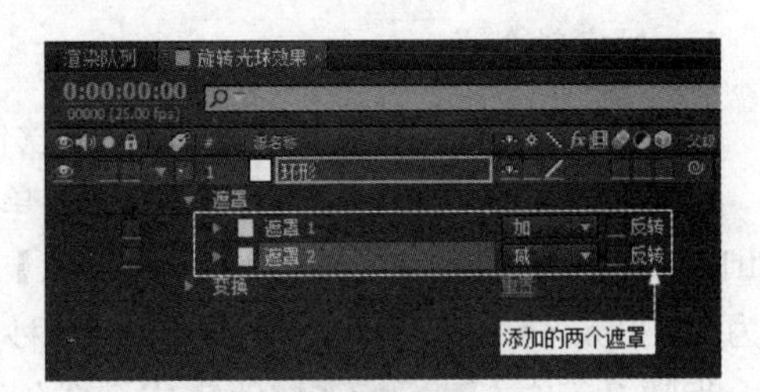

图 9.43

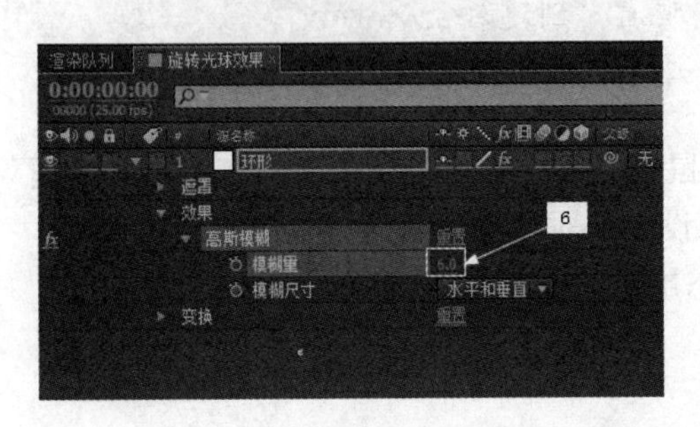

图 9.44

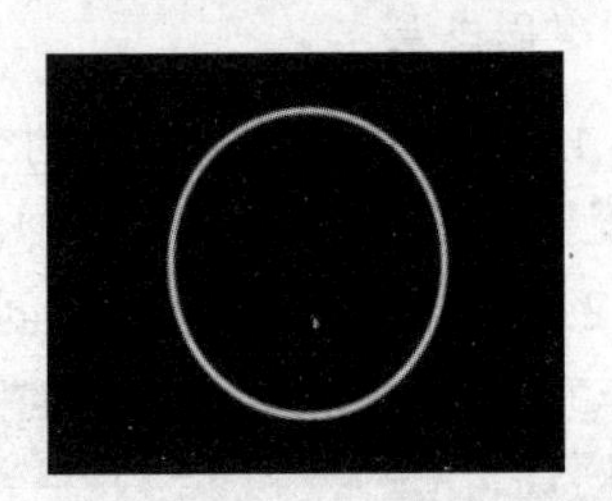

图 9.45

视频播放：“绘制遮罩并添加特效”的详细介绍，请观看“绘制遮罩并添加特效.wmv”。

4. 创建预合成并添加特效

步骤 1：在【旋转光球效果】合成窗口中单选固态图层。

步骤 2：在菜单栏中单击图层(L)→预合成(P)...命令，弹出【预合成】窗口，具体设置如图 9.46 所示。单击确定按钮创建预合成，如图 9.47 所示。

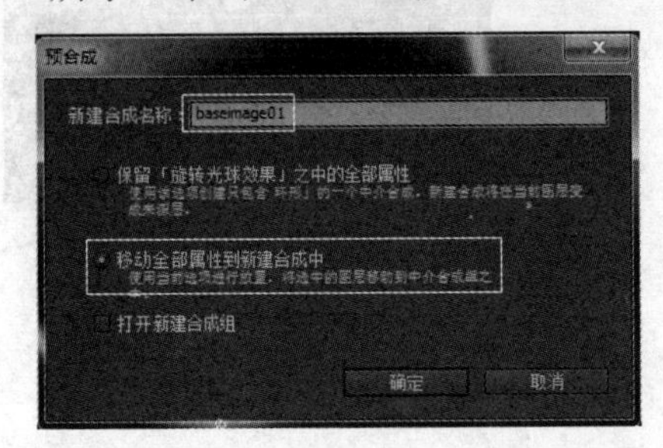

图 9.46

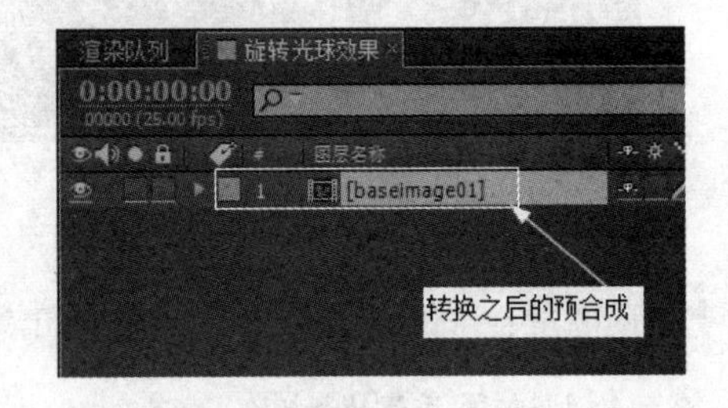

图 9.47

步骤 3：添加特效。在菜单栏中单击效果(T)→旧版本→基本 3D命令，在【旋转光球效果】合成窗口中按住 Alt 键的同时，单击旋转图标前面的图标，显示添加语句表达式。此时输入如下内容：

```
seed_random(1, true);
linear(time, 0, 10, random(0, 360), random(0, 360));
```

步骤 4：在按住 Alt 键的同时，单击倾斜图标前面的图标，显示添加语句表达式。此时输入如下内容：

【参考视频】

```
seed_random(1, true);
linear(time, 0, 10, random(0, 360), random(0, 360));
```

步骤5：添加语句表达式之后的【旋转光球效果】合成窗口如图9.48所示。在【合成】窗口中的效果如图9.49所示。

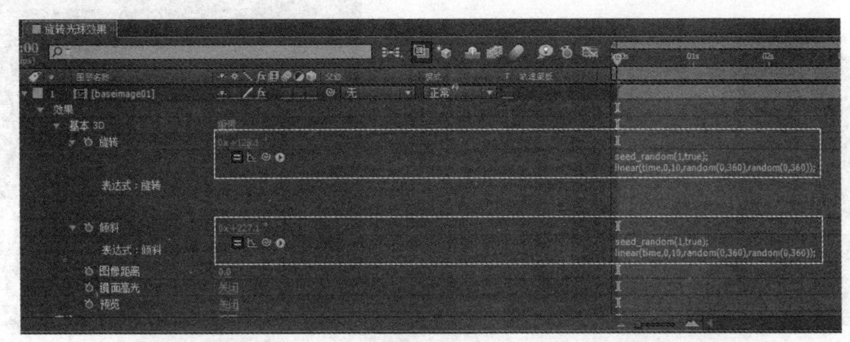

图9.48

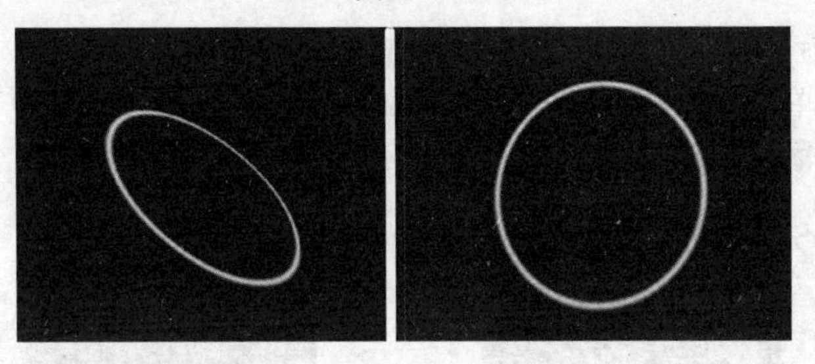

图9.49

视频播放：“创建预合成并添加特效”的详细介绍，请观看“创建预合成并添加特效.wmv”。

5. 复制图层和创建文字图层

步骤1：在【旋转光球效果】合成窗口中单选[baseimage01]图层。

步骤2：连续按键盘上的Ctrl+D组合键13次，复制13个图层。这些图层构成一个圆球。【时间线】窗口如图9.50所示。在【合成预览】窗口中的效果如图9.51所示。

图9.50

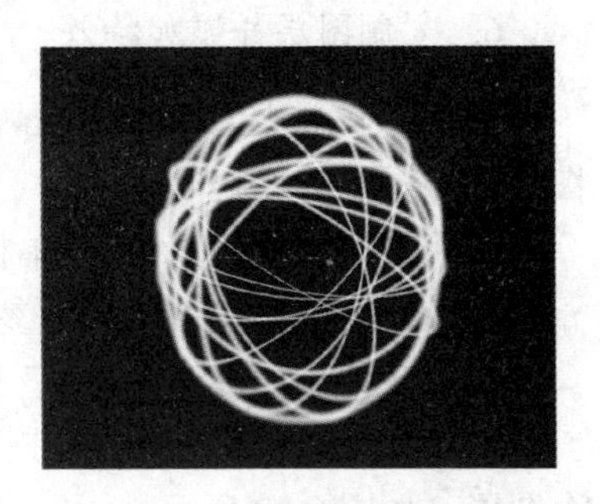

图9.51

【参考视频】

步骤 3：在工具箱中单击T(横排文字工具)，在【合成预览】窗口中输入文字，如图 9.52 所示。

步骤 4：文字图层在【时间线】窗口中的位置如图 9.53 所示。

图 9.52

图 9.53

步骤 5：在【旋转光球效果】合成窗口中框选所有图层。

步骤 6：在菜单栏中单击图层(L)→预合成(P)...命令，弹出【预合成】窗口，具体设置如图 9.54 所示。单击确定按钮创建预合成，如图 9.55 所示。

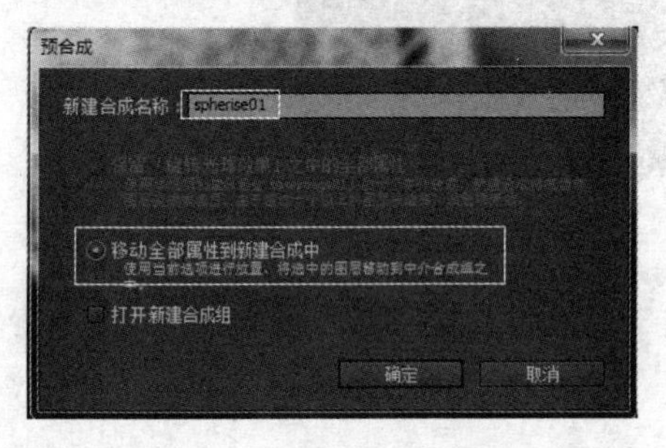

图 9.54

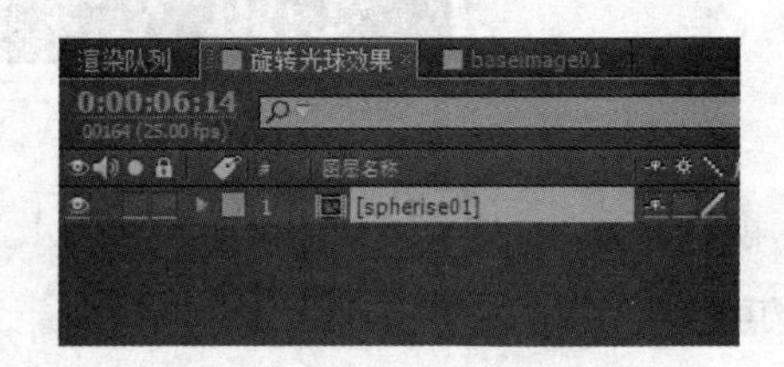

图 9.55

视频播放：“复制图层和创建文字图层”的详细介绍，请观看“复制图层和创建文字图层.wmv”。

6. 复制图层并添加特效

步骤 1：单选 1 [spherise01] 图层，按键盘上的 Ctrl+D 组合键复制一个图层，如图 9.56 所示。

步骤 2：添加特效。在菜单栏中单击效果(T)→模糊与锐化→高斯模糊命令，给固态图层添加一个“高斯模糊”特效，具体参数设置如图 9.57 所示。

步骤 3：添加“高斯模糊”特效之后，在【合成预览】窗口中的效果如图 9.58 所示。

步骤 4：单选添加了“高斯模糊”特效的图层，并按键盘上的 Ctrl+D 组合键再复制一个图层，如图 9.59 所示。

【参考视频】

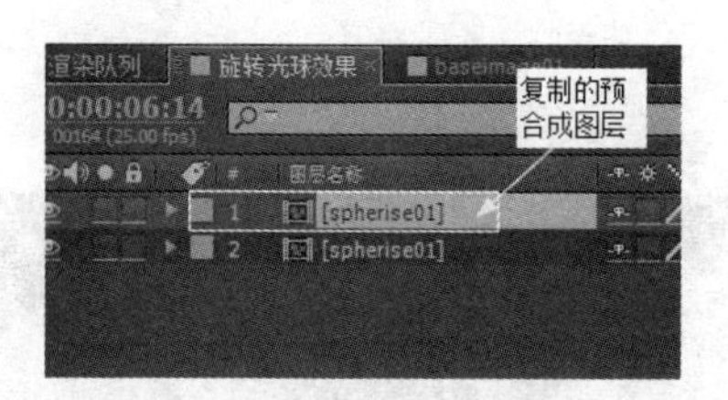

图 9.56

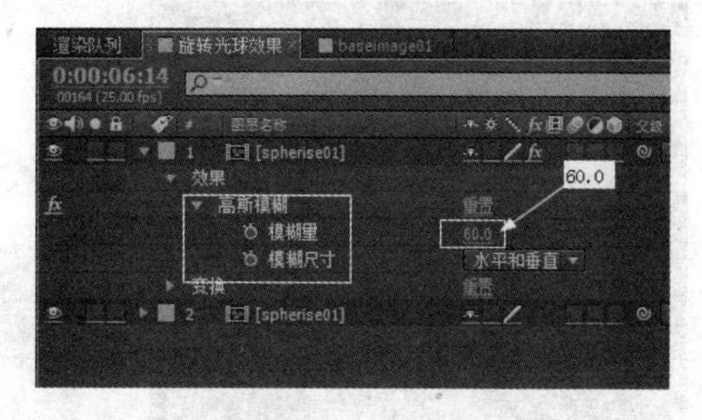

图 9.57

图 9.58

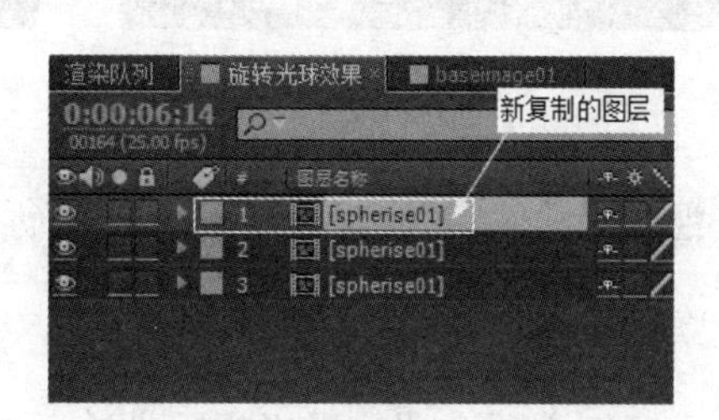

图 9.59

步骤 5：再创建一个纯黑色的固态图层。在【旋转光球效果】窗口中的位置如图 9.60 所示。

视频播放：“复制图层并添加特效”的详细介绍，请观看“复制图层并添加特效.wmv”。

7. 预合成并添加特效

步骤 1：在【旋转光球效果】合成窗口中框选所有图层。

步骤 2：在菜单栏中单击图层(L)→预合成(P)...命令，弹出【预合成】窗口，具体设置如图 9.61 所示。单击确定按钮创建预合成。

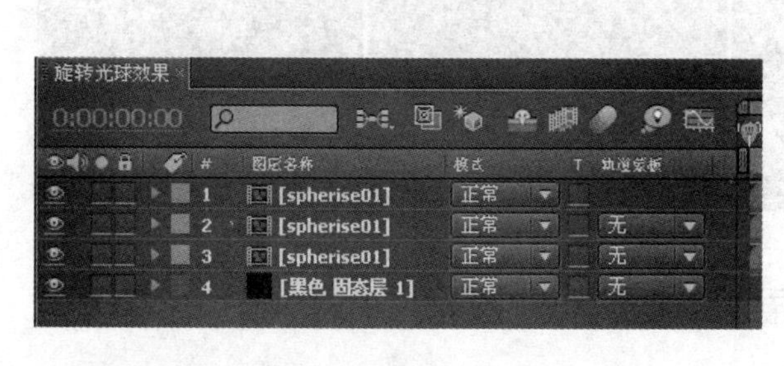

图 9.60

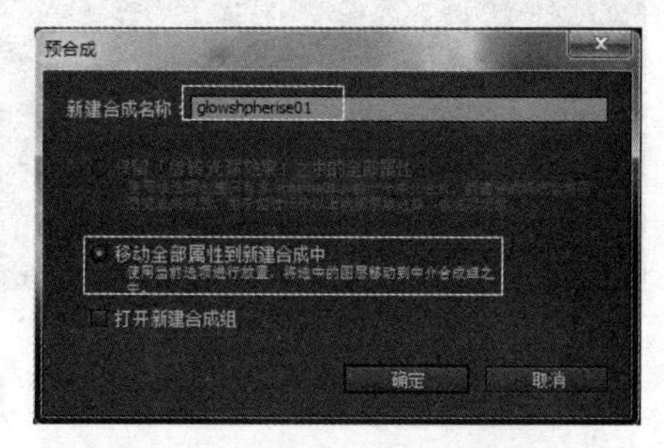

图 9.61

步骤 3：单选创建的预合成图层。在菜单栏中单击效果(T)→色彩校正→彩色光命令，“彩色光”特效的具体参数设置如图 9.62 所示。

步骤 4：在【合成预览】窗口中的效果如图 9.63 所示。

【参考视频】

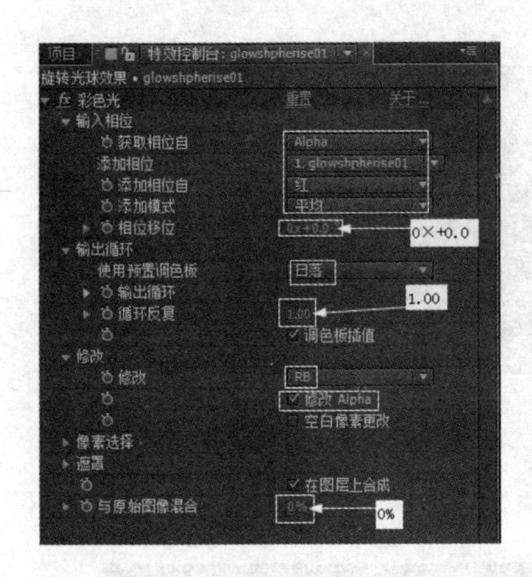

图 9.62

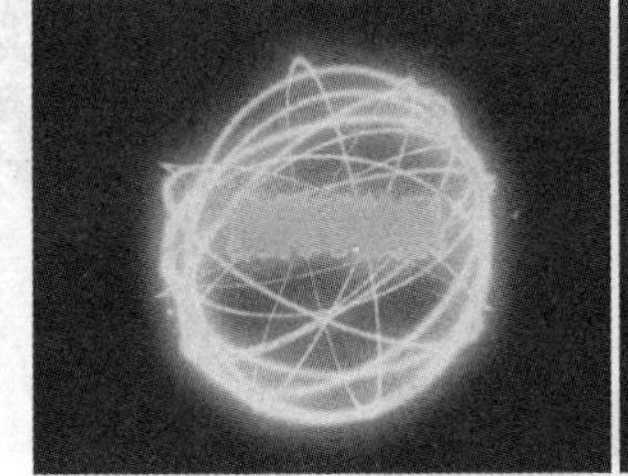
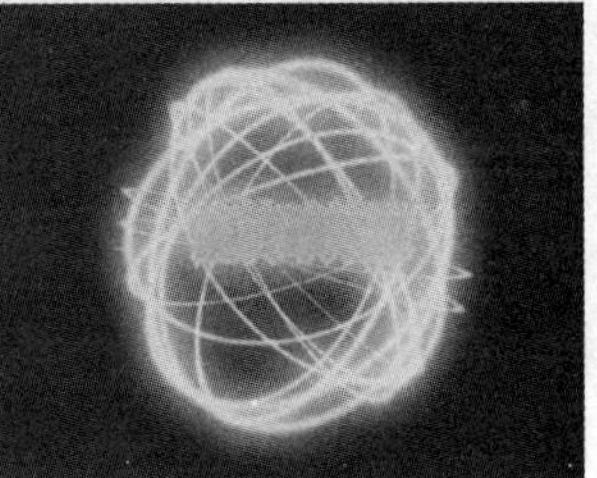

图 9.63

视频播放：“预合成并添加特效”的详细介绍，请观看“预合成并添加特效.wmv”。

四、案例小结

本案例主要介绍使用影视后期特效制作旋转光球效果的方法和技巧，重点掌握环形遮罩的绘制和特效语句表达式的作用。

五、举一反三

根据前面所学知识，制作如下效果。

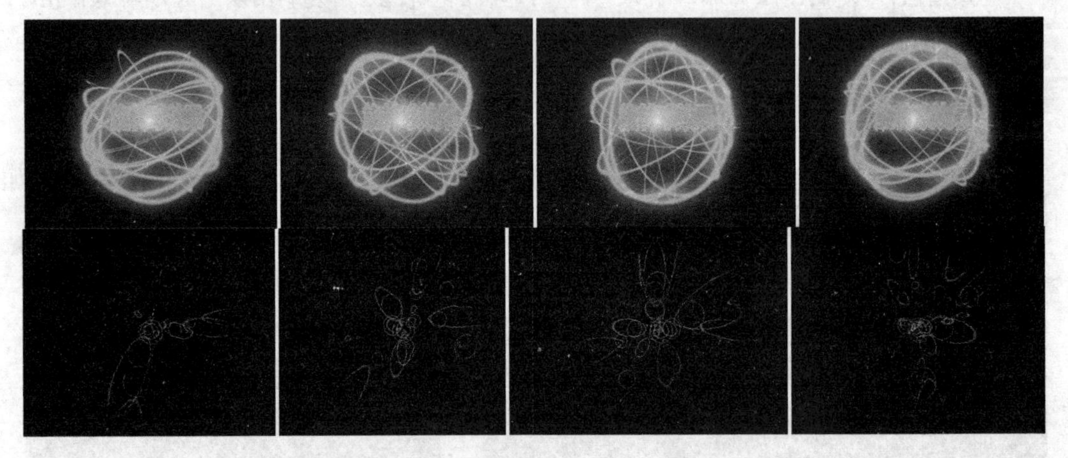

案例 4　展开的倒计时效果

一、效果预览

案例效果在本书提供的配套素材中的“第 9 章 综合案例/案例效果/案例 4.flv”文件中。通过预览效果对本案例有一个大致的了解。本案例主要介绍使用表达式和父子关系运动制

【参考视频】

【参考视频】

作展开的倒计时效果。

二、本案例画面及制作步骤(流程)分析

案例部分画面效果如下：

案例制作的大致步骤：

①创建新合成→②创建文字→③创建固态层并添加特效→④复制文字图层并修改文字图层属性→⑤设置表达式→⑥设置父子关系运动→⑦其他倒计时数字的制作→⑧合成嵌套→⑨创建过渡特效。

三、详细操作步骤

案例引入：

(1) 展开的倒计时效果的制作原理是什么？

(2) 什么叫表达式？

(3) 怎样使用父子关系控制动画的整体运动？

在影视后期特效合成中，制作动画主要有两种方式。即使用关键帧制作动画和使用表达式制作动画。在前面的章节中已经详细介绍了使用关键帧制作动画的方法和技巧，在本案例中主要介绍另一种制作动画的方法，即使用表达式制作动画。使用表达式制作动画可以避免大量的重复工作，比较灵活和便捷。下面通过制作一个展开的倒计时效果来介绍表达式动画制作的方法和技巧。

1. 创建新合成

步骤1：启动After Effects CS6应用软件。

步骤2：创建新合成。在菜单栏中单击图像合成(C)→新建合成组(C)...命令(或按键盘上的Ctrl+N组合键)，弹出【图像合成设置】对话框，在【图像合成设置】对话框中设置尺寸为“720px×576px”，持续时间为“5秒”，命名为“展开的倒计时效果”。

步骤3：单击确定按钮完成合成创建。

视频播放：“创建新合成”的详细介绍，请观看“创建新合成.wmv”。

【参考视频】

【参考视频】

2. 创建文字

步骤 1：在工具箱中单击(横排文字工具)。

步骤 2：在【合成预览】窗口中输入文字，【文字】浮动面板的具体设置如图 9.64 所示。文字在【合成预览】窗口中的效果如图 9.65 所示。

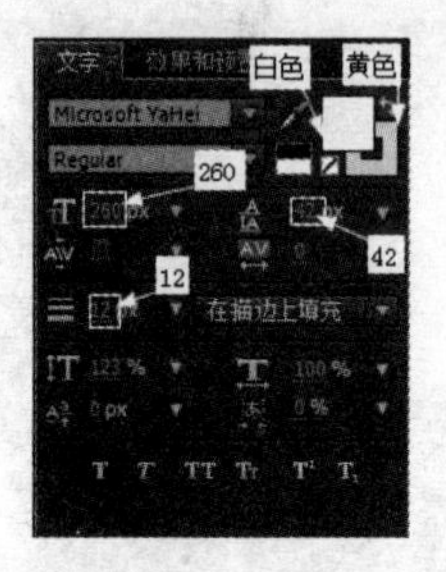

图 9.64

图 9.65

步骤 3：调整文字图层中的比例参数，具体设置如图 9.66 所示。文字在【合成预览】窗口中的效果如图 9.67 所示。

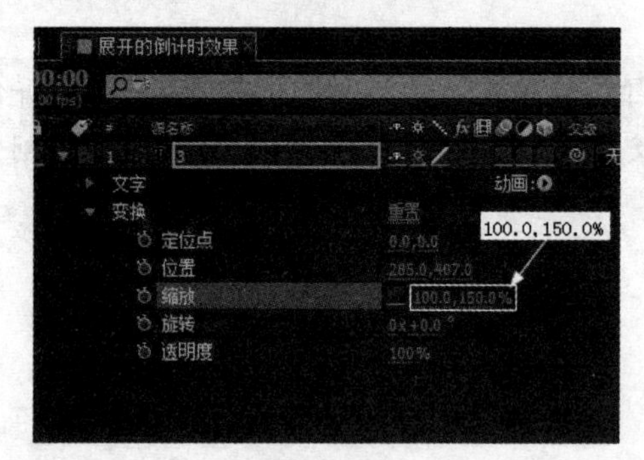

图 9.66

图 9.67

步骤 4：调整定位点位置。在工具箱中单击(定位点工具)。将鼠标移到【合成预览】窗口中的定位点上按住鼠标左键不放的同时移到如图 9.68 所示的位置。

视频播放：“创建文字”的详细介绍，请观看“创建文字.wmv”。

3. 创建固态层并添加特效

步骤 1：创建一个淡黄色的固态层，在【展开的倒计时效果】合成窗口中的位置如图 9.69 所示。

图 9.68

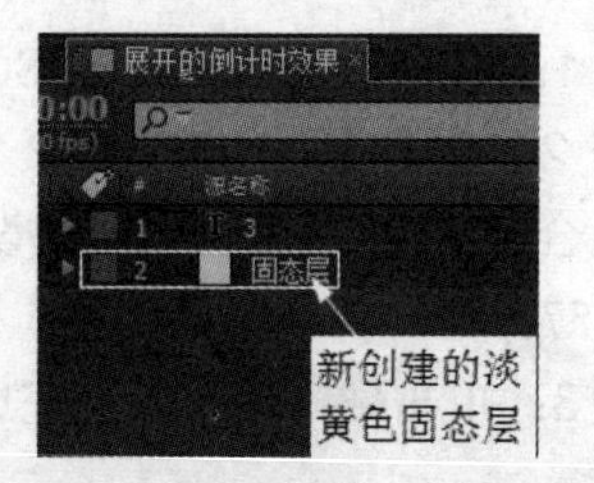

图 9.69

【参考视频】

步骤 2：添加特效。单选 文字图层，在菜单栏中单击效果(T)→透视→阴影命令，给文字图层添加一个“阴影”特效。具体参数设置如图 9.70 所示。在【合成】窗口中的效果如图 9.71 所示。

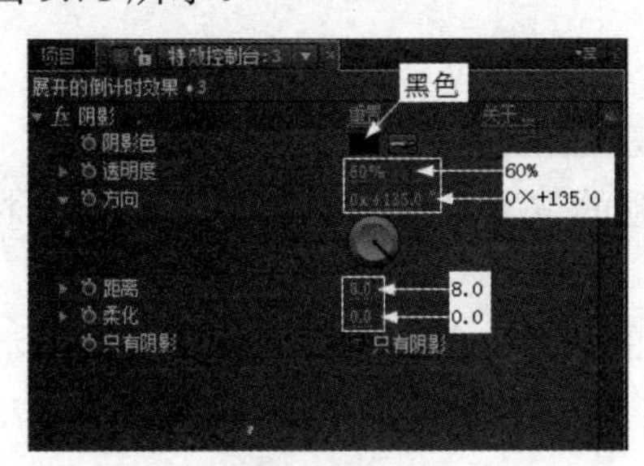

图 9.70

图 9.71

视频播放：“创建固态层并添加特效”的详细介绍，请观看“创建固态层并添加特效.wmv”。

4. 复制文字图层并修改文字图层属性

步骤 1：单选 图层。按键盘上的 Ctrl+D 组合键，复制一个文字图层。

步骤 2：单选刚复制的 图层。按键盘上的 Enter 键，将该图层重命名为“红”，如图 9.72 所示。

步骤 3：在【合成预览】窗口中将 图层的文字颜色改为红色，如图 9.73 所示。

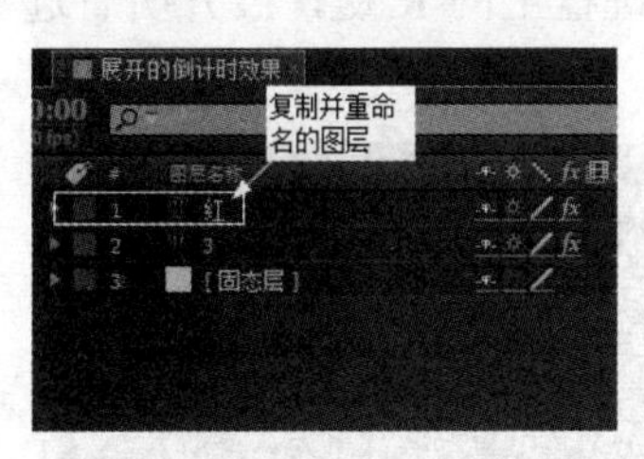

图 9.72

图 9.73

步骤 4：重复第 1 至第 3 步的操作。分别制作“白”“黄”“绿”“青”“蓝”和“紫”6 个图层，每层的文字颜色与图层名称相对应，如图 9.74 所示。

步骤 5：将“白”图层拖曳到所有图层的上面，如图 9.75 所示。

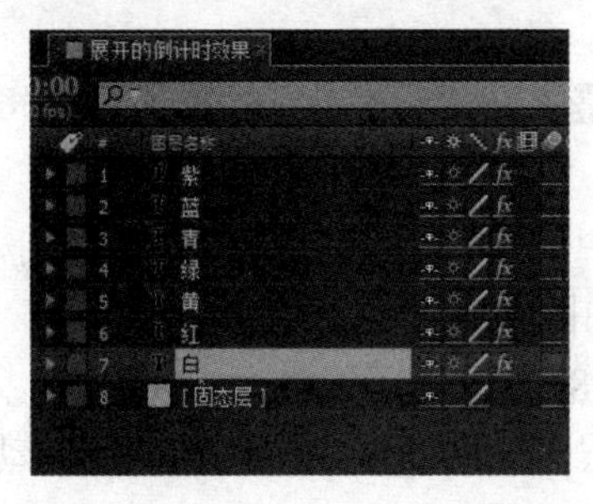

图 9.74

图 9.75

【参考视频】

视频播放："复制文字图层并修改文字图层属性"的详细介绍，请观看"复制文字图层并修改文字图层属性.wmv"。

5. 设置表达式

步骤1：单选 T 红 图层。按键盘上的R键展开 旋转 属性。

步骤2：将 (当前时间指示器)移到第1秒0帧的位置。单击 旋转 左边的 图标，创建一个关键帧。

步骤3：将 (当前时间指示器)移到第3秒0帧的位置。单击 旋转 左边的 图标，创建一个关键帧。设置旋转角度为80度(图9.76)。在【合成预览】窗口中的效果如图9.77所示。

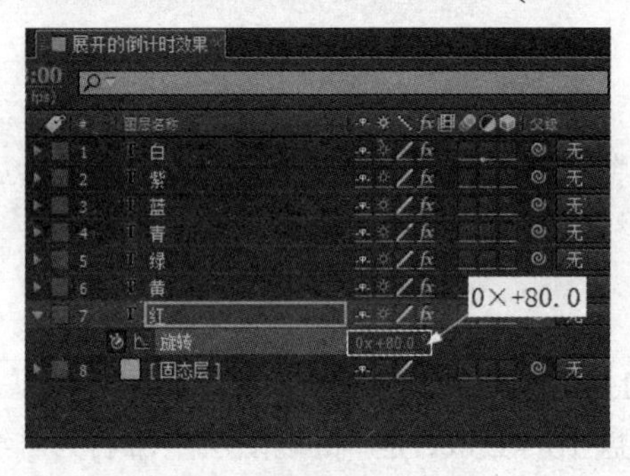

图9.76

图9.77

步骤4：选中除"固态层"之外的所有图层。按键盘上的R键，展开所有选中图层的旋转属性，如图9.78所示。

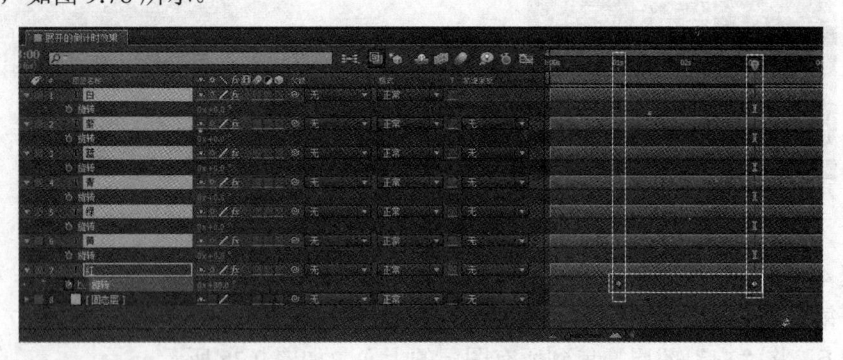

图9.78

步骤5：按住Alt键的同时单击 T 蓝 图层中的 旋转 属性，展开旋转表达式编辑项，如图9.79所示。

步骤6：将鼠标移到 T 蓝 图层属性中的表达式项中的 (表达式拾取)图标上，按住左键将鼠标拖曳到 T 红 图层中的 旋转 属性上，得到如图9.80所示的效果。

步骤7：修改表达式。修改之后的表达式如图9.81所示。

步骤8：重复第5至第7步的方法，使其他图层与 T 红 图层建立旋转的关联动画，各层的语句表达式如图9.82所示。在【合成】窗口中的效果如图9.83所示。

【参考视频】

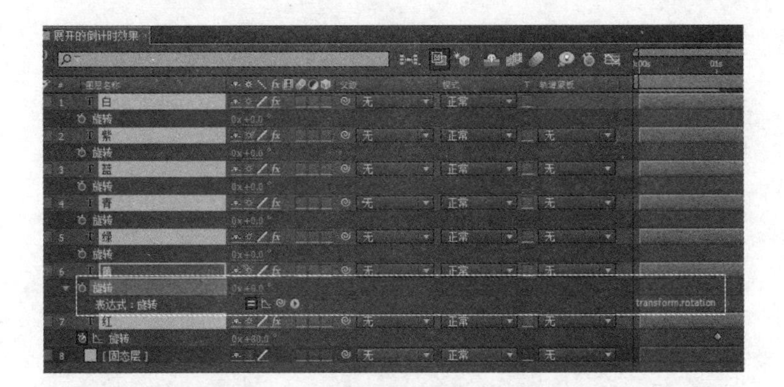

图 9.79

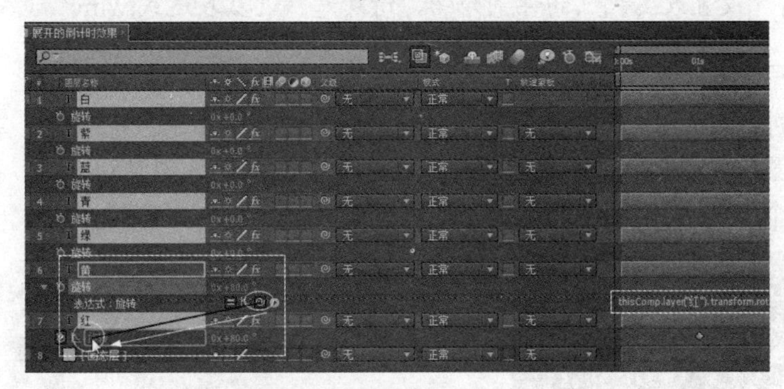

图 9.80

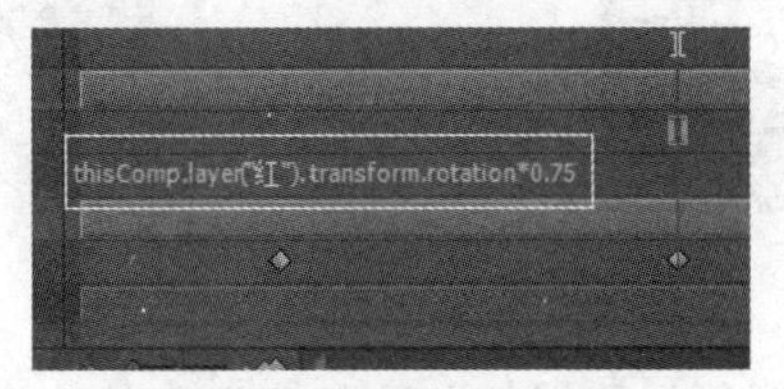

图 9.81

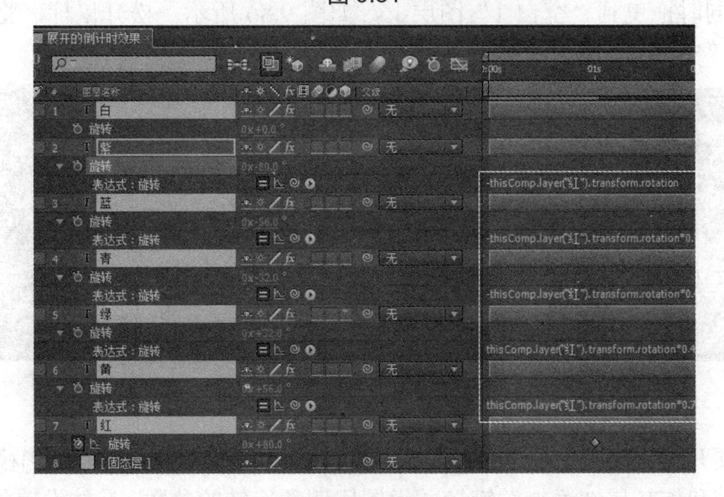

图 9.82

图 9.83

视频播放：“设置表达式”的详细介绍，请观看“设置表达式.wmv”。

6. 设置父子关系运动

步骤 1：创建“空白对象”图层。在【时间线】窗口中单击鼠标右键，弹出快捷菜单。在弹出的快捷菜单中单击新建→空白对象(N)命令。创建空白图层如图 9.84 所示。在【合成预览】窗口中出现一个 100px×100px 的小框，如图 9.85 所示。

图 9.84

图 9.85

步骤 2：选择所有文字图层。将鼠标移到任意选中的文字图层中的图标上，按住鼠标左键不放的同时拖曳到“空白 1”图层上，如图 9.86 所示。松开鼠标，将所有图层的父子属性都设为“空白 1”图层，如图 9.87 所示。

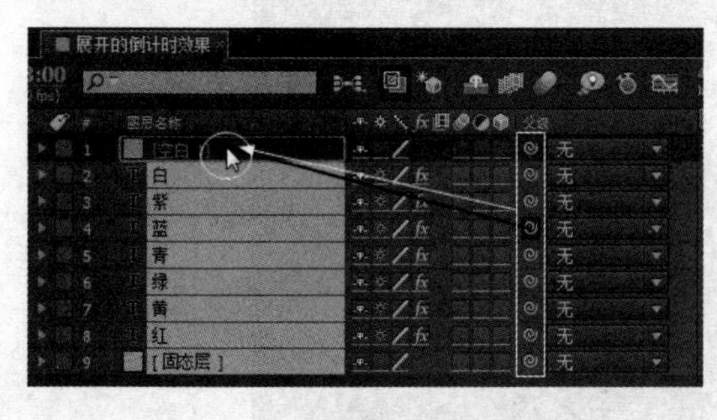

图 9.86

图 9.87

步骤 3：展开【空白 1】图层中的比例和旋转属性。将(当前时间指示器)移到第 0 秒 0 帧的位置。给比例和旋转属性添加关键帧并设置比例和旋转的参数，具体设置如图 9.88 所示。

【参考视频】

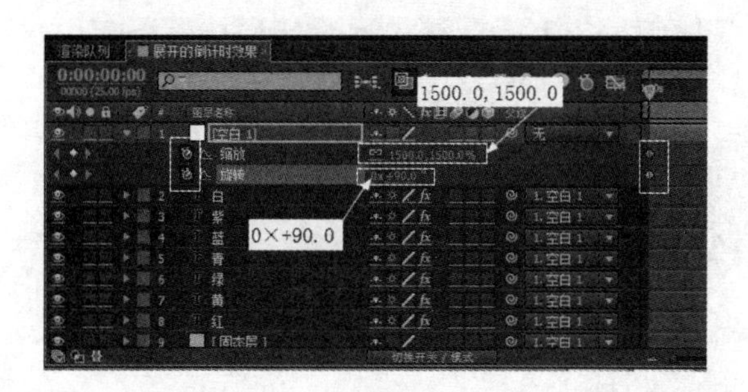

图 9.88

步骤 4：方法同第 3 步。分别将(当前时间指示器)移到第 1 秒 0 帧的位置、第 3 秒 0 帧的位置和第 4 秒 0 帧的位置。给比例和旋转属性添加关键帧，修改比例和旋转属性参数。具体参数设置如下。

第 1 秒 0 帧位置的比例属性值为 100，旋转属性的值为 0。

第 3 秒 0 帧位置的比例属性值为 100，旋转属性的值为 0。

第 4 秒 0 帧位置的比例属性值为 1500，旋转属性的值为 90。

步骤 5：在【合成预览】窗口中的效果如图 9.89 所示。

图 9.89

步骤 6：打开所有图层的运动模糊开关。分别单击【时间线】窗口中的(动态模糊)图标对应的图标。单击图标，如图 9.90 所示。

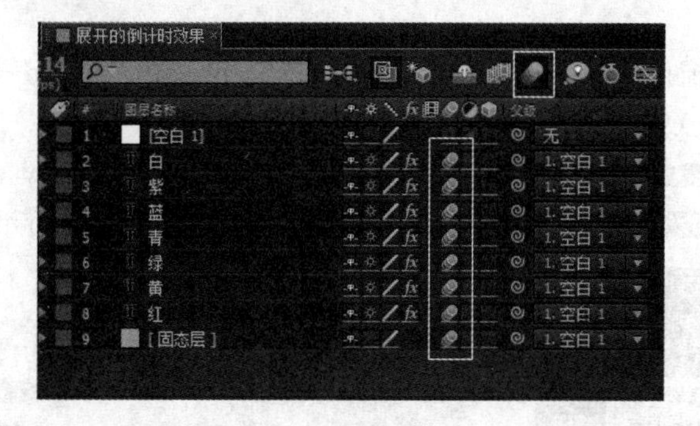

图 9.90

步骤 7：在【合成】窗口中的效果如图 9.91 所示。

视频播放：“设置父子关系运动”的详细介绍，请观看“设置父子关系运动.wmv”。

【参考视频】

图 9.91

7. 其他倒计时数字的制作

步骤 1：展开“白”图层和“紫”图层。按住键盘上的 Alt 键的同时单击“紫”图层中来源文字属性左边的图标，展开“来源文字”属性表达式编辑项，如图 9.92 所示。

步骤 2：将鼠标移到“紫”图层中的(表达式拾取)图标上，按住鼠标左键不放的同时拖曳到“白”图层中的来源文字属性上，如图 9.93 所示。松开鼠标完成表达式链接到“白”图层的来源文字属性上。

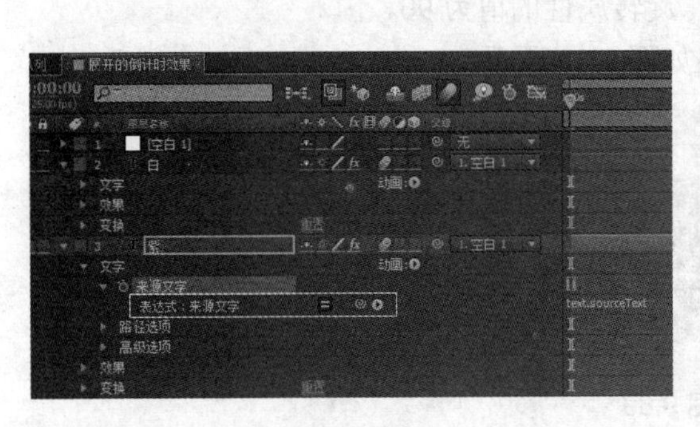

图 9.92

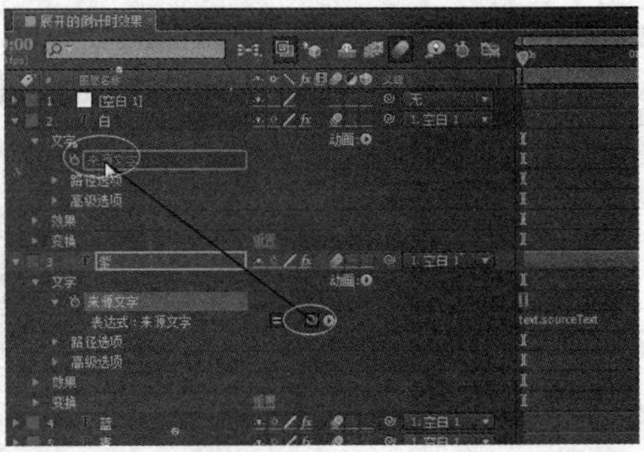

图 9.93

步骤 3：方法同上。将其他文字图层的来源文字属性链接到“白”图层的来源文字属性上。

步骤 4：在项目窗口中单选展开的倒计时效果图层。按键盘上的 Ctrl+D 键两次，复制两个合成并重命名，如图 9.94 所示。

步骤 5：将展开的倒计时效果 01合成中的文字改为“1”，如图 9.95 所示。

步骤 6：将展开的倒计时效果 02合成中的文字改为“2”，如图 9.96 所示。

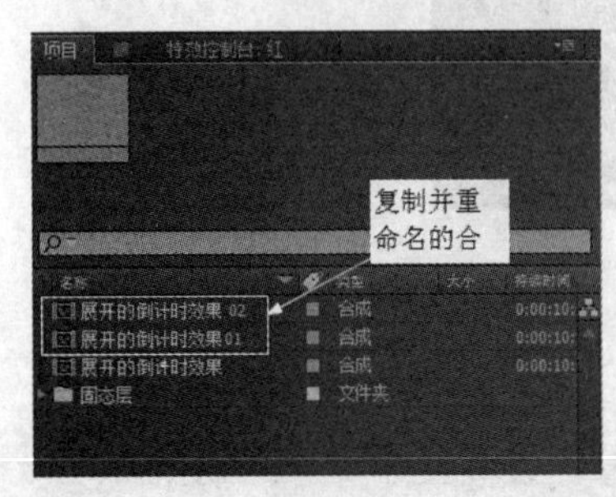

图 9.94

图 9.95

图 9.96

视频播放："其他倒计时数字的制作"的详细介绍，请观看"其他倒计时数字的制作.wmv"。

8. 合成嵌套

步骤1：在菜单栏中单击图像合成(C)→新建合成组(C)...命令，弹出【图像合成设置】对话框，在【图像合成设置】对话框中设置尺寸为"720px×576px"，持续时间为"15秒"，命名为"最终展开的倒计时效果"。单击确定按钮完成合成创建。

步骤2：将其他三个合成拖曳到最终展开的倒计时效果合成中，如图9.97所示。

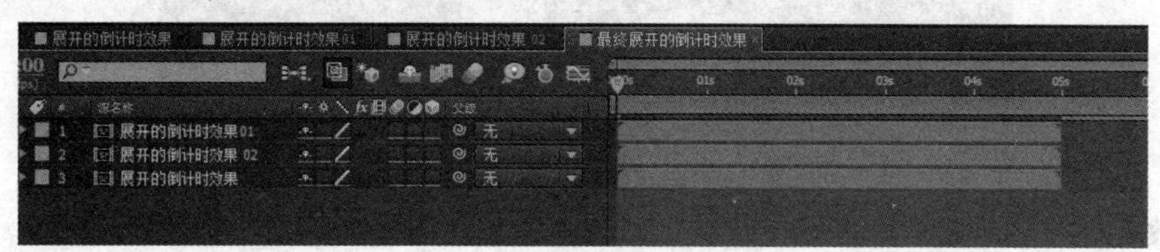

图9.97

步骤3：在【最终展开的倒计时效果】合成窗口中调整嵌套合成的时间位置(图9.98)。

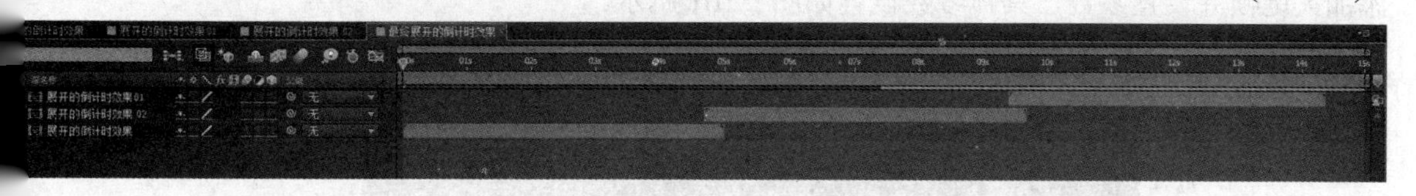

图9.98

视频播放："合成嵌套"的详细介绍，请观看"合成嵌套.wmv"。

9. 创建过渡特效

步骤1：单选展开的倒计时效果2图层。在菜单栏中单击效果(T)→过渡→百叶窗命令，添加"百叶窗"特效。

步骤2：将(当前时间指示器)移到第4秒14帧的位置。给"百叶窗"特效中的属性添加关键帧并设置参数，具体参数设置如图9.99所示。

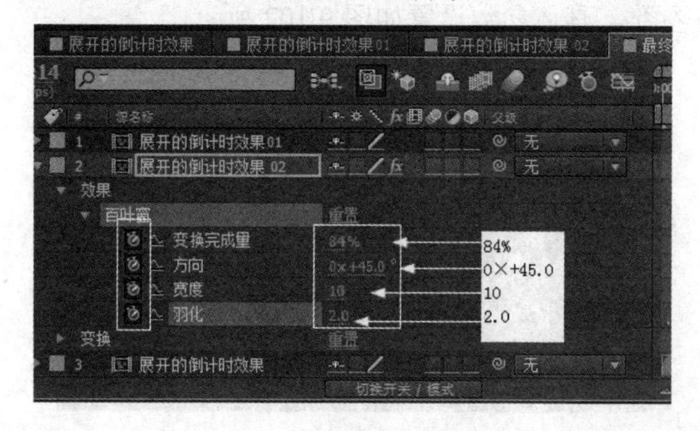

图9.99

【参考视频】【参考视频】

步骤 3：将(当前时间指示器)移到第 5 秒 0 帧的位置。给“百叶窗”特效中的属性添加关键帧并设置参数，具体参数设置如图 9.100 所示。

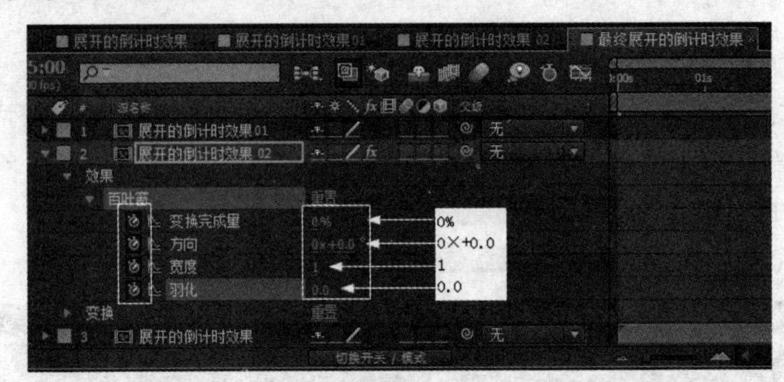

图 9.100

步骤 4：单选 展开的倒计时效果 01 图层。在菜单栏中单击 效果(T)→过渡→形状划变 命令，添加“形状划变”特效。

步骤 5：将(当前时间指示器)移到第 9 秒 4 帧的位置。给“形状划变”特效中的属性添加关键帧并设置参数，具体参数设置如图 9.101 所示。

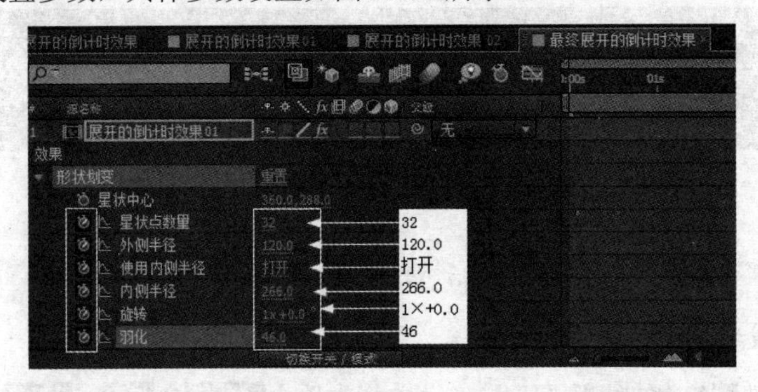

图 9.101

步骤 6：将(当前时间指示器)移到第 9 秒 13 帧的位置。给“形状划变”特效中的属性添加关键帧并设置参数，具体参数设置如图 9.102 所示。

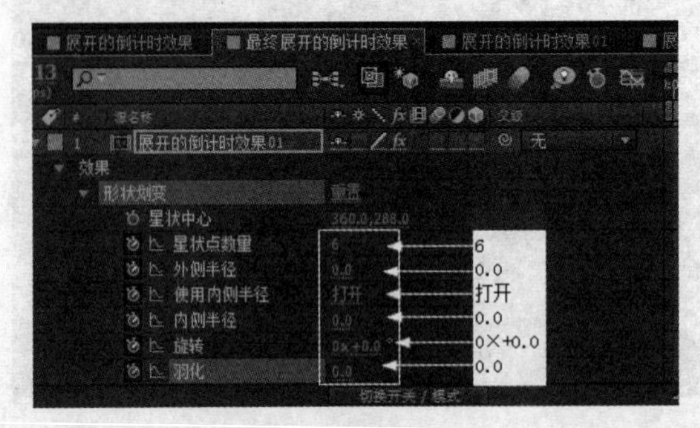

图 9.102

步骤 7：开启所有层的运动模糊开关，如图 9.103 所示。最终效果如图 9.104 所示。

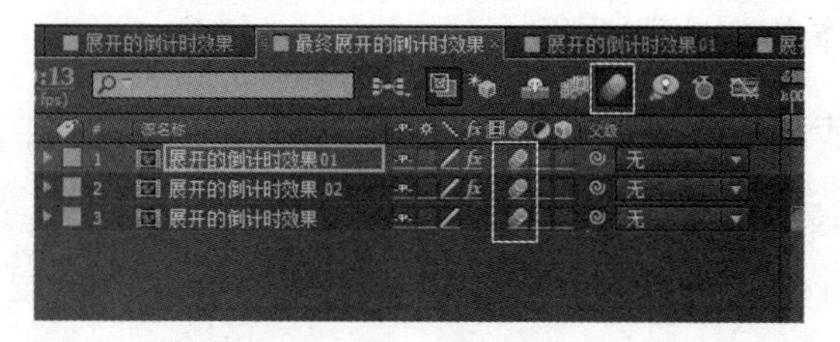

图 9.103

图 9.104

视频播放：“创建过渡特效”的详细介绍，请观看“创建过渡特效.wmv”。

四、案例小结

本案例主要介绍使用表达式和父子关系运动制作展开的倒计时效果，重点掌握设置表达式、设置父子关系运动和创建“过渡”特效。

五、举一反三

根据前面所学知识，制作如下效果。

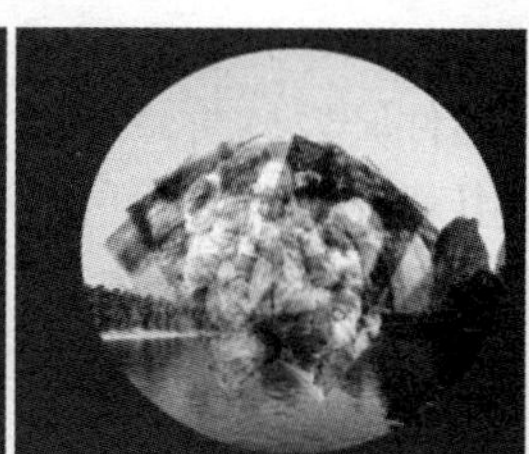

案例 5　After Effects 插件基础知识

一、效果预览

案例效果在本书提供的配套素材中的“第 9 章 综合案例/案例效果/案例 5.flv”文件中。通过预览效果对本案例有一个大致的了解。本案例主要介绍 After Effects 插件的相关基础知识。

【参考视频】　【参考视频】

二、本案例画面及制作步骤(流程)分析

案例制作的大致步骤：

①插件开发软件简介→②插件的收集方法→③插件的安装方法→④插件的禁用和卸载方法。

三、详细操作步骤

案例引入：

(1) 什么是插件？
(2) 收集插件主要有哪几种方法？
(3) 怎样安装插件？
(4) 怎样禁用和卸载插件？
(5) 怎样使用插件？

插件的英文名称为 plug-in。在 After Effects 中的插件是指其他软件开发公司针对 After Effects 软件开发的一些特效应用程序包。用户可以使用这些特效应用程序包快速实现 After Effects 需要复杂操作步骤才能实现的特殊效果，以及根本没法实现的特殊效果。

只要将收集的插件进行安装或复制即可使用该插件。插件的使用方法与 After Effects 自带的插件使用方法完全相同。

1. 插件开发软件简介

用户可以通过以下 3 种软件中的任意一种来开发 After Effects 的插件，各个软件介绍如下。

1) Quartz Composer 插件开发软件

Quartz Composer 是由苹果公司开发的一款可视化节点编程软件，使用该软件，用户不需要编写一行代码即可编写出需要的插件，该插件开发软件是基于节点的原理来开发插件的。用户很容易上手，而且完美支持 OpenGL、CoreImage、OpenCL、Quartz 和 CoreVideo 等技术。

需要提醒用户的是，使用 Quartz Composer 开发 After Effects 插件时，需要安装 FxFacory Pro and Effect Builder After Effects 程序，使用 Quartz Composer 开发的 After Effects 插件只能在 Mac(苹果)系统上使用，这是该插件开发软件的缺陷。

2) Pixel Bender 插件开发软件

Pixel Bender 插件开发软件是由 Adobe 公司自己开发的一款插件开发软件，而且完全免费，用户可以通过“http：//www.adobe.com/cn/devnet/pixelbender.html”网址去下载。该软件也很容易掌握。

Pixel Bender 插件开发软件的优势是使用该插件开发软件编写的程序可以被 Photoshop、Flash、After Effects 等 Adobe 软件所识别，也很容易上手。但该软件也有自己

【参考视频】

的不足之处。该软件不是一款专业的 After Effects 插件开发软件。不支持 After Effects 中的摄像机和 Mask(插件)等功能。使用该软件实现一般的效果很方便，要是开发一些非常复杂或大型的插件就有点显得力不从心了。

3) After Effects SDK

SDK 是 Software Development Kit 英文单词首字母的缩写。使用 SDK 开发 AE 插件时，还需要 IDE 和 Visual Studio 软件的支持。开发者还需要具备一门计算机语言，例如 C 语言、C++或 VB 等。用户使用 After Effects SDK 软件可以开发出需要的任何插件，这关键看用户的知识结构。

如果想详细了解 After Effects SDK 插件开发软件，可以通过“http：//forums.adobe.com/community/aftereffects_disussion/aftereffects_sdk”网址查看该软件的相关资料。不过，作为一般的用户没有必要去研究这些插件的开发，只需要学会收集、安装和使用即可。

视频播放：“插件开发软件简介”的详细介绍，请观看“插件开发软件简介.wmv”。

2. 插件的收集方法

插件的收集主要有如下 4 种比较常用的方法。

1) 从相关论坛上下载

在一些专门的后期特效专业论坛中，很多网友会提供很多下载的链接地址或者发布讨论插件的帖子，并附带插件。用户可以根据开发项目需要下载相应插件。

2) 通过百度或 Google 等搜索软件收集

用户只要在百度或 Google 等浏览器中输入“After Effects 插件”即可列出很多有关插件的信息。在这里建议用户输入“After Effects plug-ins”关键词搜索，这样可以搜索到很多国外提供的优秀插件。

3) 通过官方网站下载

一般情况下，每一款插件在自己的官方网站上都会提供一段免费使用期，用户只要按官方要求进行注册即可下载使用(注册一般包括姓名、电子邮箱和你所使用的主程序及组织类型等信息)，一般情况下，插件的免费期为 30 天。如果需要长期使用，需要购买或解码。

4) 通过相关书籍的配套光盘获取

可以通过购买相关 After Effects 插件之类的书籍，在该书籍配套光盘中，一般会提供书中介绍的相关插件。

视频播放：“插件的收集方法”的详细介绍，请观看“插件的收集方法.wmv”。

3. 插件安装方法

插件的安装方法主要有标准安装和直接复制安装两种方法。

如果插件中带有“*.exe”可执行文件的话，可以通过标准安装的方法进行安装；如果没有带有“*.exe”可执行文件的话，可以通过直接复制的方法进行安装。具体介绍如下。

【参考视频】

【参考视频】

1) 标准安装法

在对插件进行标准安装时，需要注意安装程序的版本。一般情况下，提供 32 位和 64 位两种版本，如果你的系统为 64 位，就需要安装 64 位；如果是 32 位，就需要安装 32 位版本，否则的话安装插件程序时会弹出错误警告对话框。在这里以“Trapcode Suite 11.0.2 64-bit”插件为例进行介绍，具体安装步骤如下。

步骤 1：将收集的“TCSuite_Win_Full-TC 插件套”插件压缩文件解压。双击 Trapcode Suite 11.0.2 64-bit 图标，弹出【Red Giant Software Registration】对话框，具体设置如图 9.105 所示。

步骤 2：在对话框中单击 Next > 按钮，弹出安装进度条对话框，如图 9.106 所示。

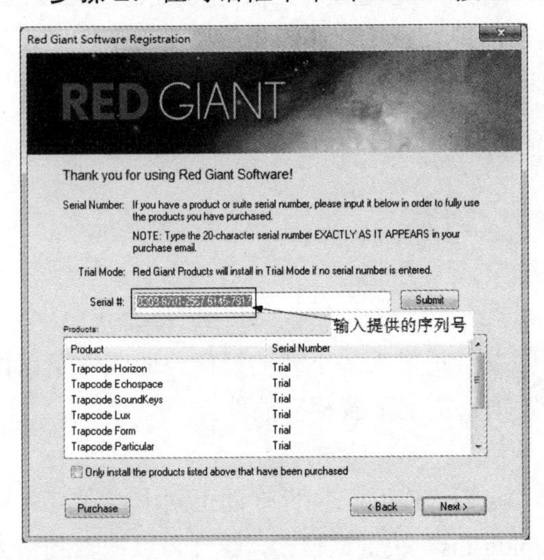

图 9.105

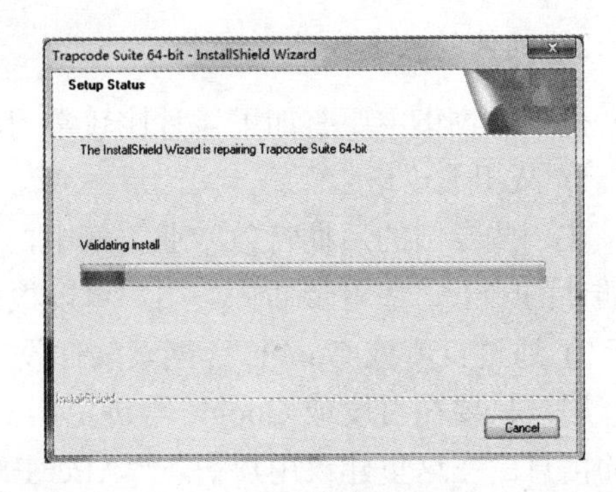

图 9.106

步骤 3：当绿色的进度条完成之后，弹出如图 9.107 所示的对话框，单击 Finish 按钮完成该插件的安装。

步骤 6：启动 After Effects CS6，刚安装的插件就出现在“效果(T)”菜单下，如图 9.108 所示。

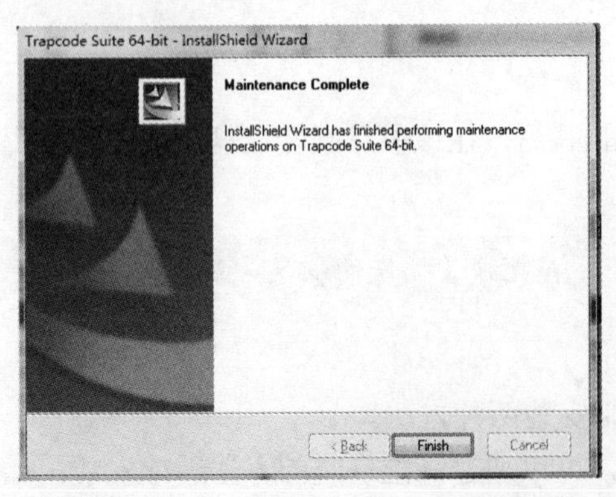

图 9.107

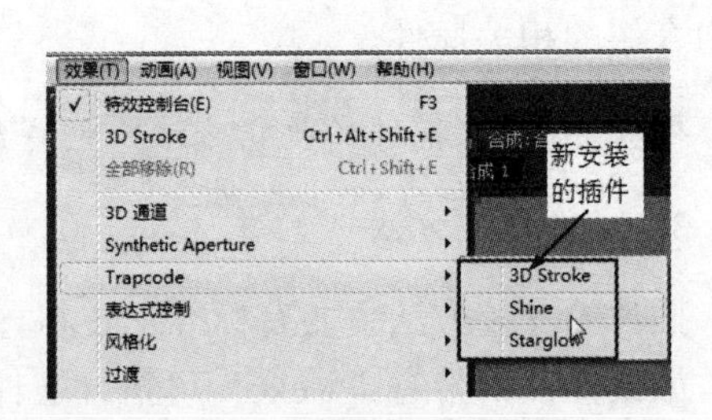

图 9.108

提示：Trapcode 插件是一款智能安装插件，不需要用户指定安装路径，该软件会自动搜寻 After Effects 的安装路径。但也有一些插件，需要用户手动指定插件安装的路径和目录。此时，用户要将路径指定为："After Effects CS6 的安装路径\Support Files\Plug-ins"文件夹。

2) 直接复制安装法

如果收集的插件的扩展名为"*.aex"，就可以使用直接复制的方法进行安装，具体安装方法如下。

步骤 1：找到需要直接复制的插件。

步骤 2：切换到"After Effects CS6 的安装路径\Support Files\Plug-ins"文件夹下，按键盘上的"Ctrl+V"即可。

视频播放："插件安装方法"的详细介绍，请观看"插件安装方法.wmv"。

4. 插件的禁用和卸载方法

1) 插件的禁用

如果用户安装了插件，为了节约系统资源，安装的插件又暂时不用的话，可以将该插件进行临时禁用。具体操作方法如下。

步骤 1：切换到"After Effects CS6 的安装路径\Support Files\Plug-ins"文件下。找到需要禁用插件的文件或文件夹。

步骤 2：在需要禁用的文件上单击鼠标右键，弹出快捷菜单，在弹出的快捷菜单中单击重命名(M)按钮，此时该文件或文件夹呈蓝色显示。

步骤 3：需要禁用的文件或文件使用"[]"符号框起来即可。

步骤 4：如果需要解除禁用，只要将"[]"符号去掉即可。

2) 插件的卸载

如果确定永久不需要安装的插件，用户可以通过以下方法进行卸载。

步骤 1：直接进入"After Effects CS6 的安装路径\Support Files\Plug-ins"或"C：\\Program Files\Adobe\Common\Plug-ins\CS6\MediaCore" 文件下，将其插件或插件所在的文件夹删除即可。

步骤 2：也有部分插件，安装之后，会在"开始"菜单中有卸载的快捷菜单。用户只要单击该卸载快捷菜单也可将其插件卸载。

视频播放："插件的禁用和卸载方法"的详细介绍，请观看"插件的禁用和卸载方法.wmv"。

四、案例小结

本案例主要介绍插件的收集、安装和使用方法，重点掌握插件收集的各种技巧和方法。

五、举一反三

根据前面介绍的方法，上网收集一些较流行的插件，对收集的插件进行安装和使用。

【参考视频】

【参考视频】

【参考视频】

案例 6　霓虹灯效果

一、效果预览

案例效果在本书提供的配套素材中的“第 9 章 综合案例/案例效果/案例 6.flv”文件中。通过预览效果对本案例有一个大致的了解。本案例主要介绍使用 Trapcode 插件组中的 3D Stroke 插件特效制作霓虹灯效果。

二、本案例画面及制作步骤(流程)分析

案例部分画面效果如下：

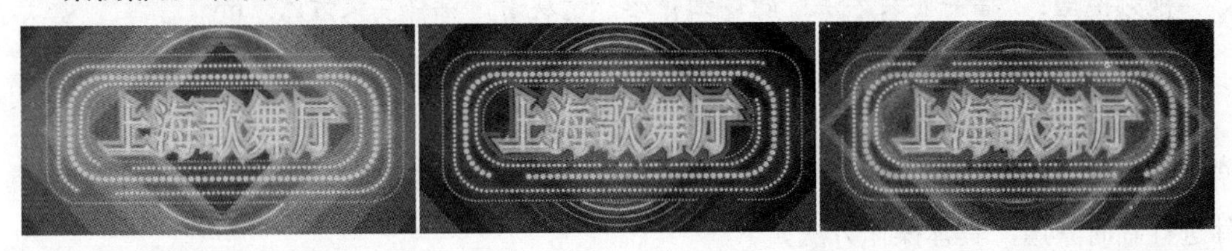

案例制作的大致步骤：

①制作背景效果→②制作文字效果→③制作边框闪烁效果→④制作彩虹效果→⑤合成嵌套和整体调节。

三、详细操作步骤

案例引入：

(1) 霓虹灯效果制作的原理是什么？

(2) 3D Stroke 插件特效有什么作用？

(3) 怎样将 3D Stroke 插件特效与遮罩结合使用？

使用 3D Stroke 插件特效、遮罩路径，以及 After Effects CS6 自带的一些插件可以模拟出城市夜景中的各种霓虹灯效果。本案例制作的原理比较简单，也没有使用大量复杂的插件和 After Effects CS6 自带特效，但在制作该案例的过程中用到了 After Effects CS6 中大量的基础知识和一些相对酷炫的特效。具体操作步骤如下。

1. 制作背景效果

该背景效果的制作，主要使用“彩色光”特效结合“万花筒”特效来制作。

步骤 1：启动 After Effects CS6，保存项目名为“案例 6：霓虹灯效果”。

步骤 2：创建新合成。在菜单栏中单击图像合成(C)→新建合成组(C)...命令(或按键盘上的“Ctrl+N”组合键)，弹出【图像合成设置】对话框，在【图像合成设置】对话框中设置尺寸为“1280px×720px”，持续时间为“10 秒”，命名为“上海歌舞厅”。单击确定按钮完成合成创建。

【参考视频】

步骤3：在【上海歌舞厅】合成窗口的空白处单击鼠标右键，弹出快捷菜单，在弹出的快捷菜单中单击新建→固态层(S)...命令，弹出【固态层设置】对话框，具体设置如图9.109所示。单击确定按钮即可。

步骤4：给 1 网格 固态层添加“渐变”特效。在菜单栏中单击效果(T)→生成→渐变命令即可给单选的图层添加该特效，具体参数设置如图9.110所示。

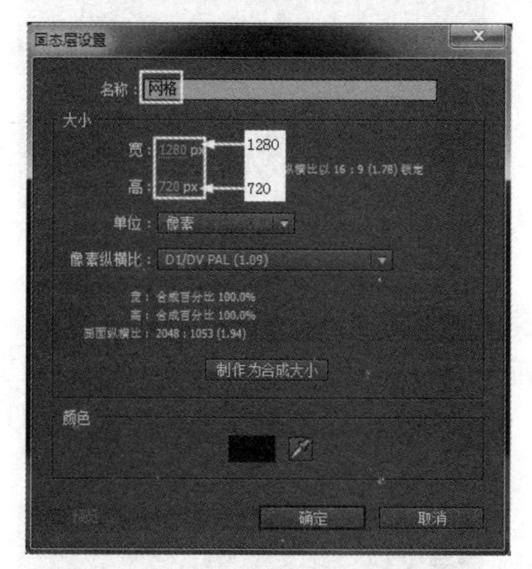

图9.109

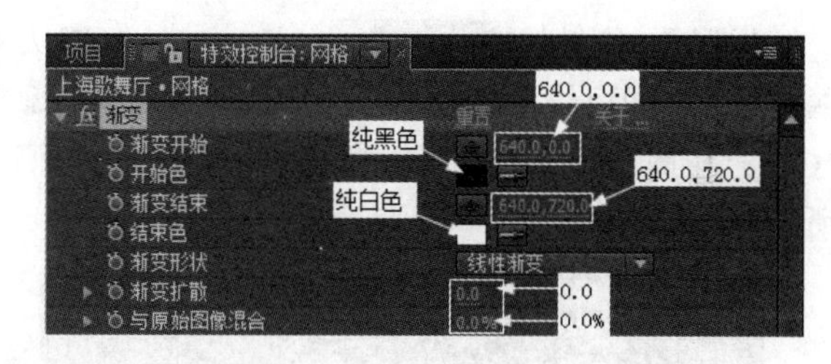

图9.110

步骤5：继续给 1 网格 固态层添加“彩色光”特效。在菜单栏中单击效果(T)→色彩校正→彩色光命令即可给单选的图层添加该特效。具体参数设置如图9.111所示。在【合成预览】窗口中的效果如图9.112所示。

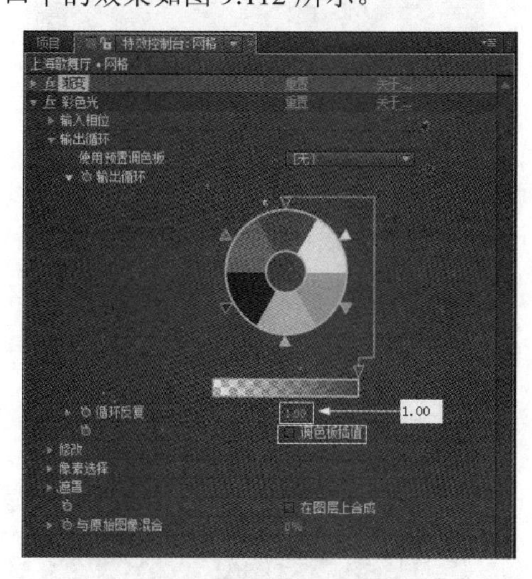

图9.111

图9.112

步骤6：继续给 1 网格 固态层添加“CC滚珠操作”特效。在菜单栏中单击效果(T)→模拟仿真→CC滚珠操作命令即可给单选的图层添加该特效。具体参数设置如图9.113所示。在【合成预览】窗口中的效果如图9.114所示。

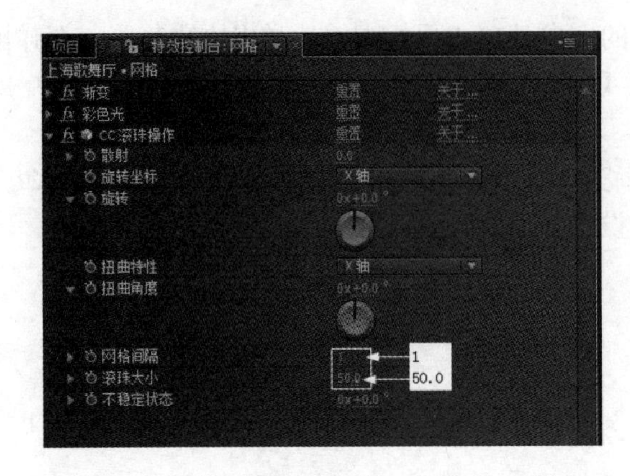

图 9.113

图 9.114

步骤 7：继续给网格固态层添加“CC 万花筒”特效。在菜单栏中单击效果(T)→风格化→CC 万花筒命令即可给单选的图层添加该特效。将(当前时间指示器)移到第 0 帧的位置。设置“CC 万花筒”特效，具体参数设置如图 9.115 所示。在【合成预览】窗口中的效果如图 9.116 所示。

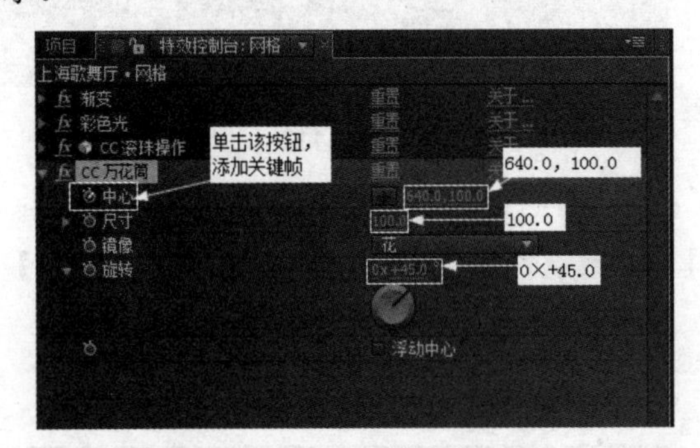

图 9.115

图 9.116

步骤 8：将(当前时间指示器)移到第 10 秒 0 帧的位置。设置“CC 万花筒”特效，具体参数设置如图 9.117 所示。在【合成预览】窗口中的效果如图 9.118 所示。

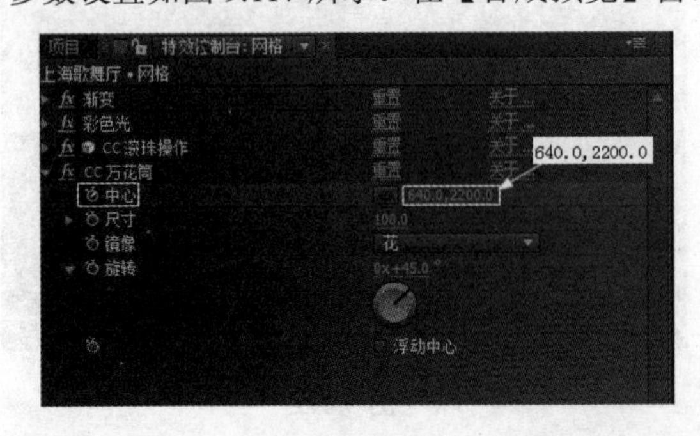

图 9.117

图 9.118

步骤 9：按键盘上的 Ctrl+Y 组合键，创建一个名为“矩形蒙版”的固态层。

步骤 10：给刚创建的固态层添加“电波”特效。在菜单栏中单击效果(T)→生成→分形命令即可给单选图层添加该特效，具体参数设置如图 9.119 所示，在【合成预览】窗口中的效果如图 9.120 所示。

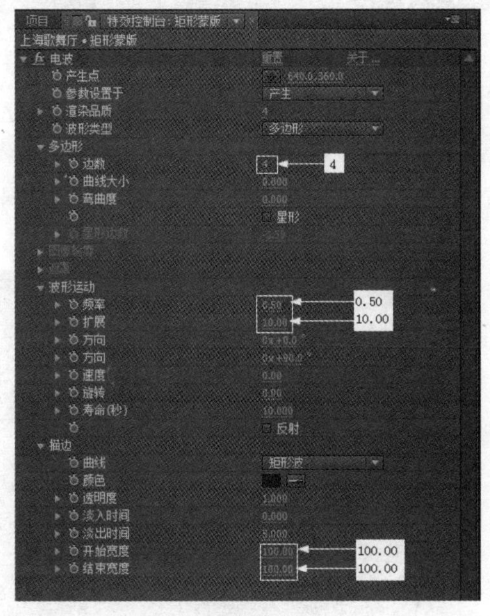

图 9.119

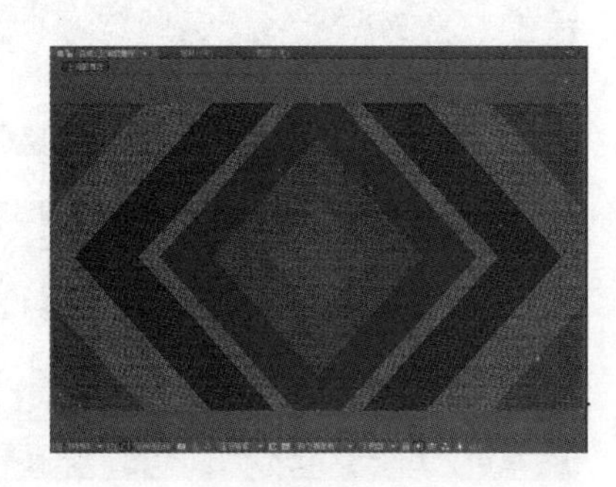

图 9.120

步骤 11：将 1 矩形蒙版 图层设置 Alpha 反转蒙板 "矩形蒙版" 蒙版方式，如图 9.121 所示。在【合成预览】窗口中的效果如图 9.122 所示。

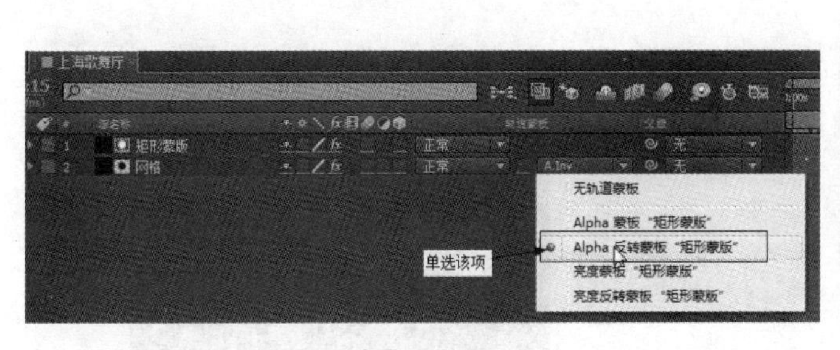

图 9.121

图 9.122

步骤 12：框选【上海歌舞厅】合成窗口中的两个图层，按键盘上的 Ctrl+D 复制框选的图层。调节图层叠放顺序并将最上层的图层整体往左移动 1 秒的距离，如图 9.123 所示。

图 9.123

步骤 13：拖曳 1 矩形蒙版 图层的出点，使其与第 10 秒 0 帧位置对齐(图 9.124)。

图 9.124

步骤 14：从【合成预览】窗口中可以看出，两个图层的颜色完全相同，缺少变化。在【上海歌舞厅】合成窗口中单选 2 网格 图层，在菜单栏中单击效果(T)→色彩校正→色相位/饱和度命令，设置“色相位/饱和度”参数，具体设置如图 9.125 所示。在【合成预览】窗口中的效果如图 9.126 所示。

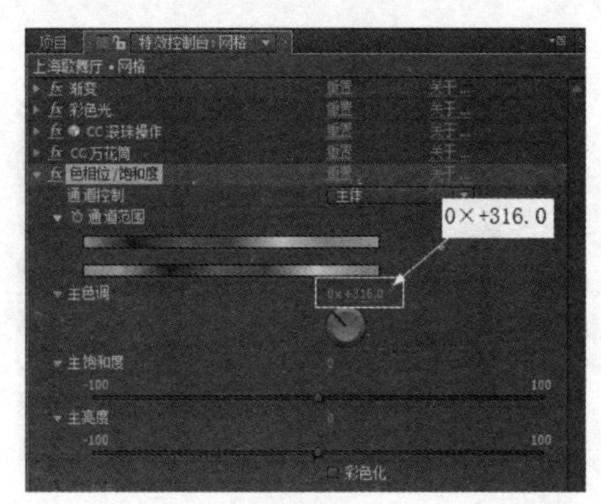

图 9.125

图 9.126

视频播放：“制作背景效果”的详细介绍，请观看“制作背景效果.wmv”。

2. 制作文字效果

步骤 1：使用T(横排文字工具)，在【合成预览】窗口中输入“上海歌舞厅”文字，文字的具体参数设置如图 9.127 所示。在【合成预览】窗口中的效果如图 9.128 所示。

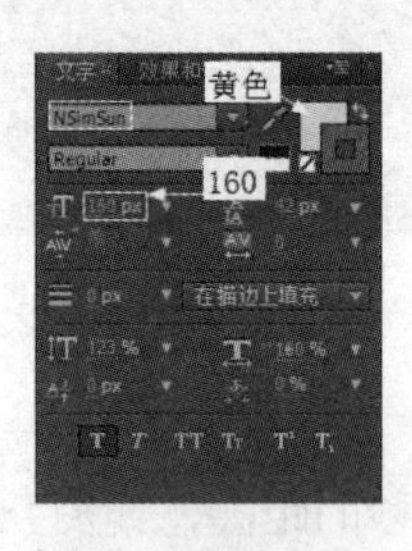

图 9.127

图 9.128

步骤 2：单选 1 T 上海歌舞厅 图层，按键盘上的 Ctrl+D 组合键复制单选的图层，对文字图层和复制的文字图层进行重命名，如图 9.129 所示。

步骤 3：给 2 T 荧光字 图层添加“CC 矢量模糊”特效。在菜单栏中单击效果(T)→模糊与锐化→CC 矢量模糊命令即可给单选图层添加该特效，具体参数设置如图 9.130 所示，在【合成预览】窗口中的效果如图 9.131 所示。

【参考视频】

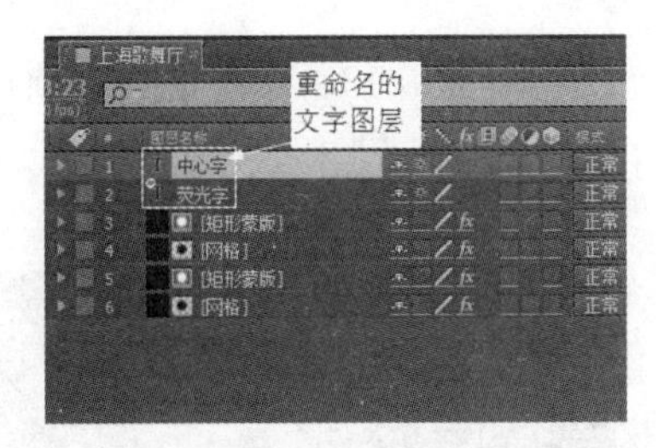

图 9.129

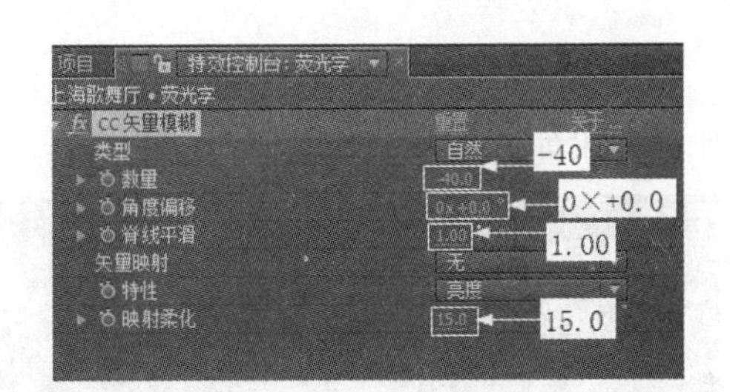

图 9.130

步骤 4：再复制“中心字”文字图层，命名为“轮廓 1 蒙版”，并设置文字参数，具体参数设置如图 9.132 所示。在【合成预览】窗口中的效果如图 9.133 所示。

图 9.131

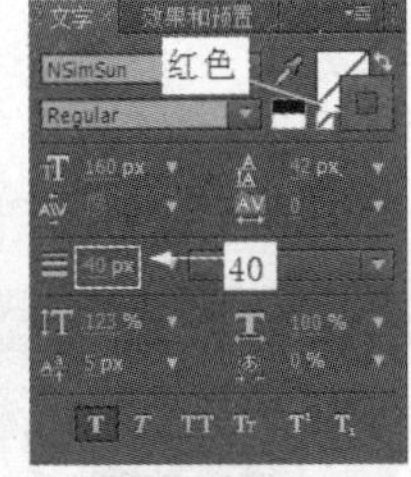

图 9.132

图 9.133

步骤 5：复制“轮廓 1 蒙版”图层，将复制的图层重命名为“轮廓 1”，设置描边宽度为 60px，并设置颜色为橙色(R：255，G：182，B：8)，图层在【上海歌舞厅】合成窗口中的叠放顺序如图 9.134 所示。在【合成预览】窗口中的效果如图 9.135 所示。

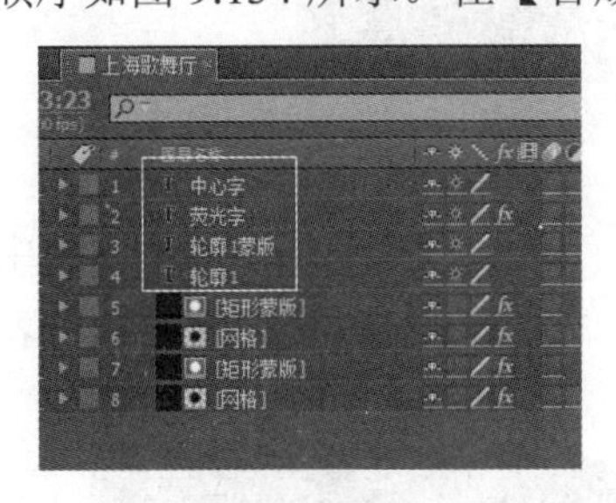

图 9.134

图 9.135

步骤 6：将“轮廓 1 蒙版”设置为“轮廓 1”层的Alpha 反转蒙板“轮廓1蒙版”轨道蒙版方式，如图 9.136 所示，在【合成预览】窗口中的效果如图 9.137 所示。

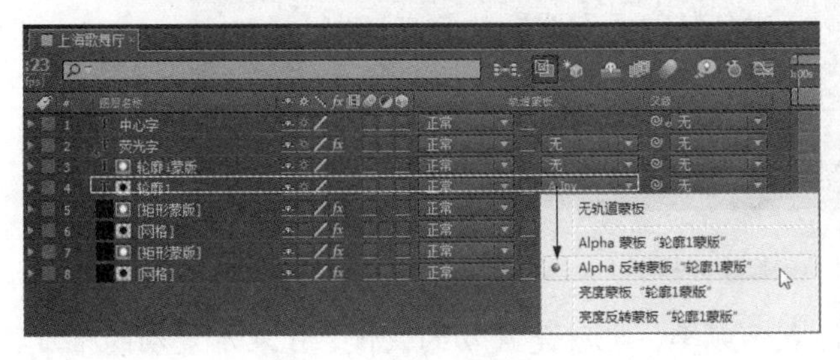

图 9.136

图 9.137

步骤 7：利用步骤 5 和步骤 6 的方法，再制作一个轮廓(图 9.138)，在【合成预览】窗口中的效果如图 9.139 所示。

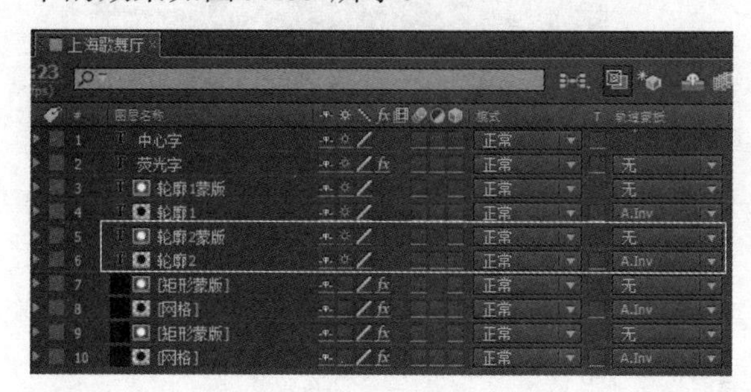

图 9.138

图 9.139

步骤 8：制作闪烁效果。单选“中心字”“轮廓 1”和“轮廓 2”三个图层，按键盘上的 T 键展开选择图层的“透明度”参数，如图 9.140 所示。

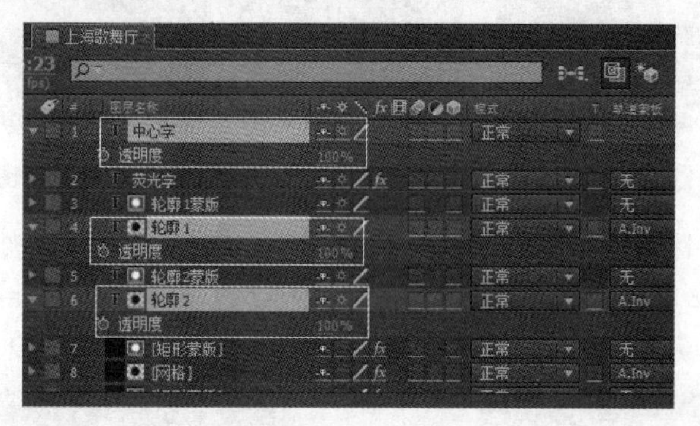

图 9.140

步骤 9：按住键盘上的 Alt 键分别单击“中心字”“轮廓 1”和“轮廓 2”图层中的“透明度”参数前面的按钮，展开透明度表达式输入框，输入“wiggle(10，150)”表达式，如图 9.141 所示。

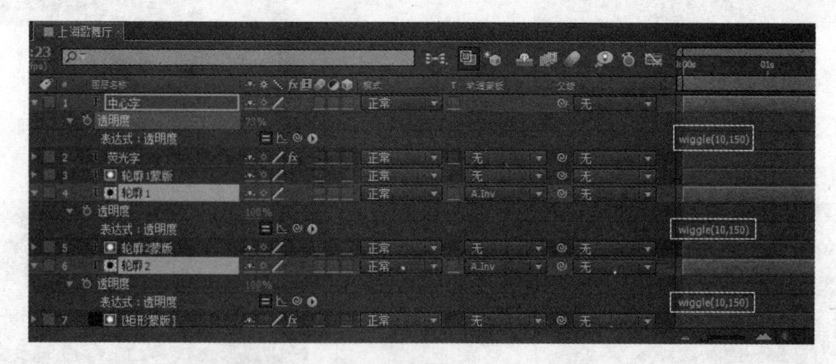

图 9.141

提示：wiggle(A，B)表达式中的 A 表示频率，也就是震动的快慢，B 表示震动的幅度，也就是震动的大小。

视频播放：“制作文字效果”的详细介绍，请观看“制作文字效果.wmv”。

3. 制作边框闪烁效果

步骤 1：按键盘上的 Ctrl+Y 组合键创建一个固态层。

步骤 2：使用(圆角矩形工具)在【合成预览】窗口中绘制如图 9.142 所示的椭圆形遮罩。图层在【上海歌舞厅】合成窗口中的叠放位置如图 9.143 所示。

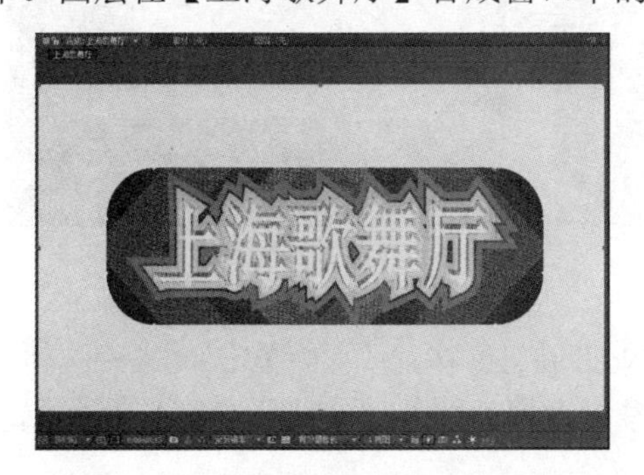

图 9.142

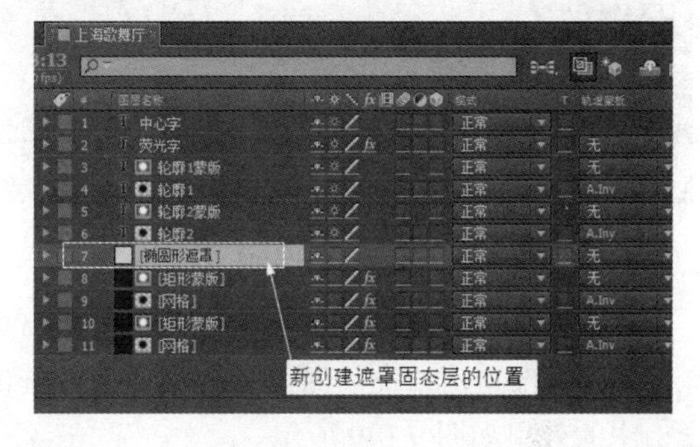

图 9.143

提示：在使用(圆角矩形工具)创建图形的时候，在鼠标左键没有释放的状态下，按键盘上的“↑”键和“↓”键将分别增大和减少圆角角度，按键盘上的“←”键将变成直角，按键盘上的“→”键将变成圆角。在鼠标左键没有释放的同时，按住键盘上的“空格”键移动鼠标即可移动遮罩路径的位置。

步骤 3：给创建的 7 [椭圆形遮罩] 图层添加“3D Stroke”特效。在菜单栏中单击效果(T)→Trapcode→3D Stroke 命令即可给单选的图层添加该特效，具体参数设置如图 9.144 所示。在【合成预览】窗口中的效果如图 9.145 所示。

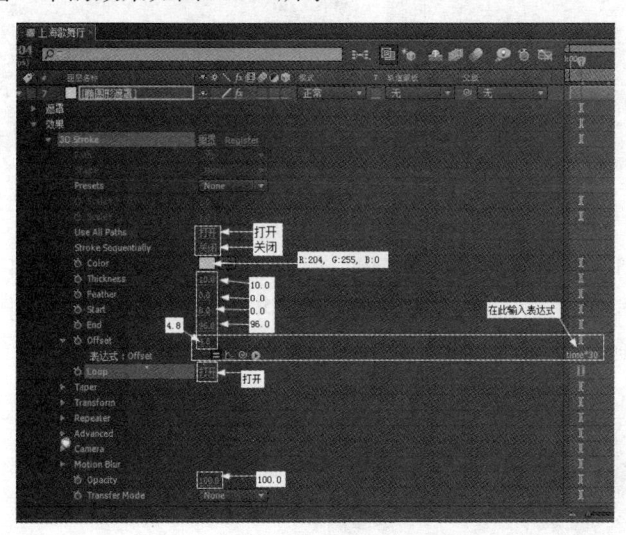

图 9.144

图 9.145

步骤 4：再创建一个名为“椭圆遮罩 01”的固态层，并在“椭圆遮罩 01”固态层中创

【参考视频】

建两个遮罩，遮罩在【上海歌舞厅】合成中的位置和效果如图 9.146 所示，在【合成预览】窗口中的效果如图 9.147 所示。

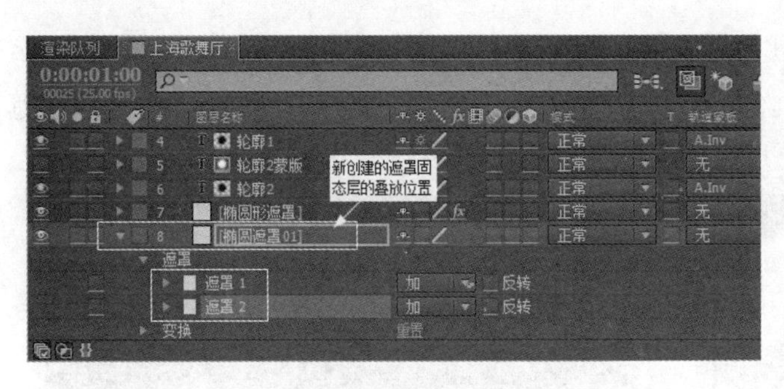

图 9.146

图 9.147

步骤 5：给“椭圆遮罩 01”固态层添加“3D Stroke”特效。在菜单栏中单击效果(T)→Trapcode→3D Stroke 命令即可给单选的图层添加该特效，具体参数设置如图 9.148 所示。在【合成预览】窗口中的效果如图 9.149 所示。

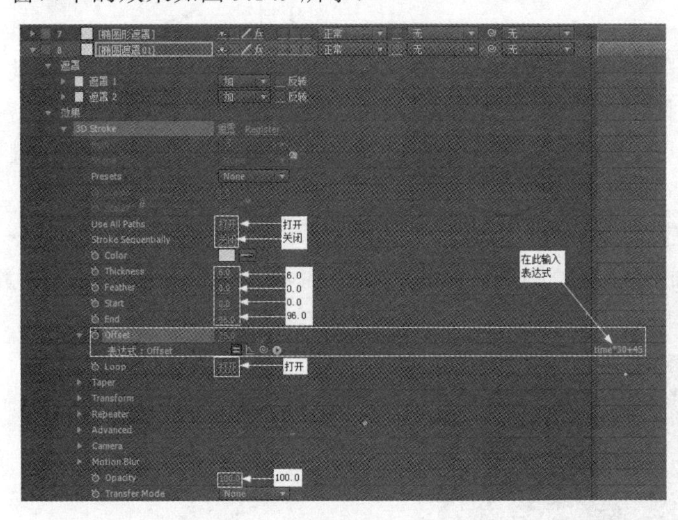

图 9.148

图 9.149

步骤 6：方法同步骤 4 和步骤 5，再创建一个“椭圆遮罩 02”固态层，在创建的固态层中添加两个椭圆遮罩，添加“3D Stroke”特效并调节参数(用户可以根据自己的喜好调节“3D Stroke”特效参数)，在【合成预览】窗口中的最终效果如图 9.150 所示。

图 9.150

视频播放：“制作边框闪烁效果和彩虹效果”的详细介绍，请观看“制作边框闪烁效果和彩虹效果.wmv”。

4. 制作彩虹效果

步骤1：创建一个名为“彩虹”的合成。

步骤2：按键盘上的Ctrl+Y组合键，创建一个名为“圆形遮罩”固态层。

步骤3：单选创建的“圆形遮罩”固态层，使用(椭圆形遮罩工具)在【合成预览】窗口中绘制圆形遮罩，如图9.151所示。

图9.151

步骤4：给1 圆形遮罩固态图层添加“3D Stroke”特效。在菜单栏中单击效果(T)→Trapcode→3D Stroke命令即可给单选的图层添加该特效，具体参数设置如图9.152所示。在【合成预览】窗口中的效果如图9.153所示。

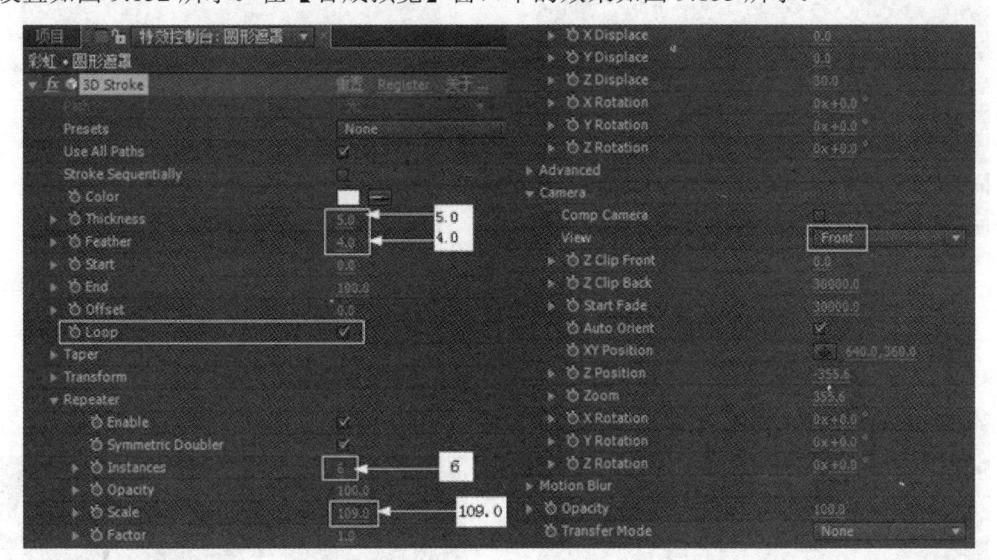

图9.152

步骤5：给1 圆形遮罩固态图层添加“渐变”特效。在菜单栏中单击效果(T)→生成→渐变命令即可给单选的图层添加该特效，具体参数设置如图9.154所示。在【合成预览】窗口中的效果如图9.155所示。

步骤6：继续给1 圆形遮罩固态层添加“彩色光”特效。在菜单栏中单击效果(T)→色彩校正→彩色光命令即可给单选的图层添加该特效。具体参数设置如图9.156所示。在【合成预览】窗口中的效果如图9.157所示。

【参考视频】

图 9.153

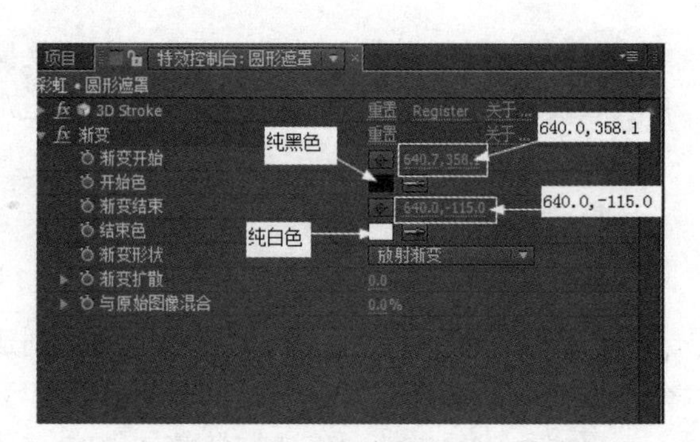

图 9.154

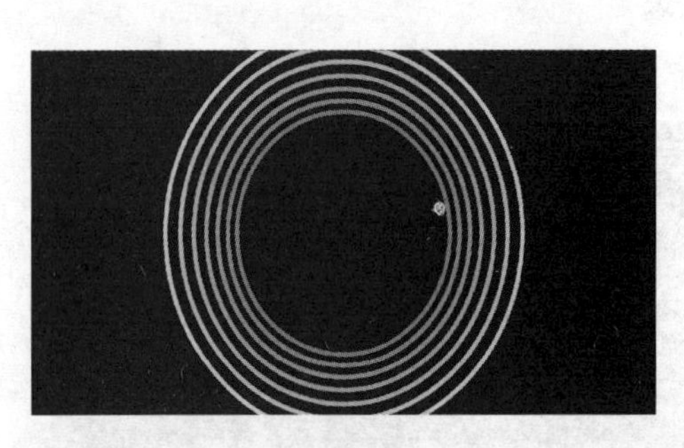

图 9.155

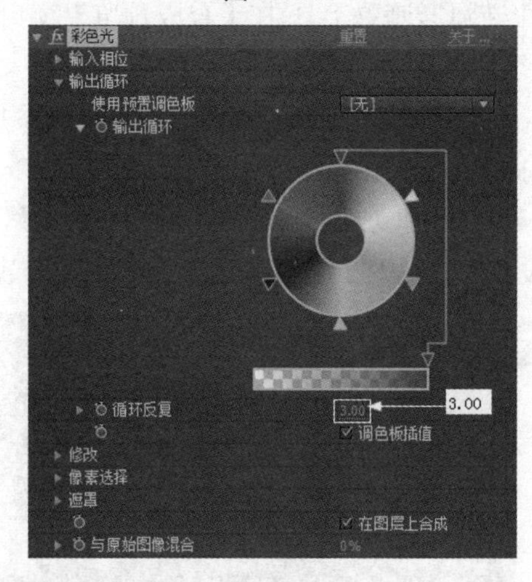

图 9.156

步骤 7：继续给 1 圆形遮罩 固态层添加“快速模糊”特效，在菜单栏中单击 效果(T) → 模糊与锐化 → 快速模糊 命令即可给单选的图层添加该特效。具体参数设置如图 9.158 所示。

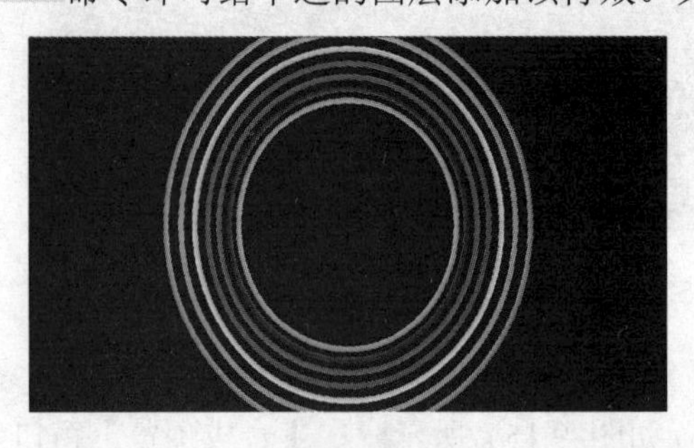

图 9.157

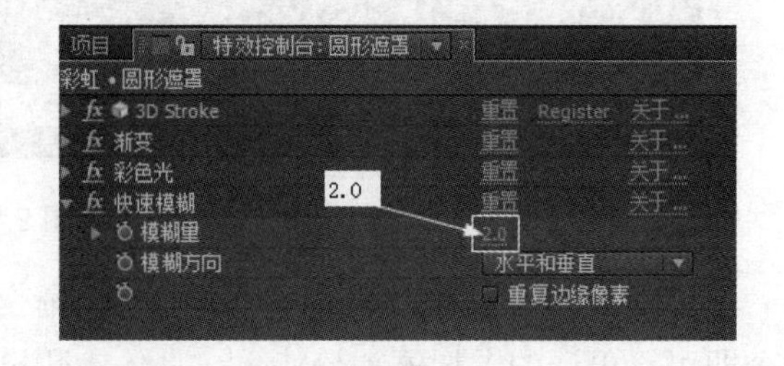

图 9.158

步骤 8：继续给 1 圆形遮罩 固态层添加“简单抑制”特效。在菜单栏中单击 效果(T) → 蒙板 → 简单抑制 命令即可给单选的图层添加该特效。具体参数设置如图 9.159 所示。在【合成预览】窗口中的效果如图 9.160 所示。

视频播放：“制作彩虹效果”的详细介绍，请观看“制作彩虹效果.wmv”。

【参考视频】

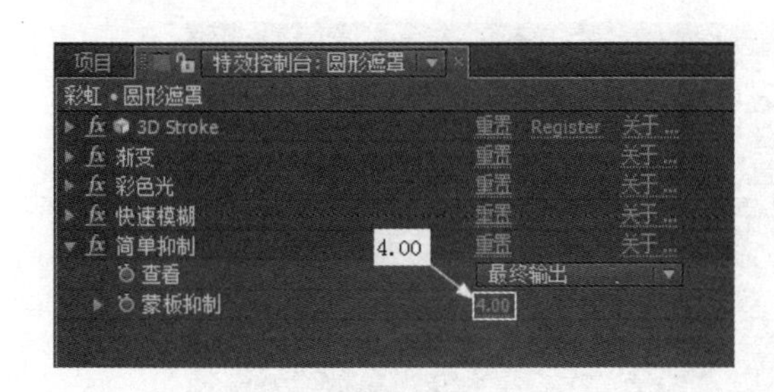

图 9.159

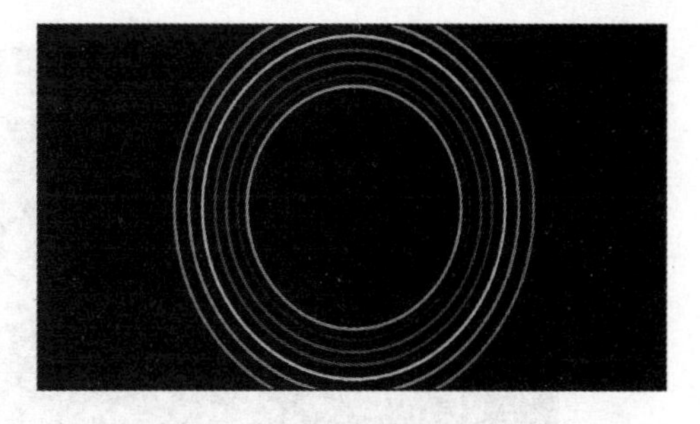

图 9.160

5. 合成嵌套和整体调节

步骤 1：将“彩虹”合成拖曳到“上海歌舞厅”合成中的顶层。

步骤 2：使用(矩形遮罩工具)给1 [彩虹]图层绘制遮罩。在【上海歌舞厅】合成窗口中的遮罩效果如图 9.161 所示。在【合成预览】窗口中的效果，如图 9.162 所示。

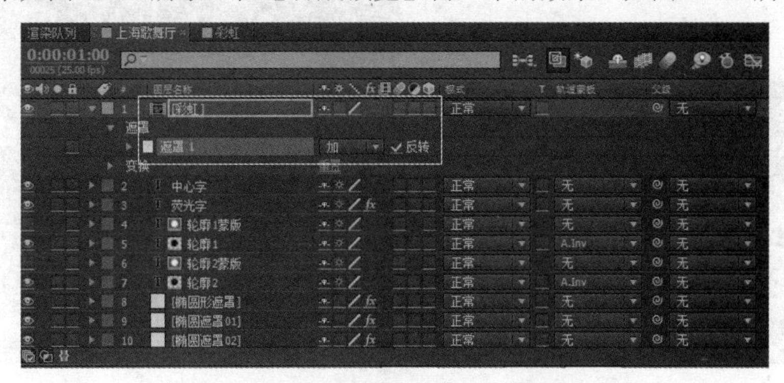

图 9.161

图 9.162

步骤 3：制作彩虹不断变化的效果。单选1 [彩虹]图层，在菜单栏中单击效果(T)→色彩校正→色彩平衡(HLS)命令即可给单选的图层添加该特效。具体参数设置如图 9.163 所示。在【合成预览】窗口中的效果如图 9.164 所示。

步骤 4：在菜单栏中单击文件(F)→项目设置(P)...命令，弹出【项目设置】对话框，具体参数设置如图 9.165 所示，设置完毕单击确定按钮即可。

步骤 5：添加一个调节图层。在菜单栏中单击图层(L)→调节层(A)命令即可添加一个调节层，如图 9.166 所示。

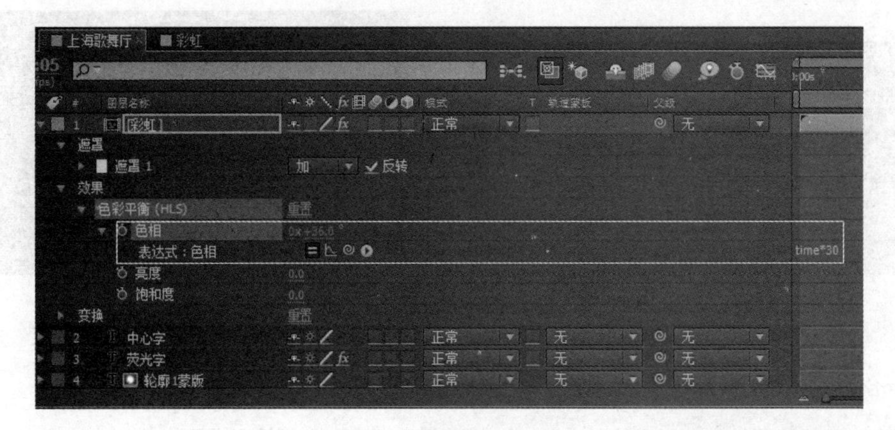

图 9.163

图 9.164

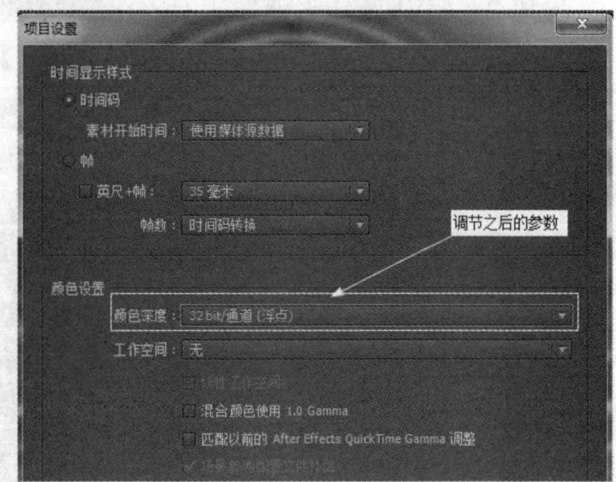

图 9.165

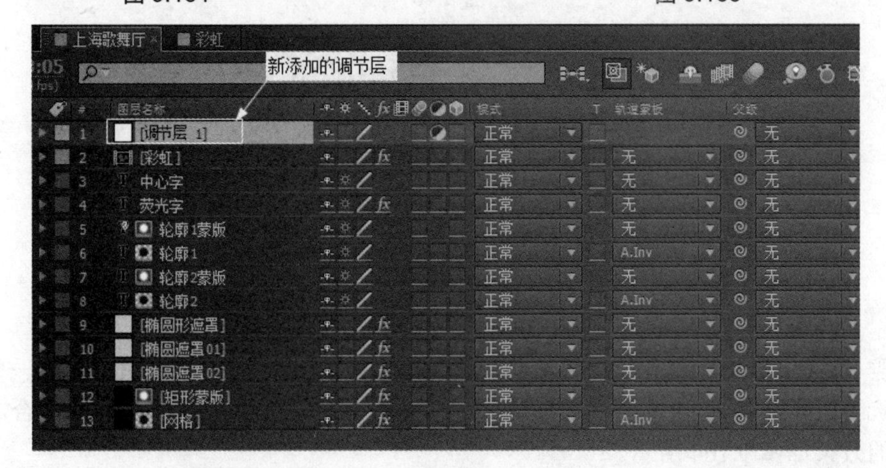

图 9.166

步骤 6：给[调节层 1]图层添加“辉光”特效。在菜单栏中单击效果(T)→风格化→辉光命令即可给单选的图层添加该特效。具体参数设置如图 9.167 所示。在【合成预览】窗口中的效果如图 9.168 所示。

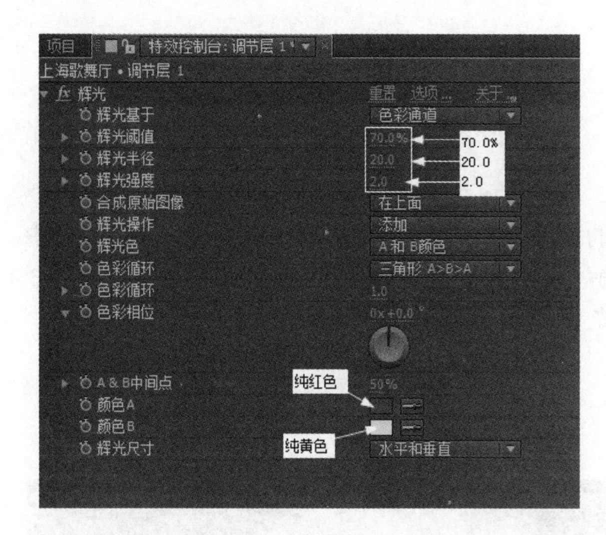

图 9.167

图 9.168

视频播放：“合成嵌套和整体调节”的详细介绍，请观看“合成嵌套和整体调节.wmv”。

四、案例小结

本案例主要介绍使用插件特效(“3D Stroke”特效)和After Effects CS6自带特效(“渐变”“万花筒”“彩色光”“CC滚珠操作”“简单抑制”“快速模糊”和“辉光”等特效)，以及After Effects CS6的相关基础知识制作复杂的霓虹灯效果，重点掌握各种特效的综合应用技巧。

五、举一反三

根据前面所学知识，制作如下霓虹灯文字效果。

【参考视频】

【参考视频】

案例7 灵动光线效果

一、效果预览

案例效果在本书提供的配套素材中的“第9章 综合案例/案例效果/案例7.flv”文件中。通过预览效果对本案例有一个大致的了解。本案例主要介绍使用Trapcode插件组中的“3D Stroke”和“Shine”插件特效制作灵动光线效果。

二、本案例画面及制作步骤(流程)分析

案例部分画面效果如下：

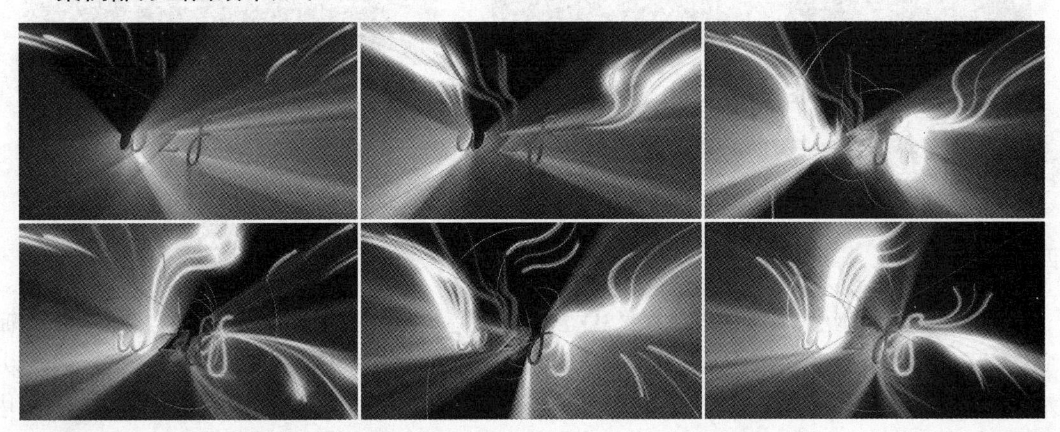

案例制作的大致步骤：

①新建合成和输入文字→②制作文字的灵动光线的遮罩路径→③添加“3D Stroke”插件特效→④制作扭曲光线效果→⑤制作文字光线扫射效果→⑥制作整体辉光、扫射光效果以及亮度调节。

三、详细操作步骤

案例引入：

(1) 灵动光线效果制作的原理是什么？

(2)“3D Stroke”插件特效中各参数的作用是什么？

(3) 手写文字制作的原理是什么？

(4)“Shine”插件特效的作用是什么？

灵动光线效果制作的主要原理是使用“3D Stroke”特效插件对绘制的路径进行描边来实现。“3D Stroke”特效插件是一种三维描边效果，从任意角度进行观察都是实心的。而After Effects CS6自带的“Stroke”特效是一种二维描边，如果从侧面观看时为薄片效果。下面通过制作一个“灵动光线效果”来详细介绍“3D Stroke”与“Shine”插件特效的具体使用方法和技巧。

【参考视频】

1. 新建合成和输入文字

步骤 1：启动 After Effects CS6，保存项目名为“案例 7：灵动光线效果”

步骤 2：创建新合成。在菜单栏中单击图像合成(C)→新建合成组(C)... 命令(或按键盘上的“Ctrl+N”组合键)，弹出【图像合成设置】对话框，在【图像合成设置】对话框中设置尺寸为“1280px×720px”，持续时间为“5 秒”，命名为“灵动光线”。单击确定按钮完成合成创建。

步骤 3：使用T(横排文字工具)在【合成预览】窗口中输入“wzf”三个文字。设置字体样式，具体设置如图 9.169 所示。在【合成预览】窗口中的效果如图 9.170 所示。

步骤 4：给 1 wzf 文字图层添加“四色渐变”特效。在菜单栏中单击效果(T)→生成→四色渐变命令即可给该文字图层添加该特效。参数为默认设置，在【合成预览】窗口中的效果如图 9.171 所示。

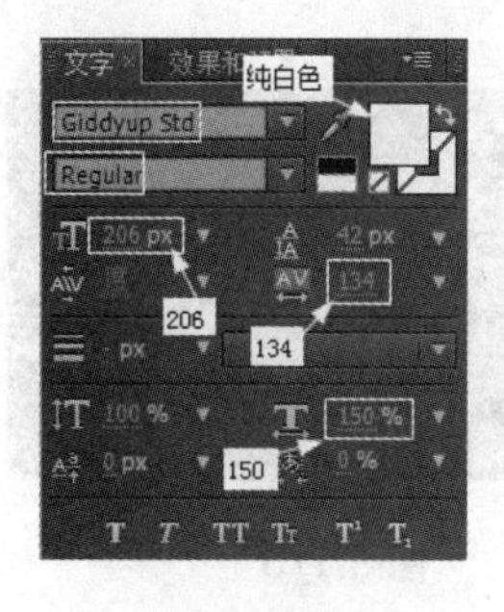

图 9.169

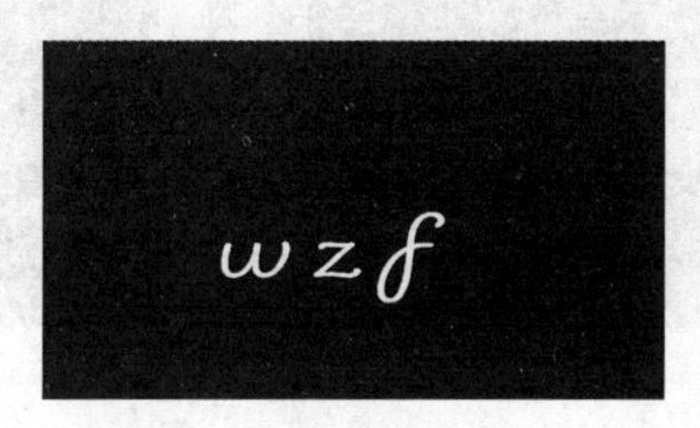

图 9.170

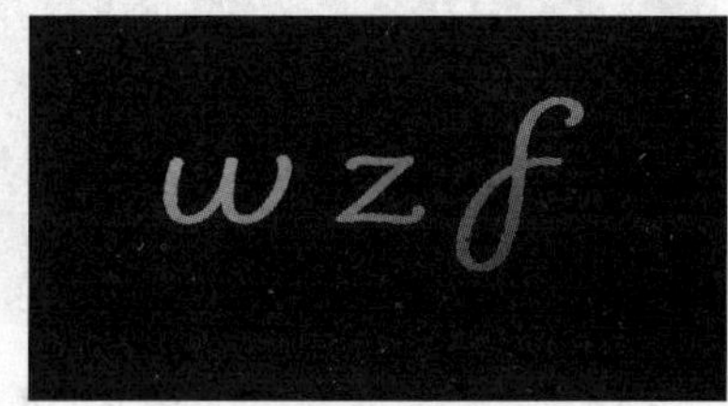

图 9.171

视频播放：“新建合成和输入文字”的详细介绍，请观看“新建合成和输入文字.wmv”。

2. 制作文字的灵动光线的遮罩路径

步骤 1：创建一个名为“灵动光线遮罩路径”的固态层。

步骤 2：单选灵动光线遮罩路径固态层，使用(钢笔工具)绘制 3 条遮罩路径，在【合成预览】窗口中的效果如图 9.172 所示。

步骤 3：使用顶点转换工具对绘制路径进行调节，在【合成预览】窗口中的效果如图 9.173 所示。

图 9.172

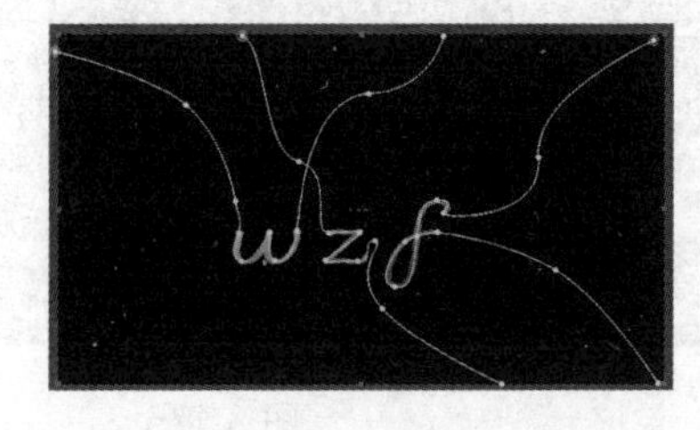

图 9.173

视频播放：“制作文字的灵动光线的遮罩路径”的详细介绍，请观看“制作文字的灵动光线的遮罩路径.wmv”。

【参考视频】

【参考视频】

3. 添加“3D Stroke”插件特效

步骤 1：单选 灵动光线遮罩路径 图层，将(当前时间指示器)移到第 0 帧的位置，在菜单栏中单击 效果(T) → Trapcode → 3D Stroke 命令即可给该文字图层添加该特效。具体参数设置如图 9.174 所示。

步骤 2：将(当前时间指示器)移到第 4 秒 0 帧的位置，将 3D Stroke 特效中的“offset”的参数值设置为“100”，其他参数值为默认值，在【合成预览】窗口中的效果如图 9.175 所示。

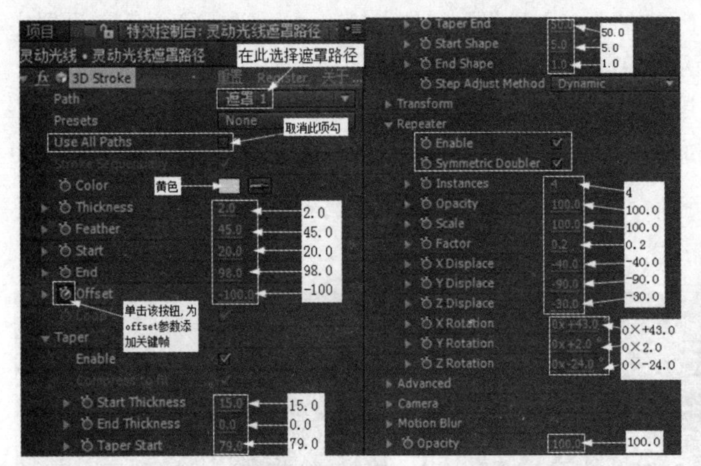

图 9.174

图 9.175

步骤 3：单选【灵动光线】合成中的 [灵动光线遮罩路径] 图层。按键盘上的 Ctrl+V 组合键，复制出新图层，并将新复制的图层重命名为“z”。调节“z”层中的“3D Stroke”特效参数，具体调节如图 9.176 所示。在【合成预览】窗口中的效果如图 9.177 所示。

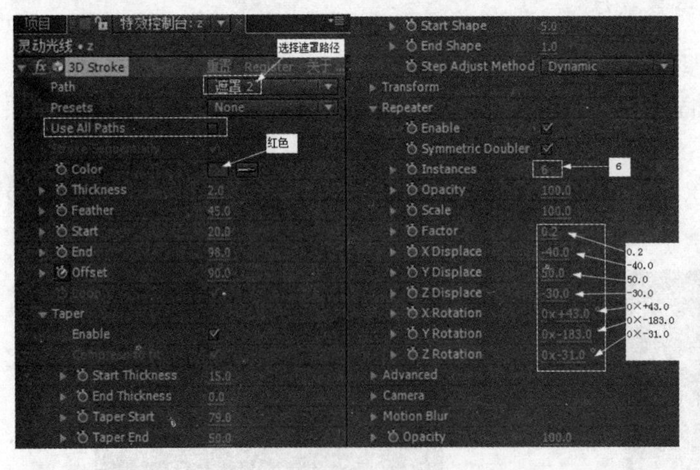

图 9.176

图 9.177

步骤 4：单选【灵动光线】合成中的 [灵动光线遮罩路径] 图层。按键盘上的 Ctrl+V 组合键，复制出新图层，并将新复制的图层重命名为“f”。调节“f”层中的“3D Stroke”特效参数，具体调节如图 9.178 所示。在【合成预览】窗口中的效果如图 9.179 所示。

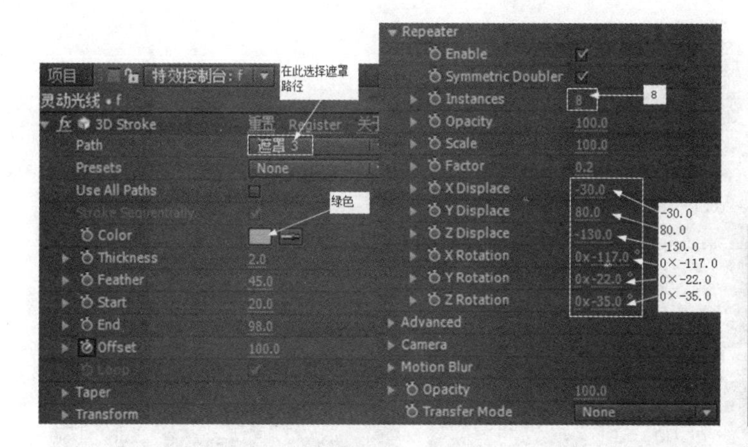

图 9.178

图 9.179

视频播放：“添加‘3D Stroke’插件特效”的详细介绍，请观看“添加‘3D Stroke’插件特效.wmv”。

4. 制作扭曲光线效果

步骤 1：在【灵动光线】合成窗口的空白处单击鼠标右键，在弹出的快捷菜单中单击新建→固态层(S)...命令，弹出【固态层设置】对话框，具体参数设置如图 9.180 所示。

步骤 2：设置完毕，单击确定按钮即可创建一个名为“扭曲光线”的固态层。

步骤 3：单选扭曲光线固态层，使用椭圆形遮罩工具在【合成预览】窗口中绘制一个圆形遮罩路径，如图 9.181 所示。

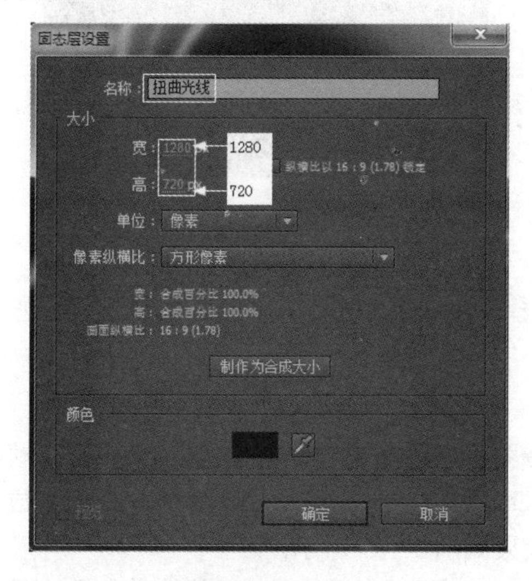

图 9.180

图 9.181

步骤 4：单选扭曲光线图层，在菜单栏中单击效果(T)→Trapcode→3D Stroke命令即可给该文字图层添加该特效，具体参数设置如图 9.182 所示。在【合成预览】窗口中的效果如图 9.183 所示。

【参考视频】

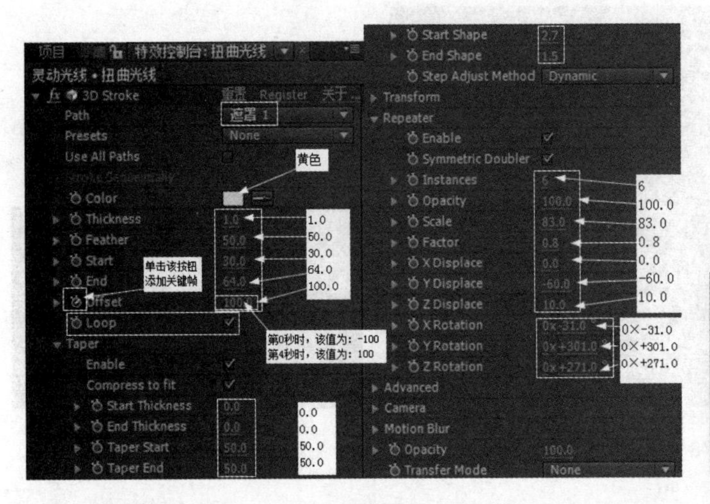

图 9.182

图 9.183

步骤 5：继续给 扭曲光线 图层添加一个“四色渐变”特效。在菜单栏中单击 效果(T) → 生成 → 四色渐变 命令即可给该文字图层添加该特效，具体参数设置如图 9.184 所示。在【合成预览】窗口中的效果如图 9.185 所示。

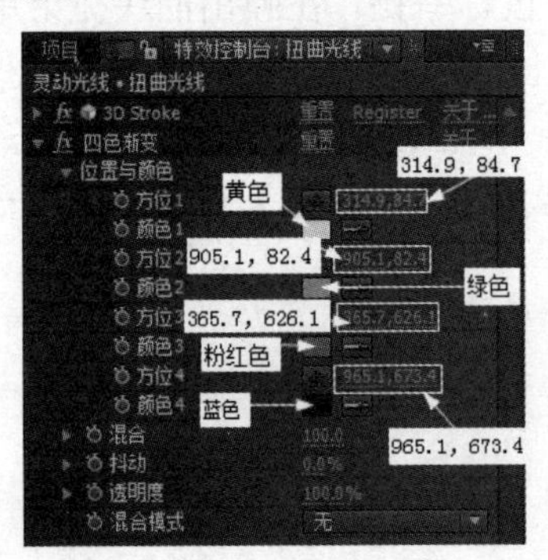

图 9.184

图 9.185

视频播放：“制作扭曲光线效果”的详细介绍，请观看“制作扭曲光线效果.wmv”。

5. 制作文字光线扫射效果

步骤 1：单选【灵动光线】合成窗口的 wzf 图层。将 (当前时间指示器)移到第 0 帧的位置，在菜单栏中单击 效果(T) → Trapcode → Shine 命令即可给该文字图层添加该特效，具体参数设置如图 9.186 所示。在【合成预览】窗口中的效果如图 9.187 所示。

步骤 2：将 (当前时间指示器)移到第 4 秒 0 帧的位置，调节 Shine 插件特效参数，具体调节如图 9.188 所示。在【合成预览】窗口中的效果如图 9.189 所示。

视频播放：“制作文字光线扫射效果”的详细介绍，请观看“制作文字光线扫射效果.wmv”。

【参考视频】　【参考视频】

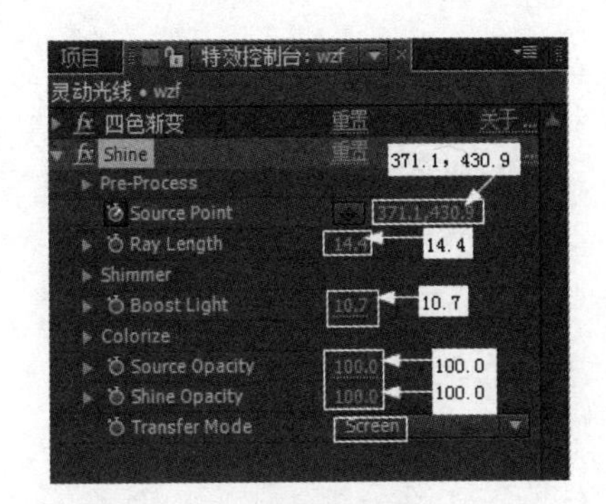

图 9.186

图 9.187

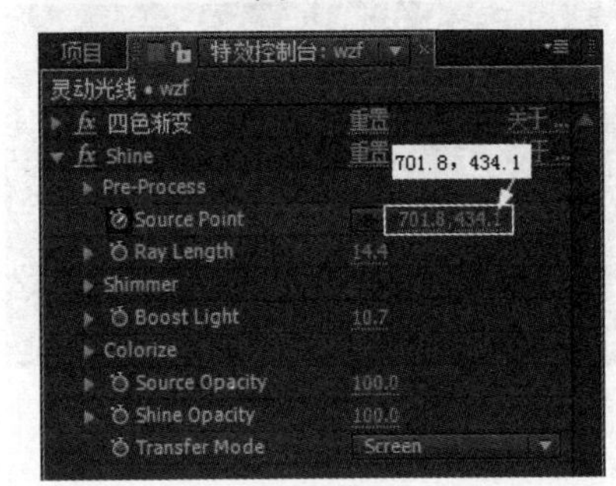

图 9.188

图 9.189

6. 制作整体辉光、扫射光效果以及亮度调节

整体辉关和扫射光效果的制作主要通过给调节图层添加“Shine”插件特效和“辉光”特效来实现。具体操作步骤如下。

步骤 1：创建调节图层。在【灵动光线】合成窗口的空白处单击鼠标右键，弹出快捷菜单，在弹出的快捷菜单中单击 新建 → 调节层(A) 命令即可创建一个调节层。

步骤 2：给调节层添加辉光效果。在菜单栏中单击 效果(T) → 风格化 → 辉光 命令即可给该调节图层添加该特效，具体参数设置如图 9.190 所示。在【合成预览】窗口中的效果如图 9.191 所示。

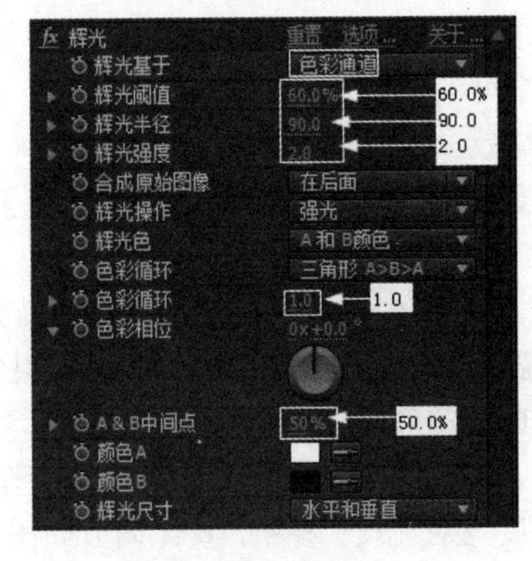

图 9.190

图 9.191

步骤 3：给调节层添加“shine”插件特效，在菜单栏中单击效果(T)→Trapcode→Shine命令即可给该图层添加该特效，具体参数设置如图 9.192 所示。在【合成预览】窗口中的效果如图 9.193 所示。

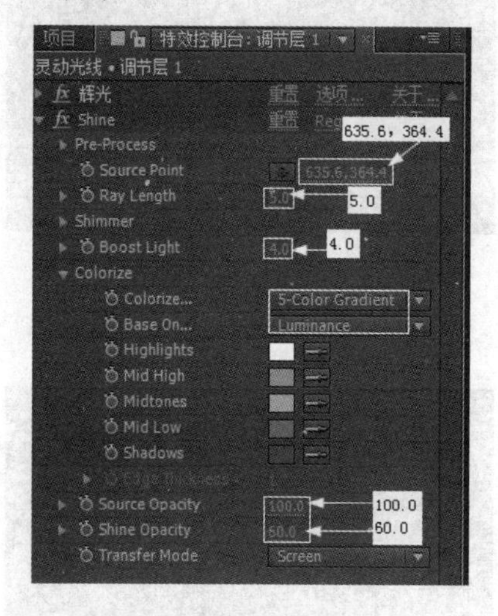

图 9.192

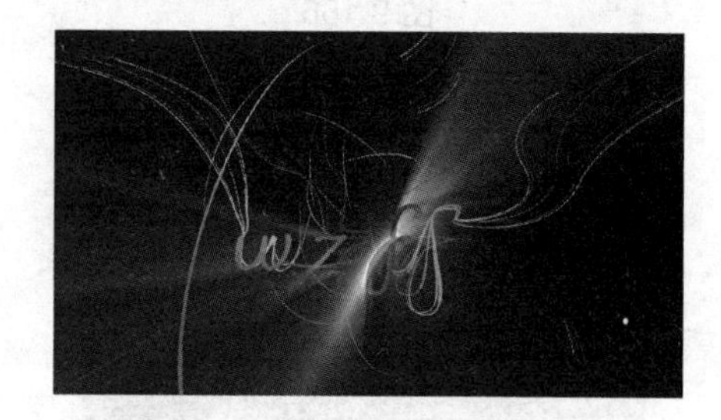

图 9.193

步骤 4：给调节层添加“亮度与对比度”插件特效。在菜单栏中单击效果(T)→色彩校正→亮度与对比度命令即可给该图层添加该特效，具体参数设置如图 9.194 所示。在【合成预览】窗口中的效果如图 9.195 所示。

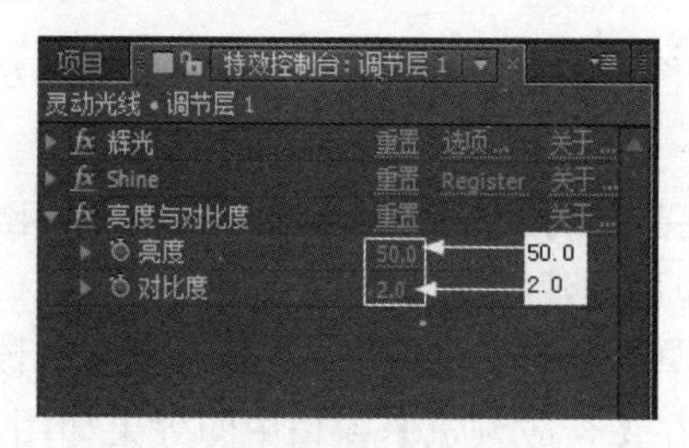

图 9.194

图 9.195

步骤 5：在菜单栏中单击文件(F)→项目设置(P)...命令，弹出【项目设置】对话框，具体设置如图 9.196 所示。单击 确定 按钮完成项目颜色深度的设置。

步骤 6：单选 f 图层，给该图层添加“辉光”特效。在菜单栏中单击效果(T)→风格化→辉光命令即可给该调节图层添加该特效，具体参数设置如图 9.197 所示。在【合成预览】窗口中的效果如图 9.198 所示。

步骤 7：单选 f 图层中添加的 辉光 特效，按键盘上的 Ctrl+C 组合键，复制该特效。

步骤 8：单选 z 和 w 两个文字图层，按键盘上的 Ctrl+V 组合键，将复制的图层分别粘贴到选择的两个文字图层。在【合成预览】窗口中的效果如图 9.199 所示。

步骤 9：根据【合成预览】窗口中的效果可知，画面亮度太高，所以应对调节图层中的特效参数进行调节。单选 [调节层 1] 图层，调节“亮度与对比度”参数，具体调节如图 9.200 所示。在【合成预览】窗口中的效果如图 9.201 所示。

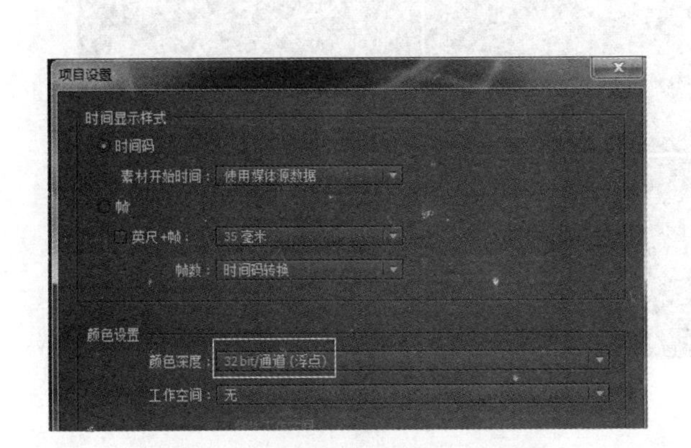

图 9.196

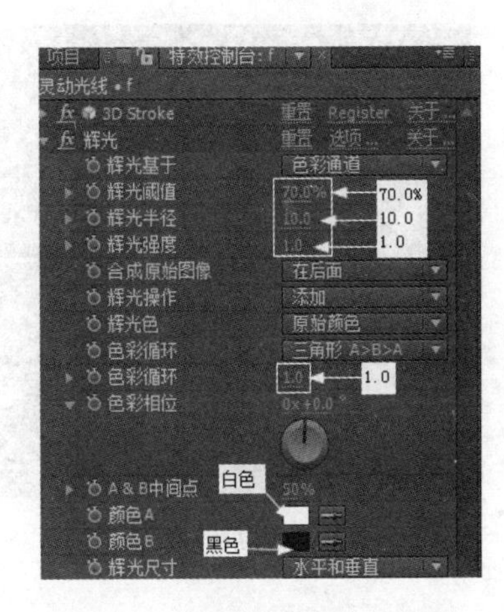

图 9.197

图 9.198

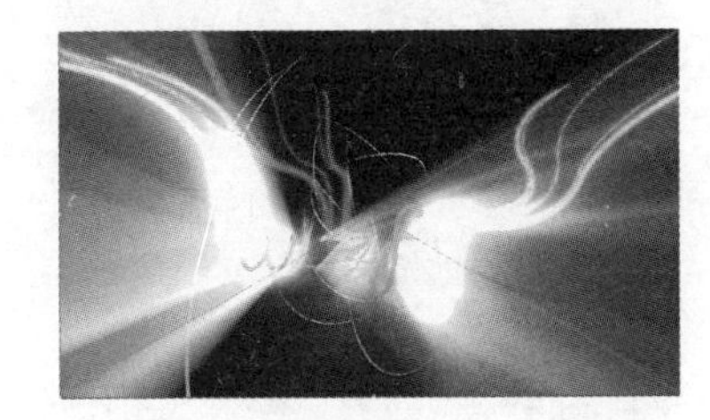

图 9.199

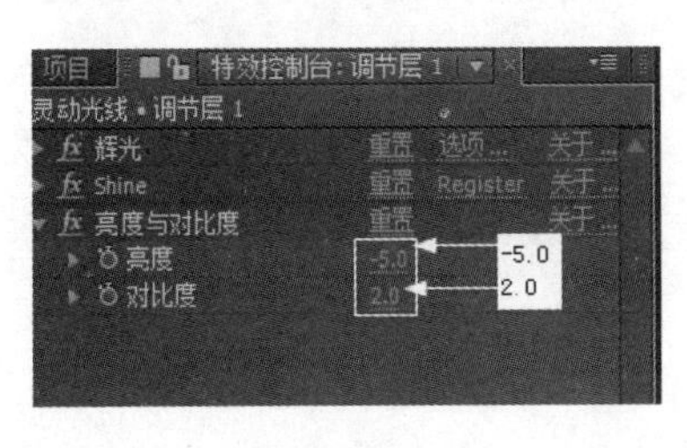

图 9.200

图 9.201

步骤 10：保存文件并根据项目要求输出视频文件。

视频播放：“制作整体辉光、扫射光效果以及亮度调节”的详细介绍，请观看“制作整体辉光、扫射光效果以及亮度调节.wmv”。

四、案例小结

本案例主要介绍使用插件特效(“3D Stroke”和“shine”特效)和 After Effects CS6 自带特效(“辉光”和“亮度/对比度”等特效)，以及 After Effects CS6 的相关基础知识制作复杂的灵动光线效果，重点掌握各种插件和特效的综合应用能力。

五、举一反三

根据前面所学知识，制作如下效果。

【参考视频】

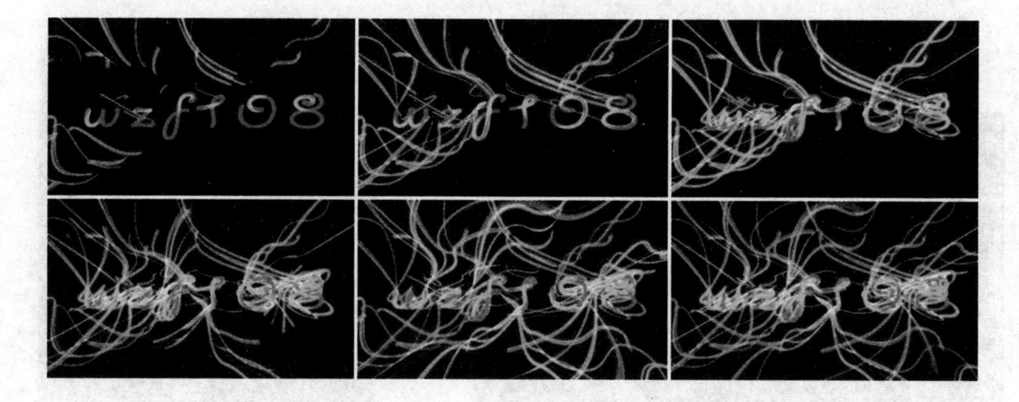

【参考视频】

参 考 文 献

[1] 伍福军．After Effects CS4 影视后期合成案例教程[M]．北京：北京大学出版社，2011．

[2] 郑红．凌厉视觉：After Effects+3ds Max+RealFlow+FumeFX 新锐视觉项目设计[M]．北京：清华大学出版社，2010．

[3] 马小萍．After Effects 7.0 影视特效设计基础与实例教程[M]．北京：中国电力出版社，2007．

[4] 陈伟．After Effects CS4 影视特效制作标准教程[M]．北京：中国电力出版社，2010．

[5] 时代印象，尤高升．After Effects CS3 完全自学教程[M]．北京：人民邮电出版社，2008．

[6] 王海波．After Effects CS6 高级特效火星课堂[M]．北京：人民邮电出版社，2013．

[7] 时代印象，吉家进(阿吉)，樊宁宁．After Effects CS6 技术大全[M]．北京：人民邮电出版社，2013．

[8] 时代印象，吉家进(阿吉)．After Effects 影视特效制作 208 例[M]．北京：人民邮电出版社，2013．